Karl Cammann · Helmuth Galster

Das Arbeiten mit ionenselektiven Elektroden

Springer
*Berlin
Heidelberg
New York
Barcelona
Budapest
Hongkong
London
Mailand
Paris
Santa Clara
Singapur
Tokio*

Karl Cammann · Helmuth Galster

Das Arbeiten mit ionenselektiven Elektroden

Eine Einführung für Praktiker

Dritte Auflage

Mit 104 Abbildungen

Professor Dr. Karl Cammann
Anorganisch-Chemisches Institut
Universität Münster
Wilhelm-Klemm-Straße 8
D-48149 Münster

Dr. Helmuth Galster
Spessartstraße 15
D-61118 Bad Vilbel

Die ersten beiden Auflagen wurden in der Reihe „Anleitungen für die chemische Laboratoriumspraxis" als Bd. XIII veröffentlicht.

ISBN 3-540-59153-2 3. Aufl. Springer-Verlag Berlin Heidelberg New York
ISBN 3-540-07947-5 2. Aufl. Springer-Verlag Berlin Heidelberg New York

Die Deutsche Bibliothek – CIP-Einheitsaufnahme
Cammann, Karl:
Das Arbeiten mit ionenselektiven Elektroden: eine Einführung für Praktiker/Karl Cammann; Helmuth Galster. – 3. Aufl. – Berlin; Heidelberg; New York; Barcelona; Budapest; Hongkong; London; Mailand; Paris; Santa Clara; Singapur; Tokio: Springer, 1996
  ISBN 3-540-59153-2
NE: Galster, Helmuth:

Dieses Werk ist urheberrechtlich geschützt. Die dadurch begründeten Rechte, insbesondere die der Übersetzung, des Nachdrucks, des Vortrags, der Entnahme von Abbildungen und Tabellen, der Funksendung, der Mikroverfilmung oder der Vervielfältigung auf anderen Wegen und der Speicherung in Datenverarbeitungsanlagen, bleiben, auch bei nur auszugsweiser Verwertung, vorbehalten. Eine Vervielfältigung dieses Werkes oder von Teilen dieses Werkes ist auch im Einzelfall nur in den Grenzen der gesetzlichen Bestimmungen des Urheberrechtsgesetzes der Bundesrepublik Deutschland vom 9. September 1965 in der jeweils geltenden Fassung zulässig. Sie ist grundsätzlich vergütungspflichtig. Zuwiderhandlungen unterliegen den Strafbestimmungen des Urheberrechtsgesetzes.

© Springer-Verlag Berlin Heidelberg 1973, 1977 and 1996
Printed in Germany

Die Wiedergabe von Gebrauchsnamen, Handelsnamen, Warenbezeichnungen usw. in diesem Werk berechtigt auch ohne besondere Kennzeichnung nicht zu der Annahme, daß solche Namen im Sinne der Warenzeichen- und Markenschutz-Gesetzgebung als frei zu betrachten wären und daher von jedermann benutzt werden dürften.

Einbandgestaltung: MetaDesign plus GmbH, Berlin
Satz: K+V Fotosatz, Beerfelden

SPIN 10060141   52/3020-5 4 3 2 1 0 – Gedruckt auf säurefreiem Papier

Vorwort zur dritten Auflage

Seit dem Erscheinen der zweiten Auflage sind mehr als 18 Jahre vergangen. In dieser Zeit sind einerseits Zahl und Anwendung ionenselektiver Elektroden enorm gewachsen, andererseits sind aber auch Grenzen erkannt worden.

Nach einer Definition der IUPAC werden elektrochemische Sensoren unterteilt in:

a) Voltammetrische Sensoren
b) Potentiometrische Sensoren
c) Chemisch sensibilisierte Feldeffekt-Transistoren (Chem. FETs)
d) Potentiometrische Festkörperelektrolyt-Gassensoren.

Hier werden, genau wie in den ersten beiden Auflagen nur die potentiometrischen Sensoren behandelt. Von diesen jedoch sind die sog. Biosensoren im Abschn. 3.6 vergleichsweise kurz abgehandelt, da eine gewisse Abgrenzung des Themas notwendig war und für biologische Anwendungen Spezialwerke zur Verfügung stehen, z.B. Schindler [1] und Honold [2]. Praktische Analysen mit ihnen gibt es außerdem erst wenige.

pH-Messungen, die ebenfalls mit ionenselektiven Elektroden erfolgen, werden, wie auch zuvor, nicht beschrieben, weil es darüber ausführliche Monographien gibt [3, 4, 5].

Die Symbole in den Formeln und die Terminologie im Text wurden den inzwischen herausgegebenen IUPAC-Empfehlungen angepaßt. Ihre Aussagen haben sich dadurch nicht verändert.

Dezember 1995 K. Cammann, H. Galster

Vorwort zur zweiten Auflage

Die relativ kurze Zeitspanne, innerhalb der die erste Auflage vergriffen war, verdeutlicht das Interesse, das dieser elektrochemischen Analysentechnik entgegengebacht wird. Von der ersten Auflage unterscheidet sich die hier vorliegende durch Erweiterungen auf dem Gebiet der Gas-Sensoren, der Enzym-Elektroden und der industriellen Anwendungen. Wie sehr dieses Gebiet seit 1973 an Bedeutung gewonnen hat zeigt sich daran, daß nun anstelle von 162 Literaturstellen 447 Veröffentlichungen ausgewertet werden konnten. Bezüglich der Nomenklatur folgt sie den Empfehlungen einer von der IUPAC einberufenen Kommission.

Für die Überlassung von Informations- und Photomaterial sei allen erwähnten Firmen gedankt. Besonders zu danken habe ich Herrn Prof. Dr. R. P. Buck, University of North Carolina at Chapel Hill, für viele anregende Diskussionen sowie Herrn Prof. Dr. G. A. Rechnitz, State University of New York at Buffalo, und Herrn Prof. Dr. S. Mazur, University of Chicago, für die freundliche Einladung, einige Grundlagenmessungen in ihren Laboratorien durchführen zu können. Für die Erstellung des Sachverzeichnisses danke ich Ms. S. Schultz, M.A., University of Chicago.

München, im Januar 1977

Vorwort zur ersten Auflage

Ionenselektive Elektroden erlauben die spezifische und quantitative Bestimmung einer fast nicht absehbaren Menge von Stoffen, angefangen von einfachen anorganischen Ionen über Aminosäuren bis zu komplizierten organischen Verbindungen. Inwieweit die ionenselektiven Elektroden damit einem *Ideal und Wunschbild aller Analytiker* entsprechen, soll hier gezeigt werden. Die Anwendungsbreite, der geringe Substanzbedarf sowie die Einfachheit des Meßvorganges haben die ionenselektiven Elektroden nicht nur in den Mittelpunkt des Interesses gerückt, sondern sie zu einem Hilfsmittel auch für Physiologen, Mediziner, Biologen, Geologen, Umweltforscher usw. werden lassen. Ihnen besonders soll der vorliegende Band helfen.

Aber auch für alle die Studenten, die im Rahmen ihrer Ausbildung chemische Analysen durchzuführen haben, wird die Lektüre von Nutzen sein. Einmal ergeben sich für die Praxis vielfach vereinfachte Analysengänge. Zum anderen lernt man ein Gebiet der modernen Analytik kennen, das noch nicht in allen Lehrbüchern erwähnt wird. Jene, die schon Erfahrung mit diesen neuen Sensoren sammeln konnten, werden Hinweise auf neue Methoden finden.

Dieser Band kann und will kein „Kochbuch" für spezielle Analysen unter Verwendung ionenselektiver Elektroden sein; einmal, weil entsprechende Vorschriften von den führenden Herstellerfirmen schon bereitgehalten werden; zum anderen, weil damit nur einem relativ kleinen Kreis geholfen werden kann, den zufällig die Bestimmung des gleichen Ions in der gleichen Matrix interessiert. Der Leser findet aber Grundbeispiele und Anregungen.

Die Hauptaufgabe dieses Bandes soll es sein, den großen Interessentenkreis dieser Meßmethode mit ihren wichtigsten *Grundlagen* vertraut zu machen und *praktische Ratschläge* zur optimalen Lösung des jeweiligen Meßproblems zu vermitteln. Eine Skizzierung der theoretischen Prinzipien kann dabei nicht umgangen werden, wenn man dem Leser auch das Rustzeug zum Verständnis für künftige Elektrodenentwicklungen in die Hände geben will.

Der experimentierfreudige Leser soll anhand dieses Grundwissens und einiger zusätzlicher „know-how"-Hinweise in die Lage versetzt werden, funktionstüchtige Elektroden selbst herzustellen, was auf physiologischem Gebiet wichtig ist, da z. Zt. weder geeignete Mikro-Elektroden noch Sensoren für die wichtigen Aminosäuren im Handel erhältlich sind.

Während seiner langjährigen Tätigkeit in der anwendungstechnischen Abteilung eines Meßgeräteherstellers konnte der Autor erkennen, daß Mißerfolge meist nicht auf das Konto der Meßgeräte, sondern auf ein mangelhaftes methodisches „know how" zurückzuführen sind.

Der erste Abschnitt erläutert die zum Verständnis der Literatur über ionenselektive Elektroden notwendige elektrochemische Nomenklatur und erklärt das allen Elektroden gemeinsame Prinzip etwas näher.

Der zweite Abschnitt behandelt die Probleme, die bei jeder genauen Messung des Elektrodenpotentials in der Praxis auftreten. Er erwähnt die wichtigsten Bezugselektroden speziell im Hinblick auf ihre Verwendbarkeit als Ableitelektroden bei ionenselektiven Elektroden. Erfahrungsgemäß gehen fast 75% der Schwierigkeiten beim Arbeiten mit ionenselektiven Elektroden auf das Konto der Bezugselektrode.

Nachdem der Leser so mit dem Problemkreis vertraut ist, beschäftigt sich der dritte Abschnitt mit speziellen ionenselektiven Elektroden, deren Eigenschaften, Handhabung und Selbstbau. Dabei werden die Elektroden bewußt nicht nach den jeweils angezeigten Elementen geordnet, sondern nach der Art ihrer Konstruktion, da unter diesem Gesichtspunkt die charakteristischen Eigenschaften weitgehend gleich sind und bei dieser Einteilung auch die Handhabung nur einmal für eine Typenserie beschrieben werden muß.

Der vierte Abschnitt beschreibt Meßverstärker. Er behandelt die Probleme hochohmiger EMK-Messungen wie Rauschpegel, Isolation, statische Aufladungen, Erdschleifen.

Der fünfte Abschnitt ist den Auswertemethoden der Meßdaten gewidmet. Hier werden einige Schemata und Beispiele zur Aufstellung optimaler Meßvorschriften gegeben und die erzielbaren Genauigkeiten diskutiert.

Der letzte Abschnitt beschreibt spezielle Meßanordnungen, wie klinische Durchflußanordnungen, Mikro-Elektroden für Messungen intrazellulärer Ionenaktivitäten, industrielle Durchflußmeßtechniken, kontinuierlich anzeigende Umweltschutzdetektoren.

Der Autor hofft, daß die Lektüre des Bandes und die eigenen Erfahrungen der Leser mit diesen Elektroden zu einer objektiven und realistischen Beurteilung der heute noch neuen Meßmöglichkeiten führen mögen und ist für alle Hinweise und Ergänzungen dankbar. Wenn durch die vorliegende Arbeit einige elektrochemische Vorgänge auch für Nicht-Elektrochemiker verständlich gemacht werden, so ist dies an erster Stelle das Verdienst meines hochverehrten Lehrers Prof. Dr. H. Gerischer, Direktor des Fritz-Haber-Instituts der Max-Planck-Gesellschaft, Berlin, der mich so überzeugend in die moderne Elektrochemie, an deren Entwicklung er so maßgeblich beteiligt war, einführte; er unterstützte mich durch seine Kritik besonders bei den Formulierungen des 1. Kapitels. Mein Dank gilt auch dem Vorstand des Mineralogisch-Petrographischen Instituts, Herrn Prof. Dr. H.G. Huckenholz, für die entgegenkommende Überlassung von Forschungsmitteln für Elektrodenentwicklungen und anregende Diskussionen. Zu danken habe ich ferner für wertvolle Hinweise oder Durchsicht von Teilen des Manuskripts: Herrn Prof. Dr. S. Skorka, Lehrstuhl für Experimentalphysik, Herrn Dr. H. Köhler und Herrn Dipl.-Phys. D. Müller-Sohnius vom Mineralogisch-Petrographischen Institut der Universität München, Herrn Dr. E. Neher vom Max-Planck-Institut für Biophysikalische Chemie, Göttingen, Herrn Dr. W. Richter von der Firma Metrohm, Herrn F. Oehme von der Firma Polymetron und Herrn Dr. R.A. Durst vom U.S. Bureau of Standards, Washington, der mir das Fluoridaktivitäts-Zertifikat zum Vorabdruck zur Verfügung stellte. Frau Linda Dudewic sei mein besonderer Dank für das Schreiben des Manuskripts ausgesprochen. Der Autor möchte aber auch nicht versäumen, sich für die verständnisvolle Zusammenarbeit mit dem Springer-Verlag zu bedanken, die es ihm ermöglichte, diesen Band noch während der Drucklegung auf dem aktuellsten Stand zu halten.

München, im Mai 1973

Inhaltsverzeichnis

	Einleitung	1
1	**Grundlagen der Potentiometrie**	5
1.1	Vorgänge an Elektroden	5
1.2	Die Nernst-Gleichung	11
1.3	Potentialbestimmende Ionen	15
1.4	Ionenselektive Elektrodenmaterialien	20
1.5	Klassifikation	25
1.6	Mischpotentiale	26
1.7	Der Selektivitätskoeffizient als quantitative Kennzeichnung der Elektrodenselektivität	29
1.8	Konzentration, Aktivität und Aktivitätskoeffizient	31
1.8.1	Ansetzen genauer Aktivitäts-Kalibrierlösungen	33
2	**Elektrodenpotentialmessung**	39
2.1	Bezugselektroden	39
2.2	Die Standardwasserstoffelektrode als primäre Bezugselektrode ..	40
2.2.1	Herstellung	41
2.2.2	Eigenschaften	43
2.2.3	Absoluter Temperaturkoeffizient, absolute Elektrodenspannung	44
2.3	Die Diffusionsspannung	44
2.3.1	Entstehung	45
2.3.2	Berechnung	46
2.3.3	Der Bezugselektrolyt	47
2.3.4	Konstruktion der Kontaktzone: Elektrolyt/Meßlösung	48
2.3.5	Gedächtnis- und Ruhreffekt	50
2.3.6	Meßketten ohne Diffusionsspannung	51
2.4	Sekundäre Bezugselektroden	53
2.4.1	Silber/Silberchlorid	53
2.4.1.1	Herstellung	54
2.4.1.2	Eigenschaften	55
2.4.2	Thalliumamalgam/Thallium(I)-chlorid (Thalamid)	56
2.4.2.1	Eigenschaften	56
2.4.3	Quecksilber/Quecksilber(I)-chlorid (Kalomel) und andere Bezugselektroden	57
2.4.4	Elektrolytbrücken oder Stromschlüssel	58
2.5	Umwelthinweise	59

3	**Ionenselektive Elektroden.**	61
3.1	Gemeinsame Konstruktionsprinzipien	61
3.2	Festkörpermembran-Elektroden	63
3.2.1	Metallelektroden	63
3.2.1.1	Metallelektroden erster Art	63
3.2.1.2	Metallelektroden zweiter Art	64
3.2.1.3	Herstellung	65
3.2.1.4	Eigenschaften	66
3.2.1.5	Handhabung	67
3.2.2	Homogene Festkörpermembran-Elektroden für Ag^+, Cd^{2+}, Cu^{2+}, Pb^{2+}, S^{2-}, F^-, Cl^-, Br^-, I^-, SCN^-, CN^--Ionen	67
3.2.2.1	Prinzip	67
3.2.2.2	Aufbau	67
3.2.2.3	Herstellung von Festkörpermembran-Elektroden auf Ag_2S-Basis	71
3.2.2.4	Eigenschaften	72
3.2.2.5	Handhabung	81
3.2.2.6	Probenvorbereitung	82
3.2.3	Heterogene Festkörpermembran-Elektroden für Ag^+, Cl^-, Br^-, I^-, CN^-, SCN^-, S_2^--Ionen	87
3.2.3.1	Aufbau	87
3.2.3.2	Herstellung	88
3.2.4	Glasmembran-Elektroden für Li^+, Na^+, K^+, Rb^+, Cs^+, NH_4^+, NR_4^+, Ag^+, Tl^+-Ionen	88
3.2.4.1	Aufbau	88
3.2.4.2	Eigenschaften	91
3.2.4.3	Handhabung	92
3.2.4.4	Probenvorbereitung	93
3.3	Flüssigmembran-Elektroden	94
3.3.1	Ionenaustauscher für Ca^{2+}, Me^{2+}-Kationen und Cl^-, ClO_4^-, NO_3^-, BF_4^--Anionen	94
3.3.2	Ionensolvensverbindungen	97
3.3.3	Aufbau	100
3.3.4	Herstellung von PVC-Membran-Elektroden	101
3.3.5	Eigenschaften	103
3.3.6	Handhabung	109
3.3.7	Selbstbau von Flüssigmembran-Elektroden	110
3.4	„Solid-state"-Elektroden mit elektroaktivem Überzug	111
3.4.1	Festkörpermembran-Überzugselektroden	111
3.4.2	Polymermembran-Überzugselektroden	112
3.5	Gas-Sensoren	117
3.5.1	Prinzip	117
3.5.2	Aufbau	118
3.5.3	Eigenschaften der gas-sensitiven Elektroden	121
3.5.4	Handhabung	123
3.5.5	Probenvorbereitung	124
3.6	Bio-Sensoren	125
3.6.1	Prinzip	126
3.6.2	Aufbau	126

Inhaltsverzeichnis XIII

3.6.3	Herstellung von Enzym-Elektroden	128
3.6.4	Eigenschaften von Bio-Sensoren	129
3.6.5	Probenvorbereitung bei Bio-Sensoren	131

4	**Meßtechnik bei ionenselektiven Elektroden**	**137**
4.1	Elektrisches Ersatzschaltbild einer Elektrodenmeßkette mit Überführung	137
4.2	Zur Messung der Spannung einer Elektrodenkette	140
4.3	Zur Auswahl eines Meßgerätes	141
4.4	Eigenschaften von Vorverstärkern	144
4.4.1	Auflösungsvermögen	144
4.4.2	Isolationsprobleme	146
4.4.3	Aufladungserscheinungen	146
4.4.4	Erdschleifen	148
4.4.5	Temperaturkompensation	150

5	**Analysentechniken unter Benutzung ionenselektiver Elektroden**	**153**
5.1	Das Kalibrierkurven-Verfahren	154
5.1.1	Bestimmung der Aktivität mittels einer Aktivitäts-Kalibrierkurve	155
5.1.2	Bestimmung der Konzentration mittels einer Konzentrations-Kalibrierkurve	156
5.1.3	Fehlerrechnung	158
5.2	Direkt-Anzeige über die pH- oder pIon-Skala eines Meßgerätes	159
5.3	Titrationsverfahren zur Bestimmung der Konzentration eines Stoffes	161
5.3.1	Voraussetzungen	161
5.3.2	Titrationsfehler	163
5.3.3	Probenvorbereitung für Titrationen	165
5.3.4	Titrationen bis zu einem vorgegebenen Spannungswert	167
5.3.4.1	Titration auf der Basis einer Titrationskurve	167
5.3.4.2	Titration auf der Basis eines Konzentrationsketten-Aufbaus	168
5.3.5	„Chemisch linearisierte" Titrationskurve (Ein-Punkt-Titration)	171
5.3.6	Titrationen mit veränderlichem Titranden	173
5.4	Konzentrationsbestimmungen mit Hilfe einer Standard-Zugabe bei bekannter Elektrodensteilheit S	173
5.4.1	Messung der Spannungsänderung bei Zugabe einer Standardlösung zu der Probenlösung	173
5.4.2	Messung der Spannungsänderung bei Zugabe der Probenlösung zu einer Standardlösung	177
5.4.3	Fehlerrechnung	179
5.5	Konzentrationsbestimmung mit Hilfe einer Standard-Zugabe bei unbekannter Elektroden-Steilheit S	180
5.5.1	Methode der doppelten Standardzugabe	180
5.5.2	Methode der mehrfachen Standardzugabe	182
5.5.3	Methoden der Standardzugabe mit anschließender Verdünnung	183
5.6	Meßpraxis der Zumischmethode am Beispiel einer Natrium- und Kalium-Bestimmung von Blutserum	184

5.7	Konzentrationsbestimmungen mit Hilfe einer „mathematisch linearisierten" Titrationskurve	187
5.7.1	Methode mit bekannter Elektrodensteilheit nach Gran	187
5.7.2	Extrapolation mit unbekannter Elektroden-Steilheit	195
5.8	Praxis der Extrapolationsmethode: Bestimmung von Chlorid im mg/kg-Bereich	197
5.8.1	Grundlage	197
5.8.2	Vorbereitende Arbeiten	198
5.8.3	Bestimmung des Blindwertes.	199
5.8.4	Bestimmung des Chloridgehaltes der Probenlösung	200
5.9	Bestimmung einiger charakteristischer Elektrodenparameter	200
5.9.1	Bestimmung der Nachweisgrenze	200
5.9.2	Bestimmung des Selektivitätskoeffizienten	202
5.9.3	Bestimmung der Einstelldauer.	204

6	**Anwendungsbeispiele ionenselektiver Elektroden**	**207**
6.1	Physiologie, Biologie, Medizin	207
6.1.1	Messungen in extrazellulären Flüssigkeiten	218
6.1.1.1	In-vitro-Messungen.	218
6.1.1.1.1	Probenvorbereitung	220
6.1.1.1.2	Zur Meßelektrode	222
6.1.1.1.3	Zur Bezugselektrode	223
6.1.1.2	In-vivo-Messungen	223
6.1.2	Messung intrazellulärer Ionenaktivitäten	225
6.1.2.1	Herstellung von ionenselektiven Mikro-Elektroden	226
6.1.2.2	Abschirmleitung bei extrem hochohmigen Elektroden	228
6.1.2.3	Mikro-Bezugselektroden	229
6.2	Kontinuierliche Messungen in der Industrie und Umweltforschung	232
6.2.1	Durchflußmeßzellen	233
6.2.1.1	Erdungseinfluß	235
6.2.1.2	Temperatureinfluß.	235
6.2.1.3	Analysentechniken bei Durchflußmessungen	238
6.2.1.4	Durchflußmessungen ohne Bezugselektroden	239
6.2.1.4.1	Direkt-Potentiometrie (Position A–C)	240
6.2.1.4.2	Konzentrationsbestimmung durch Standardlösungs-Zugabe (Position A–B)	241
6.2.1.4.3	Indirekte Konzentrationsbestimmung (Position B–C)	241
6.2.1.4.4	Industrielle On-Line-Messung	242
6.2.2	Konzentrationsbestimmung über eine kontinuierliche Titration	244
6.3	Bestimmen von Gleichgewichtskonstanten	245
6.4	Messungen in nichtwäßrigen Lösungen	246
6.4.1	Meßelektrode	246
6.4.2	Bezugselektrode	247
6.4.3	Bestimmung von Ionenaktivitäten	247
6.4.4	Bestimmung von Ionenkonzentrationen.	248
6.4.5	Bestimmung von Lösungsmittelanteilen.	249

Inhaltsverzeichnis

6.5	Fehler und Störungen beim Arbeiten mit ionenselektiven Elektroden	249

Ausblick 253

Anhang 257
A.1 Thermodynamische und Aktivitätstabellen 257
A.2 Tabellen zu Bezugselektroden 259
A.3 Ioneneinsteller 260
A.4 Ionenpuffer 262
A.4.1 Kationenpuffer 262
A.4.2 Anionenpuffer 266
A.4.3 Gaspuffer 267
A.5 Tabelle zum Auswerten der Analysentechnik 5.4.1 268
A.6 Tabelle zum Auswerten der Analysentechnik 5.4.2 270
A.7 Tabelle zum Auswerten der Analysentechnik 5.5.1 271
A.8 Tabelle zum Auswerten der Analysentechnik 5.5.2 272
A.9 Auswerttabelle für Standardzugabe+Verdünnung 1:1 273

Literatur 275

Sachverzeichnis 291

Verzeichnis der benutzten Symbole 295

Einleitung

Ionenselektive Elektroden sind elektrochemische Halbzellen, bei denen an der Phasengrenze zwischen einem elektrochemisch aktiven Elektrodenmaterial und der Meßlösung eine elektrische Spannung auftritt, deren Größe und Vorzeichen überwiegend von der Konzentration (genauer Aktivität) einer bestimmten Ionenart in der Lösung abhängt. In der Regel ähneln sie im Aufbau der bekannten pH-Glaselektrode. Entsprechend einfach ist auch der Meßvorgang und die Meßtechnik. Notwendig ist nur eine geeignete Bezugselektrode sowie ein hochohmiges Millivoltmeter (Abb. 1). Eine solche Meßanordnung ist heute rel. preiswert erhältlich und ermöglicht mit den entsprechenden ionenselektiven Elektroden die Bestimmung einer Vielzahl von Ionen vom Spurenbereich bis hin zu gesättigten Lösungen.

Die ionenselektiven Elektroden zeigen nur die Aktivität eines bestimmten freien, d. h. nicht gebundenen, Ions an, sie sind daher nahezu konkurrenzlos in der *Speciation Analyse*, bei der es um die Differenzierung zwischen verschiedenen Oxidationsstufen und Bindungszuständen geht. Es ist nicht verwunderlich, daß die ionenselektive Potentiometrie seit ihrer theoretischen Begründung durch W. Nernst [6] vor ca. 100 Jahren – bedingt durch die Entwicklung neuer selektiver Elektrodenphasen seit 1966 – eine gewisse Renaissance durchläuft. Nach letzten Erhebungen steht sie bei analytischen Laborato-

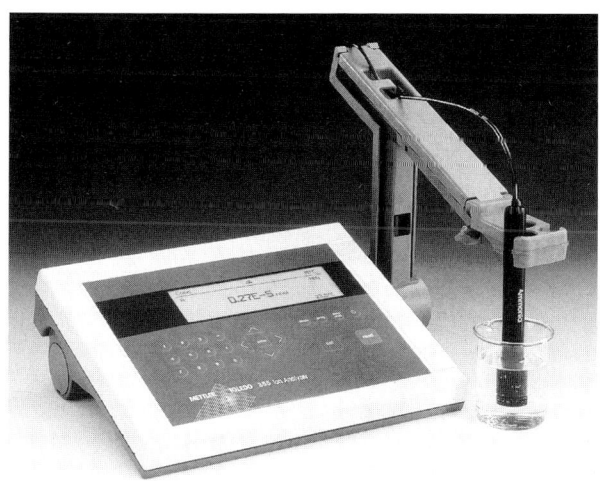

Abb. 1. Mettler-Toledo Delta 355, Ionenmeter mit meßbereiten Elektroden. Nach Kalibrieren und Messen wird das ausgerechnete Ergebnis in mol/L angezeigt

rien in der Anwendungshäufigkeit nach chromatographischen und photometrischen Verfahren an fünfter Stelle und wird von nahezu jedem dritten Labor auch in der Routine benutzt.

Die genaue Zahl der Ionen aufzuzählen, die sich zur Zeit mit kommerziell erhältlichen ionenselektiven Elektroden bestimmen lassen, ist unmöglich. Man befindet sich noch immer in der Wachstumsphase der Anwendung. Ständig werden von Firmenneugründungen neue oder verbesserte Elektroden auf den Markt gebracht. Berücksichtigt man nur diejenigen Kationen und Anionen, die mehr oder weniger selektiv direkt angezeigt werden, so kommt man heute auf beinahe 50. Dazu kommen aber noch unzählige weitere Ionen, sogar neutrale Verbindungen, die indirekt mit Hilfe einer chemischen Reaktion bestimmt werden können. Modifizierte Elektroden sprechen auch auf gasförmige Stoffe, wie NH_3, CO_2, NO_x, H_2S usw. an.

In einer Übersicht (Abb. 2), die keinen Anspruch auf Vollständigkeit erhebt, sind in einem Bild des Periodensystems die Felder der Elemente, die als Ion direkt angezeigt werden, ungeteilt gezeichnet im Gegensatz zu den halbunterteilten, die z. Z. nur indirekt bestimmbar sind. In der zweiten Zeile steht jeweils die Ionenform des selektiv anzeigenden Elements bzw. die chemische Reaktion über welche die indirekt bestimmbaren Ionen erfaßt werden können. Sieht man von den Edelgasen, den Lanthaniden und Actiniden ab, so ist es die große Mehrheit der Elemente, die als Ionen mit selektiven Elektroden in Wechselwirkung treten.

Eine besondere Bedeutung haben die ionenselektiven Elektroden für die Anionenanalytik erlangt. Gerade sie hatte sich dem instrumentellen Fortschritt am hartnäckigsten verweigert. Dies hatte sich zwar mit Einführung der Ionenchromatographie verändert, jedoch werden bei dieser Technik alle detektierten Ionen zuvor quantitativ voneinander getrennt, was bei Ionengleichgewichten zu Veränderungen des Meßmediums und damit zu systematischen Fehlern führen kann. Ohne Trennoperation erfassen die ionenselektiven Elektroden hingegen die Meßionenaktivität innerhalb bestehender Ionengleichgewichte.

Die Empfindlichkeit der ionenselektiven Potentiometrie wird durch die Nachweisgrenzen, die je nach Elektrodenart zwischen 10^{-5} und 10^{-19} mol/L liegt, beschrieben. Die Bestimmung von weniger als 10^{-6} mol/L ist selbstverständlich nur in ionengepufferten Lösungen möglich. Die für eine Messung benötigte Mindestprobenmenge beträgt nur wenige µL, verbunden mit einer verbrauchslosen und die Probenmatrix nicht verändernden Messung. Damit sind ganz neue Aspekte auf dem Gebiet der Spurenanalyse gegeben. Die nicht mit elektrochemischen Sensoren bestimmten Stoffe können anschließend in der gleichen Lösung noch mit anderen Techniken untersucht werden.

Ideal sind die ionenselektiven Elektroden auch als Durchflußelektroden für die *Fließinjektionsanalyse* oder *Ionenchromatographie*. Durch den Effekt der kinetischen Diskriminierung von Störionen läßt sich der Selektivitätskoeffizient gegebenenfalls um Größenordnungen verbessern.

Konkurrenzlos ist die ionenselektive Potentiometrie in allen Fällen, wo kontinuierliche Durchflußmessungen verlangt werden, wie z. B. bei der Erfassung kinetischer Daten schneller Reaktionen oder bei klinischen Anwendungen. In

H H^+ ◁△																	He
Li Li^+ ▷	Be $Be^{2+}+F^-$ ▷											B BF_4^- ▷	C CO_2 ▽	N NH_3 ▽ NH_4^+ △ NO_3^- △	O OH^- ◁ △	F F^- ▷	Ne
Na Na^+ ◁ △	Mg Mg^{2+} △											Al $Al^{3+}+F^-$ ▷	Si	P PO_4^{3-} ▷ HPO_4^{2-} ▷	S S^{2-} ▷ SO_4^{2-} ▷	Cl Cl^- ▷ ClO_4^- △	Ar
K K^+ △	Ca Ca^{2+} △	Sc	Ti	V VO^{3+} ▷	Cr CrO_4^{2-} △	Mn Mn^{2+} MnO_4^- △	Fe Fe^{2+} Fe^{3+} △	Co $Co(CNS)_4^{2-}$ △	Ni Ni^{2+} △	Cu Cu^{2+} ▷	Zn Zn^{2+} △	Ga $Ga^{3+}+F^-$ ▷	Ge	As AsO_4^{3-} $+ Ag^+$ ▷	Se SeO_3^{2-} ▷	Br Br^- ▷	Kr
Rb Rb^+ △	Sr Sr^{2+} △	Y $Y^{3+}+F^-$ ▷	Zr Zr^{4+} ▷	Nb	Mo Mo^{6-} ▷	Tc	Ru	Rh	Pd $PdCl_4^-$ △	Ag Ag+ bes.selek. ▷	Cd Cd^{2+} >	In	Sn Sn^{2+} △	Sb SbO^+ △ $SbCl_6^-$ △	Te $Te^{2-}+$ Pb^{2+} ▷	I I^- ▷	Xe
Cs Cs^+ △	Ba Ba^{2+} △	La La^{3+} ▷	Hf	Ta TaF_6^- △	W WO_4^{2-} + Pb^{2+} ▷	Re ReO_4^- △	Os	Ir	Pt	Au Au^{3+} △ $Au(CN)_4^-$ △	Hg Hg^{2+} △	Tl Tl^+ △ Tl^{3+} △	Pb Pb^{2+} ▷	Bi BiI_4^- △	Po	At	Rn
		Ac AcO_2^{2+} △			U UO_2^{2+} △												

◁ Glasmembran-Elektrode
△ Polymermembran-Elektrode
▷ kristalline Membran-Elektrode
▽ Gasmembran-Elektrode

Abb. 2. Übersicht über die z. Z. mit Hilfe ionenselektiver Elektroden bestimmbaren Elemente. Daneben sind auch komplexe Anionen, wie CO_3^{2-}, CN^-, SCN^-, $(CO)_2^{2-}$, anionische Detergentien usw., sowie organische Verbindungen, wie Harnstoff, Aminosäuren, Penicillin usw., bestimmbar industriellen Monitoren ist die robuste und wartungsarme Bauweise ionenselektiver Elektroden, sowie ihr großer Meßbereich, verbunden mit hoher Anzeigegeschwindigkeit von großem Wert.

Konkurrenzlos sind die ionenselektiven Elektroden auch bei physiologischen Messungen in biologischen Zellen. Wenn es um die wichtige Ionenverteilung von H^+, Na^+, K^+, Li^+, Ca^{2+}, Mg^{2+}, Cl^- usw. geht, dann ist sie mit anderen Analysenmethoden wegen der Rückwirkung auf die Verteilung nur schwer erhältlich.

Ein großer Vorteil besteht darin, daß mit ionenselektiven Elektroden primär die Aktivität und nicht die Konzentration eines Meßions erhalten wird. Gerade bei physiologischen Ionenreaktionen sind die Aktivitäten und nicht die Gesamtkonzentrationen entscheidend. Bei bekannter Ionenkonzentration ergibt sich eine interessante Möglichkeit, den Aktivitätskoeffizienten zu bestimmen, was eine neue Anwendung in der Grundlagenforschung eröffnet.

Enzymelektroden oder Biosensoren erlauben die Bestimmung einer Vielzahl von Substraten, wie z. B. Harnstoff, Glukose, Penicillin, Aminosäuren und vieler weiterer physiologisch bedeutsamer Stoffe auf einfachste Weise. Eine weitere Anwendung finden, ebenfalls selbst herzustellende, ionenselektive Elektroden zur Bestimmung einiger Antikörper in physiologischen Flüssigkeiten.

Es soll hier nicht in den Fehler der Methodenüberschätzung verfallen werden, wenn einleitend die Vorteile und die Bedeutung dieser neuen elektrochemischen Methode herausgestellt sind. Noch ist die Selektivität keinesfalls bei allen Elektroden so hoch, daß eine direkte und störungsfreie Messung in Gegenwart aller nur denkbaren Matrixionen möglich wäre.

Es soll auch nicht verschwiegen werden, daß alle Messungen mit ionenselektiven Elektroden *Relativmessungen* sind, die auf einem Vergleich mit Standardlösungen beruhen. Die Herstellung geeigneter Standards, insbesondere für definierte Aktivitäten, ist daher für das Ergebnis entscheidend.

Die Zusammensetzung der Probelösung sollte ungefähr bekannt sein, um Störungen abschätzen und ggf. verhindern zu können. Letzteres führt in der Meßpraxis kaum zu größeren Umständen, da man den entsprechenden Prozeß leicht mit der Probenvorbereitung verbinden kann. Bei einem Methodenvergleich mit anderen Analysenverfahren sollte man fairerweise auch das Preis/Leistungsverhältnis berücksichtigen. Hier schneiden die ionenselektiven Elektroden, deren Selbstbau sehr einfach ist, sicherlich nicht schlecht ab. Im übrigen gibt es kein generell bestes Analysenverfahren. Es gibt stets nur ein zu einem bestimmten Zeitpunkt optimales Verfahren für eine gegebene Matrix. Letzteres zu finden, ist ja gerade die Aufgabe des Analytikers.

Grundlagen der Potentiometrie

1.1 Vorgänge an Elektroden

In der Elektrochemie sind Elektroden Zweiphasensysteme, bei denen zwischen den Phasen Elektronen oder Ionen übergehen können. Der Übergang läßt sich in Form einer korrespondierenden Spannungsänderung feststellen. Verläuft die Aufteilung von elektrischen Ladungen an den Grenzflächen spontan und freiwillig und wird die resultierende Spannungsänderung stromlos gemessen, so spricht man von potentiometrischen Messungen.

Im Gegensatz zu den Messungen dieses Gleichgewichtszustandes stehen voltammetrische Messungen, bei denen ein Stromfluß über die Phasengrenze Elektrolyt/Elektrode stattfindet. Die Spannung dazwischen, die sog. Elektrodenspannung, ist extern mit Hilfe entsprechender Geräte, sog. *Potentiostaten*, einstellbar. In der inneren Ableitung von ionenselektiven Elektroden geht eine Ionenleitung in eine Elektronenleitung über.

Die einfachste Elektrode ist ein Stück Metalldraht, das in eine Elektrolytlösung taucht. Zeigt eine Elektrode aus einem chemisch inerten Metall, z.B. Platin, in einer Lösung (ohne Platinionen) ihre durch Elektronenübergänge verursachte Aufladung an, so spricht man von einer *Redoxelektrode*. Die dadurch verursachte Aufladung kennzeichnet die Oxidations- oder Reduktionskraft bestimmter Redoxsysteme. Solche Elektroden sind für direkte Messungen der Elektronenaktivität und als Endpunktsindikator bei Redoxtitrationen weit verbreitet.

Taucht eine Metallelektrode in eine Lösung, die das Elektrodenmetall als Ion enthält (z.B. Ag in $AgNO_3$-Lösung), so hängt die Potentialdifferenz zwischen Lösung und Elektrode von der Aktivität des betreffenden Metallions in der Lösung ab. An der Phasengrenze läuft nun eine elektrochemische Reaktion (z.B. $Ag = Ag^+ + e^-$) ab, deren Ausmaß das Elektrodenpotential bestimmt. Man spricht in diesem Fall von einer *Elektrode erster Art*, weil nur ein chemisches Gleichgewicht bei der Potentialbildung involviert ist.

Ist die Lösung mit einem Salz des Elektrodenmetalls gesättigt und enthält sie Bodenkörper oder ist sie mit einer zusammenhängenden Schicht einer schwerlöslichen Anionenverbindung überzogen (z.B. Ag mit AgCl), so hängt das Elektrodenpotential von der Aktivität des betreffenden Anions in der Lösung ab. Da hier ein zusätzliches Gleichgewicht ($Ag^+ + Cl^- = AgCl$) involviert ist, spricht man von einer *Elektrode zweiter Art*.

Enthält die schwerlösliche Schicht noch ein zweites Kation, das mit dem gemeinsamen Anion ebenfalls eine schwerlösliche Verbindung, aber mit einem größeren Löslichkeitsprodukt als die Elektrodenmetallverbindung, eingeht (z. B. Ag_2S mit PbS), so hängt das Elektrodenpotential von der Aktivität dieses zusätzlichen Kations in der Lösung ab. Weil hier insgesamt drei chemische Gleichgewichte involviert sind, spricht man in diesem Fall von einer *Elektrode dritter Art*.

Elektroden erster, zweiter und dritter Art sind schon lange bekannt. Ihrer analytischen Anwendung steht aber die begrenzte Selektivität im Wege, denn mit jedem weiteren Gleichgewicht wächst die Zahl der möglichen Störungen.

Es können aber zwischen dem elektronenleitenden Material und dem Elektrolyten auch noch andere Materialien wie Halbleiter [7], wie Glas (*Glaselektrode*) oder organische Verbindungen (*Ionenaustauscher-, Ionensolvens-Elektrode*) zwischengeschaltet sein. An ihrer Phasengrenze bildet sich dann eine Potentialdifferenz aus, die von der Aktivität eines bestimmten Ions abhängt, das in der Lösungsphase und in der Elektrodenphase vorhanden ist und leicht zwischen beiden wechseln kann. Alle diese Elektroden, die *ein bestimmtes Ion* in Gegenwart anderer *selektiv* anzeigen, werden *ionenselektive Elektroden* genannt.

Zum Verständnis für diese Elektroden-Eigenschaften ist ein atomistisches Bild der Elektrodenvorgänge heranzuziehen. Dazu stelle man sich den Zustand der Materie sowohl im Elektrolyten, als auch in der Elektrode weit genug entfernt von der Phasengrenze vor. Hier halten sich im Inneren der jeweiligen homogenen Phase (Elektrodenmaterial, Elektrolytlösung) die Wechselwirkungskräfte (Anziehungs- und Abstoßungskräfte) der einzelnen geladenen oder polaren Teilchen im zeitlichen Mittel die Waage. Die Summe der auf ein Teilchen wirkenden Kräfte ist im zeitlichen Mittel gleich Null.

Bei einem solchen Gleichgewichtszustand sind die Kationen und Anionen im Elektrolyten gleichmäßig verteilt, und auch die Wassermoleküle mit ihrem großen Dipolmoment (Dielektrizitätskonstante $\varepsilon = 78$) sind, abgesehen von dem molekularen Bereich der Solvathüllen, nicht über größere Bereiche orientiert, so daß insgesamt Elektroneutralität herrscht.

In der Nähe einer Phasengrenze wird nun diese allseitige Absättigung der gegenseitigen Beeinflussung der Teilchen empfindlich gestört, denn hier „sieht und fühlt" ein Ion auf der einen Seite z. B. die Elektrodenoberfläche mit gänzlich anderen Eigenschaften als auf der anderen Seite das Gros der übrigen Ionen und Dipolmoleküle des Elektrolyten; für die Elektronen oder Atome im Elektrodenmaterial gilt entsprechendes. Die Folge dieser Anisotropie an der unmittelbaren Phasengrenze ist eine entsprechende Neu- oder Umorientierung der durch diese gerichteten Kräfte „erreichbaren" Teilchen. Denn diese sind ja bestrebt, in diesem veränderten Kräftefeld den Zustand niedrigster Energie einzunehmen. „Erreichbar" bedeutet hierbei schon eine Strecke von einigen wenigen Ionenradien. Es kann zu einer mehr oder weniger großen Dipol-Orientierung der Solvensmoleküle in der Nähe der Elektrodenoberfläche kommen. Die orientierten Dipole an der Elektrodenoberfläche können als eine geladene Kondensatorplatte im Abstand s_{Hi} von der Oberfläche gedacht werden. So entsteht eine *elektrische Doppelschicht*, die in einer elektronischen Schaltung wie ein Kondensator wirkt. Die Elektrochemiker prägten den quantitativen Begriff der „Doppelschichtkapazität". Seine Größe beträgt z. B. auf Quecksilber $C/A \approx 28 \, pF \, cm^{-2}$. Da in einem Elektrolyten die Solvensmoleküle meist

1.1 Vorgänge an Elektroden

in der Überzahl sind und darüber hinaus noch jedes Ion mehr oder weniger solvatisiert ist, es also bei Annäherung (z.B. durch thermische Bewegung) an eine Elektrode zuerst mit der Solvenshülle an die Elektrodenoberfläche stößt, kann man in erster Näherung annehmen, daß sich auf jeder Elektrodenoberfläche eine monomolekulare, teilweise ausgerichtete Solvensschicht ausbildet. Die Gesamtheit der Dipole, in denen der Sitz einer gerichteten elektrischen Ladung dieser Moleküle gedacht werden kann, bilden die sog. *innere Helmholtzfläche*.

Es können aber auch Ionen hinter dieser ersten Solvensschicht gegenüber der mittleren Konzentration im Elektrolyten angereichert oder abgereichert werden. Die Fläche, auf der sich das Gros dieser Ionen gedacht werden kann, wird *äußere Helmholtz-Fläche* genannt. Dieser Ladungsüber- oder unterschuß im Abstand s_{Ha} induziert nun wiederum eine gleich große, aber entgegengesetzt geladene auf der Elektrodenoberfläche, wie in Abb. 3 schematisch gezeigt wird.

Eine Verfeinerung dieser Modellvorstellung ist für die Meßpraxis noch von besonderer Wichtigkeit. Die Ionen, die sich in der äußeren Helmholtzfläche angereichert haben, darf man sich nicht völlig starr auf dieser Fläche verweilend vorstellen. Durch thermisch bedingte Zusammenstöße mit anderen Ionen und Molekülen des Lösungsmittels muß man sich zumindestens einen Teil dieser Überschußladungen mehr oder weniger tief in den Elektrolytraum hinein erstreckt denken. Diese „Verschmierung" der Überschußladungen zu einem diffusen Ladungsteil, der sog. *Gouy-Chapman-Schicht*, nimmt mit abnehmender Ionenkonzentration zu. Die Dicke der diffusen Schicht ist in Elektrolyten mit Ionenstärken $I \approx 1$ mol/L nicht größer als die innere Helmholtz-Schicht und kann ebenfalls als starr aufgefaßt werden. In hochverdünnten Lösungen beträgt sie bis zu einigen 10 nm.

Welche Bedeutung hat nun diese Modellvorstellung für die Praxis der Messung mit ionenselektiven Elektroden? In der Praxis arbeitet man oft mit relativ zu einer Elektrode bewegten Elektrolytlösungen (z.B. bei Durchflußmessungen, zwecks rascherer Thermostatisierung gerührten Lösungen usw.). Wir wissen von der Hydrodynamik, daß bei einer relativ zu einer festen Wand (Elektrode) bewegten Flüssigkeit (Elektrolyt) stets eine, je nach Größe dieser Relativbewegung, mehr oder weniger dicke Schicht der Flüssigkeit an der Phasengrenze durch Wechselwirkungskräfte mit der Wand festgehalten wird. Die räumliche Ausdehnung dieser stationären Schicht erstreckt sich in der Regel noch weit über die äußere Helmholtzebene hinaus. Dies wird aber anders, wenn man zu stark verdünnten Lösungen übergeht, da hier ein „Schwanz" von diffus ins Lösungsinnere reichenden Überschußladungen vorliegt, die dann teilweise von der Strömung mitgerissen werden. Diesem Transport elektrischer Überschußladungen entspricht aber definitionsgemäß ein elektrischer Strom i_{hydr}, wie in Abb. 4 angedeutet. Fließt ein elektrischer Strom durch ein Medium mit einem bestimmten Widerstand R (hier Leitfähigkeit des Elektrolyten), so resultiert daraus gemäß dem Ohmschen Gesetz ein Spannungsabfall $\Delta E = R \cdot i_{hydr}$. Durch die Bewegung eines stark verdünnten Elektrolyten relativ zu einer festen Elektrode entsteht eine Spannung. Diese Spannung wird auch oft als *elektrokinetisches-* oder *ζ-(Zeta-)Potential* bezeichnet und kann bei analytischen Messungen stören, dann nämlich, wenn man eine starke Abhängig-

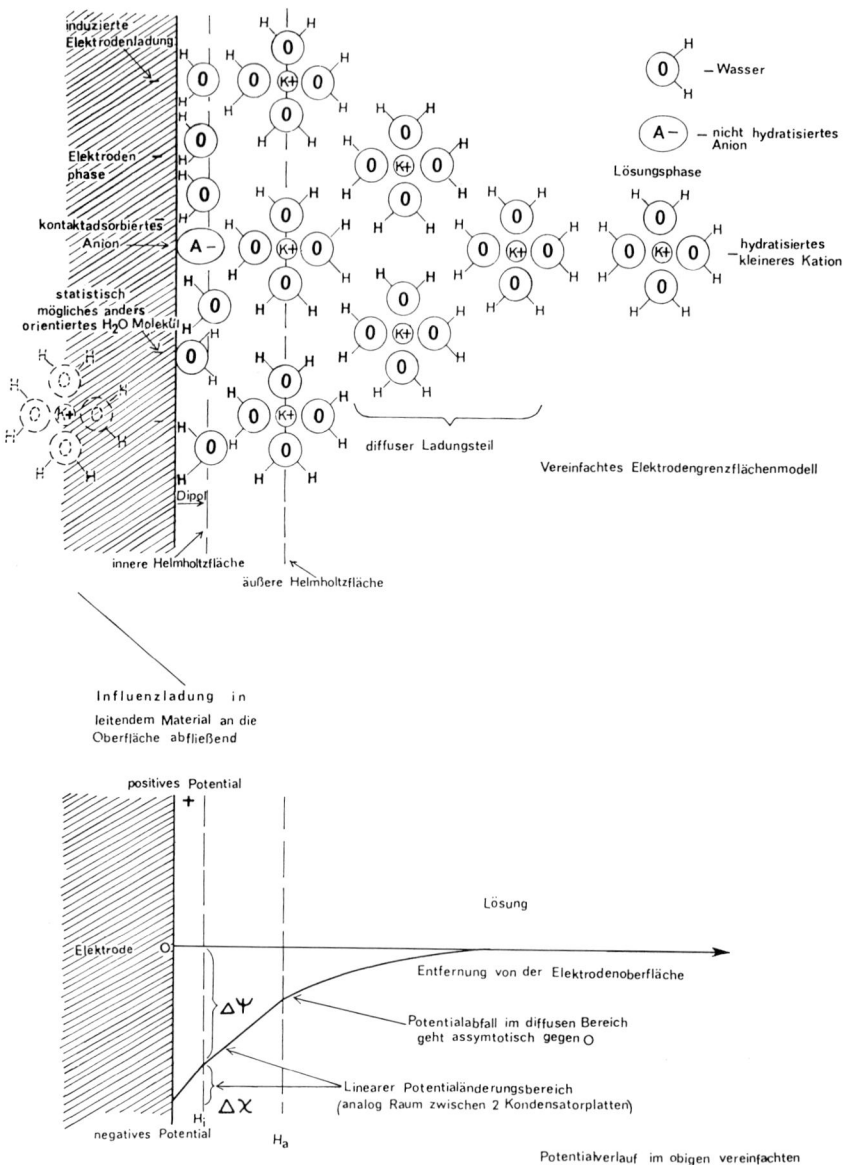

Abb. 3. Vereinfachtes Elektrodengrenzflächen-Modell. (Die in der Minderheit vorliegenden Anionen sind, bis auf eine Ausnahme, der besseren Überschaubarkeit wegen ausgelassen; die hydratisierten Kationen sollen die Überschußladungen symbolisieren)

1.1 Vorgänge an Elektroden

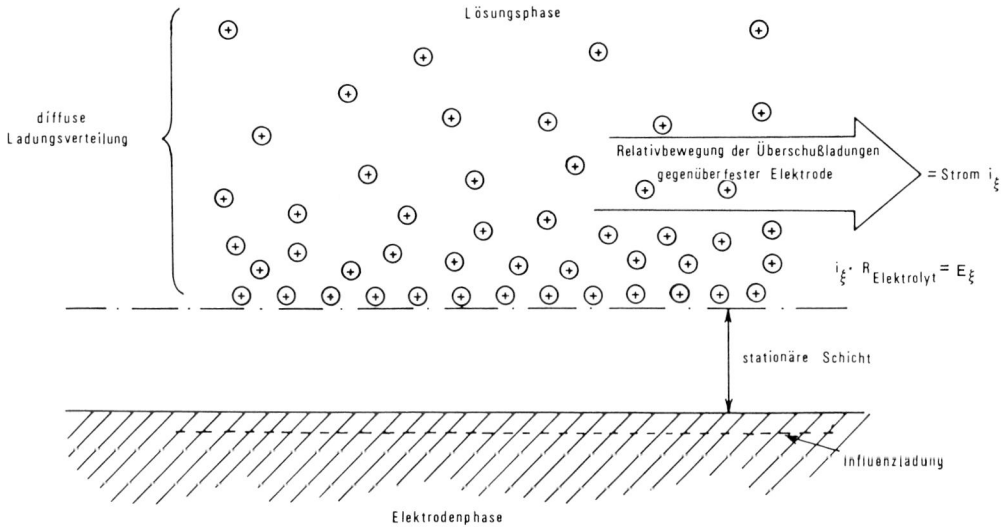

Abb. 4. Schematische Erklärung der Strömspannung

keit des Meßwertes von der Rührgeschwindigkeit und der Geometrie der Zelle feststellt. Man kann diesen Störeffekt mindern, indem man den diffusen Ladungsüberschußanteil der Helmholtzschicht verkleinert und gleichzeitig auch noch die Leitfähigkeit der Lösung verbessert, was beides durch die Zugabe eines indifferenten Elektrolyten zu bewerkstelligen ist. Auch an der Bezugselektrode tritt ein „Rühreffekt" auf, der bei genauen Messungen zu beachten ist (s. Abschn. 2.3.5).

In den bisherigen Überlegungen wurde nur erläutert, wieso es zu einer partiellen Ladungstrennung an der Phasengrenze Elektrode/Elektrolyt kommt. Es wurden zunächst nur physikalische, genauer elektrostatische, Vorgänge erwähnt: Die Anisotropie durch Dispersionskräfte ermöglicht eine partielle Ladungstrennung. Es war bisher noch keine Rede von einem Übergang einer Ionensorte aus der Lösungsphase in die Elektrodenphase oder umgekehrt, was einem Ladungsdurchtritt durch die elektrische Doppelschicht entsprechen würde. Im ersten Fall spricht man von einer ideal *polarisierbaren Elektrode*. Das andere Extrem ist in diesem Zusammenhang die vollständig *unpolarisierbare Elektrode* mit großem Ladungsaustausch, die im Ersatzschaltbild (Abb. 5) durch einen Kondensator mit parallel geschaltetem Widerstand charakterisiert werden kann. Dies bedeutet, daß bei kleinem Widerstand ein Stromfluß über die Phasengrenze hinweg die Spannung am Kondensator und damit die Elektrodenspannung nicht beeinflußt. Gerade dies ist für die Meßtechnik besonders wichtig, denn ein kleiner Stromfluß kann bei einer Spannungs-Messung nie vermieden werden. Bekanntes Beispiel für eine polarisierbare Elektrode ist die Quecksilbertropfelektrode der Polarographie; demgegenüber zählen die bekannten Bezugselektroden (Ag/AgCl, Kalomel usw.) alle zu den weitgehend unpolarisierbaren Typen.

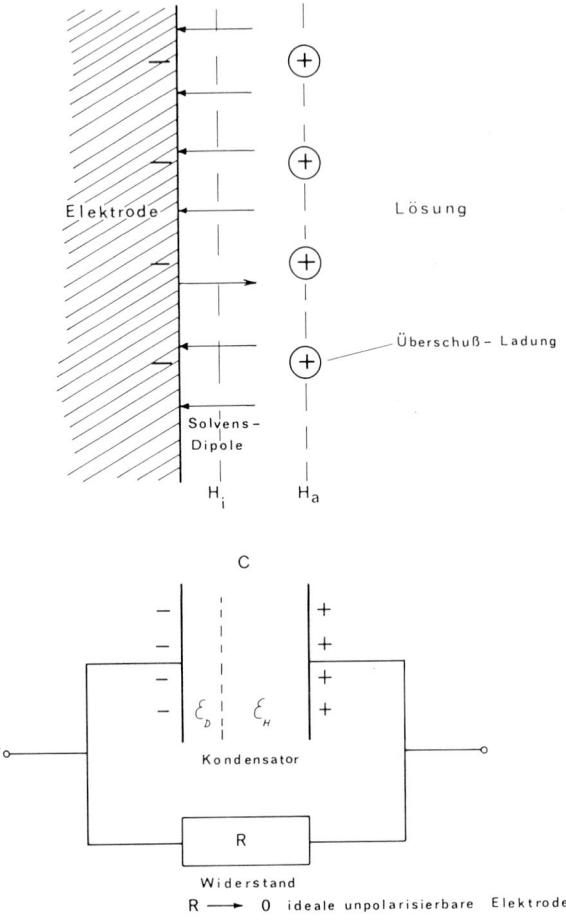

Abb. 5. Elektrodengrenzflächen-Modell und dazugehöriges elektronisches Ersatzschaltbild

Wie stellen sich für den Elektrochemiker die weiteren Vorgänge an der Phasengrenze Elektrode/Elektrolyt dar? Im ersten Augenblick des Eintauchens sind weder Elektrode noch die Lösung irgendwie aufgeladen; der Vorgang der Ladungstrennung vollzieht sich erst nach Beginn dieser Gleichgewichtsstörung. Bei wäßrigen Lösungen kommt es zur Ausbildung einer Wasserdipolschicht mit der dazugehörigen Oberflächenspannung $\Delta \chi$. Gleichzeitig baut sich eine *Voltaspannung* $\Delta \psi$ durch eine An- oder Abreicherung von Ionen in der Helmholtzfläche auf. Aber die Ionen der Lösung brauchen nicht im Abstand der Helmholtzfläche vor der Elektrode halt zu machen. Sie können, wenn sie dadurch Energie gewinnen, auch die Helmholtz- und Dipolschicht durchdringen und in die Elektrodenphase wandern oder umgekehrt, ein Atom oder Ion in der Elektrodenphase kann unter Energiegewinn in die Lösung übertreten. Diese „chemische" Reaktion tritt parallel zu den rein elektrostatischen An- oder Abreicherungsvorgängen auf und *ist in der Wirklichkeit nicht von diesen zu trennen*. In welcher Richtung und inwieweit nun dieser Phasenübergang von Ladungsträgern abläuft, ist eine Frage des chemischen Gleichgewichtes. Dieses Gleichgewicht ist bekanntlich erreicht, wenn durch Ablauf der Reaktion weder in der einen noch in der anderen Richtung Energie frei wird, wenn also der Zustand minimalster freier Energie gegeben ist.

1.2 Die Nernst-Gleichung

Es ist bekannt, daß eine elektrische Ladung Q mit einem elektrischen Feld der Stärke E verknüpft ist. Die Arbeit W, die aufgewendet werden muß, um eine Ladung Q aus dem Unendlichen zu einem bestimmten Punkt P innerhalb eines felderfüllten Raumes zu überführen, ergibt sich zu:

$$W(P) = -Q \int_{\infty}^{P} \mathbf{E}\,\mathrm{d}s \tag{1}$$

mit: $\mathbf{E}$ = Feldstärke (als Vektor),
  $\mathrm{d}s$ = Wegelement (als Vektor).

Der Integralausdruck wird als elektrostatisches Potential des betreffenden Punktes bezeichnet:

$$\varphi(P) = - \int_{\infty}^{P} \mathbf{E}\,\mathrm{d}s \tag{2}$$

Bei der Beschreibung einer Elektrodengrenzfläche definiert der Elektrochemiker ein sog. „äußeres Potential" ψ. Es ist das Potential in der Nähe (ca. 10^{-5}cm) der Elektroden- bzw. Elektrolytoberfläche (im Gedankenexperiment denkt man sich beide getrennt und im Vakuum) aber noch außerhalb der Reichweite der Wechselwirkungssphäre der Influenzerscheinungen. Die Differenz der äußeren Potentiale von Elektrode und Elektrolytlösung

$$\psi_{\text{Elektrode}} - \psi_{\text{Lösung}} = \Delta\psi_{\text{E-L}} \tag{3}$$

stellt die sog. *Voltaspannung* dar. Sie wird in der Physik auch als *Kontaktspannung* bezeichnet, weil sie zuerst bei der Berührung von zwei verschiedenen Metallen ohne Gegenwart eines Elektrolyten beobachtet wurde. Sie ist direkt meßbar, s. Möhring [8].

Um aber zu der Potentialdifferenz zwischen dem Innern der beiden angrenzenden Phasen zu gelangen, darf man die partiell orientierte Dipolschicht, die sich an der Phasengrenze Elektrode/Elektrolyt ausbildet, nicht übersehen. Der Arbeit, die zur Überwindung dieser Dipolschicht auf eine Einheitsladung geleistet werden muß, kann man formal eine *Oberflächenpotentialdifferenz* $\Delta\chi$ zuordnen. Die entsprechende Spannung $\Delta\chi$ muß also noch zu der Voltaspannung $\Delta\psi$, die sich nur auf die Ladungstrennung an verschiedenen Orten im Vakuum bezieht, addiert werden, um den Gesamtspannungsabfall $\Delta\phi$ zwischen dem Innern einer Elektrode und dem Innern einer angrenzenden Elektrolytlösung zu erhalten:

$$\Delta\phi = \Delta\psi + \Delta\chi. \tag{4}$$

Diese Differenz der inneren Potentiale wird *Galvanispannung* genannt. Bei der Berechnung der verschiedenen Teilarbeitsbeträge sind alle Wechselwirkungen physikochemischer Art (Ion-Ion, Ion-Lösungsmittel usw.), die selbstverständlich bei realen Grenzflächen immer auftreten, ausgeschlossen. Hier sind nur die elektrostatischen Wechselwirkungen berücksichtigt. Wenn oft nur von einer Elektrodenspannung oder Galvanispannung die Rede ist, so ist dieser Ausdruck als Kürzel für *Elektrodenpotentialdifferenz* aufzufassen. Es ist wichtig zu wissen, daß man in der Praxis Galvanispannungen nicht direkt, sondern nur als Differenzen zweier Galvanispannungen und nur im gleichen Medium einigermaßen genau messen kann.

Die thermodynamische Berechnung der sich unter Gleichgewichtsbedingungen einstellenden Galvanispannung ist einfach: Analog zum *elektrostatischen Potential* ϕ kann man nun ein *chemisches Potential* μ definieren als die Arbeit, die aufgewendet werden muß oder frei wird, wenn ein Mol einer bestimmten Partikelsorte aus dem Unendlichen ins Innere einer diesmal ungeladenen und dipolschichtfreien, also feldfreien Materiephase gebracht werden soll. Damit sollen alle chemischen Wechselwirkungen erfaßt sein.

Die Gesamtarbeit und damit das *elektrochemische Potential* $\bar{\mu}$ ist die Summe von *elektrostatischer* ($z \cdot F \cdot \phi$) *und chemischer Arbeit* (μ):

$$\bar{\mu} = \mu + z \cdot F \cdot \phi \tag{5}$$

mit: $\mu = \left(\dfrac{\partial G}{\partial n}\right)_{p,T}$ = chemisches Potential (Änderung der freien Enthalpie G pro Molzahl),

z = Anzahl der pro Molekül ausgetauschten Elementarladungen,

F = Faraday-Konstante (96 496 A·s/g-Äquivalent).

Der Faktor $z \cdot F$ berücksichtigt den Umstand, daß bei der Definition des chemischen Potentials ein Mol der Substanz zugrunde gelegt wird, bei der der Galvanispannung jedoch nur die Einheitsladung $Q = 1\,\text{A·s} = 1\,\text{C}$. Die Faraday-Konstante F ergibt sich aus der Multiplikation der Elementarladung e_0 mit der Loschmidtschen Zahl: $F = e_0 \cdot L$. Für mehrwertige Ionen muß dann noch der Faktor z, der die Anzahl der Elementarladungen angibt, die pro Molekül ausgetauscht werden, berücksichtigt werden. Gleichgewicht herrscht zwischen verschiedenen Phasen dann, wenn das elektrochemische Potential in allen Phasen gleich ist:

$$\bar{\mu}_{\text{Phase 1}} = \bar{\mu}_{\text{Phase 2}} = \bar{\mu}_{\text{Phase 3}} \text{ usw.} \tag{6}$$

Um diesen Zustand zu erreichen, ist es notwendig, daß ein Materietransport durch die Phasengrenze erfolgen kann. Dies impliziert wiederum, daß sich vorzugsweise *unpolarisierbare* Elektroden (bei den polarisierbaren war ein Materie- und damit auch Ladungstransport durch die Doppelschicht verboten) im Zustand eines thermodynamischen Gleichgewichts befinden.

Für eine Elektrodenreaktion zwischen einem Metallion M^{z+} mit der Ladung z und dem Elektrodenmetall M:

1.2 Die Nernst-Gleichung

$$M^{z+} + ze^- \rightleftarrows M \tag{R1}$$

lautet dieses Gleichgewichtskriterium also:

$$\bar{\mu}_{M^{z+}} + z\bar{\mu}_e = \bar{\mu}_M \tag{7}$$

mit: $\bar{\mu}_M$ = elektrochemisches Potential des Metall M in der Metallphase,
$\bar{\mu}_{M^{z+}}$ = elektrochemisches Potential des Metallions M^{z+} in der Lösungsphase,
$\bar{\mu}_e$ = elektrochemisches Potential der Elektronen im Metall.

Unter Berücksichtigung der oben erwähnten Definition des elektrochemischen Potentials und Auflösung der Gleichungen nach $\Delta\phi_{gl}$, der Gleichgewichts-Galvanispannung ($\Delta\phi_{gl} = \phi_{Metall} - \phi_{Lösung}$), ergibt sich:

$$\Delta\phi_{gl} = \frac{\mu_{M^{z+}} + \mu_e - \mu_M}{z \cdot F}. \tag{8}$$

Da eine Absolutberechnung der einzelnen chemischen Potentiale μ_i wegen des komplexen Zusammenspiels der verschiedensten Wechselwirkungskräfte nicht möglich ist, bezieht man sich in der Thermodynamik stets auf einen Standardzustand μ_i^0 und beschreibt nur Änderungen desselben gemäß:

$$\mu_i = \mu_i^0 + R \cdot T \cdot \ln a_i \tag{9}$$

mit: R = allgemeine Gaskonstante (8,31 Ws/K·mol),
T = Temperatur in Kelvin
a_i = Aktivität der Ionensorte i.

Wenn man ferner übereinkunftsgemäß die *Aktivität* der Metallatome und die der Elektronen in der reinen Metallphase gleich eins setzt, erhält man:

$$\Delta\phi_{gl} = \frac{\mu_{M^{z+}}^0 + \mu_e^0 - \mu_M^0}{z \cdot F} + \frac{R \cdot T}{z \cdot F} \ln a_{M^{z+}}. \tag{10}$$

Die Thermodynamik liefert uns also den Zusammenhang zwischen der Gleichgewichts-Galvanispannung an einer Elektrode und der Aktivität desjenigen Ions in der Lösung, das die Phasengrenze und damit die elektrische Doppelschicht zu durchdringen vermag. Die Differenz der chemischen Standardpotentiale

$$\mu_{M^{z+}}^0 + \mu_e^0 - \mu_M^0 = -\Delta G^0 \tag{11}$$

stellt die „treibende Kraft" der Reaktion, die freie Reaktionsenthalpie ΔG (p = konstant) dar. Definiert man das chemische *Standardpotential* für $a_{M^{z+}}$ = 1 mol/L, so erhält man hiermit die *Standardgleichgewichts-Galvanispannung*:

$$\Delta\phi_{gl}^0 = \frac{\mu_{M^{z+}}^0 + \mu_e^0 - \mu_M^0}{z \cdot F} = -\frac{\Delta G^0}{z \cdot F}. \tag{12}$$

Damit geht Gl. (10) über in

$$\Delta\phi_{gl} = \Delta\phi_{gl}^0 + \frac{R \cdot T}{z \cdot F} \ln a_{M^{z+}}. \tag{13}$$

Diese Gleichung stellt eine Form der klassischen *Nernst-Gleichung* dar. In dekadischen Logarithmen schreibt man:

$$\Delta\phi_{gl} = \Delta\phi^0 + \frac{RT\ln 10}{z \cdot F} \lg a_{M^{z+}}. \tag{14}$$

Der Faktor $\frac{RT\ln 10}{z \cdot F} = E_N$ oder einfach k wird *Nernst-Faktor oder Nernst-Spannung* genannt. Zahlenwerte s. Tabelle A.1 im Anhang.

Für den Analytiker am interessantesten ist zweifellos die Möglichkeit, durch Messen der an einer geeigneten Elektrode auftretenden Gleichgewichts-Galvanispannungsänderung direkt und unmittelbar auf die Aktivität oder Konzentration einer bestimmten Ionenart i schließen zu können. Dies ist das Gebiet der *Direkt-Potentiometrie*.

Die Aktivitäten der Meßionen sind meistens kleiner als 1 mol/L, daher ist es oft zweckmäßig, in Analogie zum pH-Wert mit pM-Werten zu rechnen:

$$pM = -\lg \frac{a_M}{a_M^0}. \tag{15}$$

Darin steht M für jede beliebige Ionenart. Das p ist hier ein *Operator* mit der Weisung: Teile durch die Standardaktivität (1 mol/L), bilde den dekadischen Logarithmus und multipliziere mit (−1)! In der korrekten, aber nicht immer angewandten Schreibweise wird die aktuelle Aktivität durch die Standardaktivität geteilt, weil dimensionslose Zahlen nicht logarithmiert werden können. a_M^0 hat den Wert 1 mol/L.

Wird die Aktivität der angezeigten Ionenart, etwa durch eine Titration über eine Komplex- oder Fällungsreaktion geändert, so folgt die Gleichgewichts-Galvanispannung diesem Vorgang gemäß der Nernst-Gleichung in einem logarithmischen Zusammenhang. Trägt man die Gleichgewichts-Galvanispannung gegen das zugesetzte Volumen des Titriermittels auf, so erhält man am Äquivalenzpunkt einen mehr oder weniger scharfen Sprung in der Titrationskurve. Dies ist das Gebiet der *potentiometrischen Endpunktsindikation*.

Für den Thermodynamiker ergeben sich weitere Möglichkeiten. Bei bekannter Konzentration kann man gemäß $a = f \cdot c$ (vgl. Abschn. 1.8) auf den *Aktivitätskoeffizienten* f schließen. Bestimmt man die Standardgleichgewichts-Galvanispannung $\Delta\phi_{gl}^0$ indem man $a_{M^{z+}}$ oder $\frac{a_{Ox}}{a_{Red}} = 1$ wählt, so kann man daraus die Änderung der freien *Standardenthalpie* $\Delta G^0 = -z \cdot F \Delta\phi_{gl}^0$ und damit über die Beziehung $\Delta G^0 = -R \cdot T \ln K$ die *Gleichgewichtskonstante K* der betreffenden Elektrodenreaktionen ermitteln.

Die Ableitung der Nernst-Gleichung beruht auf der Annahme eines chemischen Gleichgewichts. *Folglich darf sie auch nur auf Gleichgewichtsfälle angewandt werden*, ein Umstand, der oft viel zu wenig beachtet wird. Formal gesehen steckt hinter der Definition des chemischen Potentials:

$$\mu_i = \mu_i^0 + R \cdot T \cdot \ln a_i \tag{16}$$

die Formel zur Berechnung der isothermen und *reversiblen* Expansionsarbeit eines idealen Gases:

$$W = \int_{p_a}^{p_e} V dp = R \cdot T \int_{p_a}^{p_e} \frac{dp}{p}, \tag{17}$$

$$W = R \cdot T \cdot \ln \frac{p_e}{p_a} + C \text{ (Integrationskonstante)} \tag{18}$$

mit: p_a = Anfangsdruck,
p_e = Enddruck.

Sie ist daher auch nur bei reversiblen Elektrodenreaktionen anwendbar!

1.3 Potentialbestimmende Ionen

Bei der Herleitung der Nernst-Gleichung wird die Einstellung des chemischen Gleichgewichts zwischen der Lösung eines bestimmten Ions und einer angrenzenden Elektrodenphase angenommen. Damit ein Gleichgewichtszustand überhaupt erreicht werden kann, ist erstens ein wenig behinderter Materietransport von der einen Phase in die andere und zurück notwendig. Zugleich muß zweitens die betreffende Materie-Spezies in beiden Phasen in einer solchen Menge vorhanden sein, daß sich durch den für die Gleichgewichtseinstellung notwendigen Materieaustausch nicht die Eigenschaften der entsprechenden Phase so verändern, daß deren Identität verlorengeht.

Ein Beispiel für beide Bedingungen ist die sog. *Wasserstoff-Elektrode*, also ein Platindraht, der mit katalytisch aktivem Platinschwarz überzogen ist und der mit reinstem Wasserstoffgas umspült wird, so daß sich eine zusammenhängende Schicht von adsorbierten H_2-Gasmolekülen auf seiner Oberfläche ausbildet. In einen Elektrolyten getaucht, wirkt diese Anordnung wie eine Elektrode aus Wasserstoffgas, an der die Reaktion

$$\underset{\text{(Red)}}{\tfrac{1}{2} H_2} \rightleftharpoons \underset{\text{(Ox)}}{H^+} + e^- \tag{R 2}$$

ablaufen kann. Die entsprechende Nernst-Gleichung lautet:

$$\Delta \phi_{gl} = \Delta \phi_{gl}^0 + \frac{R \cdot T}{F} \ln \frac{a_{H^+}}{\sqrt{a_{H_2}}}. \tag{19}$$

Wenn wir die Aktivität des Wasserstoffgases bei konstantem Druck mit in die Konstante $\Delta \phi_{gl}^0$ einbeziehen und ferner die Definition des pH-Wertes mit pH $\equiv -\log a_{H^+}$ berücksichtigen, so erhalten wir

$$\Delta \phi_{gl} = \Delta \phi_{gl}' - 2{,}3 \frac{R \cdot T}{F} \text{pH}. \tag{20}$$

Diese strenge pH-Abhängigkeit der Gleichgewichts-Galvanispannung konnte in der Tat bei Elektroden obiger Bauart beobachtet werden. Ja sogar mit einer Suspension von Raney-Nickel in Kontakt mit einer Platinelektrode konnte diese pH-Abhängigkeit gefunden werden. Versuche mit anderen Metallen, von denen man wußte, daß sie die Reaktion (R 2) nicht zu katalysieren vermögen, ergaben stets unreproduzierbare Resultate. Dieses Beispiel mag die Forderung nach einem nicht so stark behinderten Phasenübergang, der in diesem Fall auch noch mit einer chemischen Reaktion verknüpft war, verdeutlichen.

Ein anschauliches Beispiel für die Nichterfüllung der zweiten Forderung, der nach der Identität der beiden beteiligten Phasen, stellt ein blanker Kupferdraht dar, der in eine Lösung taucht, die Cu^{2+}- und Ag^+-Ionen enthält. Hier beschreibt die Nernst-Gleichung nur die Anfangsspannung gemäß der Reaktion

$$\underset{(Ox)}{Cu^{2+}} + 2e^- \rightleftharpoons \underset{(Red)}{Cu} \tag{R 3}$$

mit:

$$\Delta\phi_{gl} = \Delta\phi_{gl}^0 + \frac{R \cdot T}{2F} \ln \frac{a_{Cu^{2+}}}{a_{Cu}} \tag{21}$$

aber vom Moment des Eintauchens in diese Lösung an scheidet sich das edlere Silberion bevorzugt auf dem Kupferdraht ab und verändert so die Kupferelektrode. Am Ende liegt eine reine Silberoberfläche vor, die nun ihrerseits durch eine Nernst-Gleichung mit den für dieses Metall gültigen Parametern beschrieben werden kann. In der Übergangsperiode ändert sich $\Delta\phi_{gl}^0$ von dem für eine Kupferelektrode charakteristischen Wert zu dem, der für eine Silberelektrode charakteristisch ist. Messungen in diesem Übergangsbereich enthalten also keinen konstanten $\Delta\phi_{gl}^0$-Term und sind daher für analytische Anwendungen ungeeignet.

Um diesen Vorgang bei den ionenselektiven Elektroden so weit wie möglich zu vermeiden, konditioniert man einige Elektroden vor der eigentlichen Messung stunden- oder tagelang in einer der Meßlösung entsprechenden Lösung. Auch können manche Drifterscheinungen beim Arbeiten mit extremen Konzentrationen und in anderen Lösungsmitteln als jenen, die zur Konditionierung verwendet wurden, auf den oben beschriebenen Vorgang der Identitätsveränderung und einer korrespondierenden Änderung des $\Delta\phi$-Terms zurückgeführt werden. In dem anschaulichen Beispiel waren es zu Beginn des Eintauchens noch die Cu^{2+}-Ionen, die maßgeblich am Phasenübergang beteiligt waren und damit das Potential bestimmten und am Ende hauptsächlich die Ag^+-Ionen.

Um die etwas laxe Ausdrucksweise des leichtesten Phasenübergangs etwas zu präzisieren, muß der Begriff der experimentell zugänglichen *Austauschstromdichte* j_0 erläutert werden: Der Gleichgewichtszustand einer bestimmten Ionenart zwischen zwei Phasen (Elektrode/Lösung) ist erreicht, wenn das elektrochemische Potential $\bar{\mu}$ in beiden Phasen gleich groß ist. Taucht eine ungeladene, ionenselektive Elektrode in eine Lösung, die eine Ionenart enthält, die mit der aktiven Elektrodenphase ein Austauschgleichgewicht ausbildet, so kommt es zu einem Phasenübergang dieser Ionenart. Die Richtung hängt zunächst vom Gradienten des chemischen Potentials $\frac{d\mu_i}{dx}$ an der Phasengrenze ab. Die Ionen wählen von den beiden Phasen diejenige, die ihnen einen stabilen Zustand mit geringster Energie anbietet. Besäßen die Ionen keine Ladung, so

1.3 Potentialbestimmende Ionen

würde dieser Übergang von der Phase mit dem höheren chemischen Potential in die mit dem niedrigeren solange erfolgen, bis das chemische Potential in beiden Phasen gleich geworden wäre. Dies ist der Fall bei den sog. Verteilungsgleichgewichten. In dem Fall, in dem bevorzugt nur eine Ionenart übertreten soll, handelt es sich aber gleichzeitig auch um einen Ladungsübertritt, der die eine Phase gegenüber der anderen dabei zunehmend auflädt. Durch das Auftreten elektrostatischer Kräfte wird aber der, vom chemischen Potential aus gesehen, begünstigte Ionenübertritt so stark beeinflußt, daß am Ende wegen der Abstoßungskräfte zwischen gleichgeladenen Teilchen und der Anziehung durch die zurückbleibende Gegenladung der weitere Übergang von Ladungsträgern gestoppt und die Rückreaktion gefördert wird. Im Gleichgewichtsfall halten sich dann die Ionenströme, die in beiden Richtungen die Phasengrenzfläche durchwandern, die Waage.

Dem Transport von Ladungsträgern über die Phasengrenzfläche hinweg entspricht aber definitionsgemäß ein gerichteter elektrischer Strom $\overrightarrow{i}$ oder $\overleftarrow{i}$. Im Gleichgewichtsfall ist $\overrightarrow{i} = \overleftarrow{i} = i_0$. Die Stromstärke, bezogen auf eine Fläche, wird Austauschstromdichte j_0 genannt. Von außen gesehen, fließt kein meßbarer Strom mehr durch die Phasengrenze hindurch, mikroskopisch gesehen existieren jedoch entgegengerichtete und gleichgroße Stromdichten, welche die bis zur Erreichung dieses Punktes stattgefundene Aufladung der Phasengrenzfläche aufrecht erhalten und damit überhaupt erst für ihre Meßbarkeit sorgen. Die Austauschstromdichte j_0 ist bei Metallelektroden experimentell bestimmbar, bei ionenselektiven Elektroden abschätzbar [9] und erlaubt Rückschlüsse auf die Kinetik einer Elektrodenreaktion. Die Stromstärke hängt auch von der Aktivität der beteiligten Ionen ab, daher definiert man für Vergleichszwecke die sog. *Standard-Austauschstromdichte* j_{00} für $a_{\text{Ion}} = 1$ mol/L. Betrachten wir die Wasserstoffelektrode und verschiedene Elektrodenmaterialien. Es wurden folgende Austauschstromdichten bei der Standardkonzentration $c = 1$ mol/L gemessen:

Material	Reaktion	Standard-Austauschstromdichte j_{00}
Pt, Pd	H_2/H^+	10^{-3} [A/cm^2]
Hg	H_2/H^+	10^{-12} [A/cm^2]
Pb	H_2/H^+	10^{-11} [A/cm^2]

Wenn man bedenkt, daß in der Praxis ein Meßkreisstrom von 10^{-10} bis 10^{-14} A, je nach Verstärker, nicht vermieden werden kann, wundert es nun nicht mehr, warum bei Hg und Pb unreproduzierbare Resultate bzw. Abweichungen von der Nernst-Gleichung auftreten. Der Meßkreisstrom ist im Vergleich zur Austauschstromdichte viel zu groß und greift damit zu stark in das Phasengleichgewicht ein.

Potentialbestimmend für eine ionenselektive Elektrode ist diejenige Ionenart, die *die größte Anzahl von Elementarladungen über die Phasengrenzfläche bringt*. Diese Ionenart stellt damit die Hauptstütze der Elektrodenaufladung dar.

Betrachten wir in unserem Modellbild nun den Schritt:

Ion in der Lösung →Ion oder Atom in der Elektrodenphase.

Damit das einzelne Ion die Phasengrenze überwinden kann, muß es zunächst seine Solvathülle, wenn wir von einer wäßrigen Lösung ausgehen, seine Hydrathülle ablegen.

Dazu ist ein bestimmter Energiebetrag nötig. Dieser Energiebetrag entspricht jenem, der als Hydratationsenergie beim Lösen des betreffenden Ions freigeworden ist. Die Hydratationsenergie hängt von der Ladung und dem Radius des Ions ab. Abb. 6B soll verdeutlichen, wie die potentielle Energie eines solvatisierten Ions von seiner Position relativ zum Zentrum dieser Hydratkugel abhängt, denn diese Position muß es ja verlassen, wenn es in die andere Phase überwechseln will. In Abb. 6A bewegt sich ein Ion, z.B. ein Kation, zunehmend aus der stabilen Gleichgewichtslage des Potentialminimums. Je weiter es sich vom Zentrum entfernt und sich den Wassermolekülen nähert, die es verdrängen muß, um aus diesem Käfig zu kommen, um so mehr Energie bedarf es dazu. Woher nimmt es diese Energie? Diese Frage beantwortet die statistische Thermodynamik, die besagt: Obwohl das Gros der Ionen eine

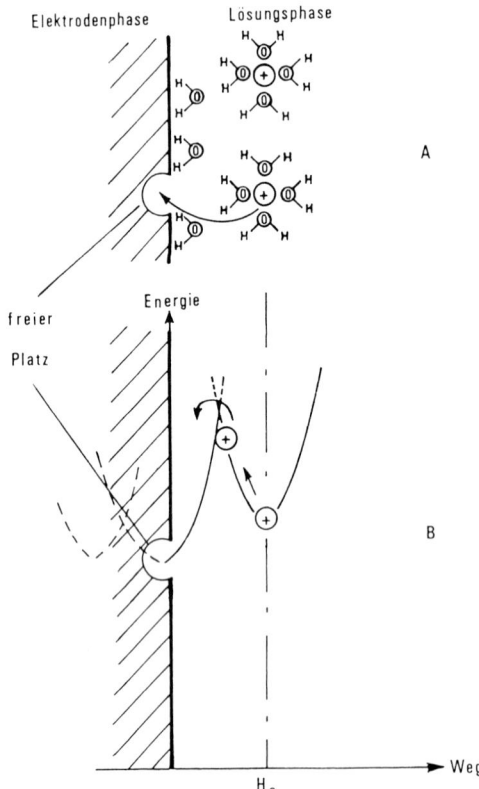

Abb. 6 A, B. Schematische Skizzierung eines Ladungsübertritts.
A Schematisierter Weg eines Kations von einer Position in der Helmholtzfläche auf eine Position auf der Elektrodenoberfläche
B Korrespondierendes „Energie-Weg"-Diagramm

1.3 Potentialbestimmende Ionen

charakteristische mittlere Energie aufweist, gibt es doch einige wenige, die viel energiereicher sind, wie es auch eine entsprechende Anzahl von Ionen gibt, die weniger Energie besitzen. Hier liegt also stets eine gewisse Anzahl solvatisierter Ionen vor, die sich ziemlich weit aus dem Zentrum der Hydrathülle entfernen können. Man kann weiter annehmen, daß sich die solvatisierten Ionen der Elektrodenoberfläche bis auf einen Abstand s_{Ha} der Helmholtzebene nähern können, so wie es die Abb. 6 A zu verdeutlichen sucht. In Abb. 6 B ist der „Energie-Weg" eines Ions angedeutet, den es nehmen muß, um in die Elektrodenphase zu gelangen.

Die Anzahl der Ionen, die pro Zeiteinheit übertreten und damit die Austauschrate und die Austauschstromdichte j_0 richten sich nach den Gesetzen der chemischen Kinetik. Um diese Frage zu beantworten, muß man sich nun die energetische Lage des betreffenden Ions an der Oberfläche der Elektrodenphase vorstellen. Es wird sich dort bevorzugt in einem Potentialminimum befinden, das nicht höher als das des solvatisierten Ions zu liegen kommt; andernfalls ja die umgekehrte Reaktion

Ion aus der Elektrodenphase → Ion in der Lösung

ablaufen würde. Auch ein Ion in der Oberflächenschicht der Elektrodenphase wird durch die Wechselwirkungskräfte seiner Nachbarn daran gehindert, seinen stabilen Platz, abgesehen von kleinen thermischen Vibrationen, zu verlassen. Auch hier kann man wieder schematisch den Energietopf aufzeichnen; nur ist hier an der rechten Energieflanke etwas mehr zu differenzieren. Die linke Flanke steigt wegen der entsprechend stark zunehmenden Abstoßungskräfte durch die Atome des Phaseninneren ziemlich steil an; sie kann allerdings auch durch Überlagerung mit Potentialverläufen benachbarter Leerstellen an einem hohen Anstieg gehindert werden. In diesem Fall vermag das zunächst an der Oberfläche sitzende Ion weiter ins Phaseninnere zu wandern. Bei der Abschätzung der rechten, ins Lösungsinnere hineinreichenden, Energieflanke ist zu berücksichtigen, daß sie, je nach dem Material der Elektrodenphase und der Eigenschaft der Helmholtzschicht, mehr oder weniger steil verlaufen kann. Wenn ein Ion durch die relativ weitreichenden Coulombkräfte gehalten wird, so dürfte der Verlauf der Energiefunktion in etwa dem des solvatisierten Ions entsprechen. Ganz andere Verhältnisse liegen vor, wenn das austauschfähige Ion durch Atombindungskräfte gehalten wird. Ihre Wirkung ist auf eine kleinere Strecke begrenzt. Wieder andere Verhältnisse liegen bei Ion-Dipol- oder Ion-Fehlordnungsplatz-Wechselwirkungen vor.

Fügen wir beide Modellbilder zusammen, ergibt sich ein Energie-Reaktions-Weg-Diagramm wie in Abb. 7 gezeigt. Die Abb. 7 zeigt den Zustand vor der Erreichung des Gleichgewichtes und im Gleichgewicht. In dem Maße, in dem sich die Phasengrenze Elektrode/Elektrolyt durch die Ionenübertrittsreaktion auflädt, wird der zum jeweiligen Energieminimum hingerichtete, favorisierte Ionenübertritt durch die Zunahme der Aktivierungsenthalpie $\Delta G^{0\neq}$ gemäß $\Delta G_2^{0\neq} = \Delta G_1^{0\neq} + \alpha \cdot F \cdot \Delta \phi$ behindert und die Gegenreaktion gefördert. Im ersten Fall müssen die übertretenden Ionen bis zum Energiemaximum Arbeit *gegen* den Bruchteil α des gesamten elektrischen Feldes über der Phasen-

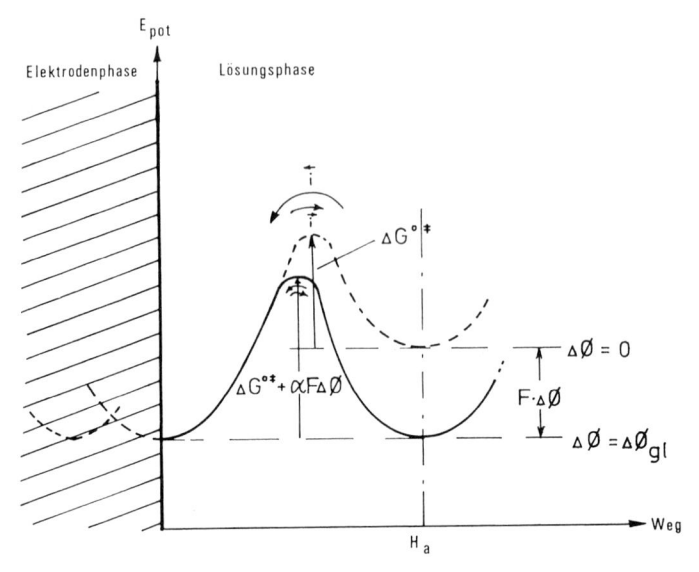

Abb. 7. Schematisches Energie-Weg-Diagramm für einen Phasenübertritt – Einfluß der Aufladung auf die Aktivierungsenergie. (Im Gleichgewicht sind die Ionenströme $\vec{i}$ und $\overleftarrow{i}$ gleich; vgl. Abb. 12)

grenze leisten, während die Gegenreaktion entsprechend dem Faktor $(1-\alpha)$ erleichtert wird.

Jetzt kann die Frage nach den Parametern, die die Selektivität einer Elektrode beeinflussen, halbwegs beantwortet werden. *Die Ionenart, die bei diesem Phasenübergang die größte Anzahl von Ladungsträgern „verschiebt", bestimmt das Elektrodenpotential unter der Voraussetzung, daß nicht noch andere Vorgänge, etwa eine Weiterdiffusion der Oberflächenionen ins Phaseninnere, mithineinspielen. In einem solchen Fall kontrolliert natürlich, wie immer in der Kinetik, die langsamste Teilreaktion die Gesamtreaktion. Beide Fälle kommen bei ionenselektiven Elektroden vor.*

1.4 Ionenselektive Elektrodenmaterialien

Eines der bestuntersuchten Elektrodenmaterialien ist das Glas [10, 11]. Es sei deshalb an dieser Stelle etwas in den Vordergrund gestellt. Schon vor mehr als 90 Jahren hat Cremer [12] eine pH-Funktion an Glasmembranen beschrieben. Das bekannteste pH-sensitive Elektrodenglas ist ohne Zweifel das sog. MacInnes Glas, das von den Corning Glass Works (USA) unter der Bezeichnung 015 hergestellt wird und etwa folgende Zusammensetzung aufweist: (in Gew.-%) $w(Na_2O) = 22$; $w(CaO) = 6$; $w(SiO_2) = 72$. Bei allen Glaselektroden stellt man fest, daß stabile und reproduzierbare Potentialwerte nur nach einer gewissen „Auslaugung" in Wasser erzielt werden. Man konnte ferner beobachten, daß hierbei Na^+-Ionen aus dem Glas in die Lösung wandern. Ihre Plätze werden

1.4 Ionenselektive Elektrodenmaterialien

von H$^+$-Ionen aus der Lösung eingenommen [13, 14, 15]. Die entstehende Gelschicht, die sich je nach Glassorte etwa 10 bis 1000 Å tief ins Glasinnere erstreckt, ist für das elektrochemische Verhalten der Elektrode von grundlegender Bedeutung.

Bereits 1923 konnte gezeigt werden [16], daß die Glaselektrode, besonders bei hohen pH-Werten, auch auf andere einwertige Kationen wie Silber-, Natrium- und Kalium-Ionen anspricht. 1934 stellten Lengyel und Blum [17] bei einer systematischen Untersuchung über den Zusammenhang zwischen Glaszusammensetzung und Elektrodenfunktion fest, daß dieses Verhalten gegenüber Alkalimetallionen durch gewisse Zusätze von dreiwertigen Metalloxiden (vorzugsweise Al_2O_3) gesteigert werden kann. Doch zunächst war man bemüht, diesen „Fehler" klein zu halten, um bei pH-Messungen nachträgliche Korrekturen zu vermeiden. Man fand, daß diese Querempfindlichkeit bei Ersatz der Na_2O-Komponente des Glases durch Li_2O geringer wurde [18]. Es wurden daher neue Glassorten erschmolzen, bei denen eine merkliche Abweichung erst bei pH 14 und dann auch nur bei hoher Natriumionen-Konzentration auftrat.

Bei der systematischen Erforschung der Glaselektrode [4, 13, 19] gewann man die Erkenntnis, daß vor allem die unmittelbar an die Meßlösung grenzende Oberflächen*struktur* des Elektrodenmaterials die Selektivität beeinflußt. Im Interesse einer möglichst ausgeprägten Selektivität sollte die Matrix des Elektrodenmaterials nur das zu bestimmende Ion reversibel aufnehmen und abgeben können. Nach den Untersuchungen von Nikolski [20] und Eisenman [21] wird die Selektivität von Glaselektroden hauptsächlich von der Austauschkonstanten des Gleichgewichtes bestimmt:

$$M_{el}^+ + S_{ls}^+ = M_{ls}^+ + S_{el}^+. \tag{R 4}$$

Darin sind mit M die Meßionen und mit S die Störionen gemeint. Außerdem hängt die Selektivität von der Ionenbeweglichkeit des betreffenden Ions in der Auslaugschicht ab. Daß die pH-Glaselektrode in dieser Hinsicht eine der selektivsten Elektroden darstellt, ist nicht verwunderlich, wenn man bedenkt, daß zwischen dem Radius eines Protons und eines anderen Ions ein Unterschied von mehreren Größenordnungen besteht. Inwieweit bei dem Phasenübergang des Protons auch Tunneleffekte, die auch bei Wasserstoffbrückenbindungen beobachtet werden, beteiligt sind und inwieweit die von Nikolski [22] formulierten drei unterschiedlich fest gebundenen Protonensorten verschiedene Protonenschwingungszustände innerhalb der Nahordnungsstruktur des Wassers oder des Potentialwalls der Atomrümpfe des Elektrodenmaterials darstellen, müßte noch untersucht werden.

Man kann das protonenselektive Verhalten des Elektrodenmaterials oder genauer der Glas-Auslaugschicht dadurch erklären, daß das Proton nur eine relativ kleine Aktivierungsenergie für den Phasenübergang zu überwinden hat, bzw. daß es durch die Energiebarriere zu „tunneln" vermag.

Die Notwendigkeit der Auslaugung von neuen Glasmembran-Elektroden (Konditionierung) ergibt sich aus der Forderung, daß die Elektrodenphase das Meßion (hier H$^+$) möglichst in gepufferter Form (um eine Identitätsveränderung zu vermeiden, μ = konstant) enthalten soll. Man kann in diesem Fall auch annehmen, daß sich durch den Austausch von Alkaliionen gegen Protonen Silanolgruppen an der Oberfläche bilden, deren Dissoziation gemäß:

$$> \mathrm{Si-OH_{Oberfl.}} \rightleftharpoons\; > \mathrm{Si-O^-_{Oberfl.}} + \mathrm{H^+_{Lösung}} \tag{R 5}$$

die Aufladung der Elektrodenphase gegenüber der Lösung und damit das Elektrodenpotential bestimmen [23]. Bei einer zu großen Hygroskopizität einer Glassorte wird die so gebildete Auslaugschicht zu wasserreich. Nach unserem mehr kinetisch orientierten Modellbild verliert sie damit zunehmend den ionendifferenzierenden Aktivierungsenergieberg und im gleichen Maße überhaupt die Fähigkeit, aufgrund einer Differenz der beiden Energieminima noch einen Übergang von Ladungsträgern zu ermöglichen. Das pH- oder ionenfunktionelle Verfahren müßte bei einer zu großen Hygroskopizität zum Erliegen kommen. So kann man feststellen, daß eine Nernst-gemäße pH-Funktion nur bei Glassorten beobachtet werden kann, die eine mittlere Wasseraufnahme (60–120 mg/mL) aufweisen [24]. Seit einiger Zeit werden auch nichtsilikatische Gläser für weitere Ionenselektivitäten erschmolzen (s. Abschn. 3.2.4).

An pH-selektiven Glasmembranen konnte Baucke [23] mit Hilfe einer Ion-Sputtering-Technik Lithiumkonzentrationsprofile bei einem Glas der Lithium-Aluminiumsilicatglasreihe mit einem Auflösungsvermögen unter 5 nm aufnehmen. Danach nimmt die Lithiumkonzentration beim Kontakt mit einem wäßrigen Elektrolyten (wie zu erwarten war) wegen des Austauschs gegen Protonen vom Innern der Glasphase nach außen hin ab. Das genaue Konzentrationsprofil hängt vom Elektrolyten ab und ändert sich reversibel – allerdings in Zeiten, die gegenüber der Potentialeinstellzeit lang sind. Neuere Messungen an Glasmembranelektroden zeigen, daß die Glasmembran keinen einheitlichen Widerstand aufweist; beim Übergang der Auslaugschicht auf das trockene Glas müssen Bereiche mit bis zu 10^3fach höheren Widerständen als im Innern des Glases liegen [26, 27]. Baucke [15, 23] konnte diese Bereiche lokalisieren als die ca. 10 nm innerhalb denen sich die Lithiumkonzentration von ca. 30% auf 50% der Konzentration im Innern der trockenen Phase ändert. Im Gegensatz dazu ist der spezifische Widerstand der äußersten Quellschicht sehr gering. Der große Widerstand im Übergangsbereich rührt von der kleinen Wanderungsgeschwindigkeit der Protonen im Wirtsnetzwerk des Glases her.

Ziel der Suche nach neuen Glassorten war lange Zeit, ein selektives Elektrodenmaterial auch für alle einwertigen Ionen (neben dem Wasserstoffion) zu finden. Da diese Ionen in ihren Radien und den unter Berücksichtigung der Ladung daraus resultierenden Feldstärken untereinander nicht weit auseinander liegen, läßt sich ein bevorzugter Einbau eines bestimmten Ions aus der Lösung in die Gelschicht des Glases und ein damit verbundener selektiver Austauschvorgang mit der Lösung nur in gewissen Grenzen erreichen. Außerdem variiert in einer Glasstruktur die Größe eines potentiellen „Platzes" für ein übergangsfähiges Ion aus der Lösung in gewissen Grenzen. Alle diese Faktoren stehen einer hohen Spezifität entgegen. Daß dennoch bei einigen Glassorten eine sehr gute Spezifität für Na^+-Ionen resultiert, liegt z.T. an der guten Beweglichkeit der Na^+-Ionen in der Auslaugschicht, verglichen mit der Beweglichkeit konkurrierender Ionen. So weiß man aus Tracerstudien [21], daß die Glasphase eigentlich die größeren Kalium-, Rubidium- und Caesium-Ionen be-

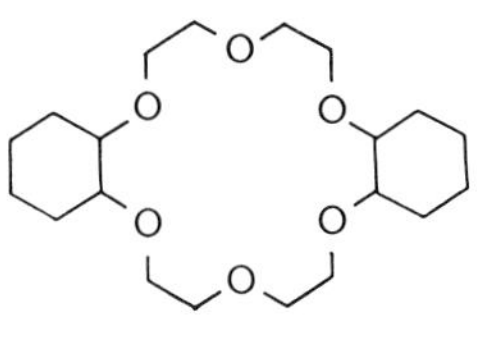

1.4 Ionenselektive Elektrodenmaterialien

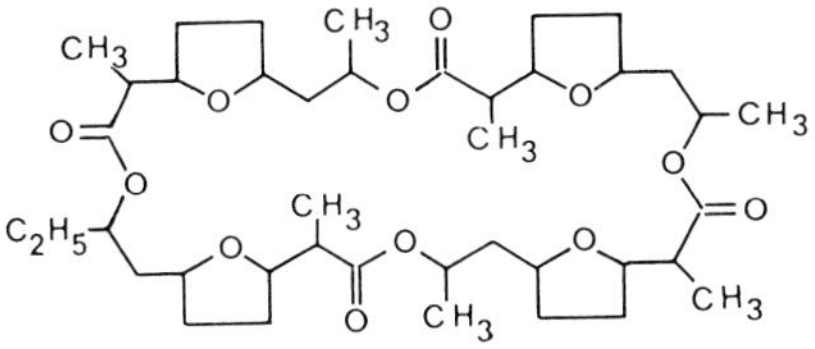

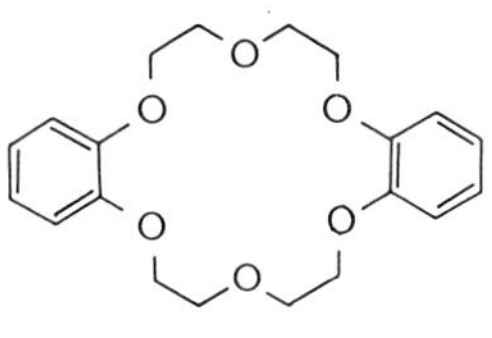

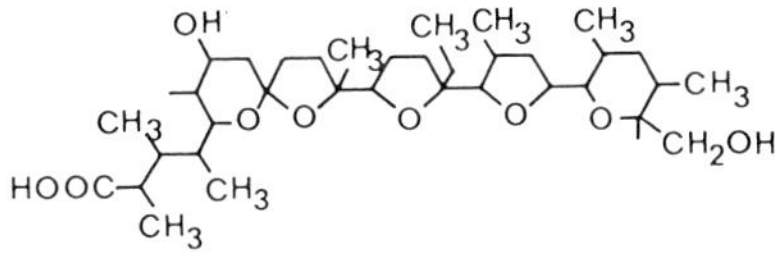

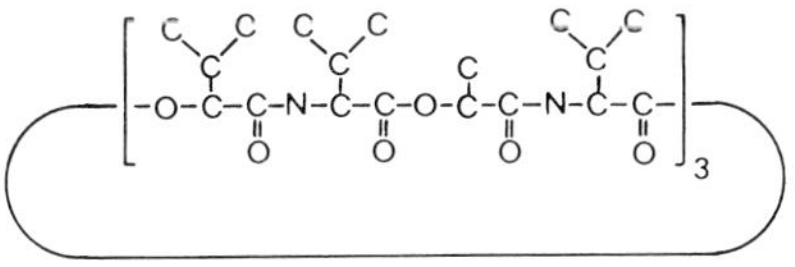

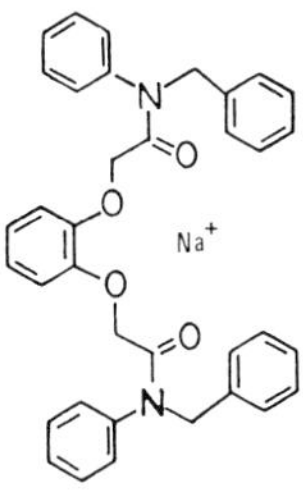

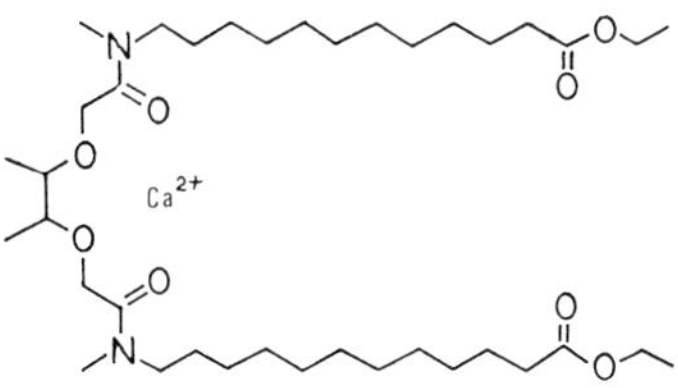

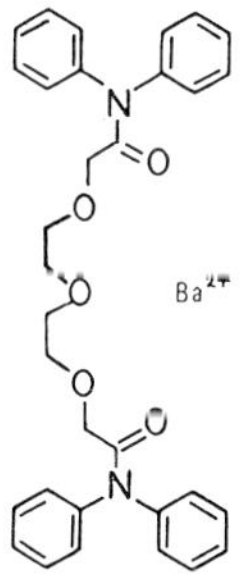

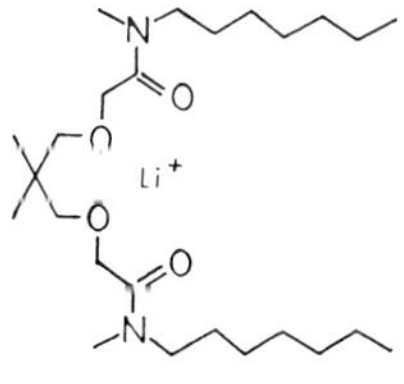

Abb. 8. Strukturformeln einiger Verbindungen mit spezifischem Kationen-Lösungsvermögen

vorzugt. Diese bleiben aber z. B. bei der Glassorte der Natrium-Elektrode aufgrund ihrer geringen Beweglichkeit an der Oberfläche hängen und tragen somit nicht soviel zur Aufladung der Elektrode bei wie die Natriumionen, die leichter ins Glasinnere wandern und so schnell wieder einen Platz an der Oberfläche freimachen.

Die Hauptforderung an ein selektives Elektrodenmaterial, eine möglichst große Austauschstromdichte für eine Ionenart im Vergleich zu den anderen zu ermöglichen, die gegeben ist, wenn das Austauschgleichgewicht (R 4) auf seiten der Glasphase liegt und das betreffende Ion in der Glasphase sehr beweglich ist, läuft beim Glas auf einen Kompromiß hinaus: Je fester ein Ion von der Glasmatrix gebunden wird, also je mehr das Austauschgleichgewicht (R 4) auf der Seite der Elektrodenphase liegt, um so unbeweglicher ist diese Ionenart in der Gelschicht. Je beweglicher ein Ion in der Auslaugschicht ist, um so ungünstiger liegt aber sein Gleichgewicht.

Bei kristallinen Elektrodenmaterialien liegen die Verhältnisse günstiger. So kann man z. B. nach *Kristallen mit Fehlstellen* suchen, die aufgrund der konstanten Gitterplatzgröße überhaupt nur wenige Ionenarten aufnehmen und über Fehlstellen einigermaßen rasch ins Phaseninnere weiterleiten können. Die Suche ist also auf Kristalle gerichtet, die bei Zimmertemperatur eine ausreichende Ionenleitfähigkeit aufweisen. Bis heute erwiesen sich in dieser Hinsicht nur einige Fluoride der Seltenen Erden (LaF_3) und die Silberhalogenide als geeignete Elektrodenmaterialien.

Angeregt durch das Verhalten der Elektroden zweiter Art wurden auch die verschiedensten polykristallinen schwerlöslichen Niederschläge als Elektrodenmaterialien getestet. Man kann unter Anwendung eines hohen Druckes zu mechanisch stabilen homogenen Festkörperelektroden kommen, oder man verwendet ein Trägermaterial wie Paraffin, Gummi, Latex oder ähnliches als Bindemittel. Im allgemeinen ist jedoch mit Ausnahme der Silberhalogenide und der Silberchalkogenide die Selektivität dieser „Niederschlagsmembranelektroden" nicht sehr groß. Dies ist eine Folge der bei diesen Salzen beobachtbaren guten Silberionenleitfähigkeit in der festen Phase (vergleichbar mit der Natriumionenleitung in der Glasmembran). Während man bei den überwiegend ionengebundenen Niederschlagsverbindungen noch eine mehr oder weniger theoretische Abhängigkeit der Elektrodenspannung von der Aktivität der niederschlagbildenden Ionen (z. B. Ba^{2+}, SO_4^{2-}) feststellen konnte [28], zeigte sich bei Chelatniederschlägen (z. B. Nickeldiacetyldioxim o. ä.) mit homöopolarem Bindungsanteil nur manchmal ein Effekt [29]. Im gültigen Modell wäre das damit zu erklären, daß das Oberflächenpotential, das ein Ion in dieser Elektrodenphase zu überwinden hat, bevor es in die Lösung gelangen kann, aufgrund der zu sprengenden Atombindung, zu steil ansteigt. Die resultierende Aktivierungsenergie ist so hoch, daß nur eine sehr kleine Austauschstromdichte erreicht werden kann.

Auch flüssige gelöste, oder als Lösung verfestigte *organische Ionenaustauschermaterialien* werden für Elektrodenmembranen verwendet, neuerdings zunehmend die sehr spezifisch wirkenden Ionensolvensverbindungen oder Ionophore. Zu den letzteren zählen einige Antibiotica [30] sowie synthetisch hergestellte Kronenäther-Verbindungen, sog. Makrotetrolide [31]. Diese Ringmoleküle (s. Abb. 9) weisen einen Hohlraum auf, der genau auf das „einzufangen-

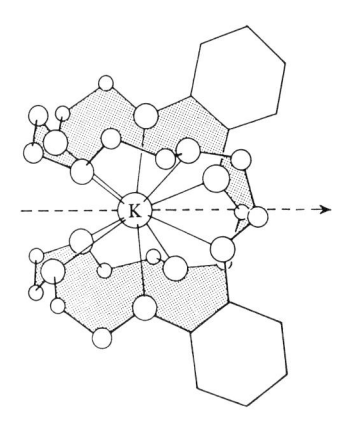

Abb. 9. Röntgenographisch ermittelte Struktur des K$^+$-Dibenzo (30) krone-10-Komplexes [32]

de" Ion „maßgeschneidert" ist bzw. werden kann. Für diese Entdeckung erhielten C.J. Pedersen, C.J. Cram und J.-M. Lehn im Jahre 1987 den Nobelpreis. Die Stabilisierung für ein Ion aus der Wasserphase erfolgt durch Ionen-Dipol-Wechselwirkungskräfte über polare Sauerstoffliganden, die bei diesen Molekülarten in den Hohlraum hineinragen. Bei diesen partiell ionischen Kräften ist die Kinetik offensichtlich noch nicht so stark behindert wie bei denen mit reinen Atombindungen. Die Beweglichkeit der einzelnen Ionenarten in der organischen Phase ist wegen des Fehlens fixierter Gegenladungen (SiO_4^{4-}-Gerüst beim Glas, La^{3+}- bzw. Halogenid$^-$-Nachbargitterplätze bei LaF_3-Einkristallen bzw. Ag-Halogenidniederschlägen) zwar größer, aber nicht mehr so stark unterschiedlich für die einzelnen Ionensorten. Daher entfällt bei den Elektroden dieses Typs dieser, die Selektivität zusätzlich beeinflussende, Faktor. Die Selektivität muß gänzlich durch das Ionenaustauschgleichgewicht an der Phasengrenzfläche getragen werden. Dort muß die Differenzierung der einzelnen Ionensorten einsetzen.

1.5 Klassifikation

Um eine Übersicht über die zahlreichen Membranarten für ionenselektive Elektroden zu gewinnen, wurde in der IUPAC schon vor längerer Zeit eine Klassifikation erstellt [33]. Nach neueren Vorstellungen wird, etwas vereinfacht, folgende Unterteilung vorgeschlagen [34]:

A   Primäre Elektroden
A1   kristalline Elektroden
A1a   homogene Membranelektroden
A1b   heterogene Membranelektroden
A2   nichtkristalline Elektroden
A2a   Feststoff Membranelektroden
A2b   Elektroden mit beweglichem Carrier
       (1) mit positiver Ladung
       (2) mit negativer Ladung

(3) ohne Ladung
B   ISE mit besonderer Empfindlichkeit
B1 gasselektive Elektroden
B2 Enzymsubstrat Elektroden

1.6 Mischpotentiale

Genauso wie der Begriff des potentialbestimmenden Ions, bedarf auch der Begriff Mischpotential in diesem Zusammenhang einer näheren Erklärung. Im einfachsten Fall stellt sich bei zwei parallel ablaufenden Elektrodenreaktionen ein Mischpotential ein, das stets zwischen den isoliert gemessenen Gleichgewichtspotentialen der betreffenden Reaktionen liegt. Diese Abweichung vom Gleichgewichtspotential wirkt auf die einzelnen Elektrodenreaktionen wie eine von außen angelegte Überspannung, die einen Strom- und damit auch Materiefluß in einer bestimmten Richtung nach sich zieht. Der Zusammenhang zwischen Überspannung und korrespondierendem Stromfluß wird durch die in vielen Fällen leicht experimentell aufnehmbare Strom-Spannungs-Kurve beschrieben. Eine Mischpotentialeinstellung läßt sich dann am besten graphisch durch Überlagerung der Strom-Spannungs-Kurven der beteiligten Elektrodenreaktionen darstellen. Die Abb. 10 zeigt dies am Beispiel einer Silberelektrode, an der als zweite Reaktion (neben $Ag^+ + e^- \rightleftharpoons Ag$) auch noch Sauerstoff reduziert werden kann, da sein Gleichgewichtspotential positiver als das der Silber-

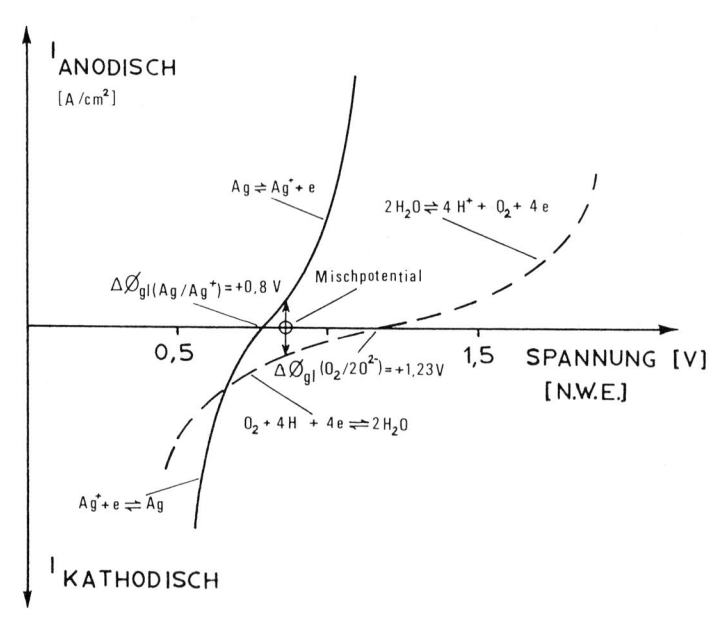

Abb. 10. Beispiel einer Mischpotentialeinstellung an einer Metallelektrode (Sauerstoff-Einfluß übertrieben dargestellt). Beim gemessenen Mischpotential sind anodischer Silberauflösungsstrom und kathodischer Sauerstoffreduktionsstrom genau gleich

1.6 Mischpotentiale

elektrode ist. Allerdings ist in diesem Beispiel sein Einfluß auf das Potential der Silberelektrode gering, da seine Strom-Spannungs-Kurve wegen kinetischer Hemmungen sehr flach verläuft (entsprechend kleiner Austauschstromdichte). Man erkennt aus dieser Abbildung schon die Tatsache, daß das Mischpotential immer näher an dem Gleichgewichtspotential derjenigen Elektrodenreaktion mit der größeren Austauschstromdichte liegt. Für parallele Redox-Reaktionen an Metallelektroden (z. B. Korrosionsvorgänge) haben Wagner und Traud [25], Kimball und Glassner [36] sowie Bockris [37] unter starken Vereinfachungen eine Beziehung zwischen dem Mischpotential und der Elektrodenkinetik sowie den betreffenden Gleichgewichtsgalvanispannungen aufgestellt, die die obige Feststellung bestätigt.

Bei einer Mischpotentialeinstellung an einem Ionenaustauscher, wie bei vielen ionenselektiven Elektroden, ist aber zusätzlich noch zu berücksichtigen, daß sich durch die in diesem Fall ständig fließenden, zwar gleich großen, jedoch artverschiedenen Ionenströme über die Phasengrenze hinweg die Oberflächenzusammensetzung des Ionenaustauschers verändern kann, bis sich ein stationärer Zustand eingestellt hat [38].

Viele ionenselektive Elektroden sprechen deswegen vorübergehend auf Störionen an: Mißt man das Potential einer natrium-selektiven Glaselektrode in einer Lösung mit einer konstanten Natriumionenaktivität und sorgt für eine sprunghafte Änderung der Kaliumionenaktivität, so zeigt sich eine kurzzeitige Potentialänderung von ca. 0,5 bis 10 mV für die Dauer von ca. 0,2 bis 10 sec [21]. Da dieser Effekt auch bei anderen Elektroden auftreten kann, z. B. auch bei einer allgemein auf einwertige Kationen ansprechenden Glaselektrode, wenn sie einer plötzlichen Änderung der Aktivität von sonst nicht angezeigten zweiwertigen Ionen wie Ca^{2+} oder Sr^{2+} ausgesetzt wird [32], ist bei der Ver-

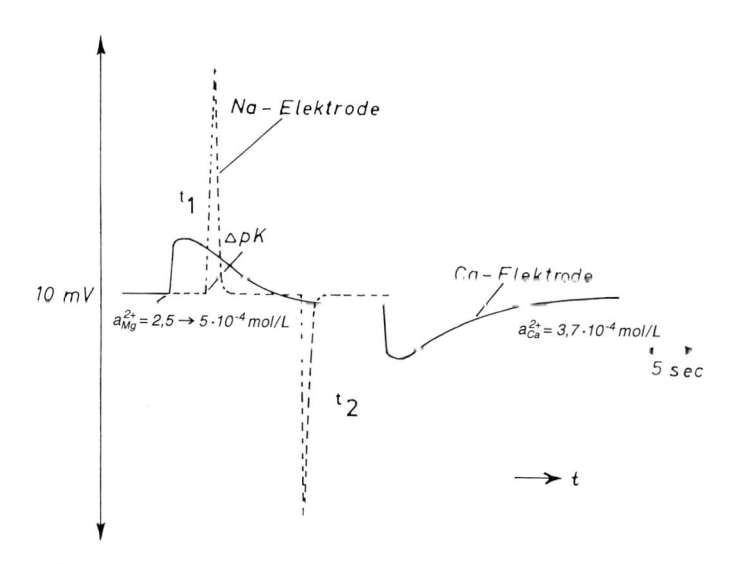

Abb. 11. Vorübergehende Anzeige eines Störions bei einer plötzlichen Änderung des Störionenpegels in einer Meßionenlösung (t_1→Änderung der Störionenaktivität; t_2→Rückführung auf den Ausgangszustand)

wendung von ionenselektiven Elektroden bei Durchflußmessungen Vorsicht geboten. Eine zunächst unerklärbare vorübergehende Potentialveränderung kann eventuell auf diesen Effekt zurückgeführt werden (vgl. Abb. 11).

Die vorübergehende Anzeige von sonst nicht störenden Ionen läßt sich auch anhand unseres kinetischen Elektrodenreaktionsmodells (Abb. 7) erklären. Danach werden die Störionen wegen ihrer gegenüber den Meßionen vernachlässigbaren Austauschstromdichte nicht angezeigt. Trotzdem muß sich natürlich bei einer drastischen Änderung ihres chemischen Potentials in der Meßlösung auch bei ihnen erst ein neuer Gleichgewichtszustand einstellen. Dazu wird, je nach der Kinetik des Phasenübergangs, eine gewisse Zeit benötigt. Der zur Gleichgewichtseinstellung erforderliche, in einer Richtung fließende (Richtung des abnehmenden chemischen Potentials) Vorgleichgewichtsstrom kann zu Beginn oft ein Vielfaches des später im Gleichgewichtszustand fließenden ausmachen (vgl. Abb. 12). Diesem gerichteten Stromimpuls entspricht aber in dem Kondensatormodell einer Elektrode (s. Abb. 5) gemäß den Gesetzen der Elektrostatik

$$E = \frac{\int i \cdot dt}{C} \qquad (22)$$

ein entsprechend großer Spannungsimpuls, der sich nach dieser Theorie umkehren muß, wenn der alte Gleichgewichtszustand wieder eingestellt wird und die Ionen wieder zurückwandern, was in Übereinstimmung mit dem Experi-

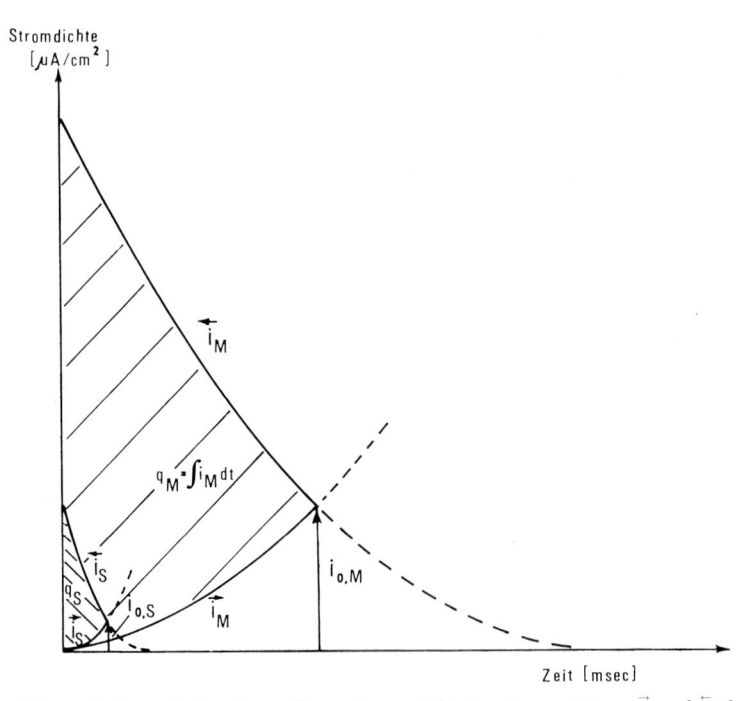

Abb. 12. Schematische Darstellung der gerichteten Ionenströme $\vec{i}$ und $\overleftarrow{i}$ über die Phasengrenze hinweg; die Selektivität ist durch das Verhältnis der Meßionenladungsmenge q_M zu der der Störionen q_S gegeben

ment steht. Man kann die beobachtete unterschiedliche Zeitdauer [39] dieses vorübergehenden Ansprechens auf die verschiedenen Störionen bei ionenselektiven Elektroden dann durch unterschiedliche Aktivierungsenergien erklären. Je höher diese sind, um so weniger Ionen weisen die zur Überwindung dieser Energiebarriere erforderliche Energie auf und um so weniger können also pro Zeiteinheit über die Phasengrenze treten; um so länger dauert auch die Gleichgewichtseinstellung. Bei den weiter unten zu besprechenden Elektroden auf der Basis eines organischen Austauschermaterials konnten diese Effekte ebenfalls beobachtet werden [39], nur dauerten sie hier aufgrund der größeren Aktivierungsenergie etwas länger (ca. 30 sec) als bei den Glaselektroden. Auch das ist ohne weiteres verständlich, denn die Selektivität organischen Austauschermaterials beruht ja ausschließlich auf einer großen Hemmung des Störionen-Übertritts, da sich die Beweglichkeiten der Ionen in solchen Materialien wegen des Fehlens fixierter Gegenladungen nicht mehr so stark unterscheiden.

Das in Kapitel 1.3 skizzierte Funktionsmodell der ionenselektiven Elektroden vermag auch andere, bis vor kurzem noch unerklärbare Fakten zu erhellen. Die Abnahme der Anzeigegeschwindigkeit des Meßions in Gegenwart von Störionen läßt sich mit einer entsprechenden Abnahme der Meßionenaustauschstromdichte erklären, die allerdings noch nicht so gravierend ist, daß die Selektivität dadurch merklich geschwächt wird. Je kleiner die Austauschstromdichte, um so längere Zeit benötigt eine Elektrode aber zu einer neuen Gleichgewichtseinstellung. Die Austauschstromdichte kann z.B. dadurch verringert werden, daß auf der Seite der Lösung das Angebot an Meßionen bzw. freien Plätzen herabgesetzt wird. Je mehr Störionen in der Lösung vorhanden sind, um so mehr Konkurrenten gibt es, um einen Platz in der Helmholtzfläche, der ja für einen evtl. Übergang in die und von der Elektrodenphase zur Verfügung stehen muß (vgl. Abb. 6). Wenn die Meßionen also aus rein statistischen Gründen seltener einen günstigen Platz zum Übergang einnehmen können, so bedeutet das für die Kinetik der Gleichgewichts- und Potentialeinstellung eine entsprechende Verzögerung.

1.7 Der Selektivitätskoeffizient als quantitative Kennzeichnung der Elektrodenselektivität

Da den Analytiker meist nur die Konzentration oder Aktivität einer einzigen Ionenart interessiert, führt eine Mitanzeige von anderen Ionen zu einer Querempfindlichkeit. Diese Art der Störung erster Ordnung läßt sich näherungsweise mit einer auf Nikolski [35] zurückgehenden erweiterten Nernst-Gleichung beschreiben:

$$\Delta\phi_{gl} = \Delta\phi'_{gl} \pm \frac{R \cdot T}{z_m \cdot F} \ln [a_M + \sum_{a_s} K_{M-S}(a_s)^{z_m/z_s}] \qquad (23)$$

Hierin bedeuten: (+) bei Kationen, (−) bei Anionen

a_M = Aktivität der Ionenart, die gemessen wird,

a_S = Aktivität der einzelnen Störionenarten,
z_m = Wertigkeit oder Ladungsänderung des Meßions,
z_s = Wertigkeit oder Ladungsänderung des Störions,
K_{M-S} = Selektivitätskoeffizient (Meßion-Störion).

Zu ihrer Ableitung hat er die Elektrodenmembran als einen mehr oder weniger selektiven Ionenaustauscher behandelt, s. Gl. (R4), Abschn. 1.4. Die Selektivitätskonstante

$$K_{M-S} = \frac{a_{M^+(ls)} a_{S^+(el)}}{a_{M^+(el)} a_{S^+(ls)}} \qquad (24)$$

ergibt sich dann als identisch mit der Austauscherkonstanten. Die Ableitung trifft eigentlich nur für ionenselektive Elektroden mit fester Austauschermembran zu, die Gl. (23) hat sich aber innerhalb der beschriebenen Grenzen als universell anwendbar erwiesen. Voraussetzung ist der Gleichgewichtszustand, statisch bestimmte Selektivitätskoeffizienten weichen deshalb oft erheblich von dynamisch gemessenen ab.

Für den Koeffizienten K_{M-S} hat sich auch die Bezeichnung Selektivitätskonstante eingebürgert, obwohl er streng genommen nicht konstant und, vor allem bei Austauscher- und Ionophor-Elektroden, eine Funktion der absoluten Ionenstärken von Meß- und Störion ist. So wurde bei der Calcium-Elektrode in verdünnten Lösungen ($c < 0,1$ mol/L) ein Selektivitätskoeffizient $K_{Ca-Na} \approx 2 \cdot 10^{-4}$ [40] für die Störung durch Natriumionen gefunden, in 6 m NaCl–CaCl$_2$-Lösungen aber nur der ungünstigere von $K_{Ca-Na} \approx 0,3$ [41]. Außerdem hängt er auch noch von der Bestimmungsmethode ab. Im methodischen Teil werden die von einer IUPAC-Kommission empfohlenen Meßmethoden näher erläutert [33].

Im Gegensatz zu den Flüssigaustauscher-Elektroden sind die Selektivitätskoeffizienten bei den nur fluorid- oder silber-ionenleitenden Festkörpermembran-Elektroden eindeutig durch das Verhältnis der entsprechenden Löslichkeitsprodukte bestimmt und daher unabhängig vom jeweiligen Elektrodenhersteller.

Ein kleiner Zahlenwert für den mit Gl. (23) definierten Selektivitätskoeffizienten bedeutet eine hohe Spezifität für das zu messende Ion in Gegenwart des durch den Index angedeuteten Störions. Beträgt der Selektivitätskoeffizient z.B. $K_{M-S} = 10^{-3}$, so wird das Meßion 1000mal empfindlicher angezeigt als das Störion; mit anderen Worten, erst eine 1000fach größere Aktivität eines gleichwertigen Störions im Vergleich zum Meßion erzeugt eine Gleichgewichts-Galvanispannung, die gleich der des Meßions allein ist. Dies würde in diesem Fall einer Meßabweichung von 100% (doppelt so hohe Anzeige) entsprechen. Es verdeutlicht auch, wie wichtig es ist, sich vor Gebrauch ionenselektiver Elektroden anhand der von den Herstellerfirmen angegebenen „Selektivitätskonstanten" über Störungsmöglichkeiten klar zu werden. Eine ausführliche Beschreibung zur Bestimmung und Bewertung von Selektivitätskoeffizienten findet sich bei Lewenstam und Hulanicki [42].

Die Eliminierung von Störungen beginnt also bei der Auswahl einer geeigneten Elektrode. Zweckmäßig wählt man aus dem breiten Angebot der Hersteller diejenige ionenselektive Elektrode aus, die für das am stärksten eingreifende Störion den kleinsten Koeffizienten aufweist. Man muß sich auch darüber im klaren sein, daß die Zahlenwerte nur Richtwerte sein können, da ja der Einfluß der Lösungsmatrix hinzukommt. Für kritische Fälle, etwa der Kaliumbestimmung im Blut neben einem relativ großen Natriumwert, ist es oft angebracht, die zur Auswahl stehenden Elektroden unter identischen Bedingungen im Experiment zu prüfen, bevor man ordert. Den für den speziellen Anwendungsfall gültigen Selektivitätskoeffizienten kann man anhand einer in Kapitel 5.9 angegebenen Vorschrift durch nur zwei Messungen bestimmen. Besitzt der Selektivitätskoeffizient einen Wert von ca. 1, so geht die Aktivität von Meß- und Störionen zu gleichen Anteilen in das Elektrodenpotential ein. Das muß nicht immer von Nachteil sein; bei der Elektrode zur Bestimmung der Wasserhärte wünscht man sich gerade ein solches Verhalten. Zur Auswahl geeigneter Elektroden gibt es umfangreiche Werke mit Zusammenstellungen fast aller bekannten Selektivitätskoeffizienten, unterteilt nach Elektrodenarten, Störionen und Konzentrationen [43].

Wird ein Selektivitätskoeffizient $K>1$ angegeben, so wird das betreffende Ion bevorzugt vor dem Ion angezeigt, das der Elektrode seinen Namen gab. Dies ist z.B. bei fast allen Ca-Elektroden der Fall, bei denen in der Regel das Zn^{2+} um den Faktor 3 empfindlicher angezeigt wird.

Enthält eine Meßlösung nun eine störende Ionenart in zu hoher Konzentration, so braucht man nicht zu resignieren. Zunächst einmal kann man versuchen, diese hohe Konzentration selektiv zu verkleinern. Das kann durch spezifische Ausfällung (SO_4^{2-} mit Ba^{2+} der NO_3^--Elektrode), spezifische Komplexierung (Al^{3+} mit Citrat oder bei der F^--Elektrode), spezifischen Ionenaustausch (Cl^-, HCO_3^- bei der NO_3^--Elektrode) oder dergleichen bewirkt werden. Häufig stören Wasserstoffionen primär durch Mitanzeige, oder sekundär durch Komplexierung des Meßions ($F^- + H^+ \rightleftharpoons HF + F^- \rightleftharpoons HF_2^-$ usw.). Diese Störung läßt sich aber leicht umgehen, indem man den pH-Wert durch ein Puffersystem so weit ins Alkalische verlegt, wie es für die Stabilität der übrigen in der Lösung vorhandenen Ionen tragbar ist. Manche Herstellerfirmen bieten „Konditionierungslösungen" an, mit der die Probelösung vor der Messung verdünnt wird (1:1). Diese Lösungen enthalten oft neben einem geeigneten Puffersystem und einem Ionenstärke-Einsteller auch noch Komplexierungsmittel, die einerseits eventuell vorhandene Störionen binden, andererseits aber auch ein Ausfällen amphoterer Hydroxide vermeiden sollen. Spezielle Störunterdrückungstechniken werden bei der Beschreibung der einzelnen Elektroden sowie im anwendungstechnischen Teil gegeben.

1.8 Konzentration, Aktivität und Aktivitätskoeffizient

In den vorangegangenen Abschnitten war mehrfach von der Aktivität eines Meßions in einer Lösung die Rede. Auch wurde erwähnt, daß die ionenselektiven Elektroden im Gegensatz zu anderen analytischen Techniken in erster Linie nicht die Konzentration, sondern die Aktivität des für die betreffende Elektrode charakteristischen, freien Meßions anzeigen. Ferner wurde darauf hingewiesen, daß dieses Verhalten durchaus kein Nachteil ist, denn für viele wissenschaftliche Aussagen ist die durch die Aktivität ausgedrückte wirksame Konzentration wichtiger als die effektive Konzentration. Ist man aber an der absoluten Konzentration eines bestimmten Ions interessiert, so bieten sich durchaus Meßtechniken an, mit denen man sehr einfach die Konzentration erhält. Man hat also die *freie Wahl* zwischen beiden Größen, während die Umrechnung der Konzentration auf die Aktivität weitere Informationen (Ionenstärke) über die Meßlösung benötigt.

Da es gelegentlich zu Schwierigkeiten bei der Interpretation der Elektrodenmeßdaten kommt, sei im folgenden der Unterschied zwischen Konzentration und Aktivität sowie individuellem und mittlerem Aktivitätskoeffizienten näher beleuchtet [44]:

Bei gelösten Molekülen in einer Lösung ist zu unterscheiden zwischen

a) *Nichtelektrolyten* (viele organische Stoffe wie Zucker), deren Moleküle sich nur bei sehr hoher Konzentration so nahe kommen, daß Wechselwirkungskräfte der Moleküle des gelösten Stoffes untereinander wirksam werden.

In diesem Sinne werden Lösungen von Nichtelektrolyten, die durch Solvatation der ungeladenen Moleküle entstehen, als ideale Lösungen bezeichnet, solange sich das chemische Potential gemäß der Beziehung:

$$\mu_{i\,(ideal)} = \mu_i^0 + R \cdot T \cdot \ln x_i \qquad (25)$$

mit x_i in einer Konzentrationseinheit, z. B. Molenbruch, ausdrücken läßt.

b) *Elektrolyten*, die mehr oder weniger vollständig in elektrisch geladene Ionen aufspalten (die meisten anorganischen Säuren, Basen und Salze), bei denen die gegenseitigen Wechselwirkungskräfte infolge der Ionenladung mit ihrer weiterreichenden Wirkungssphäre bereits bei verdünnten Lösungen ($c = 0,01$ mol/L) einsetzen.

In allen anderen Fällen spricht man von realen Lösungen und führt zur Berücksichtigung der gegenseitigen Beeinflussung einen für jeden gelösten Stoff spezifischen Korrekturfaktor f_i ein, mit dem die Konzentration multipliziert werden muß, damit die obige Gleichung auch bei realen Systemen gilt:

$$\mu_{i\,(real)} = \mu_i^0 + R \cdot T \cdot \ln \cdot x_i \cdot f_i. \qquad (26)$$

Die phänomenologisch, also thermodynamisch relevante, effektive Konzentration $f_i \cdot x_i$ wird „Aktivität" genannt, der numerische Faktor f_i „individueller Aktivitätskoeffizient". Er kann nur näherungsweise berechnet werden, indem die Differenz der chemischen Potentiale ($\mu_{i\,(real)} - \mu_{i\,(ideal)}$), die dem Ausdruck $R \cdot T \cdot \ln f_i$ entspricht, gleich dem elektrostatischen Arbeitsanteil gesetzt wird. Nach einer Theorie von Debye und Hückel, die zunächst von dem Modell einer punktförmigen Ionenladung, umgeben von einer Wolke anderer Ionen, ausgeht, läßt sich diese elektrostatische Beeinflussung des chemischen Potentials berechnen. Man erhält in erster Näherung:

$$\mu_{i\,(real)} - \mu_{i\,(ideal)} = R \cdot T \cdot \ln f_i = -\frac{N_A (z_i \cdot e_0)^2}{2 \cdot \varepsilon \cdot \kappa^{-1}}. \qquad (27)$$

Hier bedeuten:

N_A = Loschmidsche Zahl = $6,023 \cdot 10^{23}$ Atome, Moleküle/Mol,
e_0 = Elementarladung = $1,602 \cdot 10^{-19}$ A·s,

1.8 Konzentration, Aktivität und Aktivitätskoeffizient

ε = Dielektrizitätskonstante des Lösungsmittels,
κ^{-1} = Radius der Ionenwolke oder Debye-Hückel Reziprokenlänge, ihrerseits berechenbar aus:

$$\kappa^{-1} = \sqrt{\frac{\varepsilon \cdot k \cdot T}{4\pi} \frac{1}{\sum_i n_i^0 (z_i \cdot e_0)^2}} \tag{28}$$

mit: k = Boltzmann-Konstante = $1{,}38 \cdot 10^{-16}$ erg/K,
n_i^0 = Konzentration an i.

Der mit Gl. (26) definierte und mit Gl. (27) theoretisch näherungsweise berechenbare individuelle Aktivitätskoeffizient f_i ist aber nur von theoretischem Interesse, da er experimentell nicht verifiziert werden kann. Da er definitionsgemäß nur die Wechselwirkung der Ionen einer einzigen Sorte i untereinander ausdrückt, müßte bei seiner experimentellen Bestimmung eben nur diese eine Ionenart in die Lösung gebracht werden. Man kann dieses Problem nur umgehen, wenn man ein neutrales, d.h. nach außen ungeladenes Salz mit Kation und korrespondierendem Anion in die Lösung bringt und sich mit dem in diesem Fall meßbaren „mittleren Aktivitätskoeffizienten" $f_\pm$ von Kation und Anion zufrieden gibt. Eine Aufteilung der durch die Ion-Ion-Wechselwirkung hervorgerufenen Änderung der freien Enthalpie auf einen Kationen- und Anionenanteil ist experimentell nicht möglich. Wo dies scheinbar doch der Fall ist, etwa bei der pH-Messung, liegt bei genauerem Hinsehen eine Konvention vor. Das gleiche gilt natürlich für die Messung der pIon-Werte. Es wäre wünschenswert, wenn das U.S. National Institute of Standards (NIST) auch auf diesem Gebiet so federführend tätig werden würde, wie auf dem pH-Standard-Gebiet. Erste Anzeichen dafür sind schon vorhanden [45]. Gerade diese Problematik führt häufig zu Schwierigkeiten bei der Interpretation von Elektrodenmeßdaten sowie beim Ansetzen von Lösungen mit bekannter Aktivität.

1.8.1 Ansetzen genauer Aktivitäts-Kalibrierlösungen

Da dieses Thema die Grundlage aller Messungen mit ionenselektiven Elektroden berührt und in der Literatur zu wenig herausgehoben wird, soll im folgenden die pragmatische Einführung des mittleren Aktivitätskoeffizienten etwas ausführlicher behandelt werden:

Gehen wir von einem einfachen Beispiel aus und betrachten wir das chemische Potential eines 1:1-wertigen Elektrolyten wie KCl. Es setzt sich zusammen aus dem chemischen Potential der Kationen und Anionen: Wenn wir mit x_{K^+} und x_{Cl^-} eine Konzentrationsangabe verbinden, erhalten wir:

$$\mu_{K^+} = \mu_{K^+}^0 + R \cdot T \cdot \ln x_{K^+} + R \cdot T \cdot \ln f_{K^+}, \tag{29}$$

$$\mu_{Cl^-} = \mu_{Cl^-}^0 + R \cdot T \cdot \ln x_{Cl^-} + R \cdot T \cdot \ln f_{Cl^-}, \tag{30}$$

$$\mu_{K^+} + \mu_{Cl^-} = \mu_{K^+}^0 + \mu_{Cl^-}^0 + R \cdot T \cdot \ln x_{K^+} \cdot x_{Cl^-} + R \cdot T \cdot \ln f_{K^+} \cdot f_{Cl^-}. \tag{31}$$

Diese Summe entspricht aber der Arbeit von 2 mol Ionen (ein mol K$^+$ und ein mol Cl$^-$), die frei wird, wenn wir sie gedanklich aus dem Unendlichen in diese Lösung überführen. Bezieht man das chemische Potential eines Stoffes auf 1 mol überführter Ionen, so spricht man vom mittleren chemischen Potential und damit auch vom mittleren Aktivitätskoeffizienten $f_\pm$ und man hat die Gl. (31) durch zwei zu teilen:

$$\frac{\mu_{K^+} + \mu_{Cl^-}}{2} = \frac{\mu^0_{K^+} + \mu^0_{Cl^-}}{2} = \frac{R \cdot T \cdot \ln x_{K^+} \cdot x_{Cl^-}}{2} + \frac{R \cdot T \cdot \ln f_{K^+} \cdot f_{Cl^-}}{2} \tag{32}$$

mit:

$$\frac{\mu_{K^+} + \mu_{Cl^-}}{2} = \mu_\pm, \tag{33}$$

$$\frac{\mu^0_{K^+} + \mu^0_{Cl^-}}{2} = \mu^0_\pm, \tag{34}$$

$$\frac{R \cdot T \cdot \ln x_{K^+} \cdot x_{Cl^-}}{2} = R \cdot T \cdot \ln (x_{K^+} \cdot x_{Cl^-})^{\frac{1}{2}}, \tag{35}$$

$$\frac{R \cdot T \cdot \ln f_{K^+} \cdot f_{Cl^-}}{2} = R \cdot T \cdot \ln (f_{K^+} \cdot f_{Cl^-})^{\frac{1}{2}}, \tag{36}$$

$$(x_{K^+} \cdot x_{Cl^-})^{\frac{1}{2}} = x_\pm, \tag{37}$$

$$(f_{K^+} \cdot f_{Cl^-})^{\frac{1}{2}} = f_\pm. \tag{38}$$

Endlich erhält man, was experimentell zugänglich ist:

$$\mu_\pm = \mu^0_\pm + R \cdot T \cdot \ln x_\pm + R \cdot T \cdot \ln f_\pm. \tag{39}$$

Für Elektrolyte, die in v^+ Kationen und v^- Anionen dissoziieren, gilt allgemein:

$$f_\pm = (f_+^{v_+} \cdot f_-^{v_-})^{1/v}. \tag{40}$$

mit

$$v = v_+ + v_- \tag{41}$$

oder logarithmiert:

$$\ln f_\pm = \frac{1}{v}(v_+ \cdot f_+ + v_- \cdot f_-). \tag{42}$$

Setzt man die letzte Gleichung in die theoretisch abgeleitete Beziehung (27) ein, so ergibt sich:

$$\ln f_\pm = -\frac{1}{v}\left[\frac{N_A \cdot e_0^2 \cdot \kappa}{2 \cdot \varepsilon \cdot R \cdot T} \left(v_+ z_+^2 + v_- z_-^2\right)\right]. \tag{43}$$

Aus dieser Gleichung folgt durch Umformung, Umrechnung auf die Konzentrationseinheit mol/L und Zusammenfassung der Konstanten die Debye-Hückel-Näherung für stark verdünnte Elektrolyte bis zu $c = 0{,}01$ mol/L:

1.8 Konzentration, Aktivität und Aktivitätskoeffizient

$$\log f_{\pm} = -A(z_+ \cdot z_-) \cdot I^{\frac{1}{2}} \tag{44}$$

mit: A = Lösungsmittel- und temperaturabhängige Konstante (z. B. Wasser, 25 °C, A = 0,512),
z_+ = Wertigkeit des Kations,
z_- = Wertigkeit des Anions,
I = Gesamtionenstärke der Lösung, definiert als: $I = \frac{1}{2} \sum_i c_i \cdot z_i^2$
mit c_i = Konzentration des betreffenden Ions in mol/L:

Beispiel: Für eine 0,1 mol/L KCl-Lösung erhält man für I:

$$I = \frac{1}{2}(0{,}1 \cdot 1^2 + 0{,}1 \cdot 1^2) = 0{,}1. \tag{45}$$

Für eine 0,1 mol/L CaCl$_2$-Lösung erhält man für I:

$$I = \frac{1}{2}(0{,}1 \cdot 2^2 + 0{,}2 \cdot 1^2) = 0{,}3. \tag{46}$$

Das Bezeichnende an der Gl. (44) ist, daß der Aktivitätskoeffizient unabhängig von der Ionenart ist. Er hängt nur von der Art des Elektrolyten (Kationenwertigkeit, Anionenwertigkeit, Konzentration) ab.

Experimentell findet man bei Elektrolytkonzentrationen über $c = 0{,}01$ mol/L Abweichungen, die einen individuellen Charakter aufweisen. Was an Individualität bei der Herleitung der Gl. (27) vernachlässigt worden war, ist die effektive Größe des solvatisierten Ions, die für jede Ionensorte einen charakteristischen Wert besitzt. Mit der Einführung einer Größe a, bis auf die sich ein Ionenpaar nähern kann, ergibt sich:

$$\log f_{\pm} \approx -\frac{A \cdot z_i^2 \cdot I^{\frac{1}{2}}}{1 + B \cdot a \cdot I^{\frac{1}{2}}} \tag{47}$$

mit: A, B = Lösungsmittel- und temperaturabhängige Konstanten, z. B. Wasser bei 25 °C: $A = 0{,}512$, $B = 0{,}329 \cdot 10^8$.

Werte für einige weitere Temperaturen sind in der Tabelle A.2 im Anhang enthalten, dazu einige Werte der Ionendurchmesser a in Tabelle A.3. Ausführliche Tabellen befinden sich bei Robinson und Stokes [46] sowie Kielland [47].

Der hier allgemein mit f bezeichnete Aktivitätskoeffizient wird zusammen mit Gewichtskonzentrationen b (mol/kg) mit γ und zusammen mit Volumenkonzentrationen c (mol/L) mit y geschrieben. Der Analytiker rechnet meistens in Volumenkonzentrationen bzw. Volumenaktivitäten $a = y \times c$. In den Tabellen A.4 und A.5 sind einige Literaturwerte von zuverlässig geschätzten Einzelionenaktivitäten verzeichnet.

Wie man sieht, muß zum Zwecke der gegenseitigen Umrechnung von Konzentrations- in Aktivitätseinheiten außer der Gesamtionenstärke auch der effektive Annäherungsabstand a bekannt sein. Da er nur mit einer gewissen Genauigkeit bestimmt werden kann, kann auch keine Aktivität genauer berechnet werden. Dies soll nicht heißen, daß generell die Aktivität mit den ionenselektiven Elektroden nur ungenau bestimmbar wäre; im Gegenteil, kalibriert man die Elektrode mit sehr verdünnten Lösungen ($I < 10^{-4}$ mol/L), so braucht man den Aktivitätskoeffizienten nicht zu berücksichtigen, da er im

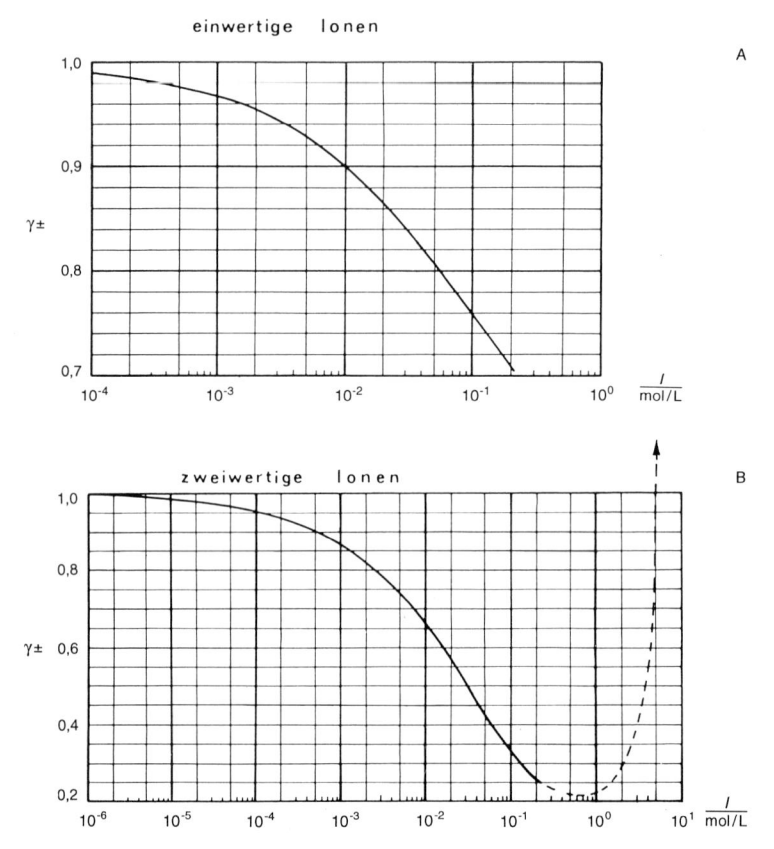

Abb. 13 A, B. Mittlere Aktivitätskoeffizienten $f_\pm$ in Abhängigkeit von der Ionenstärke. **A** einwertige Ionen; **B** zweiwertige Ionen

Rahmen der Meßgenauigkeit gleich 1 gesetzt werden kann. Erst wenn man die nach einer solchen Kalibrierung erhaltenen größeren Aktivitäten in die entsprechenden Konzentrationen umrechnen will, tritt das obige Problem auf. In diesem Fall wendet man besser eine andere Meßtechnik an, bei der man direkt die Konzentration erhält.

Die Abb. 13 zeigt die Abhängigkeit des mittleren Aktivitätskoeffizienten von der Ionenstärke. Die im vorigen Abschnitt erläuterte Theorie der interionischen Wechselwirkungen mit der ausgezeichneten Übereinstimmung der theoretisch berechneten mittleren Aktivitätskoeffizienten mit den experimentell erhaltenen, bei Ionenstärken unter 1 mol/L, vermag den bei noch größeren Ionenstärken wieder stark ansteigenden mittleren Aktivitätskoeffizienten nicht zu erklären. Rein qualitativ läßt sich das Ansteigen der effektiven Konzentration, also der Aktivität, dadurch erklären, daß mit zunehmender Konzentrierung des Elektrolyten die Konzentration der freien Solvensmoleküle immer mehr abnimmt. Die an die Ionen in Form der Hydrathülle gebundenen Solvensmoleküle darf man aber nicht mehr als freie Lösungsmittelmoleküle ansehen [48]. Sie leisten bei weiteren Auflösungsvorgängen von Salzen keine Lö-

1.8 Konzentration, Aktivität und Aktivitätskoeffizient

sungsarbeit mehr. Dadurch ergibt sich eine Verminderung der effektiven Lösungsmittelmenge und damit eine Konzentrierung, was durch das Ansteigen des mittleren Aktivitätskoeffizienten ausgedrückt wird. Mathematisch kann man dies bei Gl. (47) durch Hinzufügen eines weiteren Korrekturgliedes: $-0{,}2 \cdot I$ (Wasser, 25 °C) berücksichtigen [49]. Wegen der praktischen Bestimmung von Aktivitätskoeffizienten s. Abschn. 5.1.1.

Elektrodenpotential-messung

2.1 Bezugselektroden

Wie mißt man nun die bisher nur theoretisch erläuterte Potentialdifferenz zwischen dem Innern der Elektrode und des Elektrolyten? Ein Spannungsmeßgerät (Voltmeter) besitzt bekanntlich zwei Eingangsklemmen. An eine Klemme kann man die Meßelektrode anschließen. Wie aber kann man das Potential im Innern der Elektrolytlösung zur anderen Klemme des Meßgerätes „ableiten"? Es bleibt nichts anderes übrig, als einen zweiten Leiter als *Ableit-Elektrode* in die Meßlösung zu tauchen und ihn mit der zweiten Eingangsklemme des Voltmeters zu verbinden. Aber dann treten an der neu gebildeten Phasengrenze Ableit-Elektrode/Meßlösung die analogen physikalischen und chemischen Vorgänge auf wie bei der Meßelektrode, deren Größe man eigentlich allein messen wollte. An dieser zweiten Phasengrenzfläche bildet sich eine zusätzliche Galvanispannung $\Delta\phi_B$, so daß am Voltmeter die Summe von mehreren Galvanispannungen abgelesen wird. Eine derartige Anordnung – zwei Elektroden in einem gemeinsamen Elektrolyten – wird eine *elektrochemische Zelle* genannt; *eine* Elektrode stellt folglich eine *elektrochemische Halbzelle* dar [50].

Abb. 14 verdeutlicht anschaulich, daß man bei jeder *elektrochemischen Spannungsmessung* die Summe von mindestens *drei* Potentialdifferenzen erfaßt: Denn zusätzlich zu den zwei Galvanispannungen $\Delta\phi_{\text{Meßelektrode}}$ und $\Delta\phi_{\text{Bezugs-Elektrode}}$ an den beiden Phasengrenzen Elektrode/Elektrolyt treten in einem praktikablen Meßkreis stets noch weitere $\Delta\phi_{M/M'}$, nämlich die an der Berührungsstelle zweier unterschiedlicher Metalle M und M', auf. In einem isothermen Stromkreis ist die Summe aller *Kontakt-* oder *Voltaspannungen* zwar gleich null, nicht jedoch, wenn Kontaktstellen unterschiedliche Temperaturen aufweisen. Die dann auftretenden Thermospannungen sind jedoch klein gegenüber den Galvanispannungen, wie die Tabelle 1 zeigt. Sie werden meistens vernachlässigt. Lediglich die extrem großen Thermospannungen der oft benutzten Elektrodenmetalle Antimon und Bismut und vor allem die eines korrodierenden Kupferkontakts ($E_T \approx 1$ mV) sind zu beachten. Eine Aufteilung der am Voltmeter gemessenen elektrischen Spannung in einen Meß- und Bezugs-Elektrodenanteil ist nicht möglich. Man muß sich mit der Messung der *Änderung* der Galvanispannung an einer der beiden Elektroden zufriedengeben und dafür Sorge tragen, daß sich die Galvanispannung der Bezugs- oder Referenz-Elektrode möglichst wenig ändert. *Man sollte sich hüten, nur die Meßelektrode allein zu bewerten.* Nach übereinstimmenden Aussagen der Herstellerfirmen der ionenselektiven Elektroden und der Experten auf diesem Ge-

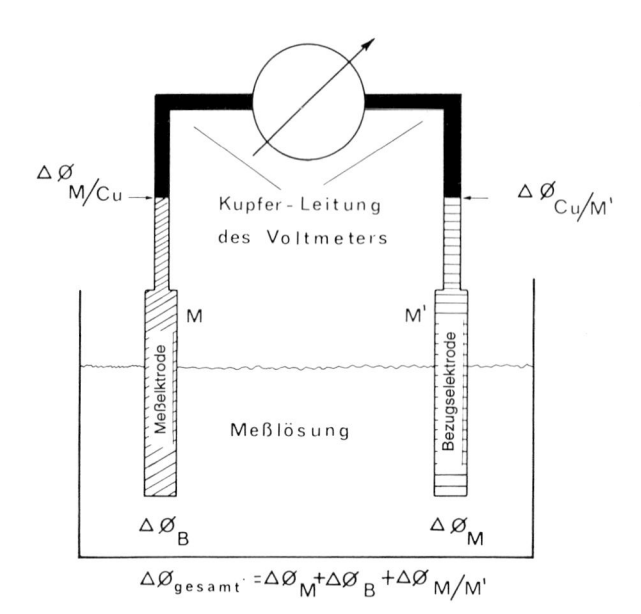

Abb. 14. Schematische Darstellung der bei jeder Messung erfaßten Einzelspannungen

$\Delta\varnothing_{gesamt} = \Delta\varnothing_M + \Delta\varnothing_B + \Delta\varnothing_{M/M'}$

Tabelle 1. Einige Thermospannungen in µV/K

Cu/CuO	1000	Pt/Fe	18	Pt/Ir	6,5	Ag/Cu	0,1
Pt/Sb	470	Pt/Cu	7,5	Cu/Lötzinn	1	Pt/Bi	−70

biet liegt die Hauptstörungsquelle bei EMK-Messungen gerade bei der Bezugselektrode [51]!

2.2 Die Standardwasserstoffelektrode als primäre Bezugselektrode

Jedes elektrische Meßgerät (Kompensator oder direktanzeigendes Voltmeter) hat neben dem hochohmigen Eingangspol für die Meßelektrode einen niederohmigen Eingangspol für die Bezugselektrode, an dem ein mehr oder weniger großer Stromfluß unvermeidbar ist. Darauf sollte die Bezugselektroden-Galvanispannung möglichst wenig reagieren. Diese Forderung wird von den unpolarisierbaren Elektroden mit großer Austauschstromdichte j_0 erfüllt (s. Kapitel 1.3). Man hat sich (*International Union of Pure and Applied Chemistry*, IUPAC) darauf geeinigt, als *Standardbezugselektrode* die sog. *Standardwasserstoffelektrode* (SHE), die genügend unpolarisierbar und reproduzierbar ist, heranzuziehen. Ihr Aufbau ist schon in Kapitel 1.3 beschrieben worden. Die Gleichgewichts-Galvanispannung der Standardwasserstoffelektrode (bei $a_{H^+} = 1$ mol/L und $P(H_2) = 1$ atm) wird konventionsgemäß bei *allen Temperaturen* gleich Null gesetzt. Bei der üblichen formalen Schreibweise einer elektroche-

2.2 Die Standardwasserstoffelektrode als primäre Bezugselektrode

mischen Zelle wird die Standardwasserstoffelektrode immer links geschrieben, so daß man also im Falle eines Silberdrahtes in einer Silbernitratlösung zu schreiben hätte:

$$(\text{Pt})\text{H}_{2(p=1\,\text{atm})} \mid \text{H}^+_{(a_{\text{H}^+}=1)}, \text{Ag}^+_{(a_{\text{Ag}^+}=x)} \mid \text{Ag}.$$

Die mit einer solchen elektrochemischen Zelle experimentell mit einem Voltmeter gemessene Spannung zwischen dem Platindraht der Standardwasserstoffelektrode und dem Silberdraht stellt in Wirklichkeit eine Summe von Potentialdifferenzen dar. Beträgt die Ionenaktivität des potentialbestimmenden Ions, hier $a_{\text{Ag}^+} = 1$ mol/L, so mißt man die sog. *Standardspannung* E^0_{Ag}. Entsprechend definiert sind die Standardspannungen jeder Elektrodenart. Anhand der Kenntnis der einzelnen Standard-Elektrodenspannungen E^0, die in Tabellenwerken zu finden sind [52], läßt sich dann gemäß dieser Übereinkunft:

$$E^0_{\text{rechts}} - E^0_{\text{links}} = E^0 \tag{18}$$

Standard-Elektrodenspannung der rechten Elektrode minus Standard-Elektrodenspannung der linken, die Standard-Zellspannung beliebiger Elektrodenkombinationen errechnen.

2.2.1 Herstellung

An einem in Bleiglas eingeschmolzenen Platindraht wird zwecks Vergrößerung der Oberfläche ein Platinblech von etwa 1 cm² mit Hilfe einer Punktschweißanlage angeschweißt. Um den Platzbedarf gering zu halten, kann dieses Platinblech auch aufgerollt oder gefaltet werden. Das andere Ende des Platindrahtes wird innerhalb oder außerhalb des Glaskörpers mit einem normalen blanken Kupferdraht kontaktiert. Eine bewährte Ausführung der Wasserstoffelektrode

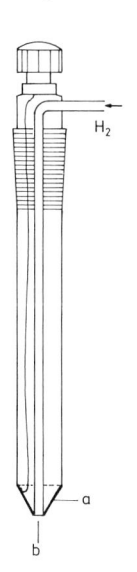

Abb. 15. Platinkegel-Wasserstoffelektrode. Der Wasserstoff wird durch das innere Rohr zugeleitet und streicht an der schrägen Wandung des Kegels entlang

zeigt die Abb. 15. Nach dem Entfetten der Platinblech-Oberfläche mit Benzol o.ä., chemischer Oberflächenreinigung mit heißer HNO_3 (1:1) und anschließendem gründlichen Abspülen mit destilliertem Wasser wird das Elektrodenmetall in eine Lösung von Hexachloroplatinsäure (3,5% mit Zusatz von 0,005% Pb $(CH_3COO)_2$) getaucht und bei einer kathodischen Stromdichte von 30 mA/cm² 5 min unter intensivem Rühren (keine Gasentwicklung an der Kathode) in einer H-Zelle (damit das anodisch gebildete Cl_2 nicht zur Kathode kommt) mittels einer zweiten Platinelektrode als Anode elektrolysiert [53]. Durch Zusatz einer kleinen Menge Bleiacetat zu der Platinlösung läßt sich die Lebensdauer der Elektrode (Zeit bis zur Desaktivierung) verlängern [54]. Auf keinen Fall darf sich jedoch Blei auf der Elektrode niederschlagen. Deshalb werden manchmal bleifreie Elektrolyte bevorzugt. In einigen Fällen eignet sich auf Platin abgeschiedenes Palladium besser als Platin. Die Tabelle 2 enthält zwei bewährte Rezepte für die Herstellung. Einige Arbeiten weisen darauf hin, daß sogar eine Dispersion irgendeines Katalysatormaterials (z.B. Raney-Nikkel) für die Reaktion

$$\frac{1}{2}H_2 \rightleftharpoons H^+ + e^- \tag{R 6}$$

mit der dabei gegebenen gelegentlichen Kontaktierung der Platinblech-Elektrode ausreichend ist, um Elektroden herzustellen, die untereinander auf besser als 0,01 mV übereinstimmen [55].

Die Notwendigkeit, ein absolut reines Wasserstoffgas zur Verfügung zu haben, ist heute dank der kommerziell erhältlichen Palladiumdiffusionsreiniger kein großes Problem mehr. Der Gesamtdruck des eingeleiteten Gases ist gleich dem äußeren Luftdruck plus einem mittleren hydrostatischen Druck zur Überwindung der Lösungsmittelsäule bis zur Oberfläche der Lösung, weshalb eine stabile und geometrisch überschaubare Elektrodenkonstruktion gewählt werden soll.

Eine weitere Korrektur (s. Anhang) berücksichtigt den bei verschiedenen Temperaturen unterschiedlichen Wasserdampfpartialdruck, der vom Gesamtdruck abgezogen werden muß, um den wirksamen Partialdruck des reinen Wasserstoffs zu erhalten, der ja der Übereinkunft zugrunde liegt. Der tatsächliche Wasserstoff-Partialdruck ist also:

$P(H_2) = P_{atm} - P(H_2O) + P_{hyd}$.

Bei der SHE wird ausnahmsweise noch in Atmosphären gerechnet (1 atm = 101 325 Pa). P_{atm} ist der Barometerdruck, $P(H_2O)$ der Wasserdampf-Partialdruck (s. Tabelle A.6 im Anhang), und P_{hyd} ein Korrekturglied für den

Tabelle 2. Bleifreie Galvanisierlösungen für die Herstellung von Wasserstoff-Elektroden, für 100 mL, aus [55]

Metall	Verbindung	Metallgehalt	HCl (mol/L)	I/A (mA/cm²)	Zeit (min)
Pt	K_2PtCl_6	2,0 g	2,0	20	10 bis 20
Pd	H_2PtCl_6	2,0 g	2,0	20	10 bis 20

hydrostatischen Druck, welches man nach der empirischen Formel aus der Eintauchtiefe h (in mm) berechnet:

$P_{hyd} = 0{,}42 \times 10^{-4} h$ (atm).

Genausowenig, wie man den Wasserstoff-Partialdruck genau auf 1 atm einstellt, so wenig wird man eine Wasserstoffionen-Aktivität von $a(H_2) = 1$ mol/L herzustellen versuchen. Als man den Unterschied zwischen Konzentration und Aktivität (s. Abschn. 1.8) noch nicht beachtete, benutzte man einfach eine 1-normale Salzsäure (daher noch der Name „Normal-Wasserstoffelektrode"). Heute verzichtet man lieber auf eine so hohe Konzentration und verwendet Salzsäure mit $c(HCl) = 0{,}001$ bis $0{,}01$ mol/L. Deren mittlere Aktivitätskoeffizienten sind aus thermodynamischen Messungen ziemlich genau bekannt und befinden sich in der Tabelle A.7 im Anhang. Sie können mit denen der Wasserstoffionen gleichgesetzt werden.

Die Spannung einer realen Wasserstoffelektrode gegenüber der theoretischen SHE ist leicht zu berechnen.

Wird eine Wasserstoffelektrode mit einer ionenselektiven Meßelektrode in einem gemeinsamen Elektrolyten verwendet, so spricht man von einer Meßkette ohne Überführung. Eine elektrochemische Zelle ohne Überführung garantiert die genauesten Messungen. Man sollte sie immer aufbauen, solange die Zusammensetzung der Meßlösungen nicht die Gleichgewichts-Galvanispannung an der Bezugselektrode wechselnd beeinflußt.

2.2.2 Eigenschaften

Daß man sich auf diese Elektrode als primäre Bezugselektrode geeinigt hat, liegt nicht zuletzt auch an ihrer ausgezeichneten Herstellungsreproduzierbarkeit, die eine Potentialübereinstimmung zweier aus verschiedenen Arbeitsgängen hervorgegangener Elektroden auf besser als 0,01 mV ermöglicht [3, 56]. Daher wird bei den genauesten EMK-Messungen, etwa der Kontrolle, ob sich eine Elektrode exakt mit der Nernst-Gleichung beschreiben läßt oder nicht, der Messung des Standardelektrodenpotentials und dessen Temperaturabhängigkeit usw., häufig eine Wasserstoffelektrode in einer *Zelle ohne Überführung* (ohne Stromschlüssel und damit ohne die damit verbundene Diffusionsspannung) verwendet. Bei Routinemessungen wird sie wegen ihrer etwas umständlichen Handhabung seltener eingesetzt. Bei einem direkten Kontakt mit der Meßlösung stören Platinkatalysatorgifte wie CN^-, S^{2-}, SCN^- usw., die die Reversibilität der Elektrodenreaktion einschränken. Aber auch empfindliche Redox-Systeme wie Nitrophenol u.a., die mit dem System H_2/H^+ unter Platinkatalysatoreinfluß reduzierbar oder oxidierbar sind, stören, sofern man keine Vorkehrungen trifft, diese Stoffe von der direkten Berührung mit der Elektrodenoberfläche fernzuhalten. Dies läßt sich nun wieder nur mittels eines Stromschlüssels unter Aufbau einer *Kette mit Überführung* verwirklichen. Durch die dabei auftretende Diffusionsspannung wird dann leider die Meßgenauigkeit wieder eingeschränkt.

2.2.3 Absoluter Temperaturkoeffizient, absolute Elektrodenspannung

Wenn der Standard-Wasserstoffelektrode definitionsgemäß bei jeder Temperatur die Spannung null und damit auch ein Temperaturkoeffizient null zugeteilt wird, so bedeutet das nicht etwa, daß sie tatsächlich keinen Temperaturkoeffizienten hätte. Dies könnte schon wegen der Temperaturabhängigkeit der Wasserstoff-Löslichkeit kaum der Fall sein. Milazzo und Sharma [57] haben mit Hilfe einer *anisothermen Meßkette* unter Abschätzen und Eliminieren aller thermischen Nebeneffekte den absoluten Temperaturkoeffizienten der Standard-Wasserstoffelektrode ziemlich genau bestimmt:

$$\left(\frac{dE_{H^0}}{dT}\right)^{abs}(25°) = 859{,}6\ (\mu V/K),$$
$$\left(\frac{dE_{H^0}}{dT}\right)^{abs}(35°) = 884{,}0\ (\mu V/K). \tag{48}$$

Der absolute Temperaturkoeffizient erweist sich sogar als relativ groß. Da die thermodynamischen Temperaturkoeffizienten sämtlicher Elektroden auf die Standard-Wasserstoffelektrode bezogen sind, erhält man den absoluten Temperaturkoeffizienten $TK_{B\,(abs)}$ einer Elektrode B durch Addition:

$$TK_B^{abs} = TK_B^{therm} + TK_{SHE}^{abs}. \tag{49}$$

Mit verschiedenen Methoden hat man versucht, eine *absolute Elektrodenspannung* wenigstens abzuschätzen. Aus der Zusammenstellung von Trasatti [58] geht hervor, daß alle gefundenen Werte für die Spannung Metall/Lösung bei der Standard-Wasserstoffelektrode zwischen 4,44 und 4,85 Volt liegen. Sie ist also mehr als zehnmal so groß wie die meisten gemessenen Zellspannungen. Letztere sind also immer kleine Differenzen von sehr viel größeren Spannungswerten. Dies unterstreicht noch einmal die Notwendigkeit, in der Potentiometrie ganz besonders sorgfältig zu arbeiten.

2.3 Die Diffusionsspannung

Nur in günstigen Fällen kann man eine Bezugselektrode direkt in die Meßlösung tauchen (s. Abschn. 2.3.6). Im Fall einer Wasserstoff-Bezugselektrode müßte die Meßlösung einen genau festgelegten und konstanten pH-Wert haben, dessen Bestimmung aber wieder eine Meßkette erfordert. In der Regel befindet sich ein *Bezugselektrodeneinsatz* in einem besonderen *Elektrolytgefäß*, welches über ein Diaphragma mit der Meßlösung verbunden ist, s. DIN 19264 [59].

Damit sich bei einer Zelle mit Überführung der Bezugselektrolyt nicht zu schnell mit der Meßlösung vermischt und damit wirkungslos wird, verlangsamt man die Durchmischung, indem man die Berührungsfläche klein hält. Dazu können einzelne oder mehrere Kapillarverbindungen, Keramik- oder Sinterglasdiaphragmen, Agar-Agar-Stopfen, elektrolytbenetzte Schliffe usw. herangezogen werden. Da die Art dieser Kontaktstelle Meßlösung/Bezugselek-

2.3 Die Diffusionsspannung

trolyt großen Einfluß auf die Reproduzierbarkeit der betreffenden EMK-Messung ausübt, weil an dieser Stelle die sog. Diffusionsspannung auftritt, sollen die Einzelheiten hier etwas ausführlicher beschrieben werden. Will man mit ionenselektiven Elektroden genaue Messungen durchführen, so muß man für eine entsprechend konstante Diffusionsspannung sorgen. *Vom Standpunkt der Reproduzierbarkeit her gesehen ist diese Kontaktzone das schwächste Glied der Kette.*

In der elektrochemischen Kurzsprache wird die Berührungszone zweier unterschiedlicher Elektrolyt-Lösungen (auch z. B. bei einem identischen Elektrolyten aber unterschiedlicher Konzentration) durch einen Doppelstrich ∥ formalisiert, im Gegensatz zu einer Phasengrenze, die nur durch einen Strich ∣ symbolisiert wird. Man hat also bei einer Meßzelle mit Überführung, aufgebaut aus einer ionenselektiven Meßelektrode M in Kontakt mit einer Meßlösung, die das entsprechende Ion M^+ enthält und mit der Normal-Wasserstoffelektrode komplettiert, zu schreiben:

$$(Pt)H_{2(p=1\,atm)} \mid H^+_{(a=1)} \parallel \text{Stromschlüssel (z.B. 3 mol/L KCl)} \parallel M^+_{(a=x)} \mid M.$$

2.3.1 Entstehung

Man betrachte vereinfachend als Beispiel eine 1 mol/L KCl-Lösung, die über ein Diaphragma an eine 1 mol/L HCl-Lösung grenzt. An der Berührungsstelle der beiden Elektrolytlösungen innerhalb der Kanäle des Diaphragmas bildet sich für die K^+-Ionen und H^+-Ionen ein großer Konzentrationsgradient dc/dx aus, da ja jeweils eine Seite das Kation der anderen Seite nicht oder nur in Spuren enthält. Dieser Konzentrations- oder exakter Aktivitätsgradient ist die treibende Kraft der sofort einsetzenden Diffusion beider Kationen. Wie schnell und wie tief die Diffusion ist, hängt bei gleichem Aktivitätsgradienten entscheidend von der Beweglichkeit des betreffenden Ions im jeweiligen Lösungsmittel ab.

Die Wanderungsgeschwindigkeit des H^+-Ions in Wasser ist rund 5mal größer als die des K^+-Ions, d. h. die H^+-Ionen wandern rund 5mal schneller (pro Zeiteinheit also auch die fünffache Menge) in die KCl-Lösung, als umgekehrt K^+-Ionen in die HCl-Lösung. Dies bedeutet im vorliegenden Beispiel, da die negativ geladenen Cl^--Ionen nicht diffundieren (die Cl^--Ionenkonzentration in beiden Lösungen ist gleich), daß mehr positive Ladungen in die KCl-Lösung wandern. Die KCl-Seite dieser Berührungszone lädt sich infolgedessen positiv gegenüber der HCl Seite auf. Die Aufladung geht solange weiter, bis durch das gegenwirkende elektrostatische Feld ein weiterer Übergang von H^+-Ionen aus der HCl-Lösung in die KCl-Lösung abgebremst, und ein Gleichgewichtszustand erreicht wird.

2.3.2 Berechnung

Die Größe der Diffusionsspannung, die aus der Ladungstrennung an der Kontaktstelle zweier unterschiedlicher Elektrolytlösungen resultiert, läßt sich leider nur selten (gleiches, d.h. gemeinsames, Kation oder Anion, gleiche Konzentration im anderen Fall) auf einfache Weise berechnen. In diesen Fällen muß die Zusammensetzung der aneinandergrenzenden Lösungen genau bekannt sein. Eine Forderung, die in der Praxis kaum gegeben ist.

Bei der Herleitung der Formel zur Berechnung der ungefähren Diffusionsspannung wird die elektrische Arbeit, die in der Ladungstrennung steckt, gleich der Diffusionsarbeit, das ist die Änderung des chemischen Potentials durch die Diffusion der Ionen, gesetzt. Nur unter bestimmten *Näherungsannahmen* erhält man dann die sog. Hendersonsche Lösung [60] der Nernst-Planckschen Gleichungen [61]:

$$\varepsilon_d \approx -\frac{R \cdot T}{F} \sum_i \frac{t_i}{z_i} \ln \frac{a_{i1}}{a_{i2}} \qquad (50)$$

mit: t_i = Überführungszahl der Ionensorte i,
$a_{i1,2}$ = Ionenaktivität auf Seite 1 bzw. 2.

Für einen 1:1-wertigen Elektrolyten, z.B. das in Bezugselektroden meist verwendete KCl, ergibt sich damit:

$$-\varepsilon_d \approx \frac{R \cdot T}{F}(t_+ - t_-) \ln \frac{a_{i1}}{a_{i2}} \qquad (51)$$

mit: t_+ = Überführungszahl des Kations,
t_- = Überführungszahl des Anions.

Die über diese Gleichung berechenbare Diffusionsspannung sollte aber nicht zu Korrekturzwecken herangezogen werden. Die Herleitungsbedingungen sind in der Praxis nie alle erfüllt, da die Hauptannahme, daß die beteiligten Ionen ihren Ortswechsel ausschließlich unter dem Einfluß eines Konzentrationsgradienten vollziehen, also reine Diffusion vorliegt, selten gegeben ist. Dies gilt besonders für die üblichen Bezugselektrodenkonstruktionen, bei denen auch eine Konvektion eines Elektrolyten auftritt (die aus anderen Gründen erwünscht ist). Darüber hinaus würde man zur Berechnung der Einzelionenaktivität den individuellen Aktivitätskoeffizienten benötigen, der jedoch, wie im Abschn. 1.8 gezeigt wird, einer experimentellen Bestimmung nicht zugänglich ist. Für die Praxis der analytischen Anwendung einer EMK-Messung kommt es auch nicht auf die absolute Größe der Diffusionsspannung an, sondern nur auf ihre Konstanz. Die Größe wird durch den stets erforderlichen Kalibriervorgang zum größten Teil eliminiert, vorausgesetzt, daß die Diffusionsspannungen in Standard- und Meßlösung etwa gleich groß sind. Eine Differenz wird als *restliche Diffusionsspannung* bezeichnet und geht als *systematischer Fehler* in die Messung ein. Vergleicht man die nach Gl. (51) berechneten mit den experimentell ermittelten Diffusionsspannungen, so findet man z.B.

2.3 Die Diffusionsspannung

bei Kontaktzonen des Typs: HCl ∥ Alkalichloridlösung gleicher Konzentration bei absoluten Werten um −30 mV Unterschiede zwischen 1 und 2 mV [62].

In der Literatur werden Zellspannungen, die mittels einer elektrochemischen Zelle mit Überführung erhalten werden, oft mit dem Zusatz $+\varepsilon_d$ oder $+\varepsilon_j$ (j = junction, engl.) versehen.

2.3.3 Der Bezugselektrolyt

Ein Blick auf die Gl. (51) zeigt, was zu tun ist, wenn man die absolute Größe einer Diffusionsspannung klein halten will. Neben dem trivialen Fall $a_{i\,1} = a_{i\,2}$, also gleicher Elektrolyt und gleiche Konzentration auf beiden Seiten, kommt es vor allem darauf an, den Faktor vor dem Logarithmus, also die Differenz der Überführungszahlen von Kation und Anion klein zu halten. Dies versucht man dadurch zu erreichen, daß man als indifferenten Stromschlüssel-Elektrolyten ein Salz wählt, bei dem die Beweglichkeit von Kation und Anion etwa gleich ist. Kaliumchlorid ($t_{K^+} - 0,49$; $t_{Cl^-} - 0,51$) ist z.B. ein geeignetes Salz, aber auch KNO_3, NH_4NO_3, $CsCl$, $RbCl$ usw. besitzen ähnlich gute Überführungs-Eigenschaften.

Die Frage nach der notwendigen Konzentration des Bezugselektrolyten hängt nun wieder eng von den Eigenschaften der betreffenden Meßlösungen ab. Liegen in der Meßlösung hohe und variable Konzentrationen von Ionen mit großer Wanderungsgeschwindigkeit vor (stark saure oder stark alkalische Meßlösungen), so wählt man eine hohe Konzentration an Bezugselektrolyt. Es kann nämlich gezeigt werden, daß in diesem Fall die größere Überführungszahl von H^+- und OH^--Ionen durch die hohe Konzentration der fast gleichschnell wandernden Stromschlüssel-Ionen kompensiert werden kann, da sie in diesem Fall den überwiegenden Stromtransport übernehmen. Trotzdem gelingt es nie, die Diffusionsspannung auf diese Weise vollständig zu eliminieren, so daß man bei Messungen in stark sauren oder stark alkalischen Lösungen mit Diffusionsspannungen weit über 10 mV und entsprechenden Variationen rechnen muß [4, 63, 64].

Obwohl als Bezugselektroden-Elektrolyt oft noch eine *gesättigte* KCl-Lösung verwendet wird, sei aus praktischen Erwägungen heraus von dem Einsatz einer gesättigten Lösung abgeraten. Bei den gesättigten Stromschlüssel-Elektrolytlösungen besteht stets die Gefahr, daß das Salz, vor allem beim Erkalten oder bei längerer Lagerzeit (Verdunstung) an einer Stelle der Elektrolytbrücke auskristallisiert, an der es den Stromfluß empfindlich behindern kann.

Neben diesem Auskristallisieren des Hauptelektrolytsalzes kann es aber auch bei verdünnten Meßlösungen zu einer Ausfällung von beispielsweise AgCl an der Berührungszone kommen, weil konzentrierte KCl-Lösung *eine größere* Menge des Ableitelektrodenüberzuges (Elektrode zweiter Art) zu lösen vermag (bis zu 1 g/L). Diese komplex gelöste Menge der an und für sich schwerlöslichen Verbindung fällt bei Verdünnung der Lösung sofort wieder aus. Dies geschieht eben im Diaphragma, wenn man mit verdünnten Meßlösungen arbeitet. Diaphragmaverstopfungen dieser Art sind nicht immer sofort an den Zeigerausschlägen des Meßgerätes festzustellen, da AgCl eine gewisse Ionenleitfähigkeit aufweist. Sie machen sich vor allem durch Instabilitäten und damit durch zu große Standardabweichungen der Meßergebnisse bemerkbar. Man kann den AgCl-Niederschlag häufig durch Eintauchen des Diaphragmas in konzentrierte Ammoniaklösung wieder in Lösung bringen; besser ist aber eine Verhinderung seiner Bildung, indem man eine weniger konzentrierte KCl-Lösung verwendet. Vorteilhaft ist bei der Messung sehr verdünnter Meßlösungen (kleine Ionenstärke) eine 0,1 bis 1 mol/L KCl-Lösung.

Gesättigte Lösungen haben weitere Nachteile. Taucht, wie bei den meisten kommerziell erhältlichen Bezugselektroden, ein Bezugshalbelement in diese Lösung, das mit einem Ion des Elektrolyten (Cl^--Ion) eine reversible Elektrodenreaktion und damit eine stabile Gleichgewichts-Galvanispannung liefert, so hängt die Größe dieser Spannung gemäß der Nernst-Gleichung von der Aktivität des betreffenden Bezugsions ab. Diese aber ist im Fall einer gesättigten Lösung oft in starkem Maße eine Funktion der Temperatur der Lösung. Je stärker die Löslichkeit des Elektrolytsalzes von der Temperatur abhängt, um so stärker verändert sich die Gleichgewichts-Galvanispannung an der Phasengrenze Bezugshalbelement/Elektrolyt bei oft schwer zu eliminierenden Temperaturvariationen zwischen den einzelnen Messungen. So kann man u. U. schon bei relativ kleinen Temperaturschwankungen an dieser Stelle Potentialverschiebungen und damit Meßfehler bekommen. Aus all diesen Gründen ist es ratsamer, zwar eine konzentrierte, jedoch ungesättigte Lösung als Bezugselektrolyt zu verwenden. Die Konzentration sollte so weit vom Sättigungspunkt entfernt liegen, daß es bei den zu erwartenden tiefsten Temperaturen schon einige Zeit dauert, bis die Lösung infolge einer Verdunstungskonzentrierung auskristallisiert (bei KCl also maximal 3,5 mol/L). Kalomel-Bezugselektroden werden oft noch mit einer gesättigten Kaliumchloridlösung hergestellt, da ihr Betriebsbereich auf 0 bis 60 °C beschränkt ist. Die meisten handelsüblichen Bezugselektroden enthalten jedoch Elektrolyte mit 3,0 bis 3,5 mol/L Kaliumchlorid.

2.3.4 Konstruktion der Kontaktzone: Elektrolyt/Meßlösung

Bei der Herleitung der Gl. (50) für die Diffusionsspannung werden so stark vereinfachende Annahmen gemacht, daß die exakte Vorhersage seiner genauen Größe unmöglich wird. Auch zeigen die meisten der kommerziell erhältlichen Bezugselektroden nicht die bei der Herleitung angenommene örtlich stabile Phasengrenzfläche. Oft existiert eine durchaus gewollte Strömung des konzentrierten Elektrolyten (meist KCl-Lösung) in die Meßlösung. Die Praxis zeigt, daß sich die Diffusionsspannungen je nach Konstruktion der Mischungsstrecke unterscheiden.

Den geringsten Ausfluß mit ca. 0,005 bis 0,1 mL/24 h besitzen die Typen mit einem ins Glas eingeschmolzenen Asbestfaden, den größten mit ca. 1 bis 50 mL/24 h die Typen mit einem ungefetteten, mit Elektrolyten benetzten, Glas- oder Kunststoffschliff. Die große Zahl der heute erhältlichen Materialien der unterschiedlichsten Porosität (Glas-, Keramikfritten, inerte Sintermaterialien usw.) erlaubt Diaphragmen mit fast jeder gewünschten Ausflußrate (vgl. Abb. 16).

Die Poren von Sinter-Diaphragmen sollten im Durchmesser nicht viel kleiner als 1 µm sein, weil sonst keine freie Diffusion mehr gewährleistet ist.

2.3 Die Diffusionsspannung

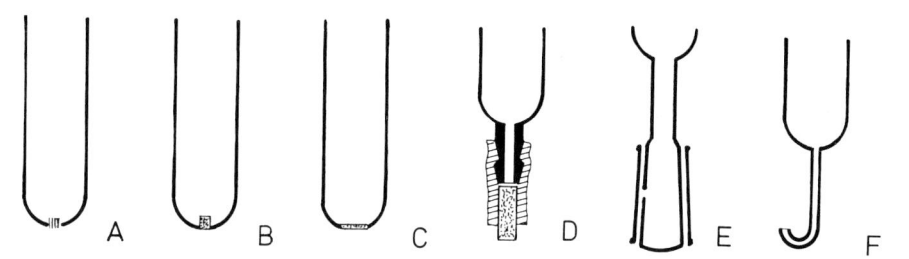

Abb. 16 A–F. Formen der Überführung: **A** Asbest- oder Platinfäden; **B** Sinterkörper; **C** Flächenkeramik; **D** auswechselbarer Keramikstopfen; **E** Schliffdiaphragma; **F** Kapillare

Dann würde die Ionenwanderung selektiv behindert und es könnte, als zusätzliche Spannungsdifferenz, eine *Donnan-Spannung* auftreten. Je größer der Ausfluß, desto besser ist die Konstanz der Diffusionsspannung [65].

Will man die Ausflußgeschwindigkeit einer KCl-Lösung bestimmen, um die Bezugselektrode zu prüfen oder den Einfluß auf die Messung abzuschätzen, gibt die Norm DIN IEC 746 Teil 2 [66] folgende Empfehlung: In das Meßgefäß wird Wasser gegeben und die Bezugselektrode zusammen mit einer chloridionen-selektiven Elektrode mind. 72 h darin belassen. Die Ausflußgeschwindigkeit ist:

$$Q = \frac{cV}{c't} \, (\text{L/h}). \tag{52}$$

Darin sind c die anhand einer Kalibrierkurve ermittelte Chloridkonzentration, c' die Chlorid-Konzentration im Elektrolyten, V das Wasservolumen im Meßgefäß (in L) und t die Versuchsdauer (in h).

Die besten Ergebnisse liefern Überführungen mit freiem Auslauf, wie z.B. die sog. *Culberson*-Zelle (s. Abb. 17). Sie läßt sich jedoch nur in strömenden Medien einsetzen.

Es hat sich herausgestellt, daß unter Routinebedingungen die genauesten Messungen mit Zellen mit Überführung unter Verwendung einer Schliffverbindung durchgeführt werden können [4, 67]. Schwabe et al. konnten zeigen, daß

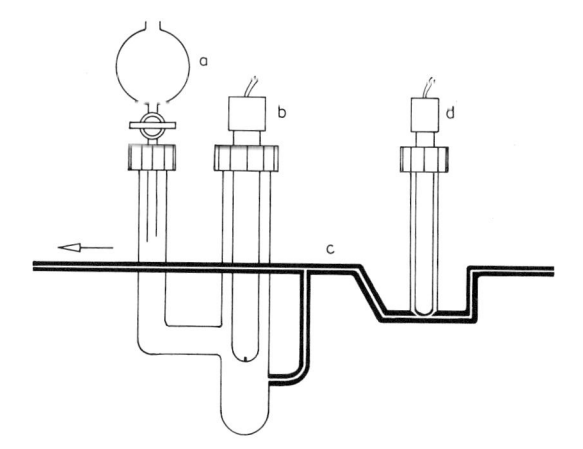

Abb. 17. Culberson-Zelle aus [79]. *a* Elektrolytvorrat, *b* Bezugselektrode, *c* Diffusionszelle, *d* Meßelektrode

bei Verwendung von Schliffverbindungen selbst bei extrem unterschiedlichen Meßlösungen (große Konzentrationsunterschiede an H^+- oder OH^--Ionen) die Diffusionsspannung auf besser als ±0,2 mV stabil blieb [4]. Darüber hinaus wird eine Bezugselektrode mit Schliffverbindung auch gern bei stark verschmutzten (z.B. Flußwasser, Boden-Suspensionen) oder hochviskosen (z.B. Salben) Proben eingesetzt, denn die Kontaktierungszone ist durch Anheben der Schliffhülse leicht zu reinigen. Auch ist der elektrische Widerstand sehr gering und beim Vorliegen elektrolytarmer Meßlösungen sorgt der starke Elektrolytausfluß schnell für die zur Messung erforderliche Grundleitfähigkeit.

Nachteilig bei der Schliffverbindung ist der relativ große Elektrolytverbrauch, der eine gewisse Wartung erfordert, sowie die Verunreinigung der Meßlösung mit den Ionen des Stromschlüssel-Elektrolyten, wodurch die Analyse eben dieser Ionen erschwert wird. Für den letzteren Fall sind im Handel geeignete Schliffbezugselektroden mit Doppel-Stromschlüssel erhältlich, die noch mit einem zweiten indifferenten Elektrolyten, z.B. NH_4NO_3, $Mg(NO_3)_2$ usw. gefüllt werden können, der die Meßlösung nicht mit den zu messenden Ionen verunreinigt.

Ein Fluß des Elektrolyten in die Meßlösung ist aus mehreren Gründen erwünscht: Zum ersten wird dadurch die Kontaktzone ständig erneuert, behält also ihre charakteristischen Eigenschaften bei; zum zweiten wird dadurch ein diffusionsbedingtes Eindringen von anderen Ionen aus der Meßlösung in den Bezugselektrodenraum, also das, was gerade der Grund für das Arbeiten mit einer Kette mit Überführung war, erschwert.

Gerade im Hinblick auf die letztere Möglichkeit sollte man beim Gebrauch von Bezugselektroden stets darauf achten, daß die obere Einfüllöffnung für den Stromschlüssel-Elektrolyten nicht luftdicht verschlossen bzw. der hydrostatische Druck der Flüssigkeitssäule noch ausreichend ist, um ein Ausströmen zu ermöglichen. Daher sollte die Bezugselektrode auch nie so tief in die Meßlösung eintauchen, daß der Pegel der Meßlösung über dem der Füll-Lösung zu stehen kommt. Am besten liegt das Niveau der Innenlösung etwa 2 cm über dem der Meßlösung. Es könnten in der Meßlösung Ionen vorhanden sein, die beim Eindringen in den Bezugselektrodenraum die Gleichgewichts-Galvanispannung an der Bezugselektrodenhalbzelle empfindlich verändern (z.B. Br^-- od. I^--Ionen bei einem Ag/AgCl-Halbelement).

Bezugselektroden mit verfestigtem Elektrolyt sind wegen des fehlenden Elektrolytausflusses für Arbeiten mit ionenselektiven Elektroden nicht zu empfehlen.

Um ein Auskristallisieren von KCl mit all den weiter oben schon in Verbindung mit der Elektrolytkonzentration erwähnten Komplikationen zu vermeiden, sollte man die Bezugselektrode bei Nichtgebrauch stets in einer *sauberen, etwas verdünnteren Lösung des betreffenden Elektrolyten* aufbewahren.

2.3.5 Gedächtnis- und Rühreffekt

Nach einem Wechsel der äußeren Lösung, z.B. dem Übergang von der Kalibrierlösung in die Meßlösung, steht innerhalb des Diaphragmas der neuen Lösung zunächst kein Bezugselektrolyt gegenüber, sondern eindiffundierte Reste der vorangegangenen Lösung. Im Grenzbereich kommt es dann meistens zu einer wesentlich größeren Diffusionsspannung als mit dem Bezugselektrolyten. Es dauert in der Regel einige Minuten, bis der nachfließende Bezugselektrolyt die Reste der alten Lösung aus dem Diaphragma verdrängt hat. Es ist der sog. *Gedächtniseffekt*, welcher gerade beim Arbeiten mit ionenselektiven Elektroden sehr stören kann, wenn für eine Analyse mehrere Messungen in verschiedenen Lösungen durchgeführt werden müssen. Oft wird dieser Effekt irrtümlich als Trägheit der ionenselektiven Elektrode gedeutet. Der Gedächtniseffekt ist weitgehend von der Art des Diaphragmas abhängig. Je länger es ist und je mehr tote Räume es im Inneren enthält, desto mehr Zeit vergeht, bis die eindiffundierte Lösung wieder ausgespült ist. Erfahrungsgemäß haben keramische Diaphragmen große und Schliffdiaphragmen kleine Gedächtniseffekte. Der Gedächtniseffekt wird auch kleiner, wenn Kalibrier- und Meßlösung möglichst ähnlich zusammengesetzt sind.

Beim Austritt des Bezugselektrolyten in die Meßlösung wird ein Teil seiner Ionen durch Adsorption im Diaphragma festgehalten, so daß eine zusätzliche Spannung auftritt. Nach Brezinski [68] führt die Berechnung ihrer Größe zu dem Ausdruck

$$\Delta E = \frac{RT}{F} \ln \left(\frac{\sigma}{2c} + \left[\left(\frac{\sigma}{2c}\right)^2 + 1 \right]^{1/2} \right). \tag{53}$$

Darin ist σ die Ladungsdichte im Diaphragma (in F/L). Ist σ klein gegenüber der Konzentration c hinter dem Diaphragma, so hat ΔE nur einen kleinen Wert und kann vernachlässigt werden, ist jedoch $c \approx \sigma$, so steigt ΔE bis auf fast 100 mV. Die Konzentration hinter dem Diaphragma ist in verdünnten Lösungen vom Elektrolytaustritt und der Rührgeschwindigkeit abhängig.

Beide Effekte werden um so kleiner, je größer der Elektrolytausfluß und je größer die Elektrolytkonzentration ist.

2.3.6 Meßketten ohne Diffusionsspannung

Dazu versucht man, eine Meßkette ohne Überführung zusammenzustellen. In der Praxis ist das häufiger möglich, als man denken möchte. Man muß in den Meßlösungen nur ein Ion mit konstant bleibender Aktivität vorliegen haben, das die betreffende ionenselektive Meßelektrode nicht stört, selbst aber von einer zweiten ionenselektiven Elektrode spezifisch angezeigt werden kann. Diese zweite ionenselektive Elektrode fungiert dann als Bezugselektrode, da sie ja die Hauptforderung an eine gute Bezugselektrode, die nach einer konstanten Gleichgewichts-Galvanispannung, voll erfüllt. In der Praxis ergeben sich hierbei nur dann Schwierigkeiten meßtechnischer Art, wenn der Widerstand der an die Bezugselektrodenbuchse angeschlossenen ionenselektiven Elektrode zu groß ist ($R_D > 5$ kΩ) [59]. In diesem Fall muß man ein Meßgerät mit einem hochohmigen Differenzeingang verwenden, das inzwischen von der Industrie auch schon angeboten wird. Er ist aber auch für moderne Mikropro-

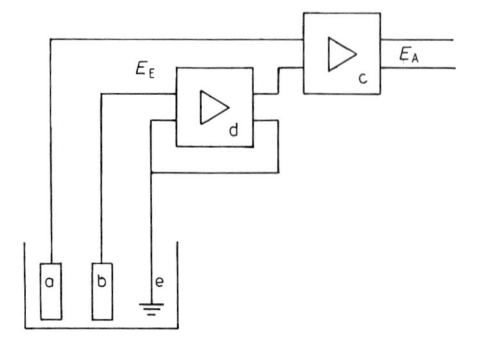

Abb. 18. Schaltung eines Vorverstärkers. a, b Ionenselektive Elektroden, c pH- oder Ionenmeter, d Vorverstärker, e Erdungsstift

zessorgeräte noch nicht selbstverständlich. Konventionelle Meßgeräte kann man durch Zuschalten eines preiswerten Vor- oder Trennverstärkers ergänzen. Eine Schaltung dafür zeigt die Abb. 18.

Liegt in der speziellen Meßlösung kein anzeigbares Ion in einer konstant bleibenden Menge vor, wie in der Mehrzahl der Fälle der analytischen Praxis, so kann man oft eine entsprechende, die Meßelektrode nicht störende Verbindung vor der EMK-Messung hinzufügen. Die zur Erzeugung einer konstanten Gleichgewichts-Galvanispannung an der zweiten Elektrode notwendige Menge dieses Zusatzionenpaares (ein Ion kann immer nur als Ionenpaar – Kation und Anion – hinzugegeben werden) kann zwischen 10^{-2} bis 10^{-5} mol/L liegen, wenn die Meßlösungen nur Spuren dieses Ions enthalten. Es kann aber auch bis zu einer gesättigten Lösung gegangen werden, falls die einzelnen Probelösungen variable Mengen dieses Ions enthalten und beide Elektroden noch in solch konzentrierter Lösung brauchbar sind. Im Einzelfall ergibt eine Überschlagsrechnung den Fehler, der dadurch entsteht, daß sich bei nicht gesättigten Lösungen die Grundgehalte der einzelnen Meßlösungen zu der zugegebenen Menge Bezugsion addieren.

Ein Beispiel: Liegen die *Variationen* des gewählten Bezugsions in der Probelösung in der Gegend von 0,01 mol/L und wird eine Menge, entsprechend einem Endgehalt von 1 mol/L zugesetzt, so resultiert ein Fehler von ca. 1%, der sich bei gleicher Wertigkeit von Bezugs- und Meßion voll auf das Meßergebnis auswirkt.

Da bei den Arbeiten mit ionenselektiven Elektroden in vielen Fällen die Meßlösung gepuffert werden muß, sei es, weil H^+-Ionen ebenfalls von der Meßelektrode angezeigt werden (z. B. pNa, pK, pCa ...), sei es, weil das H^+-Ion mit dem Meßion zu undissoziierten oder komplexen Verbindungen zusammentritt (z. B. $F^- + H^+ \rightleftharpoons HF + F^- \rightleftharpoons HF_2^- + F^-$ ...) oder ein Meßionengleichgewicht beeinflussen kann (z. B. $S^{2-} + H^+ \rightleftharpoons HS^-$; $NH_3 + H^+ \rightleftharpoons NH_4^+$), kann in vielen Fällen eine pH-spezifische Glaselektrode als Bezugselektrode dienen. In einem anderen Fall ist eine natriumspezifische Glaselektrode mit Erfolg bei einer Fluoridionenmessung als Bezugselektrode eingesetzt worden. Aber auch der umgekehrte Fall wäre denkbar, oder eine fluoridspezifische Elektrode in Verbindung mit anderen halogenidempfindlichen. Allgemein werden dafür neben konventionellen pH-Glaselektroden in Pufferlösung auch die kupfer-, cadmium- und fluorid-ionenselektiven Elektroden in entsprechenden Lösungen vorgeschlagen.

2.4 Sekundäre Bezugselektroden

Tabelle 3. Ionenselektive Elektroden als Bezugselektroden [81]

ISE für	Elektrolyt (mol/L)		Spannung geg. SHE
Cu^{2+}	$c\,(CuSO_4) = 1$,	$c\,(H_2SO_4) = 0{,}1$	$E_H = 13{,}3$ mV
Cd^{2+}	$c\,(CdSO_4) = 1$,	$c\,(H_2SO_4) = 0{,}1$	$E_H = -140{,}6$ mV
F^-	$c\,(NaF) = 0{,}5$ [1]		$E_H = -368{,}8$ mV

[1] Für angeg. U_H: Innenls. $c(NaF) = 0{,}5$ mol/L.

Die in der Tabelle 3 enthaltenen Systeme haben sich bei der Bestimmung kleiner Chloridgehalte bewährt. Sie sollen besser reproduzierbar und stabiler sein als konventionelle Bezugselektroden. Die Einstellung der bei dieser Art der Meßzellenanordnung erforderlichen konstanten Bezugsionenaktivität braucht durchaus kein zusätzlicher Arbeitsgang zu sein, denn oftmals muß ja aus den schon erwähnten Gründen sowieso schon ein Puffer oder störionen-unterdrückendes Komplexierungsmittel hinzugegeben werden. Wenn man alle Zugabereagenzien mit dem Verdünnungsmittel vereinigt, so ist bei dieser Arbeitsweise die Meßlösung nach wie vor nach nur einem Arbeitsgang (Probenahme und Verdünnung mit der Speziallösung) meßbereit!

2.4 Sekundäre Bezugselektroden

Da für viele Anwendungen die Normal-Wasserstoffelektrode als primärer Bezugselektrodenstandard in ihrer Handhabung zu umständlich ist, wendet man für Routinemessungen als sekundäre Standards meist die unkomplizierteren Elektroden zweiter Art an. Bei ihrem Gebrauch unterscheidet sich die Zellen-EMK um einen konstanten additiven Term von der EMK, die die entsprechende Meßelektrode in Verbindung mit einer Wasserstoffelektrode zeigen würde. Man kann daher leicht auf das Wasserstoff-Elektrodenpotential umrechnen. In der Tabelle A.8 im Anhang befindet sich eine Zusammenstellung von Standardspannungen der wichtigsten handelsüblichen Bezugselektroden.

2.4.1 Silber/Silberchlorid

Ein Silberdraht, überzogen mit einer Schicht Silberchlorid, spricht gemäß

$$\Delta\phi_{gl} = \Delta\phi'_{gl} - \frac{R \cdot T}{F} \ln a_{Cl^-} \tag{54}$$

auf die Chloridionenaktivität der angrenzenden Lösung an. Weist die Meßlösung eine konstante Chloridionenaktivität auf, so kann man dieses Element direkt in die Meßlösung tauchen unter Aufbau einer Zelle ohne Überführung. In allen anderen Fällen sowie beim Vorliegen von Meßlösungen mit starken Oxidations- oder Reduktionsmitteln, AgCl-Komplexbildnern wie CN^-, SCN^- oder Stoffen, die weniger lösliche Verbindungen mit Ag^+ bilden, wie S^{2-}, Br^-, I^- und dergleichen wird eine ca. 0,1 bis 3 mol/L KCl-Lösung unter Aufbau

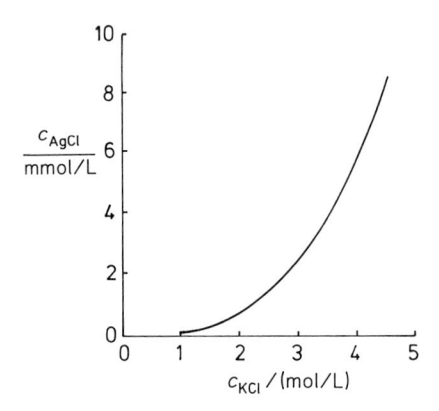

Abb. 19. Löslichkeit von Silberchlorid in Kaliumchlorid-Lösung, aus [5]

eines Stromschlüssels dazwischengeschaltet. Die Löslichkeit von AgCl in konzentrierter KCl-Lösung ist beträchtlich größer als in reinem Wasser, wie die Abb. 19 zeigt. Daher sollte die dazu verwendete KCl-Lösung durch Hinzufügen einer kleinen Menge von AgCl als Bodenkörper an AgCl gesättigt werden. Am sichersten erreicht man dies durch Zugeben einiger Tropfen verdünnter Silbernitratlösung bis zur bleibenden Trübung. Im anderen Fall löst sich auf die Dauer nach einigen Nachfüllungen und besonders bei erhöhter Temperatur die Silberchloridschicht des Halbelements ab, was zu unreproduzierbaren Meßwerten führt. Eine komplette Ag/AgCl-Bezugselektrode mit Überführung kann symbolisiert werden durch:

Ag | AgCl | KCl (0,1 bis 3 mol/L) || ...

2.4.1.1 Herstellung

Es gibt mehrere Wege, eine AgCl-Schicht in Kontakt mit einer Silberunterlage zu bringen. Einfach in der Durchführung ist die elektrolytische Abscheidung von Silberchlorid an einem als Anode in einer ca. 0,1 mol/L Chlorid-Lösung geschalteten Silberdraht. Man kann die Abscheidung an der bräunlichen Verfärbung der Elektrodenoberfläche gut beobachten. Wenn man sauber arbeitet, lassen sich Ag/AgCl-Halbelemente gewinnen, die untereinander auf weniger als ±3 mV übereinstimmen. Selbstverständlich kann man auch von versilberten Kupfer-, Gold- oder Platindrähten ausgehen. Nach einer anderen Vorschrift [69] wird eine wäßrige, frisch gefällte und gut ausgewaschene Ag_2O-Paste, die innerhalb einer Platindrahtspirale gehalten wird, durch starkes Erhitzen in einen porösen Silberbarren überführt, der dann wiederum, wie oben beschrieben, anodisch mit einer Chloridschicht überzogen wird. Bei dieser Technik soll eine Übereinstimmung der einzelnen Ag/AgCl-Halbelemente auf weniger als ±0,02 mV erreicht werden. Man kann die erforderliche Silberchloridschicht aber auch so bekommen, indem man einen Silberdraht in eine Schmelze von AgCl taucht [70]. Mit einer thermal-elektrolytischen Elektrodenherstellung können Potentialabweichungen der Elektroden bis zu 0,2 mV auftreten [71, 72]. Noch einfacher ist das Eintauchen der Silberdrähte in eine 0,1 mol/L Eisen(III)-Chloridlösung [73].

2.4.1.2 Eigenschaften

Die Ag/AgCl-Halbzelle ist nach der Wasserstoffelektrode wahrscheinlich die bestreproduzierbare Halbzelle. An Nachteilen ist nur zu erwähnen, daß sie in sauren Lösungen gemäß

$$2\,Ag + 2\,H^+ + 2\,Cl^- + \frac{1}{2}\,O_2 \rightleftharpoons 2\,AgCl + H_2O \tag{R 7}$$

mit dem im Elektrolyten gelösten Sauerstoff reagiert, was zu einer Verschiebung der Gleichgewichts-Galvanispannung von bis zu 1,5 mV führen kann. Wenn man bei Verwendung einer neutralen KCl-Lösung eine absolute Genauigkeit von besser als 0,3 mV erzielen will, ist also eine Bespülung des Elektrolyten mit einem sauerstofffreien Inertgas zu empfehlen [74].

Wegen der relativ großen Löslichkeit des AgCl in 3 mol/L KCl-Lösung treten natürlich neben den K^+- und Cl^--Ionen auch Ag-Ionen über das Stromschlüsseldiaphragma in die Meßlösung ein. Daher sollte man in Verbindung mit einer solchen Bezugselektrode nicht gerade Silberionen messen wollen, natürlich erst recht nicht K^+- und Cl^--Ionen. Außerdem ist bei nicht zu reinigenden Elektrolytverbindungen äußerste Vorsicht geboten, daß die Meßlösung nicht noch andere Ionen enthält, die mit Ag^+-Ionen schwererlösliche Verbindungen als AgCl bilden, wie etwa Br^-, I^-, S^{2-} usw. Diese Niederschläge setzen sich in den Kanälen des Diaphragmas ab und verstopfen damit die meßtechnisch notwendige elektrolytische Verbindung zwischen Meßlösung und Bezugselektrodenfüllösung. Mit Ausnahme der Schliffelektroden ist eine entsprechende Reinigung der Kontaktzone kaum möglich und je nach Elektrodenkonstruktion muß die ganze Bezugselektrode weggeworfen werden. *Die beste Lösung beim Arbeiten in solchen Meßlösungen und bei der Messung von K^+, Ag^+ und Cl^--Ionen ist die Verwendung einer Ag/AgCl-Bezugselektrode mit zusätzlicher Elektrolytbrücke oder Doppelstromschlüssel, die ebenfalls im Handel erhältlich ist* (s. Abschn. 2.4.4). Die steil ansteigende Löslichkeit des Silberchlorids mit vergrößerter Kaliumchlorid-Konzentration zeigt die Abb. 19.

Bestimmt man die Spannung einer Bezugselektrode durch Messen der Spannung, die sich in Verbindung mit einer Wasserstoffelektrode bei Temperaturen zwischen 0 bis 95 °C einstellt, so kehrt sie nach Erwärmen und Abkühlen mit einer gewissen Verzögerung auf ±2 mV genau zu ihrem Ausgangswert zurück. Dieser als *Temperaturhysterese* gekennzeichnete Effekt ist bei der Ag/AgCl-Bezugselektrode sehr klein; darum ist diese Bezugselektrode auch für industrielle Applikationen, bei denen die Temperatur nicht immer konstant gehalten werden kann, zu empfehlen. In Tabelle A.8 im Anhang ist die Elektrodenspannung E_H der Ag/AgCl-Bezugselektrode bei verschiedenen Temperaturen aufgeführt. Bei 25 °C und 3,5 mol/L KCl z.B. beträgt sie +200±5 mV. Bei einem Bezug auf die Standard-Wasserstoffelektrode ist dieser Betrag also zu jeder gemessenen Spannung zu addieren.

Will man die Funktion einer Ag/AgCl-Bezugselektrode überprüfen, so kann man das leicht in Verbindung mit einem auf eine der oben angegebenen Arten selbst hergestellten Ag/AgCl-Halbelement tun. Taucht man die zu prüfende Ag/AgCl-Bezugselektrode und das Ag/AgCl-Halbelement in ein Becherglas mit der betreffenden Füllösung und mißt mit einem pH-Meßgerät die Spannung zwischen beiden, so sollte sich bei einer intakten Ag/AgCl-Bezugselektrode ein stabiler Wert zwischen ±5 mV ergeben. Schlägt der Zeiger des Meßinstrumentes bei dieser Messung unreproduzierbar oder bis zum Anschlag aus, so ist wahrscheinlich die Elektrolytverbindung verstopft. Besteht die Verstopfung nur aus auskristallisiertem KCl, so ist sie evtl. bei einem längeren Erwärmen der Elektrodenspitze in 0,1 mol/L KCl-Lösung wieder rückgängig zu machen. Tritt bei der Überprüfung eine stabile und reproduzierbar angezeigte größere Spannung als ±5 mV auf, so liegt wahrscheinlich eine Verunreinigung der inneren Füllösung vor. Spuren von Bromid, Iodid oder Sulfid im Stromschlüsselelektrolyten können dies schon bewirken!

2.4.2 Thalliumamalgam/Thallium(I)-chlorid (Thalamid®)

Dieses Halbelement entspricht in der Funktionsweise genau dem Ag/AgCl-Halbelement, nur daß in diesem Fall das in wäßrigen Elektrolyten instabile metallische Thallium als Amalgamverbindung eingesetzt wird. Ähnlich den bekannten Alkali-Amalgam-Elektroden spricht eine Elektrode aus Thalliumamalgam reversibel auf die Tl^+-Ionenaktivität der angrenzenden Lösung an. Wird diese wiederum, wie bei den Elektroden der zweiten Art üblich, über eine schwerlösliche Verbindung mit einem Anion eingestellt, so wird genau, wie bei dem entsprechenden Ag/AgCl-Halbelement, die Aktivität dieses Anions angezeigt. Bringt man also TlCl in Kontakt mit dem Thalliumamalgam, so folgt die Galvanispannung gemäß

$$\Delta\phi_{gl} = \Delta\phi'_{gl} - \frac{R \cdot T}{F} \ln a_{Cl^-} \tag{48}$$

der Chloridionenaktivität der angrenzenden Lösung. Fricke [75] schlug als erster vor, dieses reversible und weitgehend unpolarisierbare Halbelement in Verbindung mit einem KCl-Elektrolyt als Bezugselektrode einzusetzen. Die Thalamid®-Elektrode kann symbolisiert werden durch

(Pt) Hg, Tl | TlCl | KCl (3,5 mol/L) || ... .

2.4.2.1 Eigenschaften

Daß die Thalamid®-Bezugselektrode hier noch vor der viel bekannteren Kalomel-Bezugselektrode erwähnt wird, hat seinen Grund in ihrer überragenden Temperaturstabilität. Sie zeigt, wie die Ag/AgCl-Elektrode, bis 135 °C noch keine Temperaturhysterese-Erscheinungen. Für genaueste Messungen empfiehlt sich wegen der Reaktion:

$$2\,Tl + 2\,H^+ + 2\,Cl^- + \frac{1}{2}O_2 \rightleftharpoons 2\,TlCl + H_2O \tag{R6}$$

wie bei der Ag/AgCl-Elektrode eine Spülung des Elektrolyten mit einem sauerstofffreien Inertgas. Die Löslichkeit des TlCl in 3,5 mol/L KCl beträgt 10^{-5} mol/L und liegt damit unter der des AgCl. Trotzdem sollten auch bei dieser Elektrode die damit zusammenhängenden Vorsichtsmaßnahmen beachtet werden und die störenden Stoffe, die die gleichen wie bei der Ag/AgCl-Elektrode

2.4 Sekundäre Bezugselektroden

sind, über einen Stromschlüssel von einem unmittelbaren Kontakt ferngehalten werden (s. Abschn. 2.5). Im Anhang, Tabelle A.8, sind die Standardspannungen dieser Bezugselektrode bei Temperaturen zwischen 5 und 50 °C aufgeführt. Sie beträgt bei 25 °C und bei einem 3,5 mol/L KCl-Elektrolyten −575±5 mV. Wegen dieses relativ hohen Wertes gegenüber den beiden meist verwendeten anderen Bezugselektroden (Ag/AgCl und Kalomel) können bei einem Austausch einer dieser Bezugselektroden gegen die Thalamid®-Bezugselektrode Schwierigkeiten meßtechnischer Art auftreten. Da als innere Ableitelektrode der Meßelektroden überwiegend das System Ag/AgCl verwendet wird, läßt sich die aus dieser unsymmetrischen Kette resultierende Spannung von ca. 800 mV nicht immer mit dem Asymmetrie-Regler des zur Messung eingesetzten pH-Meters kompensieren (die übliche Schiebespannung von ±100 mV gemäß DIN 19265 [76] ist zu klein dafür).

Bei der Überprüfung der Elektrodenfunktion anhand des bei der Ag/AgCl-Elektrode beschriebenen Vorgehens mittels eines frisch hergestellten Ag/AgCl-Halbelements sollte am Meßgerät je nach Polung, eine Spannung von ±775 ±5 mV, stabil angezeigt werden.

2.4.3 Quecksilber/Quecksilber(I)-chlorid (Kalomel) – und andere Bezugselektroden

Die bekannte Kalomel-Bezugselektrode, symbolisch charakterisiert durch den folgenden Aufbau

(Pt) Hg | Hg_2Cl_2 | KCl (gesätt.) || ...

war bisher wohl die meist verwendete Bezugselektrode. Ostwald [77] führte sie im Jahre 1893 als erste brauchbare Bezugselektrode ein. Sie braucht hier nicht näher erläutert zu werden. Leider besitzt sie wegen ihrer mit der Temperatur zunehmenden Disproportionierung:

$$Hg_2Cl_2 \rightleftharpoons Hg + HgCl_2 \qquad (R\,7)$$

einen so großen Temperaturhysterese-Effekt, daß an eine Verwendung bei Temperaturen über ca. 50 °C nicht gedacht werden kann. Systematische Untersuchungen [63] zeigten, daß sie als Bezugselektrode nur bedingt eingesetzt werden sollte, da ihre Gleichgewichts-Galvanispannung starken Schwankungen unterworfen ist. Die für Kalomel-Bezugselektroden sehr oft verwendete gesättigte KCl-Lösung ist im Abschn. 2.3.3 bereits kritisch betrachtet worden. Die Kalomelelektrode sollte durch die meist billigere Ag/AgCl-Elektrode abgelöst werden oder, in den Fällen wo Ag^+-Ionen stören, durch die Thalamid-Elektrode. Für eine weiterreichende Übersicht über die verschiedensten Bezugselektrodensysteme sei auf das Buch von D.J.G. Ives und G.J. Janz hingewiesen [56].

Für die Bestimmung sehr kleiner Chloridkonzentrationen mit weniger als 10^{-7} mol/L läßt man Bezugselektroden mit konzentrierter Chloridlösung lieber ganz weg. Für diesen Zweck wurden Hg/Hg(I)sulfat-, Chinhydron-, und Chloranil-Bezugselektroden wiederentdeckt. Midgley hat sie ausführlich geprüft [78].

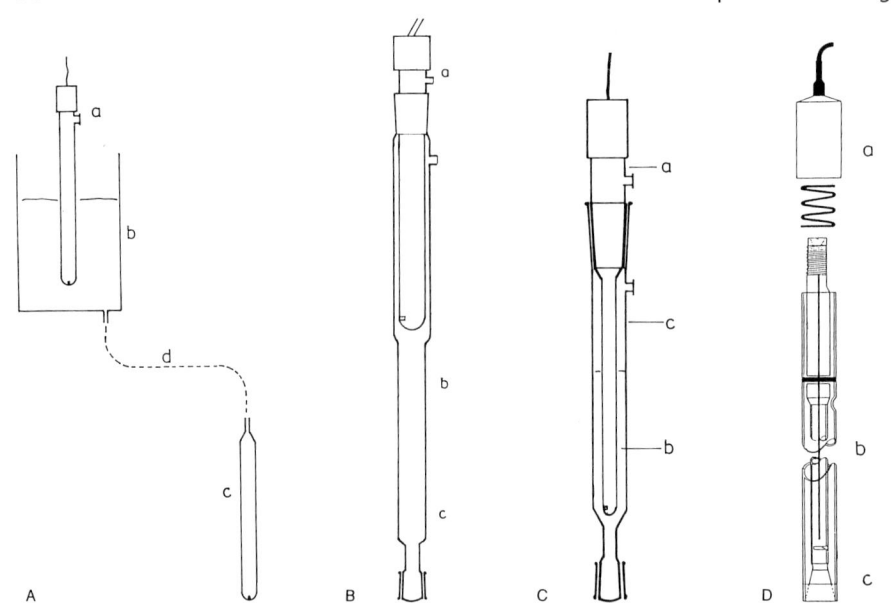

Abb. 20 A–D. Konstruktion von Elektrolytbrücken. **A** Brückengefäß mit Diaphragmarohr; **B** Diaphragmarohr mit konventioneller Bezugselektrode; **C** Diaphragmarohr für Temperaturausgleich mit der Meßlösung; **D** Bezugselektrode mit Elektrolytbrücke für Elektrolyt-Schnellwechsel (Orion). *a* Bezugselektrode, *b* Elektrolytgefäß, *c* Diaphragmarohr, *d* Elektrolytschlauch

2.4.4 Elektrolytbrücken oder Stromschlüssel

Wenn der Elektrolyt der Bezugselektrode und die Meßlösung nicht miteinander vereinbar sind, hilft eine sog. Elektrolytbrücke. Sie wird zwischen Bezugselektrode und Meßlösung angeordnet und enthält einen *Brückenelektrolyt*, welcher sich mit beiden Lösungen verträgt. Die Konstruktionen sind an einigen Beispielen in der Abb. 20 gezeigt. Als Brückenelektrolyt kann irgendein, die Meßelektrode nicht beeinflussender und auch sonst nicht mit den Ionen der Meßlösung reagierender, inerter Elektrolyt mit etwa gleicher Überführungszahl für Kation und Anion gewählt werden, z.B. KNO_3, NH_4NO_3, NH_4Cl,

Tabelle 4. Beispiele für Brückenelektrolyte

Meßlösung mit	Brückenelektrolyt
Sulfiden	KCl, silberionenfrei
Na^+-, K^+-, Cl^--Ionen	Tris-sulfat, $c = 1$ mol/L
Bleisalzen	KNO_3, $c = 1$ mol/L
Blut, Serum	NaCl, $\rho = 9$ g/L
Eisessig	LiCl in Eisessig
org./wäßrig	KCl, $c = 3$ mol/L in Glycol (1+3 Vol)
org. Lösungsmittel	LiCl, $c = 1$ mol/L in Eisessig

$Mg(NO_3)_2$ usw. Weitere Vorschläge enthält die Tabelle 4. Ein häufiger Wechsel dieses zweiten Elektrolyten ist empfehlenswert, um sicherzustellen, daß sich dort keine störenden Ionen anreichern.

2.5 Umwelthinweis

Thallium- und quecksilberhaltige Elektroden haben einen hochtoxischen Inhalt, ihre stationäre Anwendung in der Lebensmittelindustrie sowie in Trink- und Badewasser ist nicht zulässig. Verbrauchte Exemplare dürfen auf gar keinen Fall fortgeworfen werden, sondern sind, wie alle Elektroden, zur Wiederverwertung an den Hersteller zurückzusenden.

Ionenselektive Elektroden

3.1 Gemeinsame Konstruktionsprinzipien

Je nach dem verwendeten ionensensitiven Material kann man

Festkörpermembran-Elektroden und

Flüssigmembran-Elektroden unterscheiden.

Die Festkörpermembran-Elektroden lassen sich noch weiter unterteilen in Metall-, Einkristall-, Polykristall- oder Niederschlags-, Glas-, Email-, Keramik- und Membranelektroden. Wegen der z. T. schlechten elektrischen Leitfähigkeit der Elektrodenmaterialien verwendet man meist geringe Schichtdicken und spricht deshalb von Membran-Elektroden. Das Wort Membran soll aber nicht zu der irrigen Annahme verleiten, man hätte es hier mit Membranstärken biologischen Ausmaßes zu tun. Je nach dem spezifischen Widerstand des Materials kann man z.B. bei Glas mit bis 0,5 mm, bei organischen Materialien mit ca. 1 bis 5 mm, und bei den Einkristall- und Niederschlagsmembran-Elektroden mit Scheiben von mehr als 3 mm Dicke rechnen.

Ein Problem bleibt die unbeeinflußbare Weiterleitung des Potentials der betreffenden Elektrodenmaterialphase. Nicht immer kann man ein Ende einer Meßleitung einfach in das aktive, d.h. den spezifischen Ionenaustausch mit der Meßlösung vollziehende, Material einbetten. Man schafft damit nämlich eine zusätzliche Phasengrenze mit einem weiteren Spannungsterm im Meßstromkreis. Damit an dieser Stelle eine konstante Galvanispannung auftritt, ist eine reversible Reaktion erforderlich. Die Kontaktstelle muß sich wie eine unpolarisierbare Elektrode verhalten, eine Forderung, die nur schwer zu erfüllen ist. Da man auf der Meßseite der Membran auf jeden Fall eine weitgehend reversible und unpolarisierbare Elektrodenreaktion mit dem jeweiligen Meßion vorliegen hat (andernfalls würde die Elektrode ja nicht der Nernst-Gleichung folgen), liegt es nahe, auf der anderen Seite der ionenselektiven Membran die gleiche Elektrodenreaktion, diesmal aber bei konstanter Aktivität des betreffenden Meßions ablaufen zu lassen.

Dies läßt sich, wie im Abschn. 2 gezeigt, mit einem Bezugshalbelement erreichen. Es bleibt also nur dafür zu sorgen, daß in der Innenlösung die Aktivität der an den beiden Grenzflächenreaktionen beteiligten Ionen konstant bleibt. Wird in der Meß- und Bezugselektrode die gleiche Bezugshalbzelle verwendet, dann liegt eine *symmetrische Meßkette* vor. Wegen der Kompensation ihrer Temperaturkoeffizienten wird sie bevorzugt. Die Abb. 21 verdeutlicht den Aufbau von ionenselektiven Elektroden.

In einigen Fällen (z. B. bei verschiedenen Festkörpermembran-Elektroden) gelingt es auch, die innere Kontaktierungsstelle zum Meßgerät, an der der Übergang von der Ionenleitung zur Elektronenleitung (reversible Redox-Reaktion) erfolgt, unpolarisierbar zu halten. Bei einem derartigen Feststoff-Feststoff-Kontakt entfällt die Innenlösung mit den konstanten Ionenaktivitäten. Solche Elektroden sind daher fast völlig wartungsfrei, dies ist bei allen Metallelektroden erster und zweiter Art sowie den Silbersulfid-Festkörperelektroden gegeben. Allerdings muß man bei einer derartigen Konstruktion berücksichtigen, daß sich nun die Effekte der Bezugselektroden nicht mehr kompensieren können. Der Temperaturgang kann z. B. ganz anders verlaufen wie der einer symmetrischen Zelle. Dies gilt für kommerzielle Flüssig- und Polymer-Membranelektroden. Wegen des thermodynamisch undefinierten Übergangs findet man bei diesen Elektroden sowieso deshalb noch keine Festableitungen. In der Formgebung der einzelnen Elektroden hat man einen gewissen Spielraum (vgl. Abb. 22).

Bei den folgenden Beschreibungen der einzelnen Elektrodensorten werden neben ihren wichtigsten Eigenschaften auch ihre Handhabung erläutert, sowie Hinweise zur Probenvorbereitung gegeben (soweit besondere Vorsichtsmaßnahmen im Interesse einer störungsfreien Bestimmung ergriffen werden müssen). Der Meßvorgang, in etwa bei allen Elektroden gleich, wird anschließend in Kapitel 4 und 5 beschrieben. Zu der Einteilung sei bemerkt, daß sie sich in erster Linie an den unterschiedlichen Konstruktionen orientiert, weil einige Eigenschaften und Handhabungen so allgemeiner besprochen werden können.

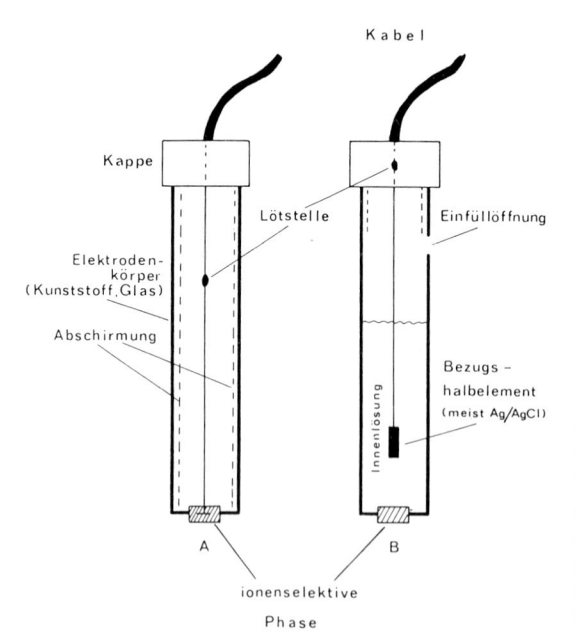

Abb. 21 A, B. Konstruktionsmöglichkeiten von ionenselektiven Elektroden mit fester aktiver Phase. **A** Direkte Kontaktierung des Elektronenleiters mit der aktiven Phase; **B** Zwischenschalten einer Innenlösung und Ableitung mittels eines reversiblen Halbelements

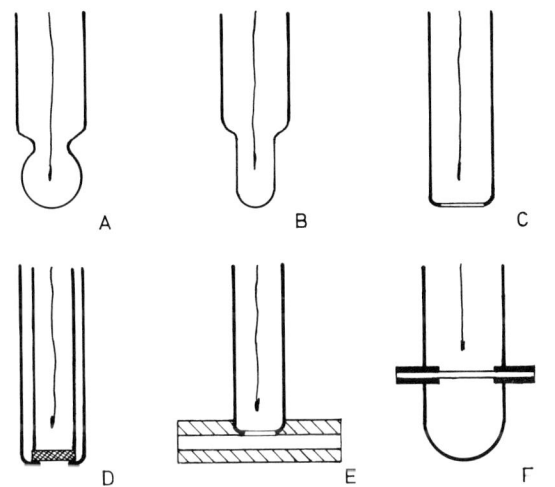

Abb. 22 A–F. Membranformen. A Kugelform (Glas); B Zylinderform (Metall Festkörper und Glas); C Flachmembran (Festkörper und Polymer); D Filz (Flüssigkeit); E Durchfluß (Festkörper und Polymer); F Durchfluß mit Kapillarmembran

Die Reihenfolge ergibt sich aus dem Verbreitungsgrad bzw. wurde aus didaktischen Gründen so gewählt und stellt kein Werturteil dar.

3.2 Festkörpermembran-Elektroden

3.2.1 Metallelektroden

Metallelektroden gehören zu den einfachst gebauten und ältesten ionenselektiven Elektroden, sie dienten daher im Abschn. 1 als Beispiele für grundlegende Erklärungen. Metallelektroden sind sehr einfach selbst herzustellen, denn sie bestehen nur aus einem Stift des betreffenden Metalls, der in einen isolierenden Schaft gefaßt und mit einem Kabel versehen ist. Elektroden fast aller Metalle kann man auch dadurch herstellen, daß man Platin, welches leicht in Glas einzuschmelzen ist, mit dem betreffenden Metall galvanisch überzieht.

Der metallische Kontakt zwischen Membran und Kabel kann lediglich Quelle einer Thermospannung sein, deren Größe jedoch zu vernachlässigen ist (s. Abschn. 2.1).

3.2.1.1 Metallelektroden erster Art

Praktische Bedeutung haben vor allem Kupfer- und Silberelektroden für die Bestimmung der betreffenden Kationen. Die Silberelektrode dient u.a. als Indikator für alle Methoden der Argentometrie. Die Standard-Austauschstromdichte der Reaktion $Ag = Ag^+ + e^-$ ist mit $J_{00} = 13{,}4$ A cm^{-1} eine der größten, die gemessen wurden. Ein Metall ist aus Kationen und Elektronen aufgebaut, es spricht daher sowohl auf Ionen seiner Art, als auch auf Redoxsysteme in der Lösung an. Ein Gleichgewicht besteht nur dann, wenn die Galvanispannungen, welche durch die Aktivitäten der betreffenden Metallionen und vorhandener Redoxsysteme hervorgerufen werden, gleich sind:

$$E = E_{\text{me}}^0 + \frac{RT}{z_{\text{me}}F}\ln a_{\text{me}^{z+}} = E_R^0 + \frac{RT}{z_R F}\ln \frac{a_{\text{ox}}}{a_{\text{red}}}. \tag{55}$$

An der Kupferelektrode findet eine Reduktion gemäß $Cu^{2+}+Cu = 2\,Cu^+$ statt. Sie wird in Gegenwart von Chloridionen und anderer Komplexbildner noch durch die Bildung von Kupfer(I)-Komplexen begünstigt. Die Kupfer-Metallelektrode wird sowohl für Kupferbestimmungen [82], als auch für die Bestimmung von Stoffen, die mit Kupfer Komplexverbindungen bilden, verwendet. Beispiele sind EDTA, Oxalat und Tartrat [83] sowie Aminosäuren [84].

In Legierungen ist das weniger edle Metall für die Elektrode potentialbestimmend, so reagieren flüssige Amalgame der Alkalimetalle wie die Alkalimetalle selbst. Für Messungen von Natriumionenkonzentrationen werden daher auch Wolframbronzen, z. B. $Na_{0,4}WO_3$, empfohlen [85]. Die Selektivität gegenüber Wasserstoffionen ist größer als die der natriumionen-selektiven Glaselektrode (Abschn. 3.2.4), jedoch kleiner gegenüber Kalium und anderen Kationen.

Um die Empfindlichkeit gegenüber Redoxsystemen herabzusetzen, werden Kupfer oder Silber mit einer dünnen Sulfidschicht überzogen [86]. Noch besser sind Überzüge mit Seleniden [87] oder Telluriden [88]. Mit letzteren läßt sich selbst in Gegenwart starker Oxidationsmittel, wie Kaliumpermanganat, einwandfrei messen. Schwermetall-Chalkogenide sind Ionenleiter und verändern die Ansprechbarkeit auf Metallionen nicht, so daß die Standardspannungen unverändert bleiben. Auch wenn die Schicht aus Kupfer(I)-Chalkogenid besteht, reagiert die Elektrode wie das Metall auf Kupfer(II)-Ionen mit der Steilheit von $\frac{RT}{F2}\ln 10 = 29{,}5$ mV/p Cu(II).

Aluminium hat sich als Indikator für eine Reihe von Titrationen bewährt [89]. Speziell kann es für die Titration von Fluorid als Alternative zur Lanthanfluorid-Elektrode dienen [90].

Silber und Gold reagieren in cyanidhaltigen Wässern mit begrenztem Sauerstoffangebot nach

$$\begin{aligned}2\,Ag + 1/2\,O_2 + H_2O + 4\,CN^- &\rightarrow 2\,Ag(CN)_2^- + 2\,OH^- \\ \text{oder}\ 2\,Ag + 4\,CN^- &\rightarrow 2\,Ag(CN)_2^- + 2\,e^-\end{aligned} \tag{R 8}$$

und können zur kontinuierlichen Abwasserkontrolle herangezogen werden [91].

3.2.1.2 Metallelektroden zweiter Art

Wenn sich eine Elektrode in einer Lösung befindet, die mit einem Salz des Elektrodenmetalls gesättigt ist, so hängt, wie bereits im Abschn. 1 erwähnt, die Aktivität der Metallionen über das Löslichkeitsprodukt von der Anionenaktivität ab, z. B.

$$a_{Ag^+} = \frac{K_{L\,(AgCl)}}{a_{Cl^-}}. \tag{56}$$

Darin ist $K_{L\,(AgCl)}$ das Löslichkeitsprodukt. Die Nernst-Gleichung nimmt damit die Form an:

3.2 Festkörpermembran-Elektroden

$$E = E^0_{Ag} + \frac{RT}{F} \ln K_{L\,(AgCl)} - \frac{RT}{F} \ln a_{Cl}. \tag{57}$$

Man nennt dieses System eine *Elektrode zweiter Art*. Das Salz muß nicht extra hinzugefügt werden. Meist deponiert man es als schwerlösliche Schicht auf der Metallelektrode, dann ist die unmittelbare Umgebung immer gesättigt. Weit verbreitet sind vor allem Silber-/Silberchlorid- und Silber-/Silbersulfid-Elektroden. Erstere dienen auch als Bezugselektroden und sind daher bereits im Abschn. 2 ausführlich behandelt.

In einer Zusammenstellung von Midgley [92] befinden sich auch phosphatbeschichtete Metallelektroden. Die phosphat-ionenselektive Elektrode von Vermes und Grabner [93] ist eine mit Silberphosphat galvanisch überzogene Silberelektrode, die sich im Unterschied zu ihren Vorgängern nicht nur für Titrationen, sondern auch zur Direktpotentiometrie eignen soll.

3.2.1.3 Herstellung

Die Herstellung von Metallelektroden zweiter Art ist denkbar einfach, indem man eine Metallelektrode in einer geeigneten Lösung anodisch galvanisiert. Für die Erzeugung von Silberchlorid dient als Elektrolyt Kaliumchlorid mit $c = 0,1$ bis $1,0$ mol/l. Harzdorf hat den Zusammenhang zwischen Stromdichte bei der Herstellung von Silber-/Silberchlorid-Elektroden und ihrer Redoxempfindlichkeit, die ein Maß für die Porosität der Schicht ist, untersucht [94].

Danach erhält man mit Stromdichten zwischen 0,5 und 5,0 mA/cm brauchbare Silberchloridschichten. Die Abb. 23 zeigt die Redoxspannungen einer Silber-/Silberchlorid-Elektrode in einer $c = 1$ mmol/L Kaliumpermanganat-Lösung in Abhängigkeit von der Schichtdicke. Eine Schichtdicke von 10 µm ergibt bereits langlebige Elektroden mit zuverlässigem Schutz vor Redox-Querempfindlichkeit. Dünnere Schichten werden, auch wenn sie dicht sind, von Elektronen *getunnelt*, so daß die Empfindlichkeit gegenüber Redoxspannungen weiter besteht.

Eine Silber-/Silbersulfid-Elektrode kann man auch durch zweitägige stromlose Einwirkung einer 0,1 mol/L Natriumsulfid-Lösung auf reines Silber herstellen [95]. Dickere Schichten erhält man durch vorherige galvanische Erzeugung einer Silber-/Silberchlorid-Elektrode und nachträglicher Behandlung mit Natriumsulfid. Die Elektroden werden danach kurz abgerieben und etwa 1 h

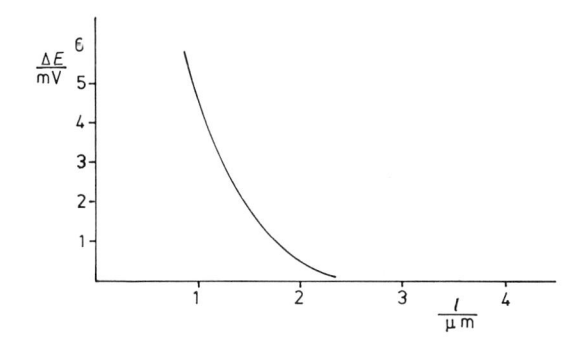

Abb. 23. Meßabweichung infolge der Redoxspannung mit einer $c = 0,001$ mol/L Kaliumpermanganat-Lösung in Abhängigkeit von der Dicke einer bei $I = 0,5$ mA/cm² erzeugten Silberchloridschicht [94]

lang in reines Wasser gestellt. Dobcnik et al. [96] schlagen für die Herstellung von sulfidionen-selektiven Mikroelektroden vor, einen Silberdraht erst in einer 0,1 mol/L Quecksilber(II)chlorid-Lösung zu amalgamieren und dann 15 min in eine alkalische 0,1 mol/L Natriumsulfidlösung zu stellen.

Eine sehr dünne Kupfersulfidschicht erhält man durch Einwirkung von Schwefelwasserstoffgas bei 50 °C. Es wird empfohlen, vor der Behandlung eine Schicht Elektrolytkupfer aufzutragen [97].

Kupfer/Kupfer(II)selenid-Elektroden stellt man elektrolytisch her: Das Selen wird aus einem Elektrolyten mit 0,1 mol/L Na_2SeO_3 bei einem pH-Wert zwischen 4 und 6 direkt auf dem Kupfer abgeschieden. Die Stromdichte soll etwa 2 mA/cm^2 betragen [98].

Metallelektroden erster und zweiter Art sind in jeder geometrischen Form herstellbar und können damit jeder Meßanordnung angepaßt werden.

3.2.1.4 Eigenschaften

Die Metallelektroden erster und zweiter Art sind den weiter unten beschriebenen homogenen Festkörperelektroden gleichwertig, wie Harzdorf [99] in ausführlichen Versuchen nachgewiesen hat. Die Standardabweichungen sind sogar signifikant kleiner als bei den homogenen Festkörperelektroden, die im Abschn. 3.2.2 beschrieben sind (s. Tabelle 5).

An den Elektroden zweiter Art lassen sich die Ursprünge von Selektivität und Nachweisgrenze übersichtlich ableiten: Würde man z. B. eine Silber-/Silberchlorid-Elektrode in einer Lösung benutzen, welche Bromidionen enthält, so reagieren diese mit der Membran gemäß

$$AgCl + Br^- = AgBr + Cl^-. \tag{R9}$$

Alle Elektroden werden durch Ionen zerstört, welche mit den Ionen des Salzes eine noch schwerer lösliche Verbindung bilden. Umgekehrt wird z. B. eine Silber-/Silberbromid-Elektrode durch Chloridionen erst gestört, wenn die Chloridionenaktivität so groß ist, daß sich festes Silberchlorid bilden kann. Aus den Löslichkeitsprodukten

$$K_{L(AgBr)} = a_{Ag^+} \cdot a_{Br^-} \text{ und } K_{L(AgCl)} = a_{Ag^+} \cdot a_{Cl^-} \tag{58}$$

folgt

$$a_{Br^-} = \frac{K_{L(AgBr)}}{K_{L(AgCl)}} a_{Cl^-} = K_{Br-Cl} a_{Cl^-} \tag{59}$$

und daraus der Selektivitätskoeffizient, z. B. für 25 °C:

Tabelle 5. Standardabweichungen [99]

Elektrolytisch beschichtet		mit Ag_2S gepreßt
Chlorid	$s = 0,18$ mV	$s = 0,26$ bis $0,35$ mV
Bromid	$s = 0,17$ mV	$s = 0,18$ bis $0,20$ mV
Iodid	$s = 0,12$ mV	$s = 0,33$ mV

3.2 Festkörpermembran-Elektroden

Tabelle 6. Löslichkeitsprodukte, Nachweisgrenzen und Selektivitäts-Koeffizienten von Silberhalogenid-Elektroden zweiter Art [99]. $\theta = 25\,°C$

System	$K_{L(Ag)}$	N (mol/L)	K_{N-S}	berechnet	gemessen
Ag/AgCl	$1{,}56 \cdot 10^{-10}$	$1{,}25 \cdot 10^{-5}$	Br–Cl	$4{,}9 \cdot 10^{-3}$	$2{,}8 \cdot 10^{-3}$
Ag/AgBr	$7{,}7 \cdot 10^{-13}$	$8{,}8 \cdot 10^{-8}$	I–Cl	$9{,}6 \cdot 10^{-7}$	$9{,}6 \cdot 10^{-7}$
Ag/AgI	$1{,}5 \cdot 10^{-16}$	$1{,}2 \cdot 10^{-8}$	I–Br	$1{,}9 \cdot 10^{-4}$	$1{,}2 \cdot 10^{-4}$

$$K_{L(Br-Cl)} = \frac{7{,}7 \cdot 10^{-13}}{1{,}56 \cdot 10^{-10}} = 4{,}9 \cdot 10^{-3}. \tag{60}$$

Die Nachweisgrenze ist durch die Eigenlöslichkeit des Elektrodensalzes gegeben. Wären z. B. bei der Messung mit einer Silber-/Silberchlorid-Elektrode ursprünglich keine Chloridionen in der Lösung, so hätte man die Nachweisgrenze

$$a_{Ag^+} = a_{Cl^-} = \sqrt{K_{L(AgCl)}} = 1{,}25 \cdot 10^{-5} \;(\text{mol/L}) \tag{61}$$

(s. dazu Tabelle 6). Da das Löslichkeitsprodukt bei sinkender Temperatur kleiner wird, kann man in kritischen Fällen die Lösung abkühlen, um die Nachweisgrenze herabzusetzen. Zum gleichen Zweck werden auch organische Lösungsmittel zugegeben.

3.2.1.5 Handhabung

Metallelektroden erster und zweiter Art benötigen wenig Wartung, sie werden nach Gebrauch gespült, mit Filterpapier abgetrocknet und trocken gelagert. Sie bedürfen vor Gebrauch keiner Konditionierung.

Homogene Kupfer- und Silberelektroden lassen sich durch Beizen in verdünnter Salpetersäure oberflächlich erneuern. In der Norm DIN 53125 [100] wird empfohlen, die Silberelektrode durch kathodisches Galvanisieren in 5%iger Kaliumcyanoargentat-Lösung zu aktivieren.

3.2.2 Homogene Festkörpermembran-Elektroden
für Ag^+-, Cd^{2+}-, Cu^{2+}-, Pb^{2+}-, S^{2-}-, F^--, Cl^--, Br^--, I^--, SCN^--, CN^--Ionen

3.2.2.1 Prinzip

Wenn Metallelektroden zweiter Art so hergestellt werden, daß das schwerlösliche Salz das Metall vollständig bedeckt, erweist sich das Metall selbst als für die eigentliche Messung entbehrlich.

3.2.2.2 Aufbau

1937 zeigten Kolthoff und Sanders [101], daß eine Scheibe aus geschmolzenem Silberchlorid als ionensensitives Material in einer Elektrode die gleiche EMK mit einer Bezugselektrode liefert, wie ein nur mit AgCl überzogener Silberdraht; Elektroden dieser Bauart weisen aber keine Redoxmittel-Anfälligkeit mehr auf. Sie zeigten jedoch eine gewisse Lichtempfindlichkeit, die ihrem weitergehenden Gebrauch im Weg stand. Die Lichtempfindlichkeit wird verständlich, wenn man auch die polykristallinen Silberhalogenide im Halbleiter-Modell [7] betrachtet: Bei ihnen ist die Bandlücke zwischen Valenz- und Leitungsband kleiner als in Einkristallen, so daß u. U. Licht im blauen Spektralbereich ausreicht, um ein Elektron aus dem Valenzband ins energetisch höher gelegene Leitungsband anzuheben. Das im Valenzband verbleibende „Loch" sowie das Photoelektron im Leitungsband können nun, wenn sie nicht rekombinieren, mit entsprechenden Energiezuständen auf der Elektrodenoberfläche adsorbierter Stoffe wechselwirken. Die Abb. 24 zeigt schematisch den Fall einer Oxidation eines adsorbierten Stoffes durch Belichtung. Der Netto-Effekt der durch die Belichtung ausgelösten Vorgänge zeigt sich in einer entsprechenden Veränderung des Elektrodenpotentials gegenüber der Gleichgewichts-Galvanispannung im Dunkeln. Zwar benutzte Rutherford schon im Jahre 1839 eine Silberchlorid-Elektrode in Salzsäure als Photometer [102], aber erst bei Beleuchtungsstärken zwischen 400 und 600 Lux findet man eine Abweichung der Elektrodenspannung von 0,2 mV [103]. Auch der Einfluß von γ-Strahlung ist nur gering (Gulens [104]). Wenn aber unter starker Beleuchtung, z. B. unter dem Mikroskop oder im Projektor gearbeitet wird, kann der photovoltaische Effekt erheblich stören. Bei Elektroden mit einer gepreßten Ag_2S-Membran ist der Photo-Effekt noch weniger ausgeprägt. *Silbersulfid* ist, wie viele Silbersalze, ein ionenleitfähiges Material. Es besitzt bei Zimmertemperatur eine größere Silberionenleitfähigkeit als die betreffenden Halogenidverbindungen und kann im Gegensatz zu diesen unter Druck leicht zu dichten Scheiben gepreßt werden. Da es aufgrund der Silberionenleitfähigkeit in einer Nernst-gemäßen

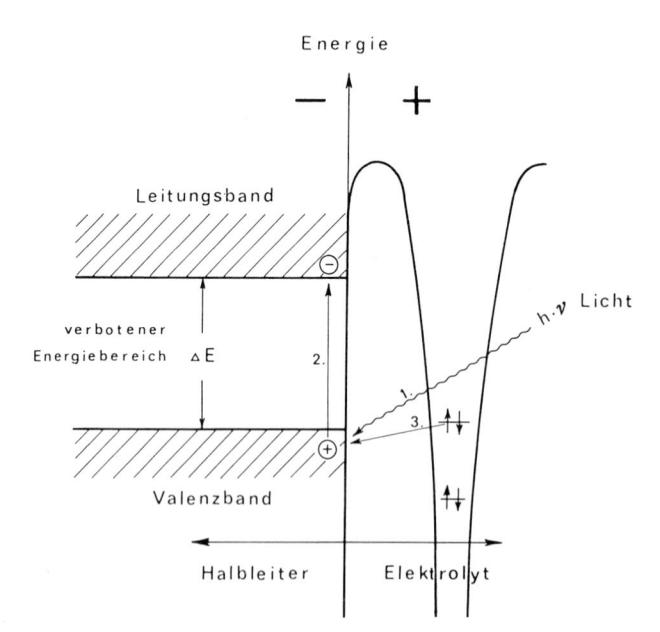

Abb. 24. Schematische Erklärung des Photovoltaischen Effekts

3.2 Festkörpermembran-Elektroden

Weise auf Silberionen in der Lösung anspricht, ist es ein geeignetes Material für eine ionenselektive Elektrode. Der Grund, warum diese halbleiterähnlichen Materialien nicht mehr so stark auf Redox-Systeme ansprechen, liegt an ihrem großen verbotenen Energiebereich (s. Abb. 24), in dem sich keine Elektronen aufhalten können. In das energetisch günstig gelegene Valenzband können sie aber auch nicht übertreten, denn das ist voll besetzt. Es bleibt also nur der Übergang ins Leitungsband. Dazu ist ein relativ hoher Energiezustand nötig, so daß nur wenige Elektronen eines in der Meßlösung befindlichen Redox-Systems übertreten können. Die Folge ist eine weitgehende Unempfindlichkeit gegenüber Oxidations- und Reduktionsmitteln. Silbersulfid hat aber auch eine gewisse Elektronenleitfähigkeit und vergrößert damit den Einfluß von Oxidationsmittel gegenüber den reinen Halogeniden ein wenig [94].

Als elektroaktive Phase eignen sich Einkristall- wie polykristallines Material gleichermaßen. Chlorid- bzw. Bromidelektroden mit AgCl- bzw. AgBr-Einkristallen weisen allerdings gegenüber Störionen, die eine schwerer lösliche Silberverbindung bilden, einen günstigeren Selektivitätskoeffizienten als polykristalline Mischpreßlinge aus Ag_2S und den betreffenden Silberhalogeniden auf. Man muß also hier einen anderen Mechanismus der Potentialeinstellung annehmen. Im Gegensatz zu dem weiter unten skizzierten Mechanismus scheint bei reinen AgCl- bzw. AgBr-Membranen auch das Anion direkt am Phasenübergang beteiligt zu sein. Die korrespondierenden höheren Austauschstromdichten sind dann die Ursache der besseren Selektivität.

Membranen, die aus einem Einkristall geschnitten wurden, sind viel dicker, als eine durch galvanische oder chemische Prozesse erzeugte Schicht. Das Material muß daher eine größere spezifische Leitfähigkeit aufweisen. Zur Verbesserung der elektrischen Leitfähigkeit dotiert man die Einkristalle mit Ionen, welche Gitterplätze entsprechender Kristallionen einnehmen, aber eine abweichende Wertigkeit haben. Dann entstehen leere Plätze, die als sog. *Intersistialplätze* von den beweglichen Ionen vorübergehend eingenommen werden können.

Da die Löslichkeit von großen Kristallen kleiner ist, als von mikrokristallinen Niederschlägen, erreicht man mit ihnen auch kleinere Nachweisgrenzen (s. Tabelle 7).

Ein Kupferselenid-Einkristall (als guter Kupferionenleiter) ist die aktive Phase bei der Kupferelektrode; ein Ag_2S-Einkristall (als guter Silberionenleiter) wird als Membran für die Silber- und Sulfid-Elektrode verwendet. Bei der Chlorid-Elektrode wird der Widerstand des dazu verwendeten AgCl-Einkristalls durch gezielte Dotierung mit O^{2-}-Ionen so weit erniedrigt (Erhöhung der Ag^+-Ionenkonzentration auf Zwischengitterplätzen), daß problemlose Messungen möglich werden.

Tabelle 7. Meßbereiche von zwei Silberhalogenid-Elektroden, in mol/L

Membran	Silberchlorid	Silberbromid
Einkristall	10^{-5} bis 1	10^{-6} bis 1
Polykristall	$5 \cdot 10^{-5}$ bis 1	$5 \cdot 10^{-6}$ bis 1

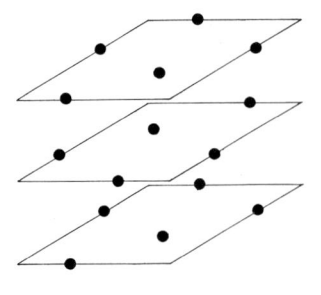

Abb. 25. Lanthanionen im Schichtengitter des Lanthanfluorids, nach Mansmann [105]

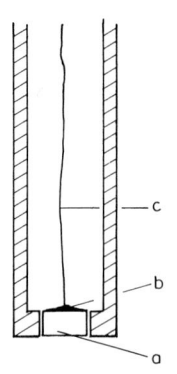

Abb. 26. Unterteil einer Ionenselektiven Festkörpermembran-Elektrode mit fester Ableitung. *a* Membran, *b* leitfähiger Kitt, *c* Ableitdraht

Eine Sonderstellung nimmt die Fluoridelektrode wegen ihrer überragenden Selektivität ein. Hier besteht die elektroaktive Phase aus einem LaF_3-Einkristall, der zur Verringerung des rein ohmschen Membranwiderstandes mit Spuren Eu^{2+} dotiert ist. Die einzigartige Selektivität dieser Elektrode rührt daher, daß nur Fluoridionen am Phasenübergang beteiligt sind [9, 106].

Lanthanfluorid bildet ein Schichtengitter (s. Abb. 25). Weil die Fluoridionen darin nur parallel zu den Schichten wandern, muß der Kristall in der Elektrode mit senkrecht stehenden Schichten orientiert sein.

Wegen der guten Preßfähigkeit des Silbersulfids dient es bei vielen Herstellern auch als Basismaterial für die Halogenid- bzw. Metall-Elektroden. Man mischt in diesem Fall lediglich ca. 30% des betreffenden Silberhalogenids bzw. Metallsulfids unter das Silbersulfid und preßt gegebenenfalls bei höheren Drucken und Temperaturen. Es handelt sich dann strenggenommen nicht mehr um homogene Festkörpermembran-Elektroden.

In der Regel bestehen die kommerziell erhältlichen Festkörpermembran-Elektroden aus einem Kunststoffelektrodenkörper (PVC, Epoxid, Polypropylen, Hostaflon o. ä.), in dessen Spitze der Einkristall bzw. Preßling eingekittet oder dicht eingefaßt ist (Abb. 21). Als Ableitung dient meist ein Ag/AgCl-Halbelement, das in eine Innenlösung taucht. Zur Erzielung konstanter Galvanispannungen an den beiden inneren Phasengrenzen (Ag/AgCl/Innenlösung/Membran) ist es notwendig, die innere Füllösung mit einer konstanten Menge Chlorid, Fluorid, Silber bzw. Kupfer zu versetzen. Dabei wählt man zweckmäßig die Chloridkonzentration größer, damit die an der inneren Ableitelektrode auftretende Gleichgewichts-Galvanispannung in etwa der an der äußeren Bezugselektrode (symmetrische Meßkette) entspricht. So kann man bei der Fluorid-Elektrode diese Lösung etwa 1 mol/L an NaCl und 10^{-2} mol/L an NaF ansetzen. Die Herstellerfirmen liefern entsprechende Füllösungen, bei denen die Meßketten EMK unter Verwendung einer Kalomel-Bezugselektrode beim Eintauchen in eine 10^{-3} mol/L F^--Lösung etwa Null beträgt. Mit Ausnahme der Lanthanfluorid-Elektrode wird die Ableitung in Festkörpermembran-Elektroden aber auch mit Silberleitlack direkt auf der Membran befestigt. Damit erhält man mechanisch und elektrisch stabile Verbindungen (s. Abb. 26).

3.2.2.3 Herstellung von Festkörpermembran-Elektroden auf Ag_2S-Basis

Polykristalline Silberhalogenidmembranen kann man durch Pressen der reinen Salze bei 7 MPa herstellen. Die elektrischen Widerstände liegen dann bei 10 MΩ. Ausgangsprodukt ist Ag_2S-Pulver hinreichender Reinheit. Um Fremdionen möglichst auszuschließen, da sie u. U. die Halbleitereigenschaften (z. B. das Fermi-Potential) beeinflussen können, wird bei der Herstellung von einer ca. 10^{-2} mol/L $AgNO_3$-Lösung ($AgNO_3$, p. a.; dreifach destilliertes Wasser) ausgegangen und als Fällungsmittel gasförmiges H_2S eingeleitet. Das ausfallende Ag_2S wird mit HNO_3 (1:1) und viel heißem Wasser ausgewaschen. Nach dem Trocknen bei 110 °C wird das Ag_2S mit Schwefelkohlenstoff behandelt, um evtl. vorhandenen elementaren Schwefel zu entfernen. Danach wird mit Alkohol ausgewaschen und erneut bei 110 °C getrocknet. Die Fällungsbedingungen sind von großer Bedeutung, je nach Fällungsmittel, Schwefelwasserstoff, Natriumsulfid oder Thioacetamid können die späteren Membranen Schwermetallionen einer reduzierten Stufe oder Hydroxide enthalten. Dadurch werden auch die elektrischen Eigenschaften beeinflußt, wie Heijne et al. ausführlich untersucht haben [107, 108]. Obwohl die Sulfide einzelner Metalle sehr verschieden löslich sind, muß man eine möglichst gleichzeitige Fällung zu erreichen versuchen. Die gemeinsame Fällung ist mehr als nur eine homogene Mischung. Bei Membranen z. B., die CdS neben Ag_2S enthalten, ist zu beachten, daß reines gefälltes Cadmiumsulfid *Zinkblende*-Struktur hat und elektrochemisch inaktiv ist. Das in der Elektrodenmembran allein wirksame *Greenockit* bildet sich nur bei der Copräzipitation mit Silbersulfid, indem es auf die zuerst gebildeten *Acantit*-Kristalle aufwächst [109]. Optimal ist dafür ein Molverhältnis $\kappa(Ag_2S/CdS) = 2/1$, welches in Form der Nitrate in der Lösung einzustellen ist.

Während des Gebrauchs löst sich aus der Elektrodenmembran eines der Salze, z. B. Silberchlorid, schneller als Silbersulfid, so daß sich auf der Oberfläche Kavernen bilden können. Man muß deshalb so viel von dem Chlorid beigeben, daß zurückbleibendes Sulfid keinen Zusammenhalt findet und fortgeschwemmt wird. Auch aus diesem Grund ist ein bestimmtes Mischungsverhältnis einzuhalten (Gratzl [110]). An dieser Stelle wird daran erinnert, die Elektrode regelmäßig abzuschleifen.

Die Silberhalogenide und die meisten Chalkogenide bilden elektrisch isotrope Kristalle, polykristalline Membranen aus diesem Stoff haben daher keine größeren Widerstände als Einkristalle.

Für die Herstellung eines ca. 3 mm dicken Preßlings wird dann eine entsprechende Menge dieses Pulvers in eine geeignete Tablettiervorrichtung (IR-Spektroskopie, Röntgenfluoreszenz) gegeben, 10 min bei ca. 1000 kg/cm² unter Vakuum vorgepreßt und dann ca. 2 Stunden bei 8000 kg/cm² gehalten. Die

Preßkörper sind polierfähig. Falls man brüchige Preßlinge erhält, ist bei erhöhter Temperatur (>150 °C) zu pressen. Die eigentliche Elektrode wird dann so hergestellt, daß dieser Preßling in das Ende eines Kunststoff- oder Glasrohrs entsprechender Dimensionen eingekittet (Araldit, UHU plus oder dgl.) wird. Als inneres Ableitsystem ist eine ca. 10^{-2} mol/L AgNO$_3$-Lösung, in die ein Silberdraht taucht, einer direkten Kontaktierung vorzuziehen. Auf jeden Fall ist darauf zu achten, daß zwischen der Innenlösung und der äußeren Meßlösung keine direkte elektrolytische Verbindung (z. B. durch schlechte Verkittung oder Mikrorisse in der Membran) entsteht.

Im Interesse einer schnellen Ansprechzeit empfiehlt sich, die Oberfläche der betreffenden Festkörpermembran-Elektrode mit Diamantpaste oder nassem Al$_2$O$_3$ von der Korngröße <0,1 μm auf Hochglanz zu polieren. Eine evtl. Elektrodenverseuchung läßt sich ebenfalls durch Abschmirgeln und anschließendem Polieren rückgängig machen.

3.2.2.4 Eigenschaften

Elektroden mit reinem Ag$_2$S als Membranmaterial sprechen in Verbindung mit einer geeigneten Bezugselektrode auf Silberionen in der Lösung gemäß der Nernst-Gleichung an:

$$E = E^0_{Ag_2S} + \frac{R \cdot T}{F} \ln a_{Ag^+}. \tag{62}$$

Wegen des sehr kleinen Löslichkeitsprodukts des Silbersulfids

$$K_{L\,(Ag_2S)} = 6 \cdot 10^{-50}\ (mol/L)^3,$$

ist ein sehr großer Arbeitsbereich zu erwarten. In der Praxis reicht der Bereich aber nur von 1 mol/L bis hinunter zu 10^{-7} mol/L Silberlösung. Noch tiefer liegende Nachweisgrenzen sind mit Membranen aus Silberselenid ($K_L = 10^{-58}$) oder Silbertellurid ($K_L = 10^{-67}$) zu erreichen. Für hochempfindliche kupferionenselektive Elektroden mit einem Meßbereich bis herunter zu 10^{-13} mol/L wurden Membranen aus dem ternären Selenid CuAgSe gepreßt [111]. Die praktische Grenze aber liegt an der großen Adsorptionsbereitschaft des Silberions. *Die Nachweisgrenze wird bei dieser Elektrode nicht durch die Eigenlöslichkeit, sondern durch die Instabilität unter 10^{-7} mol/L verdünnter Silberlösung eingeschränkt.* Es liegt das gleiche Problem vor, das auch bei der pH-Messung ungepufferter Lösungen auftritt. Eingeschleppte Spuren können die Aktivität des Meßions bei derartig verdünnten Lösungen stark verändern. Will man stabile Lösungen in diesem Konzentrationsbereich herstellen, so muß man, wie bei der pH-Meßtechnik, zu Puffersystemen greifen, die die Silberionenaktivität über ein Reaktionsgleichgewicht auf einem bestimmten Pegel halten. Gute Silberionenpuffer sind die schwerlöslichen Silberverbindungen. Wenn man sie in einer Meßlösung als Bodenkörper (gesättigte Lösung) eingibt, stellt sich eine dem jeweiligen Löslichkeitsprodukt entsprechende Silberionenaktivität in der Meßlösung ein. Durch Zugeben von Alkalisalzen des gleichen Anions läßt sich die Löslichkeit und damit die Aktivität des Silbers nach Wunsch noch weiter herabsetzen. Irreversible Adsorptionserscheinungen werden von diesem System kompensiert. Versuche ergaben, daß die Elektrode in

3.2 Festkörpermembran-Elektroden

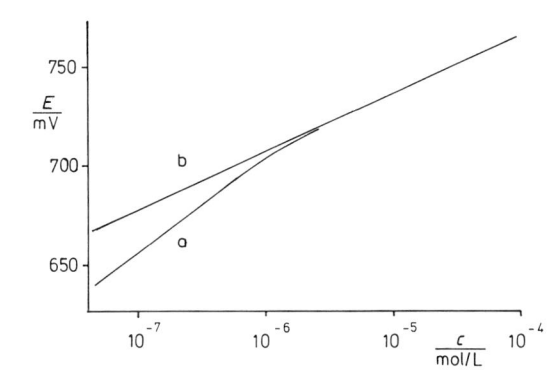

Abb. 27. Kalibrierkurve einer gebrauchten Silbersulfidelektrode. a vor und b nach dem Abschleifen [112]

solchen Lösungen bis zu ca. 10^{-20} mol/L (!) Silberionenaktivitäten streng der Nernst-Gleichung folgt (s. Abb. 27). Dieser Aktivität entsprechen nur zwei oder drei Silberionen in 1 ml Meßlösung!

Das aktive Elektrodenmaterial stellt über das Gleichgewicht:

$$2\,Ag^+ + S^{2-} \rightleftharpoons Ag_2S \tag{R 8}$$

selbst einen Silberionenpuffer dar, dessen Silberionenpegel gemäß dem Massenwirkungsgesetz durch die Sulfidaktivität kontrolliert wird. Daraus folgt, daß die Elektrode auch auf freie *Sulfidionen* anspricht. Wie bei den Elektroden zweiter Art schon gezeigt, läßt sich die Potentialabhängigkeit dann durch die Gleichung

$$E = E^0_{Ag_2S} - \frac{R \cdot T}{2\,F} \cdot \ln a_{S^{2-}} \tag{63}$$

beschreiben. Meßströme, Lichteinwirkung und die weiter unten empfohlene Zugabe von Ascorbinsäure führen im Laufe längerer Zeit zu einer teilweisen Reduktion des Silbersulfids zu metallischem Silber [112]. Wegen seiner großen Austauschstromdichte stören aber bereits kleine Mengen Silber auf der Oberfläche, so daß eine längere Zeit benutzte Silbersulfidelektrode im Bereich $c(S^{2-}) < 10^{-5}$ mol/L eine „übernernstsche" Steilheit zeigt. Ein hoher Eingangswiderstand des Meßgerätes und regelmäßiges Abschleifen der Elektrode sind daher wichtig (s. Abb. 27).

Neueren Untersuchungen zufolge reagiert das freie Silber mit Halogenidionen aus der Lösung und bildet dann die häufig beobachtete graue Schicht aus dem entsprechenden Silberhalogenid [109].

Da sich wegen der leichten Oxidierbarkeit der Sulfidionen keine haltbaren Standardlösungen herstellen lassen, kalibriert man Meßketten für Schwefelwasserstoff im unteren Meßbereich zweckmäßig mit Silberionen (s. Abschn. A.4.2 im Anhang). Die Sulfidionenaktivität ergibt sich dann aus:

$$K_{L\,(Ag_2S)} = a^2_{Ag^+} \cdot a_{S^{2-}}\,(mol/L)^3. \tag{64}$$

Nimmt man als Silberionenpuffer die entsprechenden Silberhalogenide, so liegt der Silberionenpegel wegen des größeren Löslichkeitsproduktes höher als beim Sulfid und bestimmt das Elektrodenpotential. Es ist nach Gl. (59) entsprechend positiver (s. Abb. 32). Gemäß dem Gleichgewicht:

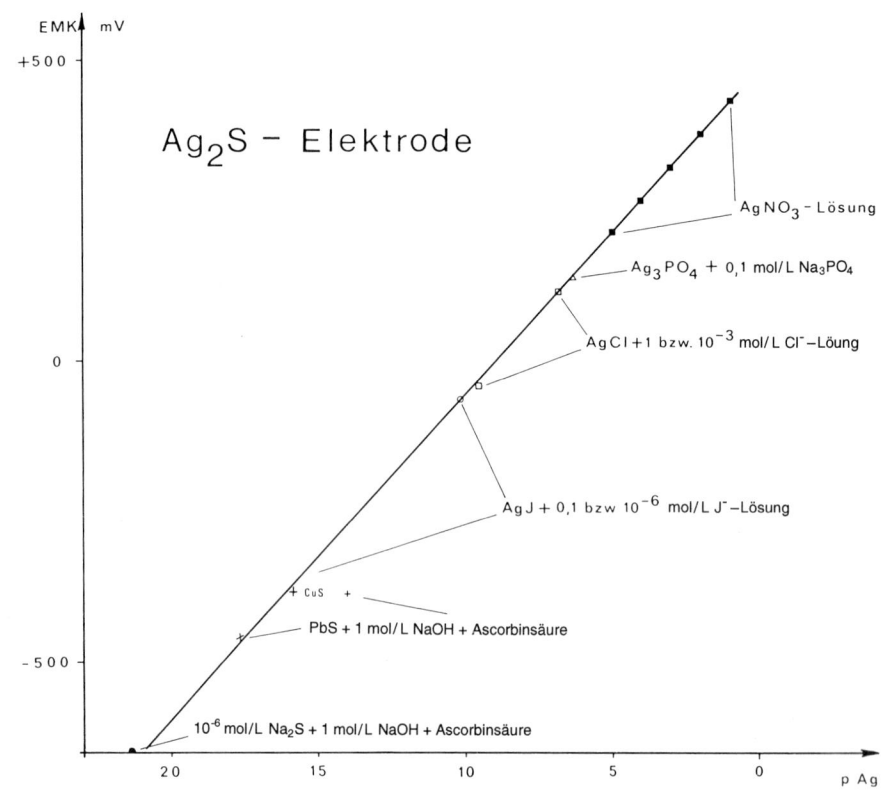

Abb. 28. Kalibrierkurve für eine silberionenselektive Ag$_2$S-Festkörpermembran-Elektrode

$$\text{Ag}^+ + \text{Hal}^- \rightleftharpoons \text{AgHal} \tag{R 9}$$

beeinflußt aber die Aktivität des jeweiligen Halogenides oder Pseudohalogenides (SCN$^-$) die Aktivität der freien Silberionen und damit (aufgrund des Massenwirkungsgesetzes) das Elektrodenpotential:

$$E = E' - \frac{R \cdot T}{F} \cdot \ln a_{\text{Hal}^-}. \tag{62}$$

Ein derartiges System spricht also auf das betreffende Halogenid an. Die Elektrodenhersteller fügen die entsprechende Silberverbindung der Ag$_2$S-Grundmatrix in feinverteilter Form bei und bieten Elektroden mit diesem AgHal-Ag$_2$S-Mischpreßling als Halogenid-Festkörpermembran-Elektrode an.

Aufgrund der Wirkungsweise ist es verständlich, warum bei einer solchen Halogenidelektrode alle *Anionen* stören, die mit dem Silber weniger lösliche Verbindungen als das Meßanion eingehen. Die Anzahl der Störionen nimmt vom Chlorid über Bromid und Iodid zum Sulfid ab, da zunehmend weniger Anionen existieren, die eine noch weniger lösliche Silberverbindung eingehen

3.2 Festkörpermembran-Elektroden

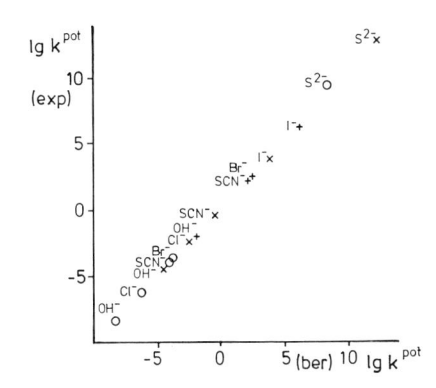

Abb. 29. Vergleich von berechneten und experimentell bestimmten Werten von Selektivitätskoeffizienten. ○ AgCl-, × AgBr-, + AgI-Membranelektroden gegenüber verschiedenen Anionen, aus Lewenstam und Hulanicki [42]

können. Die Nachweisgrenze der Silberchlorid-Elektroden ist gleich der Quadratwurzel aus dem Löslichkeitsprodukt des Silberchlorids:

$$K_{L\,(AgCl)} = 1{,}56 \cdot 10^{-10} \; (mol/L)^2.$$

Zu noch tiefer liegenden Nachweisgrenzen kommt man mit der Quecksilber(I)-chlorid-Elektrode [113]:

$$K_{L\,(Hg_2Cl_2)} = 2 \cdot 10^{-18} \; (mol/L)^4.$$

Die Ableitung der Gl. (60) aus dem Abschn. 3.2.1.4 zur Definition des Selektivitätskoeffizienten läßt sich auch auf die Silberhalogenid-Membranelektroden erfolgreich anwenden, wie die Abb. 29 zeigt.

Bei der Sulfidionen-Elektrode stört nur noch Hg^{2+}, das mit den Sulfidionen eine etwa gleich schwerlösliche Verbindung eingeht und sich auf der Elektrodenoberfläche absetzen kann. Bei der Bestimmung von Sulfidionen sind besondere Vorsichtsmaßnahmen erforderlich. Einmal neigen sie zu Assoziationsverbindungen mit Wasserstoffionen:

$$S^{2-} + H^+ \rightleftharpoons HS^-. \tag{R 10}$$

Dadurch wird die Aktivität der freien Sulfidionen herabgesetzt. Zum anderen werden Sulfidspuren leicht durch den in der Meßlösung gelösten Luftsauerstoff oxidiert.

Bisher wurde die effektive Silberionenaktivität in der Meßlösung durch die Zugabe der entsprechenden *Silber*halogenide eingestellt. Da das Grundmaterial der Elektrode aber auch auf Sulfidionen anspricht, kann man zur Erzielung eines stabilen Elektrodenpotentials auch einen Sulfidpuffer zugeben. Geeignete Puffersysteme sind in diesem Zusammenhang CuS, CdS und PbS, die aufgrund ihrer K_L-Werte einen zum Vergleich mit Ag_2S hohen und stabilen S^{2-}-Ionenpegel einstellen. Der Sulfidionenpufferpegel wird nach dem Massenwirkungsgesetz durch die betreffende Metallionenaktivität kontrolliert. Das bedeutet, Änderungen der Cu^{2+}-, Cd^{2+}- oder Pb^{2+}-Aktivität wirken über die beiden Gleichgewichtsreaktionen:

$$M^{2+} + S^{2-} \rightleftharpoons MS, \tag{R 11}$$

$$2\,Ag^+ + S^{2-} \rightleftharpoons Ag_2S \tag{R 12}$$

mit:

$$K_{L\,(MS)} = a_{M^{2+}} \cdot a_{S^{2-}}, \tag{65}$$

$$K_{L\,(Ag_2S)} = a_{Ag^+} \cdot a_{S^{2-}}, \tag{66}$$

$$a_{Ag^+} = \sqrt{\frac{K_{L\,(Ag_2S)} \cdot a_{M^{2+}}}{K_{L\,(MS)}}} \tag{67}$$

auf die Ag$^+$-Ionenaktivität und damit auf das Elektrodenpotential. Preßlinge, die also neben Ag$_2$S noch CuS, PbS oder CdS enthalten, wirken, als ob sie Cu-, Cd- oder Pb-Elektroden wären (Elektroden dritter Art). Das Elektrodenpotential läßt sich durch Einsetzen der Gl. (67) in Gl. (62) und Zusammenfassen der Konstanten in E' ausdrücken:

$$E = E' + \frac{R \cdot T}{2F} \ln a_{M^{2+}}. \tag{68}$$

Hier finden sich die Standardspannungen einiger Sulfide in Tabelle 8. In diesem Fall stören alle Ionen, die mit dem Sulfidion noch schwerer lösliche Niederschläge wie die jeweiligen Metallionen bilden. Es sind dies vor allem Ag und Hg.

Eine kompliziertere Störung kann erfolgen, wenn Cu^{2+}- und Cl$^-$-Ionen in *größeren Konzentrationen* vorliegen. Dann kann das Gleichgewicht zwischen dem Elektrodenmaterial und den Cu^{2+}- und Cl$^-$-Ionen in der Lösung:

$$Ag_2S + Cu^{2+} + 2\,Cl^- \rightleftharpoons 2\,AgCl + CuS \tag{R 13}$$

aufgrund des Massenwirkungsgesetzes zu weit nach rechts verschoben werden. Es würde sich eine Schicht AgCl ausbilden, die wegen der Silberionenpufferwirkung von AgCl (hoher Ag$^+$-Ionenpegel, im Vergleich zu Ag$_2$S–CuS) auf Chloridionen, anstatt auf Kupferionen ansprechen würde.

Von allen Schwermetallsulfid-Elektroden ist die Bleisulfid-Elektrode am anfälligsten gegen Reaktionen mit dem Meßmedium. Je nach Größe der bestehenden Reduktionsspannung in der Lösung werden zahlreiche Ionen physikalisch oder chemisch auf der Membran adsorbiert [117].

Tabelle 8. Standardspannungen von Silbersulfid-Membranen

System	Standardspannung	Literatur
Ag$_2$S–PbS/Pb^{2+}	$E^0 = 172 \pm 5$ mV	[114]
Ag$_2$S–CdS/Cd^{2+}	$E^0 = 168 \pm 5$ mV	[114]
Ag$_2$S–Cu$_2$S/Cu^{2+}	$E^0 = 478$ bis 545 mV	[114]
Ag$_2$S/Ag$^+$	$E^0 = 800$ mV	
Ag$_2$S/S^{2-}	$E^0 = 910$ bis 918 mV	[115]
Ag$_2$S/CN$^-$	$E^0 = 879{,}5$ mV	[116]

3.2 Festkörpermembran-Elektroden

Andererseits wird Bleisulfid z.B. schon von Wasserstoffperoxid oberflächlich in Bleisulfat überführt (Pungor [118]). Auch Licht scheint eine Rolle bei der Korrosion von Ag/PbS-Membranen zu spielen [119].

Eine andere Störung, etwa durch *Silberkomplexbildner*, die das Membranmaterial auflösen, kann bei der AgI–Ag$_2$S-Membran (Iodid-Elektrode) herangezogen werden, um Cyanid im Bereich 0,1 bis 10^{-8} mol/L zu bestimmen. Mögliche Elektrodenreaktionen sind:

$$AgI + CN^- \rightleftharpoons AgCN + I^-, \tag{R 14}$$

$$AgI + 2\,CN^- \rightleftharpoons Ag(CN)_2^- + I^-. \tag{R 15}$$

Die Gleichgewichtskonstante der zweiten Reaktion ist mit ca. 10^4 so groß, daß an der Elektrodenoberfläche nur eine verschwindend kleine CN$^-$-Konzentration herrscht. Das gebildete Ag(CN)$_2^-$ wandert in die Lösung, ebenso das Iodid. Dies freigesetzte Iodid bestimmt nun das Elektrodenpotential, da die Elektrodenphase zwar ein wenig aufgelöst wird, die verbleibende Phase aber nach wie vor Ag$^+$-Ionen anzeigt, deren Konzentration aber durch das Iodid kontrolliert wird. Da pro freigesetztes Iodidatom zwei Atome Cyanid erforderlich sind, lautet die Nernst-Gleichung für diese Reaktion:

$$E = E' - \frac{2\,R \cdot T}{F} \ln a_{CN^-}. \tag{69}$$

Anstelle der sonst bei einwertigen Ionen üblichen 59,16 mV (25 °C) Änderung bei einer 10fachen Aktivitätsänderung kann man bei einem überwiegenden Ablauf nach Reaktion (R 15) hier eine doppelte erwarten. Es muß dazu betont werden, daß es sich hierbei um eine vereinfachende Betrachtungsweise handelt. In Wirklichkeit sind in einem „steady-state"-Zustand die beteiligten Stoffe durch das Diffusionsgesetz miteinander verbunden, welches zu folgendem Ausdruck für das Elektrodenpotential führt [120]:

$$E = E' - \frac{RT}{F} \ln \left(\frac{D_{CN^-}}{D_{I^-}} a_{CN^-} + a_{I^-} \right). \tag{70}$$

So findet man denn auch bei den Cyanid-Elektroden Steilheiten zwischen 58 und 118 mV/Dekade.

Wegen der Membranauflösungsreaktion (R 15) sollte man die Elektroden nicht zu lange in cyanidhaltige Lösungen über 10^{-3} mol/L eintauchen. Es ist klar, daß, wie bei S^{2-}, auch hier der pH-Wert eine große Rolle spielt. Bei zu sauren Lösungen bildet sich der flüchtige Cyanwasserstoff, der entweicht. Dadurch wird der ursprüngliche Cyanidgehalt der Probe verfälscht und obendrein der Analytiker gefährdet. Zur Bestimmung geringer Cyanid-Konzentrationen benutzt man die Silbersulfidelektrode. Ohne Zugaben wird die Elektrode angegriffen gemäß [121]:

$$Ag_2S + 4\,CN^- \rightarrow 2\,Ag(CN)_2 + S^{2-}. \tag{R 17}$$

Wenn man aber vorher etwas Cyanoargentat als Indikator zur Meßlösung gefügt hat, kann sich ein Gleichgewicht besser ausbilden [122]:

$$\frac{a_{\text{Ag(CN)}_2^-}}{a_{\text{Ag}^+} \cdot a_{\text{CN}^-}^2} = K = 10^{-21} \, (\text{mol/L})^{-2}. \tag{71}$$

Die theoretische Steilheit ist in beiden Fällen ungewöhnlich groß, $S(25°) = \frac{-2RT}{F} \ln 10 = -118$ mV.

Eine weitere Störung konnte in ein Bestimmungsverfahren umfunktioniert werden. Die Iodid-Elektrode (AgI–Ag$_2$S) spricht im Konzentrationsbereich 10^{-4} bis 10^{-8} mol/L gemäß:

$$\text{AgI} + \text{Hg}^{2+} \rightleftharpoons \text{HgI}^+ + \text{Ag}^+ \tag{R 16}$$

auf *Quecksilberionen* an. Auch hier ergibt sich für die Steigung der Nernst-Gleichung ein anderer Wert, als man sonst für zweiwertige Ionen erwartet. Da pro Formelumsatz nur 1 mol Ag$^+$ freigesetzt wird, das ja von der Ag$_2$S-Elektrode allein angezeigt wird, hat man mit einer Steigung von 59,16 mV (25 °C) pro Aktivitätsdekade Hg^{2+} zu rechnen. Für die Praxis ist wichtig zu wissen, daß man reproduzierbare Meßwerte oft nur nach einer entsprechenden Oberflächenbehandlung der Elektrode (Abschleifen und Polieren) zwischen den Messungen erhält.

Es hat viele Versuche gegeben, für die wichtigen Anionen Sulfat und Phosphat selektive Niederschlagsmembran-Elektroden zu entwickeln. Man kann mit der bleiionenselektiven Elektrode Sulfate titrieren, jedoch muß das Löslichkeitsprodukt des Bleisulfats durch Zugaben von bis zu 30% organischer Lösungsmittel wie Methanol oder Propanol herabgesetzt werden [123, 126]. Seit es bariumionenselektive Elektroden gibt [124], kann Sulfat nicht nur ohne Lösungsmittelzugaben titriert, sondern auch direktpotentiometrisch bestimmt werden [125].

Ein Preßling aus 40 mol% HgS und 60 mol% Hg$_2$Cl$_2$ (4 h bei 150 °C gepreßt, Innenableitung Quecksilber) soll bei einem Membranwiderstand von <100 Ω für eine mehrere Millimeter dicke Membran zwischen 0,1 mol/L und $5 \cdot 10^{-7}$ mol/L Nernst-gemäß auf Chloridionen ansprechen und bezüglich Bromid- und Iodidionen mit $K_{\text{Cl-Br, I}} \approx 3$ eine wesentlich bessere Selektivität aufweisen als die oben beschriebenen Mischpreßlinge aus Ag$_2$S und AgCl [113].

Anstelle von Mischpreßlingen mit den betreffenden Silberionen-Puffern kann man diese Verbindungen auch einfach in die Meßlösung suspendieren, um das entsprechend selektive Verhalten zu erzielen (vgl. Abb. 28). Als Meßelektrode reicht dann eine einzige Ag$_2$S-Festkörpermembran-Elektrode aus. Allerdings muß man bei Gleichgewichten, die über das Sulfidion verlaufen, auf die Abwesenheit von Sauerstoff und einen optimalen pH-Wert achten. Die Einstellzeit kann hierbei sehr lang sein.

Wegen der großen Bedeutung der Fluorid-Elektrode werden abschließend ihre Eigenschaften etwas näher erläutert.

Wird eine fluoridselektive Elektrode mit einer geeigneten Bezugselektrode zu einer Meßkette komplettiert und in eine Lösung getaucht, die Fluoridionen enthält, so folgt die Spannung der Fluoridionenaktivität der Lösung zwischen 1 bis 10^{-6} mol/L gemäß der Nernst-Gleichung:

$$E = E' - \frac{R \cdot T}{F} \ln a_{\text{F}^-} \tag{70}$$

3.2 Festkörpermembran-Elektroden

oder bei 25 °C:

$$E = E' - 59{,}2 \lg a_{F^-} \text{ (mV)}. \tag{71}$$

Die Selektivität der aktiven Phase (LaF$_3$-Einkristall) ist so groß, daß selbst 1000fache Überschüsse an Halogenidionen, NO$_3^-$, PO$_4^{3-}$, HCO$_3^-$ usw. nicht miterfaßt werden; auch Kationen stören nicht durch Mitanzeige. Ändert sich die EMK beim Zugeben eines Fremdelektrolyten zu der Meßlösung, so ist dies auf eine entsprechende Änderung des Aktivitätskoeffizienten zurückzuführen. Ihrer Störungsfreiheit verdankt diese Elektrode ihre große Beliebtheit, der Möglichkeit über eine indirekte Analyse eine Reihe von Kationen zu erfassen, die starke Fluorkomplexe bilden (wie Al^{3+}, Fe^{3+}, Ce^{4+}, Li$^+$, Th^{4+} u.a.), ihre enorme Verbreitung. Der Elektrodenwiderstand beträgt, je nach Dicke des Einkristalls, 0,15 bis 5 MΩ.

Bei der Messung von Fluoridspuren macht sich ein Rühreffekt (1 bis 10 mV) bemerkbar, der teils auf die diffuse Ladungsverteilung der Fluoridionen vor der Meßelektrodenoberfläche zurückzuführen ist, teils aber auch auf eine entsprechende Veränderung der Diffusionsspannung an der Berührungsstelle: Bezugselektroden-Elektrolyt/Meßlösung. Diese Rührempfindlichkeit läßt sich durch Zugabe eines indifferenten Elektrolyten (z. B. 5 mol/L NaNO$_3$) verkleinern [127]. Messungen ohne Rühren der Meßlösung sind wegen der längeren Ansprechzeit weniger zu empfehlen. Bei genauesten Arbeiten im unteren Konzentrationsbereich (<10^{-4} mol/L) ist für stets gleiche hydrodynamische Verhältnisse zu sorgen: gleiche Rührgeschwindigkeit, gleiche Rührer, gleiches Meßgefäß, gleiche Meßlösungsvolumina, gleiche Eintauchtiefe und -winkel der Elektroden.

Die Nachweisgrenze ist durch die Löslichkeit des Einkristallmaterials in der Meßlösung gegeben. Selbst wenn in einer Lösung keine Fluoridionen anwesend sind, so wird sich doch beim Einbringen der Elektrode in diese Lösung eine dem Löslichkeitsprodukt von LaF$_3$ entsprechende Menge Fluorid und Lanthan aus dem Elektrodenmaterial herauslösen. Dadurch stellt sich in der Lösung eine kleine und konstante Fluoridaktivität ein, die von der Elektrode angezeigt wird und so die Nachweisgrenze bildet. Die Nachweisgrenze kann aber durch irreversible Adsorption auf der Elektrodenoberfläche gegeben sein [128, 129]. Bei neutralen Lösungen ergibt sich immerhin ein Arbeitsbereich von 1 bis 10^{-6} mol/L [127]. Beim Arbeiten in der Nähe der Nachweisgrenze muß man allerdings mit Ansprechzeiten von einigen Minuten rechnen. Dabei ist die Zeit, die bis zur Erreichung eines stabilen Elektrodenpotentials erforderlich ist, länger, wenn man von konzentrierteren auf verdünntere Lösungen übergeht als umgekehrt. Auch große Überschüsse von Stoffen, die ebenfalls Lanthanionen zu binden vermögen, wie Citrat, PO$_4^{3-}$, HCO$_3^-$ usw. setzen die Ansprechgeschwindigkeit herab. Die Potential/Zeit-Abhängigkeit nach dem Eintauchen einer fluoridselektiven Meßkette läßt sich für t_{90} von 10^{-3} bis 1 s durch folgende Gleichung beschreiben: $E = t/(a + bt)$ [130]. Die Anzeigestabilität ist ausgezeichnet; man kann mit einer Stabilität von ca. ±2 mV pro Woche rechnen [131]. Bei Messungen mittels einer Kette ohne Überführung kann man immerhin eine Standardabweichung von ca. 0,1 mV mit diesem Elektrodentyp erreichen. Dies und die geringe Störung durch Mitanzeige anderer Ionen macht diese Elektrode besonders zu einem Aufbau einer Meßkette ohne

Überführung geeignet, in der sie als reversible Bezugselektrode fungiert. Zum Kalibrieren im Bereich kleiner Konzentrationen benutzt man am besten standardisierte Fluoridionenpuffer (s. Abschn. A 4.2 im Anhang).

Bei der fluoridselektiven Einkristallmembran-Elektrode sind nur Störungen zweiter Art zu beachten, das sind Störungen, die sich auf das Lösungsgleichgewicht zwischen gebundenen und freien Ionen zurückführen lassen. So ist bekannt, daß Wasserstoffionen mit Fluoridionen gemäß

$$H^+ + 3F^- \rightleftharpoons HF + 2F^- \rightleftharpoons HF_2^- + F^- \rightleftharpoons HF_3^{2-} \tag{R 17}$$

zu undissoziierten Verbindungen zusammentreten, die nicht von der Elektrode angezeigt werden. Dadurch wird die Aktivität der freien Fluoridionen mit abnehmendem pH-Wert verringert. Das Elektrodenpotential wird in diesem Fall zunehmend positiver, wie Abb. 30 zeigt. Einem zu hohen pH-Wert stellt sich andererseits auch ein Hindernis entgegen. Es kann sich auf der Elektrodenoberfläche eine Schicht $La(OH)_3$ bilden, da die Löslichkeit des $La(OH)_3$ in etwa der des LaF_3-Einkristalls entspricht [132]. Die Reaktion

$$LaF_3 + 3 OH^- \rightleftharpoons La(OH)_3 + 3 F^- \tag{R 18}$$

setzt aber eine bestimmte Menge Fluoridionen frei. Diese sind vor allem bei Meßlösungen mit geringem Fluoridgrundgehalt dafür verantwortlich, daß das Elektrodenpotential mit zunehmendem pH-Wert negativer wird. Auch dies ist in der Abb. 30 zu erkennen.

Ungeklärt ist die Tatsache, daß die Fluorid-Elektrode offensichtlich auch einige Fluorkomplexe wie SiF_6^{2-} [133] oder PO_3F^{2-} [134] anzeigt, als ob ganz oder teilweise freies Fluorid vorliegt.

Die meßtechnischen Eigenschaften der homogenen Festkörpermembran-Elektroden sind weitgehend ähnlich. Sofern man als inneres Ableitsystem keinen Feststoff/Feststoff-Kontakt, der leicht zu polarisieren ist [9], vorliegen hat, vertragen diese Elektroden einen beachtlich hohen Meßkreisstromfluß ohne die Nernst-gemäße Anzeige zu verlieren (nach Korrektur des $i \cdot R$-Spannungsabfalls).

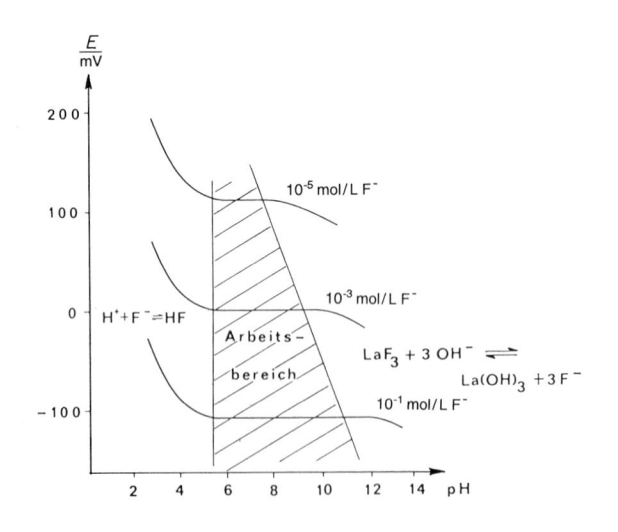

Abb. 30. pH-Abhängigkeit der Spannung zwischen einer fluoridselektiven Einkristallmembran-Elektrode und einer Bezugselektrode

3.2 Festkörpermembran-Elektroden

Alle homogenen Festkörpermembran-Elektroden können ohne weiteres auch in nicht-wäßrigen Lösungen verwendet werden (s. Abschn. 6.4.1). Es ist nur darauf zu achten, daß der Elektrodenkörper durch das Lösungsmittel nicht angegriffen wird. Es lassen sich in diesen Medien eine Vielzahl von Ketten ohne Überführung zusammenstellen, denen große Bedeutung zukommt. Gedacht sei u. a. an das Gebiet der organischen Elektroanalyse und -synthese, das heute Dank der verfügbaren Potentiostaten zunehmend an Bedeutung gewinnt. So können bei polarographischen Untersuchungen in nicht-wäßrigen Medien einige der erwähnten ionenselektiven Elektroden als Bezugselektroden dienen.

Aber auch bei Fällungstitrationen kleiner Substanzmengen wendet man mit Vorliebe ein nicht- oder partiellwäßriges System an, um die Löslichkeit des entstehenden Niederschlags zu verringern. Man erhält dann niedrigere Nachweisgrenzen und besser auswertbare Titrationskurven. Bei den geschilderten Elektroden, die häufig einen elektrischen Widerstand unter 1 MΩ aufweisen, kann man auch gut mit *gekühlten* Lösungen arbeiten, was manchmal einen Faktor 2 bis 3 in der Schwerlöslichkeit und damit Nachweisgrenze ausmacht.

3.2.2.5 Handhabung

Die homogenen Festkörpermembran-Elektroden brauchen in der Regel nicht konditioniert zu werden. Sie werden trocken aufbewahrt und sind sofort meßbereit. Eine Reinigung (Abschleifen und Polieren) ist notwendig, wenn die Elektrode durch Eintauchen in eine Lösung mit einem Ion, das mit dem Meßion einen noch schwerer löslichen Niederschlag bildet als das betreffende Elektrodenion, belegt worden ist.

Im Interesse einer schnellen Ansprechzeit sollte die Meßmembranoberfläche von Kratzern und Ablagerungen freibleiben. Eventuelle Kratzer sind vorsichtig mit feinstem Naßschmirgelpapier, das die Herstellerfirmen mitliefern, zu entfernen. Anschließend sollte mit Diamantpaste oder Al_2O_3 (<0,1 µm) auf einem angefeuchteten Baumwolltuch poliert werden.

Die Lebensdauer der Festkörpermembran-Elektroden wird durch den Abrieb bestimmt. Wenn man die Membranoberfläche selten abtragen muß, kann man mit einigen Jahren Lebensdauer rechnen. Bei Elektroden mit Innenlösung sollte genügend Innenlösung für eine ungestörte Potentialableitung vorhanden sein. Haben sich im Elektrodenschaft zwischen Membranoberfläche und Ableitelektrode von außen nicht sichtbare *Luftblasen* gebildet, so kann es zu unreproduzierbaren Meßwerten kommen und u. U. der Meßstromkreis unterbrochen werden. Das ist an den instabilen Zeigerausschlägen des Meßgerätes ersichtlich. Man beseitigt die Luftblasen durch kurzes Antippen einer senkrecht (Meßmembran unten) eingespannten Elektrode. In hartnäckigen Fällen, vor allem bei engem Schaftdurchmesser, schlägt man die Elektrode kurz wie ein Fieberthermometer nach unten. Muß man die Elektrode umgekehrt, also mit der Meßmembran nach oben, einsetzen (etwa bei der später noch zu besprechenden Mikro-Technik), so ist besonders darauf zu achten, daß die Elektrolytverbindung zwischen innerer Membranoberfläche und innerer Ableitelektrode nicht unterbrochen wird. In diesem Fall setzt man der Innenlösung etwas feinste Kieselsäure, z. B. Aerosil®, oder Agar-Agar zu und füllt den Innenraum vollständig mit diesem Gel aus. Als Innenlösung eignet sich, falls die Hersteller nichts anderes angeben, bei der Fluorid-Elektrode eine Mischung von 10^{-2} mol/L NaF und 1 mol/L NaCl. Einige der ionenselektiven Elektroden mit flüssiger Innenableitung können auseinander genommen und bei Bedarf frisch gefüllt werden. Nicht demontierbare LaF_3-Elektroden, die bereits eingetrocknet sind, müssen aufgeschnitten oder aufgebohrt werden, um die Innenlösung zu erneuern [135].

3.2.2.6 Probenvorbereitung

Die Tabelle 9 zeigt, welche Ionen ab welcher Konzentration stören. Ein Blick auf die Abb. 30 verdeutlicht dies ebenfalls. Bei der Probenvorbereitung ist auf den angegebenen pH-Bereich zu achten, nicht etwa weil die Wasserstoffionen direkt an einer Elektrodenreaktion teilnehmen, sondern weil sie mit einigen der Meßionen zu undissoziierten Verbindungen, wie HF, H_2S, HCN, HSCN, zusammentreten können. Natürlich kann man auch in sauren Meßlösungen die Aktivität des freien Anions mit den Elektroden messen; nur ist sie aufgrund der Gleichgewichte:

$$2\,H^+ + S^{2-} \rightleftharpoons H_2S \tag{R 19}$$

bzw.

$$H^+ + CN^- \rightleftharpoons HCN \text{ usw.} \tag{R 20}$$

extrem klein und man erfaßt in diesem Fall nicht den Gesamtgehalt. Bei Kenntnis des pH-Wertes kann man mit Hilfe der Säurekonstanten K_a auf die Gesamtkonzentration C umrechnen, z.B. bei der Fluoridbestimmung:

$$C_F = a_{F^-} \left(\frac{1}{y_{F^-}} + \frac{a_{H^+}}{K_{a(HF)}} \right). \tag{71}$$

Darin ist y_{F^-} der Aktivitätskoeffizient der Fluoridionen.

Durch Umkehren der Beziehung kann man bei bekannter Fluoridkonzentration auf den pH-Wert schließen [5]. Da diese Wasserstoffverbindungen Gase sind, können sie leicht aus dem Lösungsgleichgewicht entweichen und damit den ursprünglichen Anionengehalt der Probe verfälschen. Bei zu hohen pH-Werten kann, vor allem bei der Bestimmung von Kupfer, Cadmium und Blei, das entsprechende Metallhydroxid ausfallen und so der Anzeige entzogen werden. Die pH-Einstellung ist also ausschließlich wegen der Chemie des betreffenden Meßions erforderlich. Eine Ausnahme ist die Reaktion der LaF_3-Elektrode, die bei sehr hohen pH-Werten mit OH^--Ionen unter Bildung von LaF_2OH reagiert [132].

Besondere Vorsichtsmaßnahmen sind bei der Messung des Sulfidions angebracht. Bei sehr verdünnten Sulfidlösungen sollte man in einer 1 mol/L NaOH arbeiten. Dann liegt das Sulfidion überwiegend als S^{2-}-Ion vor. Allerdings ist bei solchen Lösungen die Gefahr der Oxidation durch Luftsauerstoff sehr groß. Man bewahrt die Probelösung darum nur kurze Zeit in einer gut verschlossenen Flasche (ohne größeren Luftraum über der Lösung) auf. Beim Messen soll man auf das sonst übliche Rühren verzichten und auch kein Inertgas einleiten. Bei Sulfidionen-Messungen taucht man die Meßelektroden so

3.2 Festkörpermembran-Elektroden

Tabelle 9. Handelsübliche Festkörpermembran-Elektroden

Elektro-dentyp	Aktive Phase	Potentialbe-stimmende Ionen	Meßbereich (mol/L)	Selektivitätskoeffizient[1] K_{M-S}	Empfohlener pH-Bereich	Temperatur-bereich (°C)	(MΩ) bei 25 °C	Empfohlene Bezugselektrode
pAg	Ag_2S Preßling	Ag^+, S^{2-}	1 bis 10^{-7}, <10^{-23} gepuffert	Spuren Hg^{2+} stören, längerer Kontakt mit Hg^{2+}-haltiger Lösung erfordert Oberflächenbehandlung $Cu^{2+} \sim 10^{-6}$ $Pb^{2+} \sim 10^{-6}$	2 bis 9	–5 bis 100	<1	Ag/AgCl mit Doppelschlüssel 1 mol/L KNO_3
pAg	Ag_2S-Einkristall	Ag^+, S^{2-}	1 bis <10^{-23} gepuffert	$Cu^{2+} \sim 10^{-5}$; $Pb^{2+} \sim 10^{-6}$; $H^+ \sim 10^{-5}$; Hg^{2+} stört	2 bis 9	–	–	s. oben
pCu	CuS/Ag_2S	Ag^+, S^{2-}, Hg^{2+}, Cu^{2+}	0,1 bis 10^{-8} <10^{-17} gepuffert	Ag^+, Hg^{2+} müssen abwesend sein: $Fe^{3+} \sim 10$; $Cu^{1+} \sim 1$; Cl^-, Br^- bei höheren Konzentrationen	0 bis 14	0 bis 100	s. oben	s. oben
	$Cu_{1,2}Se$-Einkristall	Cu^+, Cu^{2+}	1 bis 10^{-6} <10^{-17} gepuffert	$Pb^{2+} \sim 10^{-3}$; $Cd^{2+} \sim 10^{-5}$; $Cu^{2+} \sim 10^{11}$; $Ag^+ \sim 10^6$; $Hg^{2+} \sim 10^4$	0 bis 14	–5 bis 60	<0,01	s. oben
pCd	CdS/Ag_2S	Ag^+, S^{2-}, Cu^{2+}, Cd^{2+}	0,1 bis 10^{-7} <10^{-10} gepuffert	Ag^+, Hg^{2+}, Cu^{2+} müssen abwesend sein, $Fe^{2+} \sim 200$; $Tl^+ \sim 120$; $Pb^{2+} \sim 0,6$; $Ca^{2+} \sim 0,1$; $Zn^{2+} \sim 0,1$	1 bis 14	0 bis 80	s. oben	s. oben
pPb	PbS/Ag_2S	Ag^+, S^{2-}, Cu^{2+}, Pb^{2+}	0,1 bis 10^{-6} <10^{-10} gepuffert	Ag^+, Hg^{2+}, Cu^{2+} müssen abwesend sein, $Zn^{2+} \sim 4\cdot10^{-4}$, $Ni^{2+} \sim 4\cdot10^{-3}$; $Fe^{3+} \sim 1$; $Cd \sim 1$;	2 bis 14	0 bis 80	s. oben	s. oben

(Fortsetzung)

Tabelle 9. (Fortsetzung)

Elektrodentyp	Aktive Phase	Potentialbestimmende Ionen	Meßbereich (mol/L)	Selektivitätskoeffizient[1] $K_{M\text{-}S}$	Empfohlener pH-Bereich	Temperaturbereich (°C)	(MΩ) bei 25°C	Empfohlene Bezugselektrode
pS	Ag$_2$S-Preßling	Ag$^+$, S^{2-}	1 bis 10^{-6} <10^{-23}, gepuffert	Spuren Hg^{2+} stören, längerer Kontakt mit Hg^{2+}-haltiger Lösung erfordert Oberflächenbehandlung Cl$^-$ ~10^{-15}; I$^-$ ~10^{-9}; CN$^-$ ~10^{-2}; Hg^{2-} ~10^{-2}	13 bis 14	0 bis 80	<1	Ag/AgCl mit Doppelstromschlüssel 1 mol/L KNO$_3$
	Ag$_2$S-Einkristall	Ag$^+$, S^{2-}	s. oben	s. oben; Cu^{2+} ~10^{-5}; Pb^{2+} ~10^{-6}	s. oben			s. oben
pF	LaF$_3$-Einkristall	F$^-$	1 bis 10^{-6}	OH$^-$ ~0,1; andere Halogenide, Cl$^-$ ~10^{-4}; Br$^-$ ~10^{-4}; I$^-$ ~10^{-4}; NO$_3^-$, HCO$_3^-$, SO$_4^{2-}$ <10^{-3}	4 bis 8	0 bis 80	~0,2 bis 5	übliche Bezugselektrode
pCl	AgCl/Ag$_2$S-Mischpreßling	Ag$^+$, Cl$^-$	1 bis 10^{-5}	Br$^-$ ~10^2; I$^-$ ~10^6; OH$^-$ ~10^{-2}; CN$^-$ ~10^2; S^{2-} muß abwesend sein	2 bis 11	~0 bis 80	10 bis 30	Ag/AgCl mit Doppelstromschlüssel 1 mol/L KNO$_3$
	AgCl-Einkristall	Ag$^+$, Cl$^-$	1 bis 10^{-5}	Br$^-$ ~2; I$^-$ ~2; CN$^-$ ~10^8; OH$^-$ ~10^{-2}; NH$_3$ ~0,1	0 bis 14	-5 bis 60	<25	s. oben
	AgCl	Ag$^+$, Cl$^-$	1 bis 10^{-5}	Br$^-$ ~1; I$^-$ ~10^2; CN$^-$ ~400; S$_2$O$_3^{2-}$ ~60; OH$^-$ ~10^{-2}; CO$_3^{2-}$ ~10^{-3}	1 bis 10	0 bis 100	<1	s. oben
pCl	Hg$_2$Cl$_2$/HgS	Hg$^+$, Cl$^-$	1 bis 10^{-7}	Br$^-$ ~10^2; I$^-$ ~10^3	1 bis 5	0 bis 100	s. oben	s. oben
pBr	AgBr/Ag$_2$S-Mischpreßling	Ag$^+$, Br$^-$	1 bis 5·10^{-6}	I$^-$ ~10^4; Cl$^-$ ~10^{-3}; HCN ~0,1; OH$^-$ ~10^{-5} S^{2-} muß abwesend sein	2 bis 12	0 bis 80	<1	s. oben

3.2 Festkörpermembran-Elektroden

	AgBr-Einkristall	Ag^+, Br^-	1 bis 10^{-6}	$I^- \sim 2$; $CN^- \sim 1$; $Cl^- \sim 5\cdot 10^{-3}$; $OH^- \sim 10^{-4}$, $NH_3 \sim 4\cdot 10^{-3}$;	0 bis 14	–5 bis 60	<25	s. oben
	AgBr	Ag^+, Br^-	1 bis 10^{-6}	$I^- \sim 20$; $CN^- \sim 25$; $Cl^- \sim 6\cdot 10^{-3}$, $OH^- \sim 10^{-3}$, $S_2C_3^- \sim 1\text{-}5$; $CO_3^{2-} \sim 2\cdot 10^{-3}$	1 bis 11	0 bis 50	<1	s. oben
pI	AgI/Ag$_2$S-Mischpreßling	Ag^+, S^{2-}, I^-	1 bis $5\cdot 10^{-8}$	$S^{2-} \sim 30$; $S_2O_3^{2-} \sim 3\cdot 10^{-2}$; $CN^- \sim 10^{-2}$; $Br^- \sim 10^{-4}$; $Cl^- \sim 10^{-6}$, $SCN^- \sim 10^{-4}$; $OH^- \sim 10^{-7}$; $NH_3 \sim 3\cdot 10^{-5}$	0 bis 14	0 bis 80	<0,5	s. oben
	AgI	Ag^+, I^-		$CN^- \sim 1$; $CrO_4^{2-} \sim 4\cdot 10^{-3}$; $S_2O_3^{2-} \sim 7\cdot 10^{-4}$; $CO_3^{2-} \sim 10^{-4}$; $Br^- \sim 6\cdot 10^{-5}$, $Cl^- \sim 6\cdot 10^{-6}$, S^{2-} muß abwesend sein	1 bis 12	0 bis 50	<0,5	s. oben
pSCN	AgSCN/Ag$_2$S-Mischpreßling	Ag^+, SCN^-	1 bis $5\cdot 10^{-6}$	$I^- \sim 10^4$; $Br^- \sim 10^2$; $CN^- \sim 10^2$; $S_2O_3^{2-} \sim 10^2$; $NH_3 \sim 10$; $Cl^- \sim 0,1$; $OH^- \sim 10^{-2}$; S^{2-} muß abwesend sein	2 bis 12	0 bis 80	<100	s. oben
pCN identisch mit pI	AgI/Ag$_2$S-Mischpreßling	Ag^+, I^-, CN^-	10^{-2} bis $8\cdot 10^{-6}$	$I^- \sim 10$; $Br^- \sim 10^{-4}$; $Cl^- \sim 10^{-6}$; $OH^- \sim 10^{-8}$, S^{2-} muß abwesend sein	11 bis 13	0 bis 80	<30	s. oben
	AgI	Ag^+, I^-, CN^-		$I^- \sim 3$; $CrO_4^{2-} \sim 10^{-2}$; $S_2O_3^{2-} \sim 10^{-3}$, $CO_3^{2-} \sim 10^{-4}$; $Br^- \sim 10^{-4}$; $Cl^- \sim 10^{-5}$	10 bis 12	0 bis 50	0,5	s. oben

[1] Nach Pungor [43] und Angaben der Hersteller.

tief wie möglich in die Lösung ein und wartet die langsamere Potentialeinstellung ab. Bei Sulfidspuren empfiehlt sich der Zusatz einer kleinen Menge Ascorbinsäure oder Formaldehyd zur Meßlösung [136], nebenbei auch um die Silbersulfidmembran vor der Oxidation durch freien Sauerstoff zu schützen.

Wie Abb. 30 zeigt, liegt der für die Messung günstigste pH-Bereich bei der Fluorid-Elektrode zwischen 5,5 und 6,5. Er läßt sich leicht mit einem Acetatpuffer einstellen. Bei diesem pH-Wert der Meßlösung kann man die Aktivität des *freien* Fluorids zwischen 1 bis 10^{-6} mol/L bestimmen. Die Vorbereitung im weiteren Sinne beginnt, wie bei jeder Analyse, mit dem Aufschluß der Probe und der notwendigen Trennung von störenden Beimengungen. Speziell für die Fluoridbestimmungen gibt es dazu eine umfassende Empfehlung der IUPAC (Campbell [137]).

Meßlösungen zur Bestimmung der Halogenide Cl^-, Br^- und I^- macht man vor der Messung am besten schwach sauer, ein passender Ioneneinsteller ISA (Ionic Strength Adjustor) ist im Abschn. A.3 im Anhang beschrieben. Die Bildung von Silberbromid, -iodid, und sogar von -sulfid auf der Silberchlorid-Membran kann man durch Zugeben einer Silberchlorid-Suspension zur Meßlösung verhindern, wenn die Konzentration der Störionen im Vergleich zu derjenigen der Meßionen zu vernachlässigen ist. Durch Austausch bilden sich dann die schwer löslichen Produkte in der Lösung und nicht auf der Elektrode (Hara et al. [138]).

Interessiert der *Gesamtfluoridgehalt* der Probe, also auch der Teil des Fluors, der an Kationen, wie Al^{3+}, Fe^{3+} usw., komplex gebunden ist, so muß man zusätzlich ein Komplexierungsmittel K zusetzen, das seinerseits noch stärkere Komplexe mit den beteiligten Kationen bildet und über die Verdrängungsreaktion z.B.:

$$AlF_6^{3-} + K^{3-} \rightleftharpoons Al \cdot K + 6\,F^- \qquad (R\,21)$$

die Fluoridionen freisetzt, so daß es von der Elektrode angezeigt werden kann. Geeignete Komplexbildner sind u. a. Citrat, Ethylendiamintetraessigsäure (EDTE), Ethylenglykolbis-(aminoethylether)-N,N,N'-tetraessigsäure und 1,2-Diaminocyclohexan-N,N,N',N'-tetraessigsäure. Will man direkt-potentiometrisch den Gesamtfluorgehalt einer Lösung mit der Elektrode bestimmen, so setzt man zweckmäßig der Meßlösung aus Gründen der Arbeitsersparnis nur eine einzige Lösung vor der Messung zu, die dann den Puffer, einen Ionenstärke-Einsteller ($NaCl$, KNO_3 o.ä.) sowie das Komplexierungsmittel enthält. Sie wird abgekürzt mit TISAB (Total Ionic Strength Adjusting Buffer) bezeichnet (s. Abschn. A.3 im Anhang).

Mit einer solchen Konditionierungslösung ist die Probenvorbereitung sehr einfach: Man verdünnt die Probelösung 1:1 bis 1:10 mit einer solchen Lösung und kann sofort messen. Störungen treten kaum auf; es sei denn, die Konzentration der komplexbildenden Kationen ist extrem hoch (z.B. bei Flußspatanalysen); das gleiche gilt für extrem hohe H^+- oder OH^--Konzentrationen. In diesem Fall muß nach Bedarf mehr Komplexierungsmittel benutzt werden, und eventuell ist auch der pH-Wert mit einer stärkeren Säure oder Base zu korrigieren. Bei Arbeiten in der Nähe der Nachweisgrenze ergeben sich durch die Anwendung eines Komplexierungsmittels manchmal Schwierigkeiten, denn dieses reagiert natürlich in gleicher Weise auch mit dem Lanthan des LaF_3-Einkristalls und setzt dann ebenfalls nach dem Reaktionsschema (R 18) Fluoridionen frei. Diese können bei großem Komplexmittelüberschuß die Nachweisgrenze etwas anheben und auch die Ansprechgeschwindigkeit der Elektrode verlängern. *Falls äußerst geringe Fluoridspuren bestimmt werden sollen, sollte der Überschuß an Komplexierungsmittel so gering wie möglich gehalten werden.*

Generell ist bei Spurenuntersuchungen daran zu denken, daß extrem verdünnte Lösungen wegen irreversibler Adsorptionserscheinungen an den Behälterwandungen nur kurzzeitig beständig sind. Vor allem verdünnte Silber- und Fluoridlösungen werden schon ab 10^{-5} mol/L in Glasgefäßen so instabil, daß sie nur wenige Stunden haltbar sind bevor die Konzentration abnimmt. Man verwendet dann besser Kunststoffgefäße und „konditioniert" sie mit der Meßlösung für ca. 10 min, indem man kurz vor der eigentlichen Messung frische Meßlösung einfüllt. Wenn man von der Messung konzentrierter Meßionenlösungen auf sehr verdünnte umsteigt, können Adsorptionen an der elektroaktiven Membran selbst zu driftenden Anzeigen und Fehlern führen. In diesem Fall ist die Membranoberfläche zu polieren; in einigen Fällen (wie z.B. bei der Hg^{2+}-Ionen-Messung mit der Iodid-Elektrode) zwischen jeder Messung!

Als Bezugselektrode ist in allen Fällen eine solche mit Elektrolytbrücke zu empfehlen, da viele Meßionen mit den Ionen der üblichen Bezugselektroden-Füllösung (K^+, Cl^-, Ag^+ oder Tl^+ oder Hg_2^{2+}) schwerlösliche Verbindungen bilden (z.B. Ag_2S, HgS, $CuCl$ usw.). Diese könnten im Diaphragma ausfallen und zu instabilen Diffusionsspannungen führen, wenn nicht gar zum völligen Ausfall der Bezugselektrode (s. Kap. 2.3.3). Muß man in einer stark alkalischen Lösung arbeiten, so ist es vorteilhaft, auch den pH-Wert des äußeren Stromschlüsselelektrolyten auf den Wert der Meßlösung einzustellen, um nach Gl. (51) die Diffusionsspannung klein zu halten. Das gleiche gilt für stark saure Meßlösungen. Sehr zweckmäßig ist es, den äußeren Stromschlüssel oder die Elektrolytbrücke mit der Konditionierlösung in der gleichen Verdünnung wie in Meßlösung zu füllen.

3.2.3 Heterogene Festkörpermembran-Elektroden für Ag^+-, Cl^--, Br^--, I^--, CN^--, SCN^--, S^{2-}-Ionen

3.2.3.1 Aufbau

Schon vor der Entwicklung der homogenen Niederschlagsmembran-Elektroden wurde versucht, die funktionsverleihende Deckschicht der Elektroden zweiter Art vom Trägermaterial zu trennen, um Störungen durch Reduktions- oder Oxidationsmittel zu vermeiden. Da sich aber nicht alle Niederschlagsverbindungen unverändert zu mechanisch stabilen Körpern schmelzen oder pressen lassen, mußte man nach anderen Wegen suchen, eine mechanisch stabile und elektrolytisch dichte Scheibe aus der betreffenden Verbindung herzustellen.

Pungor et al. [139, 140] fanden im *Silicongummi* ein geeignetes Trägermaterial. Silicongummi ist ausreichend fest und trotzdem elastisch. Er ist wasserabstoßend und trotzdem an der Oberfläche in dünner Schicht quellfähig. Pungor entwickelte die Technik der Membranherstellung bis zur Fabrikationsreife. Ein Vorteil der heterogenen Festkörpermembran-Elektroden ist die hydrophobe Eigenschaft der meisten Bindemittel und damit eine verringerte Anfälligkeit gegenüber Verschmutzungen.

Wegen der verbesserten Preßtechnik für homogene Membranen werden heterogene Membranelektroden heute jedoch kaum noch produziert. Die erprobten Herstellungsmethoden eignen sich jedoch für den Selbstbau.

3.2.3.2 Herstellung

In der Literatur [29] wurde folgende Vorschrift beschrieben: Das elektroaktive Material wird mit einer ausreichenden (50 Gew.%) Menge eines bei Raumtemperatur vulkanisierenden Silicon-Kautschuks innig vermischt und zwischen zwei ebenen Platten zu einer Membran von ca. 0,5 mm Dicke gepreßt. Nach der erfolgten Verfestigung an Luft wird mit einem Korkbohrer ein Stück herausgeschnitten und in das Ende eines passenden Borosilicatglasrohres mit Hilfe zusätzlichen Silicongummis fixiert. Dabei ist auf unbedingte Dichtigkeit zu achten, denn ein direkter elektrolytischer Kontakt der Innenlösung mit der Meßlösung würde die Ionenselektivität aufheben!

Nach einer anderen Vorschrift werden 70 Gew.% der aktiven Phase (Ag-Halogenid) mit 30 Gew.% Dimethylpolysiloxan vermischt und bei Raumtemperatur polymerisiert [141].

3.2.4 Glasmembran-Elektroden
für Li^+-, Na^+-, K^+-, Rb^+-, Cs^+-, NH_4^+-, NR_4^+-, Ag^+-, Tl^+-Ionen

3.2.4.1 Aufbau

Wir wollen an dieser Stelle die klassische pH-Glaselektrode überspringen. Wer sich über die Thematik der elektrometrischen pH-Messung informieren will, der sei auf die Monographien von M. Dole [142], L. Kratz [10], K. Schwabe [4], G. Eisenman [11] und Galster [5] verwiesen, wobei [11] schon den Übergang zu den ionenselektiven Glasmembran-Elektroden beschreibt.

Die Untersuchungen von Eisenman et al. [143] über den Alkalifehler von pH-Glaselektroden führten zur Entwicklung von Glassorten aus der Aluminiumsilicatreihe, die neben einer Empfindlichkeit für Wasserstoffionen eine hohe Spezifität für Natriumionen aufweisen. Ein typisches natriumionenselektives Glas ist das sog. *Eisenmanglas* NAS_{11-18}:

NAS_{11-18} (11% Na_2O, 18% Al_2O_3, Rest SiO_2) [143].

Bei den natriumselektiven Glassorten ist die Bevorzugung des Na-Ions vor anderen einwertigen Ionen (Ausnahmen: H^+- und Ag^+-Ionen) so ausgeprägt, daß Elektroden aus diesen Glassorten in fast allen Fällen problemlos eingesetzt werden können.

Die Bemühungen, eine entsprechend spezifische Kalium-Glaselektrode herzustellen, sind bis heute noch nicht erfolgreich gewesen.

3.2 Festkörpermembran-Elektroden

Tabelle 10. Handelsübliche Glasmembran-Elektroden

Elektrodentyp	Aktive Phase	Potentialbestimmende Ionen	Meßbereich (mol/L)	Selektivitätskoeffizient K_{M-S}	Empfohlener pH-Bereich	Temperaturbereich (°C)	Elektrischer Widerstand bei 25 °C (MΩ)	Empfohlene Bezugselektrode
pNa	NAS$_{11-18}$	Ag$^+$ > H$^+$ > Na$^+$ > K$^+$	1 bis 10^{-8}	Ag$^+$ ~ 500; H$^+$ ~ 10^3; K$^+$ ~ 10^{-3}; Li$^+$ ~ 10^{-3}; Cs$^+$ ~ 10^{-3}; Tl$^+$ ~ 2·10^{-3}; Rb$^+$ ~ 3·10^{-5}; NH$_4^+$ ~ 3·10^{-5}	7 bis 10 ca. 4 pH über pNa-Wert	0 bis 100	≳ 100	Ag/AgCl mit Doppelstromschlüssel (1 mol/L NH$_4$NO$_3$)
pNa	Email	Na$^+$, K$^+$	1 bis 10^{-3}	–	4 bis 10	0 bis 100	–	Differenzmess. pNa-pH

Während bei den pNa-Elektroden der Selektivitätskoeffizient K_{Na-K} mit 10^{-2} bis 10^{-3} eine hohe Spezifität des Elektrodenmaterials gegenüber Natriumionen im Vergleich zu Kaliumionen anzeigt, ist sein Wert bei den kationenempfindlichen Elektroden mit $K_{K-Na} \approx 0{,}1$ bis 0,2 nicht dazu geeignet, bei Anwesenheit variabler Natriummengen genaue Kaliumbestimmungen durchzuführen.

Die z. Z. erhältlichen ionenselektiven Glasmembran-Elektrodentypen sind wie normale pH-Glaselektroden gebaut. Eine Glaselektrode besteht in der Regel aus dem zu einer Kugel ausgeblasenen Spezialglas, das zur Unterbindung von Kriechströmen mit einem Schaft aus einem schlecht leitenden Geräteglas verschmolzen ist.

In der Membrankugel befindet sich eine Innenlösung mit einer konstanten Natriumionenaktivität. In die Innenlösung taucht zwecks weiterer Potentialableitung ein Bezugselektrodenhalbelement ohne Überführung. Meistens handelt es sich um das System Ag/AgCl. Die Innenlösung muß eine konstante Menge Chlorid enthalten, damit die Gleichgewichts-Galvanispannung an dieser inneren Ableitelektrode konstant bleibt. Inzwischen gibt es auch schon Mikrodurchflußmeßzellen aus natriumselektivem Glas (Abb. 31). Man benötigt hierbei, wie bei der Kapillar-pH-Elektrode, nur ca. 50 µL für eine Messung.

Mit Membranglas verwandt sind bestimmte Emails, welche für technische Messungen mit Wasserstoffionen- und Natriumionenselektivität hergestellt werden. Die ungefähre Zusammensetzung wird in mol% mit: SiO$_2$ 60 bis 75; Na$_2$O 10 bis 25; CaO 0 bis 3; B$_2$O$_3$ 0 bis 15 und Al$_2$O$_3$ 0 bis 12 angegeben [145]. Das natriumionenselektive Email hat offenbar eine bessere Selektivität gegenüber Wasserstoffionen als Glasmembranen, denn es ermöglicht den Aufbau überführungsfreier Meßketten zur Bestimmung des H$^+$/Na$^+$-Verhältnisses in einem weiten pH-Bereich (s. Abb. 32). Den Aufbau einer Emailschicht zeigt

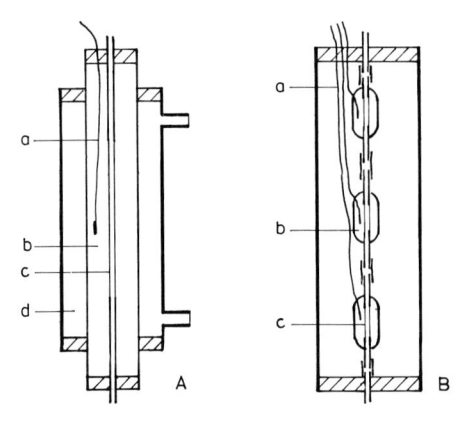

Abb. 31 A, B. A Durchflußelektrode; B Durchflußelektrode mit verschiedenen Glaskapillaren. *a* Ableitelektroden, *b* Innenlösung, *c* ionenselektive Glaskapillaren, nach v. Stackelberg [144]

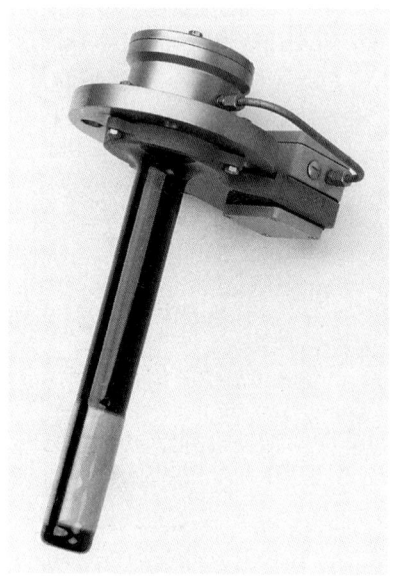

Abb. 32. Meßkette aus Na^+- und H^+-ionenselektiven Emails, Durchmesser 32–180 mm [145]

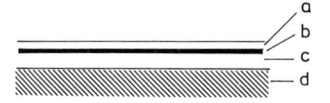

Abb. 33. Aufbau einer ionenselektiven Emailschicht. *a* Ionenselektives Email, *b* Silberschicht, *c* Isolieremail, *d* Stahlunterlage

die Abb. 33. Die Silberschicht ist eine Festableitung, die sich als überraschend stabil erwiesen hat.

Das keramische Material NASICON mit der ungefähren Zusammensetzung $Na_3Zr_2Si_2PO_{12}$ ist ebenfalls ein guter Natriumionenleiter und kann wie eine natriumionenselektive Glasmembran verwendet werden. Durch Sintern, Schneiden und Schleifen haben Caneiro et al. [146] 0,2 bis 0,5 mm dünne Membranen hergestellt. Damit wurden Elektroden in konventioneller Form oder auf

3.2 Festkörpermembran-Elektroden

einem flachen Substrat aufgebaut. Die feste Ableitung enthält eine sog. *Ionenbrücke*, bestehend aus den Systemen NaCl–AgCl oder NaI–AgI, welche gleichzeitig Natrium- und Silberionenleiter sind. Die elektrische Stabilität und die Selektivität gegenüber Kaliumionen bleibt gegenüber der Glaselektrode zurück, die Selektivität gegenüber Wasserstoffionen ist jedoch besser.

3.2.4.2 Eigenschaften

Wird eine ionenselektive Glasmembran-Elektrode, die mit Hilfe einer geeigneten Bezugselektrode zu einer Meßkette mit oder ohne Überführung komplettiert ist, in eine Lösung getaucht, die das betreffende Meßion enthält, so folgt die elektrische Spannung dieser Kette der Nikolski-Gleichung

$$E = E' + \frac{R \cdot T}{F} \ln \left(a_M + \sum_S K_{M-S} \, a_S^{1/z_S} \right). \tag{72}$$

Hierin bedeuten:

E' = Die Spannung der Meßkette in einer Standardlösung; E' hängt u.a. von der Aktivität der Innenlösung und der Art der eingesetzten Bezugselektrode ab.

a_M = Aktivität des Meßions,

a_S = Aktivität des Störions, z_S = Wertigkeit des Störions,

K_{M-S} = Selektivitätskoeffizient: Meßion–Störion.

Da die natriumselektive Glasmembran-Elektrode sehr selektiv auf Na^+-Ionen reagiert, kann man in vielen Fällen das Produkt aus dem Selektivitätsverhältnis und der Störionenaktivität vernachlässigen, und man erhält dann bei 25 °C:

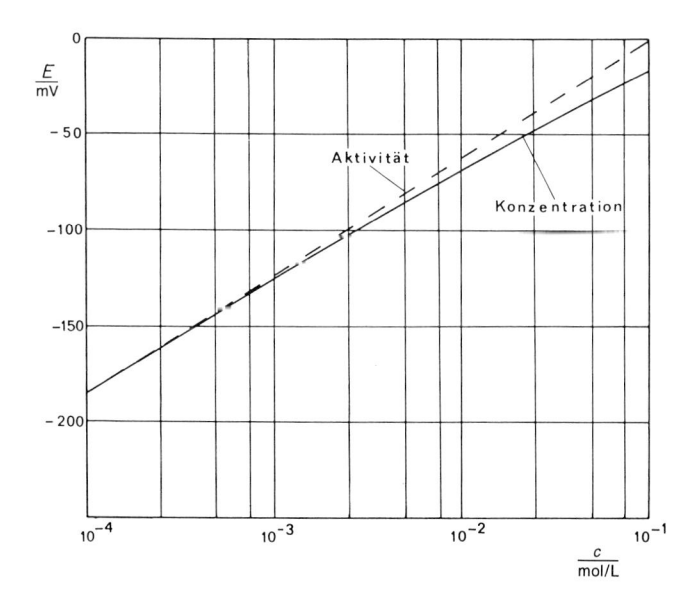

Abb. 34. Aktivitäts- und Konzentrations-Eichkurve für Natriumionen

$$E = E' + 0{,}059 \lg a_{\text{Na}^+} \text{ (V)} \tag{73}$$

oder bei Einführung des pNa-Wertes $\equiv -\lg a_{\text{Na}^+}$

$$E = E' - 59 \text{ pNa (mV)} \tag{58}$$

Die in Tabelle 6 genannten Selektivitätskoeffizienten der Glaselektroden gelten für stationäre Bedingungen. Bei Durchflußmessungen ist zu beachten, daß $K_{\text{Na-K}}$ bis zu einer Zehnerpotenz größer ausfallen kann [147].

Da die H$^+$-Ionen auch bei diesen Glassorten immer noch bevorzugt angezeigt werden, sollte der pH-Wert der Meßlösungen stets etwa vier Zehnerpotenzen unter dem entsprechenden pNa-Wert liegen. Abb. 27 zeigt den logarithmischen Zusammenhang zwischen der EMK-natriumselektiven Meßkette und der entsprechenden Natriumionenselektivität und -konzentration.

3.2.4.3 Handhabung

Bevor eine Glasmembran-Elektrode meßbereit ist, bedarf sie einer gewissen Formierung in Wasser. Zweckmäßigerweise setzt man diesem Wasser etwas Natronlauge, $c \approx 0{,}1$ mol/L, hinzu. Im Abschn. 1.3 wird erklärt, warum dies für eine stabile Anzeige erforderlich ist. Aufgrund der dort diskutierten Effekte neigen die ionenselektiven Glasmembran-Elektroden stets etwas zum Driften, wenn plötzlich von der Messung des einen Kations auf ein anderes „umgestiegen" wird. Die Abb. 35 zeigt die Reaktion einer natriumionenselektiven Elektrode, wenn, ohne Änderung der Natriumkonzentration, Kaliumionen zugegeben und wieder fortgenommen werden. In beiden Fällen dauert es etwa 10 min, bis das Gleichgewicht wieder hergestellt ist (Wangsa und Arnold [147]). Dieser Effekt ist besonders ausgeprägt nach einer Silberionen-Messung zu beobachten, weil das Silberion nur sehr langsam wieder abgegeben wird. Wenn man bei der kationenempfindlichen Elektrode von einem Ion auf das andere „umsteigen" will, ist eine mehrstündige Konditionierungszeit im Interesse stabiler Meßwerte sehr zu empfehlen. Zwischen den Spannungsmessungen in den verschiedenen Meßlösungen ist ein Abreiben der ionenselektiven Membran unbedingt zu vermeiden, damit die Gelschicht nicht zerstört wird.

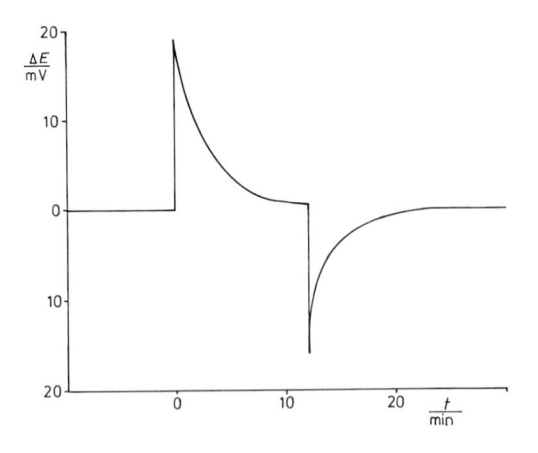

Abb. 35. Reaktion einer natriumionenselektiven Glaselektrode bei 1 mmol/L Na$^+$ nach vorübergehender Zugabe von 50 mmol/L K$^+$ [147]

3.2 Festkörpermembran-Elektroden

Ein gründliches Abspülen mit destilliertem Wasser genügt vollständig. Will man Verdünnungseffekte beim Arbeiten mit kleinen Meßvolumina vermeiden, so ist ein vorsichtiges Abtupfen mit einem saugfähigen Zellstoff gerade noch erlaubt. *Ein Austrocknen sollte vermieden werden. Am besten wird jede Glaselektrode bei Nichtgebrauch in einer 0,1 mol/L-Lösung ihres betreffenden Meßions aufbewahrt.*

Auch wenn man eine Glaselektrode in einem nicht-wäßrigen Medium benutzen möchte, ist zuvor eine ausreichende Wässerung notwendig. Erst danach ist die Glasmembran-Elektrode mit dem betreffenden *Meßmedium zu konditionieren*. Es hat sich herausgestellt, daß die ionenselektiven Glasmembran-Elektroden ihre Selektivitätseigenschaften (mit Ausnahme des Wasserstoffions) beim Übergang zu partiell wäßrigen Systemen (bis 90% Ethanol, Aceton, Ethylenglykol, Dimethylformamid) beibehalten. Eine gegenüber der rein wäßrigen Phase beobachtete Potentialverschiebung konnte ausschließlich auf eine Änderung der Diffusionsspannung an der Phasengrenze – wäßriger Bezugselektroden-Elektrolyt/Meßlösung – zurückgeführt werden [148]. Diese Eigenschaft erlaubt einen Einsatz der ionenselektiven Feststoffelektroden (Elektroden mit organischer Phase sind dazu wenig geeignet) als Bezugshalbzellen ohne Überführung bei Potentialmessungen in nicht-wäßrigen Systemen. Ein Problem, das vor allem bei der Polarographie organischer Verbindungen in nicht-wäßrigen Medien sehr aktuell ist. Bei längerem Arbeiten in nicht-wäßrigen Systemen ist bei den Glasmembran-Elektroden eine gelegentliche Zwischenwässerung empfehlenswert.

Glasmembran-Elektroden bedürfen im Gegensatz zu den Bezugselektroden keiner besonderen Wartung. Nur im Falle von Einstabmeßketten muß der Stromschlüsselelektrolyt im äußeren Glasmantel, der das Bezugshalbelement enthält, nachgefüllt werden. Verschmutzte Glasmembran-Elektroden können ohne weiteres mit Detergenzien, Scheuersand und *kurzzeitig* selbst mit Chromschwefelsäure behandelt werden. Eiweiß-Niederschläge lassen sich mit einer Pepsin-Salzsäure-Mischung (5% Pepsin in 0,1 mol/L HCl) gut entfernen. In beiden Fällen sind die Elektroden anschließend gründlich zu wässern. Ist die Elektrodenfunktion durch irreversible Austrocknungsvorgänge gänzlich ausgefallen, wobei man aber stets zuvor die Funktionsweise der Bezugselektrode überprüfen sollte, so kann man sie manchmal durch kurzes Anätzen (1 bis 2 min) in einer fünfprozentigen Flußsäure-Lösung, Abreiben der oberen Glasschichten und mehrtägiges Wässern wieder aktivieren. Sehr oft genügt auch mehrtägiges Einstellen in verdünnte Natronlauge.

Die Lebensdauer von Glasmembran-Elektroden kann mehrere Jahre betragen, da die äußere Schicht beim Gebrauch langsam bis zum löslichen Silicat abgebaut wird und sich dabei immer wieder regeneriert. Meist werden sie vorher durch unvorsichtiges Hantieren mechanisch zerstört.

3.2.4.4 Probenvorbereitung

Da Wasserstoffionen potentialbestimmend sind und damit stören, ist (wie erwähnt) bei der Messung dafür Sorge zu tragen, daß der pH-Wert ca. 4 Größenordnungen über dem analog definierten pNa-pK-Wert in der Meßlösung zu liegen kommt. Es ist nicht erforderlich, den pH-Wert genau einzustellen, es sei denn, man möchte mittels einer Zelle ohne Überführung unter Verwendung einer pH-Glasmembran-Elektrode oder Wasserstoff-Elektrode als Bezugselektrode arbeiten. Als Puffersubstanz wird eine 1 mol/L NH_4OH+1 mol/L NH_4Cl-Lösung vorgeschlagen. Aber auch ein „Tris-Puffer" (2-Amino-2-hydroxymethyl-1,3-propandiol) hat sich bei biologischen Systemen bewährt [149]; am besten wird eine Bezugselektrode mit Doppelstromschlüssel (K^+-Ionen können stören) und Schliffdiaphragma verwendet. *Anorganische Laugen, wie $Ca(OH)_2$, $Ba(OH)_2$ u. ä. sind zur pH-Einstellung vor allem bei Spurenuntersuchungen weniger zu empfehlen, da sie stets Spuren von einwertigen Kationen enthalten.* Geeignet sind organische Basen mit großer Pufferkapazität (z. B. Diisopropylamin), da sie meist weniger mit anorganischen Ionen verunreinigt sind. *Trotzdem ist auch bei ihnen Vorsicht geboten, wenn sie in Glasgefäßen aufbewahrt werden, weil aus Glaswandungen leicht Alkaliionen austreten können. Kunststoffbehälter sind zum längeren Aufbewahren der alkalischen Lösungen unbedingt vorzuziehen. Bei industriellen Applikationen hat sich auch NH_4^+-selektives Glas bewährt.* Das Anion bleibt bei Messungen ohne Einfluß; es wirkt sich höchstens im Aktivitätskoeffizienten des betreffenden Kations aus. Starke Oxidations- oder Reduktionsmittel stören gleichfalls nicht. *Vorsicht ist nur bei Messungen in Anwesenheit von Fluoridionen geboten: ist die Lösung zu sauer (pH<4), so löst sich die Glasmembran auf.* Wegen des genauen Vorgehens bei den verschiedenen Meßtechniken sei auf Kapitel 5 verwiesen.

3.3 Flüssigmembran-Elektroden

3.3.1 Ionenaustauscher für Ca^{2+}-, Me^{2+}-Kationen und Cl^--, ClO_4^--, NO_3^--, BF_4^--Anionen

Bei den bisher besprochenen Elektrodentypen diente zur energetischen Stabilisierung des von der Lösung in die Elektrodenphase überwechselnden Meßions eine Metall-Glas- oder Kristallmatrix. Man kann diese Materialien (Glas, Kristall bzw. mikrokristalliner Niederschlag [7]) als spezifisch arbeitende Ionenaustauscher mit fixierten Gegenladungen auffassen. Viele Versuche, mit anderen festen Ionenaustauschern auf anorganischer oder organischer Basis selektive Elektroden herzustellen, sind fehlgeschlagen.

Geht man zu flüssigen organischen Phasen mit entsprechenden Ionenaustausch-Eigenschaften über, so ist das Problem der unterschiedlichen Beweglichkeit der Ionen in dem Elektrodenmaterial (vgl. Kap. 1.4) gelöst. Ist ein Ion erst einmal in die flüssige organische Elektrodenphase eingedrungen, so kann es sich dort, mehr oder weniger fest mit einer Gegenladung assoziiert, frei bewegen. In diesem Fall muß die Selektivität überwiegend durch eine günstige Lage des betreffenden Phasen-Gleichgewichts:

$$\text{Störion}_{(\text{Lösung})} + \text{Meßion}_{(\text{org Phase})} \rightleftharpoons \text{Störion}_{(\text{org Phase})} + \text{Meßion}_{(\text{Lösung})} \quad (\text{R 26})$$

3.3 Flüssigmembran-Elektroden

erreicht werden. Es sollte im Interesse einer spezifischen Anzeige ganz auf der linken Seite liegen. Störionen sollten von einem Eintritt in die organische Elektrodenphase ausgeschlossen sein. Schon 1906 beschrieb Cremer [12] Elektroden, die als flüssige ionenaustauschfähige Phase Phenol und Nitrobenzol, mit Pikrinsäure gesättigt, enthalten und die auf einwertige Kationen ansprechen. Die Selektivität ist aber auch hierbei sehr gering. Auch mit einem völlig unspezifischen Austauscher wird eine gewisse Selektivität erreicht, indem die Elektrode stärker auf die lipophilen Ionen anspricht. Man kann die anorganischen einwertigen Ionen in die sog. *Hofmeistersche Reihe* [150] einordnen, in welcher das jeweils nachfolgende Ion von einer lipiden Membran bevorzugt wird:

$$F^- \approx HPO_4^{2-} \approx SO_4^{2-}$$
$$\approx HCO_3^- < Cl^- < NO_2^- < Br^- < NO_3^- < I^- < SCN^- < ClO_4^-.$$

Während an der Festkörpermembran mit fester Ableitung nur die Doppelschicht vor der Membran zu überwinden ist, hat die Flüssigmembran auch an der Innenseite eine Doppelschicht (s. Abb. 36). Die langsamste Diffusion bestimmt die Geschwindigkeit.

Die Bedingungen für ein gutes ionenselektives Verhalten aufgrund der Überlegungen der Kapitel 1.3 und 1.4 seien noch einmal formuliert:

a) Damit ein Sprung im chemischen Potential auftritt, muß zunächst einmal *ein* Stoff in zwei genügend unterschiedlichen Phasen vorliegen. Diese Forderung läßt sich erfüllen, wenn man als flüssige organische Phase eine wasserunlösliche Flüssigkeit wählt. Um Verdunstungsverluste und damit Änderungen der Elektrodeneigenschaften zu vermeiden, sollte der Dampfdruck der organi-

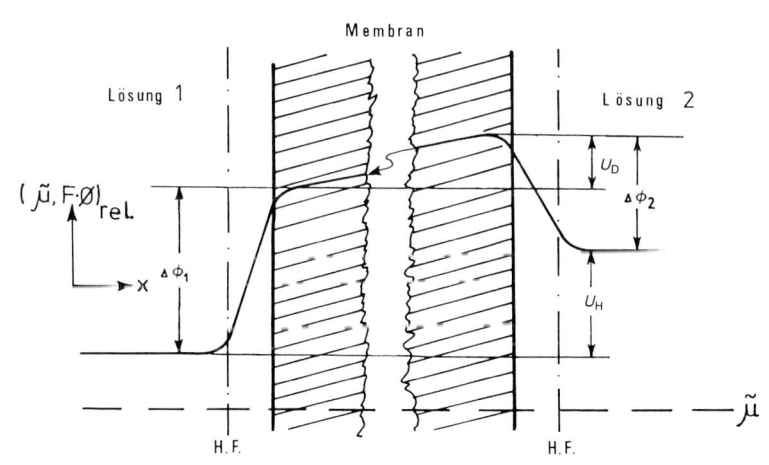

Abb. 36. Schematische Darstellung des Gleichgewichts an einer ionenleitenden Membran.
$\Delta\phi_{1,2}$ Galvanispannung an Phasengrenze 1 bzw. 2,
E_D mögliche Diffusionsspannung innerhalb der Membran (idealisierter Verlauf),
E_M Elektrodenspannung bei identischen Ableitelektroden

schen Phase so gering wie möglich sein. Eine Forderung, die u.a. von den langkettigen Alkoholen sowie aromatischen Verbindungen erfüllt wird.

b) Das organische, mit Wasser nicht mischbare, Lösungsmittel muß ein definiertes chemisches Potential μ des Meßions aufweisen, damit beim Eintauchen in die Meßlösung und Aufnahme oder Abgabe der betreffenden Meßionen die Identität der Elektrodenphase (Ionenpuffer) gewahrt bleibt. Eine Veränderung hätte ein Driften der Meßwerte zur Folge. Um aber das Meßion schon vor der Messung in größeren Mengen in die organische Phase zu bringen, müssen dort Gruppen mit entsprechender Gegenladung vorhanden sein (Elektroneutralitätsbedingung). Auch an diese Gegenladungsgruppen werden einige Forderungen gestellt. Sie sollen eine in wäßrigen Lösungen schwerlösliche Verbindung mit dem Meßion eingehen. Im Falle zu großer Löslichkeit würden sie beim Kontakt der organischen Phase mit der wäßrigen Meßlösung aus der organischen Phase herausgelöst werden und eine zu hohe Konzentration des Meßions in der Meßlösung einstellen, was eine schlechte Nachweisgrenze nach sich ziehen würde. Dagegen soll die Assoziationsverbindung Meßion-Gegenion in der organischen Phase mit ihrer niedrigeren Dielektrizitätskonstante noch genügend löslich sein. Dies läßt sich durch langkettige Nebengruppen am Gegenion erreichen. Um eine spezifische Anzeige für nur ein einziges Ion zu erhalten, sucht man als Gegenladungsträger organische Verbindungen mit lipophilen Seitengruppen und Atomgruppierungen, von denen man aufgrund der Erfahrungen der analytischen Chemie her annimmt, daß sie das Meßion sehr schnell und selektiv zu binden vermögen.

1967 beschrieb Ross [151] eine Elektrode, die auf einem flüssigen Ionenaustauscher basiert, der aus einem Calciumsalz der Dodecylphosphorsäure besteht und in Di-octyl-phenylphosphonat gelöst ist. Diese Elektrode spricht im Konzentrationsbereich 0,1 bis 10^{-4} mol/L selektiv auf die Calciumionenaktivität der Meßlösung an. Die Wahl fiel auf die Phosphorverbindung, da man von der analytischen Chemie her weiß, daß Phosphat- und Polyphosphationen stabile Komplexe mit Ca^{2+}-Ionen bilden. Man wählte einen Di-Ester, um gemischte Komplexbildungen zwischen Ca^{2+}- und H^+-Ionen und damit eine Störung durch das letztere zu vermeiden. Zn^{2+}, Fe^{2+} und Pb^{2+} werden zwar nicht genügend selektiert, jedoch sind sie bei Verwendung dieser Elektrode (Physiologie) nie in solchen Konzentrationen anwesend, daß sie merklich stören [152].

Wird die gleiche Calciumverbindung statt in Di-octyl-phenylphosphonat in einem weniger polaren Medium wie Dekanol gelöst, so werden alle zweiwertigen Ionen etwa gleich spezifisch angezeigt [63]. Dieses Austauschersystem wird als aktive Phase bei der Wasserhärte-Elektrode verwendet. Auf der Basis von Phosphorsäureestern gibt es auch selektive Austauscher für verschiedene Schwermetalle, z.B. mit Trioctylphosphat für Uranylionen [153]. Sie sind jedoch nicht im Handel.

Weist die Gegenladungsgruppe eine positive Ladung auf, folgt daraus ein anionenselektives Verhalten. So sprechen Austauschersysteme, die Fe(phenanthrolin)$_3^{2+}$ enthalten, auf ClO_3^-- und NO_3^--Ionen an. Bei der Nitrat-Elektrode kann man den entsprechenden Ni-Phenanthrolin-Komplex (Tris-(4,7-diphenyl-1,10-phenanthrolin) Ni^{2+}-nitrat in p-Nitrocymen) verwenden. Ersetzt man das Nitrat-Anion durch das BF_4^--Anion, was durch Ausschütteln der Austauscher-Phase in der Nitrat-Form mit einer $NaBF_4$-Lösung geschehen kann, so spricht eine Elektrode mit diesem Austauscher auf BF_4^--Ionen an [154]. Durch diese *Konditionierung* wird erreicht, daß die Elektrode, auch entgegen der Hofmeisterschen Reihe, für bestimmte Ionen selektiv wird. Gerade bei der praktisch wichtigen nitrat-ionenselektiven Elektrode hat sich gezeigt, daß es weniger auf die Art des elektrisch positiven Komplexes ankommt, als auf den Einsatz von Nitrat als Anion. Neben dem meist verwendeten Ni-Phenanthrolin lassen sich auch Ammonium- und Phosphonium-Verbindungen verwenden, wenn sie mit langen Ketten substituiert sind. Die Konditionierung ist reversibel, wie Geissler und Kunze [155] mit der Vorbereitung handelsüblicher nitrationenselektiver Elektroden für Perrhenat- und Perchlorat-Bestimmungen gezeigt haben. Ein Ansprechen auf die betreffenden Gegenladungsträger Ni^{2+} und Fe^{2+} konnte nicht beobachtet werden. Wie schon in Kapitel 1.3 erläutert, ist infolge der delokalisierten Ladung im Metall-Phenanthrolin-Komplex die Aktivierungsenergie zu hoch, um eine schnelle Gleichgewichtseinstellung des Metallions zwischen organischer und wäßriger Phase zu ermöglichen. Setzt man ein langkettiges Tetraalkyl-ammonium-Ion (z.B. Dimethyl-disteraryl-ammonium chlorid) als Träger der Gegenladung ein, so resultiert daraus ein chloridselektives Verhalten [152].

3.3.2 Ionensolvensverbindungen

Bei dem erläuterten Ionenaustauscherprinzip, bei dem in der organischen Phase die Gegenladung bereits vorhanden ist, wird der Übergang eines solvatisierten Ions von der Lösungsphase in die Elektrodenphase durch den Energiegewinn möglich, der mit der Assoziation des Meßions mit dem speziellen Gegenion in der organischen Phase verbunden ist. Man kann das als eine Art spezifischer Extraktion durch den organischen Austauscher auffassen. Man grenzt die neutralen Ionophore gegen die Ionenaustauscher mit elektrischer Ladung ab. Das ist nicht immer eindeutig, denn eigentlich haben auch die ungeladenen Ionophore Ionenaustauscher-Eigenschaften, indem sie bestimmte Ionen mehr oder weniger bevorzugt aufnehmen.

Moore und Pressman [156] entdeckten 1964, daß auch bestimmte neutrale makrocyclische Verbindungen, wie sie die Antibiotica darstellen, Kationenlöslichkeit bei gleichzeitig lipophilem Verhalten zeigen. Simon und Stefanac [30] beschrieben erste Flüssigmembran-Elektroden mit *Antibiotica* als ionenselektive Phase. In einer Arbeit von Simon et al. [157] wurden die Selektivitätsverhältnisse von Nonactin und Valinomycin gegenüber Alkalimetallionen untersucht. Diese Untersuchung führte zum Bau von kaliumselektiven Elektroden. Die Antibiotica werden in einer Nujol/2-Oktanol-Mischung oder in Diphenylether gelöst. Die Struktur der Antibiotica (Nonactin, Trinactin, Valinomycin, Nigericin usw.) ermöglicht einen energetisch durch Ion-Dipol-Kräfte stabilisierten Einbau von Kationen in den Molekülhohlraum (s. Abb. 8 u. 9). Die Abb. 37 zeigt weitere Kronenether-Komplexe. Man vermutet, daß auch die außergewöhnliche Spezifität biologischer Zellen gegenüber bestimmten Ionen auf dieser Eigenschaft beruht. Wenn die Moleküle in sehr dünner Schicht (biologische Abmessungen von <6 nm) vorliegen, kann die mit dem spezifischen Kationenlösungsvorgang verbundene Auflading der organischen Phase den

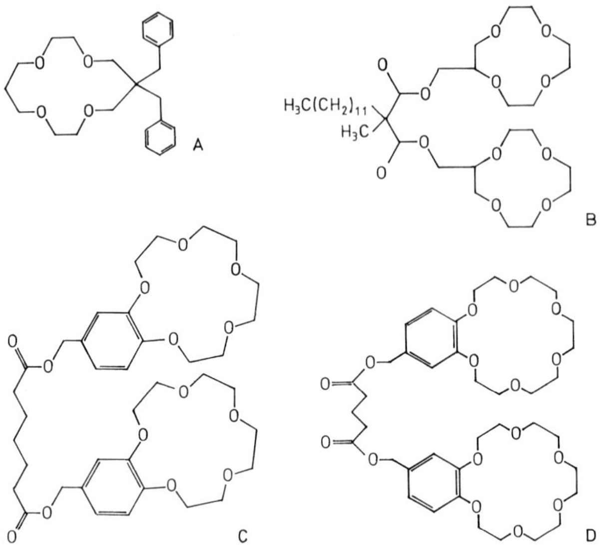

Abb. 37 A–D. Kronenether, die als Ionophore für Alkaliionen dienen. **A** 6,6-Dibenzyl-14-crown-4 für Li$^+$ [160]; **B** Bis[(12-crown-4)methyl]dodecylmethylmalonat für Na$^+$; **C** Bis[(benzo-15-crown-5)-4′-ylmethyl]-pimelat für K$^+$ [164]; **D** Bis(benzo-18-crown-6)ether für Cs$^+$ [161]

Transport des speziellen Kations durch die dünne Schicht nicht ganz verhindern. Da bei der Konstruktion von Elektroden aus Stabilitätsgründen dickere Schichten notwendig sind, verhindert die Aufladung eine Weiterdiffusion des speziellen Kations. Die ausgezeichnete Selektivität der Antibiotica bei der Differenzierung von Na$^+$- und K$^+$-Ionen führte zur Untersuchung ähnlich gebauter synthetischer Moleküle. Pedersen [31] fand bei Makrotetroliden (Abb. 8 u. 9) ein ähnliches Selektivitätsverhalten. Neben der optimalen Anpassung des Molekülhohlraums an den Ionenradius des einzufangenden Ions (ausschlaggebend für das thermodynamische Gleichgewicht) hat auch die Beweglichkeit des Ringgerüstes einen Einfluß auf die Selektivität [158], was wieder auf die Bedeutung der Kinetik bei der Potentialeinstellung hinweist. Die Entdeckung von Pederson, Cram und Lehn brachte dem Trio im Jahre 1987 den Nobelpreis ein [159]. Der erste Vertreter dieser Klasse, der Dibenzo[8]-krone-6-ether entstand als zufälliges Nebenprodukt und fiel dadurch auf, daß es in organischen Lösungsmitteln nur in Gegenwart von Natriumsalzen löslich war. Die große Selektivität verdanken diese Verbindungen ihrer Hohlraumstruktur, in welcher für ein bestimmtes Ion die passenden Koordinationsstellen vorliegen. Da das Ion dann „rundum organisch" ist, löst es sich so gut in Lösungsmitteln, welche anorganische Ionen sonst nicht aufnehmen.

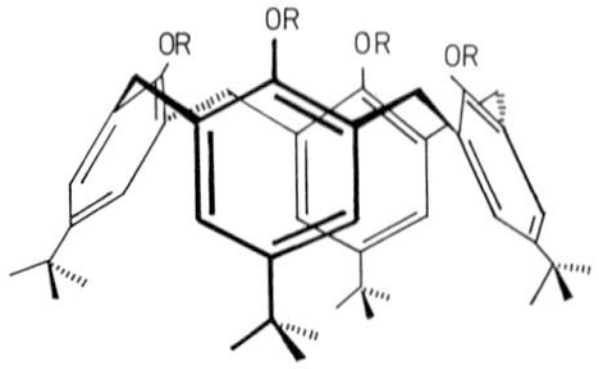

Abb. 38. Calix[4]arene [163]

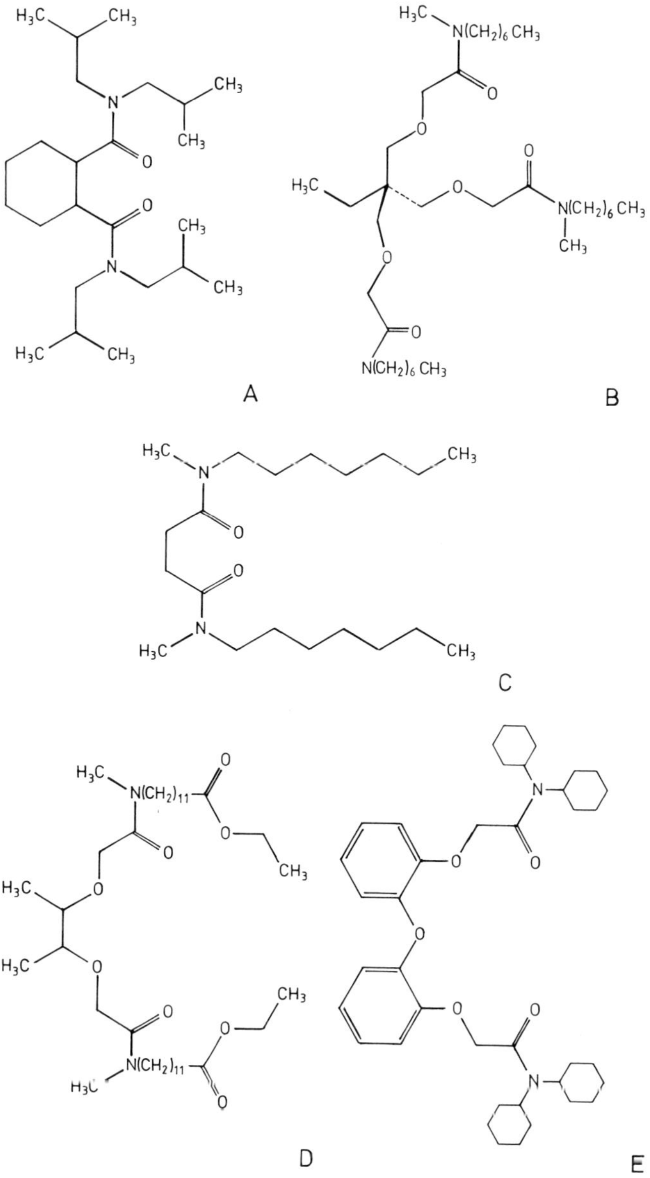

Abb. 39 A–E. Bewährte Ionophore mit offener Sauerstoffkette. **A** ETH 1810: N,N-Dicyclohexyl-N′N′-diisobutyl-cis-cyclohexan-1,2-dicarboxamid (für Li$^+$); **B** ETH 227: N,N′,N″-Triheptyl-N,N′,N-trimethyl-4,4′,4-propylidynetris(3-oxabutyramid) (für Na$^+$); **C** ETH 1117: N,N′-Diheptyl-N,N′-dimethyl-1,4-butandiamid (für Mg^{2+}); **D** ETH 1001: (–)-(R)-N,N′-[Bis (ethoxycarbonyl)undecyl]-N,N′,4,5-tetramethyl-3,6-dioxaoctandiamid, Diethyl-N,N′[(4R,5R)-4,5-dimethyl-1,8-dioxo-3,6-dioxaoctamethylen]-bis(12-methylamino-dodecanoate) (für Ca^{2+}); **E** V 163: N,N,N′,N′-Tetracyclohexyl-oxybis(o-phenylenoxy)-diacetamid (für Ba^{2+})

Inzwischen gibt es mehr als 5000 verschiedene Kronenetherverbindungen, von denen in der Abb. 37 noch ein weiterer Teil gezeigt wird. Darunter befinden sich auch solche, bei denen das Zentralion von zwei Kronen wie mit einer Zange eingeschlossen wird. Eine übersichtliche Zusammenstellung befindet sich bei Takagi [162]. Nach einer speziellen Nomenklatur bezeichnet die erste Ziffer die Gliederzahl und die zweite Ziffer die Zahl der Etherbindungen.

Eine weitere Klasse zyklischer Komplexbildner sind die in neuerer Zeit untersuchten Calixarene, die das Zentralion besonders dicht umschließen und koordinativ einbinden [163]. Die Abb. 38 (S. 98) zeigt das Calix[4]aren.

Die z. Z. wichtigsten Ionophore bilden offene Ketten mit Etherbindungen, die sich um das Zentralion herumlegen. Einige Beispiele zeigt die Abb. 39.

Auch für die Bestimmung der Schwermetalle Kupfer und Blei, wofür allerdings vorwiegend Elektroden mit Ag_2S/MS-Festkörpermembranen benutzt werden, haben Kamata et al. [165, 166] gut verwendbare Ionophore gefunden. Simon berichtete noch 1972 in einem Vortrag von Schwierigkeiten, das extrem spezifische Kationen-Lösungsvermögen „maßgeschneiderter" Ionensolvensmoleküle auf praktikable Elektroden zu übertragen. Oft wirkt das organische Lösungsmittel so stark nivellierend, daß von einem theoretisch möglichen Selektivitätsverhältnis (aufgrund experimentell bestimmbarer Komplexbindungskonstanten) mehrere Zehnerpotenzen verlorengehen. Das organische Lösungsmittel hat u. a. auch die Aufgabe, eine bestimmte Menge des Meßions einschließlich des Anions während der Konditionierungszeit zu lösen, um dadurch ein definiertes chemisches Potential des Meßions in der aktiven Phase (Identitätsbewahrung, vgl. Kap. 1.3) einzustellen. Simon et al. konnten spezifische Verbindungen (neutrale Liganden) synthetisieren, die selektivere Elektroden für Li^+-, Na^+-, Ca^{2+}- und Ba^{2+}-Ionen ergeben [167]. Ihre Struktur ist aus Abb. 8 ersichtlich.

3.3.3 Aufbau

Ionenselektive Elektroden mit einem flüssigen Ionenaustauscher als aktiver Phase bedürfen bei der Konstruktion einer besonderen Technik. Es kommt darauf an, die instabile Phasengrenzfläche zweier nicht mischbarer Flüssigkeiten so zu festigen, daß hydrostatische und hydrodynamische Schwankungen der Meßlösung keinen zu großen Einfluß auf die Raumladungsverteilung ausüben.

Echte Flüssigmembran-Elektroden werden daher kaum noch hergestellt, denn sie sind heute weitgehend durch die *Polymermembran*-Elektroden verdrängt (s. folgenden Abschn. 3.3.4). Die kommerziellen, oft noch „Flüssigmembran-Elektroden" genannten, Sensoren haben den Ionophor in einer weichen Kunststoffmembran immobilisiert, denn die meist aus Polyvinylchlorid (PVC) bestehende Membran enthält neben dem Ionophor noch einen Weichmacher, und oft noch ein lipophiles Leitsalz. Kommerzielle Elektroden enthalten ein fertig präpariertes Fußteil, welches leicht ausgewechselt werden kann (s. Abb. 40). Der Vorteil ist eine bequemere Handhabung, ein Nachteil ist der sehr kleine Vorrat an Ionophor und daß eine verbrauchte Kunststoffmembran einschließlich ihres Moduls erneuert werden muß, während man reine Flüssig-

3.3 Flüssigmembran-Elektroden

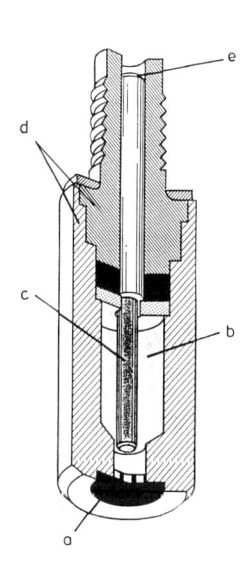

Abb. 40. Auswechselbares Modul mit einer weichen PVC-Membran (ORION), *a* ionenselektive Membran, *b* innere Bezugslösung, *c* Ableitelektrode, *d* Modulkörper, *e* Elektrischer Kontakt

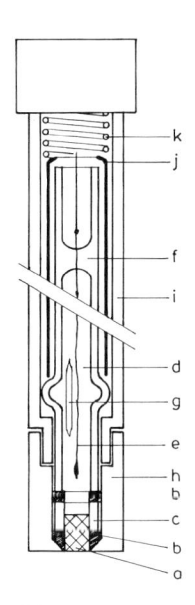

Abb. 41. Demontierbare ionenselektive Festkörpermembran-Elektrode mit Flüssigableitung (Mettler Toledo). *a* Festkörpermembran, *b* Silikon-Dichtungen, *c* Druckstück, *d* Innenlösung, *e* Ag/AgCl-Ableitelektrode, *f* Glasrohr, *g* Luftkissen zum Druckausgleich, *h* Schaftunterteil, *i* Schaftoberteil, *j* Metallschirmung, *k* Druckfeder

keitssysteme leicht und preiswert neu präparieren konnte. Bei demontierbaren Elektroden läßt sich wenigstens die Innenfüllung leicht auswechseln (s. Abb. 41).

Nur Ultramikroelektroden, deren Herstellung im Abschn. 6.1.1.2 beschrieben ist, stellen noch reine Flüssigmembran-Elektroden dar. Sie sind aber nicht handelsüblich.

3.3.4 Herstellung von PVC-Membran-Elektroden

Moody, Oke und Thomas [168, 169] geben zur Selbstherstellung einer calciumionenselektiven Elektrode folgende Vorschrift: 0,4 g der elektroaktiven Phase und 0,17 g PVC (für die Chromatographie) werden in 6 mL Tetrahydrofuran gelöst und dann in einen Glasring von ca. 30 mm Innendurchmesser, der auf einer Glasplatte ruht, gegossen. Ein empfohlener Austauscher besteht aus 0,3785 g Didecylphosphorsäure in 5 mL Dioctylphenylphosphat. Zur Vorkonditionierung wird die Lösung sechsmal mit 10 mL 1 mol/L Calciumchloridlösung geschüttelt und danach über Calciumchlorid getrocknet. Der Ring wird mit Filterpapier abgedeckt und das Lösungsmittel bei Raumtemperatur verdunstet. Nach ca. 48 h hat sich eine ca. 0,5 mm dicke Membran gebildet, aus der mit einem Korkbohrer passende Membranscheiben geschnitten werden. Mit diesen Scheiben und ein wenig PVC-Lösung wird dann das Ende eines PVC-Rohres abgedichtet. Als Innenlösung dient meist eine ca. 0,01 mol/L Meßionenchloridlösung (im Fall einer auf Anionen ansprechenden Membran gibt man eine kleine Menge Chlorid (10^{-3} mol/L) zu der Meßanionenlösung). Als Ableitelektrode wird in diesen Fällen ein chloridisierter Silberdraht verwendet. In diesem Fall fungiert die aktive Phase auch gleichzeitig als Weichmacher für das PVC. Anstelle des PVC-Rohres kann man auch das verbrauchte Modul einer kommerziellen Elektrode verwenden, welches vorsichtig zerlegt und dessen alte Membran herausgeschnitten wurde.

Bei der Herstellung verfestigter PVC-Elektroden mit neutralen Liganden wird in der Regel eine geringere Konzentration der aktiven Verbindung angewandt. In diesem Fall erzielt man eine Nernst-gemäße Anzeige nur, wenn man zusätzlich noch einen Weichmacher zugibt. Als Beispiel: 0,2 g PVC, 5 mg spezifischer Ligand (z. B. aus den Abb. 8, 37, 38, 39) und 0,4 g Weichmacher, etwa Dibutylphthalat, in 6 mL Tetrahydrofuran lösen, eingießen in eine Petrischale von 48 mm Durchmesser ergibt nach dem Trocknen eine selektive Membran von 1,5 mm Dicke. Als Weichmacher hat sich Dibutylphthalat besser als Tributylphosphat und Diphenylether bewährt [170]. Bei Verwendung weniger polarer Weichmacher (z. B. Dipentylphthalat, $\varepsilon \approx 5$) erzielt man kürzere Ansprechzeiten [171]. Auswahl und Mengenverhältnis sind in jedem Fall besonders zu optimieren. Einige bewährte Membranzusammensetzungen befinden sich in Tabelle 11. Sie können als Anregung für weitere Versuche dienen. Zahlreiche Rezepte zur Herstellung von PVC-Membranen befinden sich in einer Druckschrift der Fluka-Chemie [164]. Moody et al. haben eine weitere ausführliche Zusammenstellung der untersuchten Polymermatrices veröffentlicht [172].

Tabelle 11. Einige Beispiele zur Zusammensetzung von Polymermembranen aus [164]

Ion	Ionophor	Leitsalz	Weichmacher	PVC (hochpolymer)
Li	ETH 1810	L1	W1	
	1,2 Gew.%	0,4 Gew.%	65,6 Gew.%	32,8 Gew.%
Na	ETA 227	–	W2	
	1,0 Gew.%		66,0 Gew.%	33,0 Gew.%
K	Valinomycin	L1	W2	
	1,0 Gew.%	0,5 Gew.%	65,5 Gew.%	33,0 Gew.%
Mg	ETH 1117	L1	W3	
	1,4 Gew.%	1,0 Gew.%	64,5 Gew.%	33,1 Gew.%
Ca	ETH 1001	L1	W2	
	3,3 Gew.%	2,1 Gew.%	63,7 Gew.%	30,9 Gew.%
Ba	V 163	L1	W3	
	1,0 Gew.%	0,5 Gew.%	66,0 Gew.%	33,0 Gew.%

Ionophore: L1: Kaliumtetrakis(4-chlorophenyl)borat; W1: Tris(2-ethylhexyl)phosphat; W2: Bis(1-butylpentyl)-decan-1,10-diyldiglutarat; W3: 2-Nitrophenyl-octylether

3.3 Flüssigmembran-Elektroden

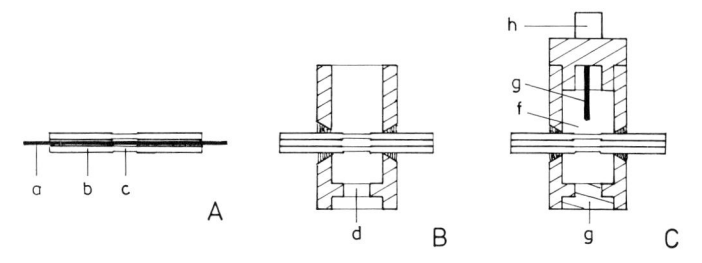

Abb. 42 A–C. Herstellung einer PVC-Membran-Durchflußelektrode nach Schindler und Schindler [173]. **A** Membranschlauch. *a* Dorn, *b* PVC-Schlauchstücke, *c* ionenselektive Schlauchmembran. **B** In Durchflußkörper eingekitteter Membranschlauch. *d* Einfüllöffnung. **C** Gefüllte Durchflußelektrode. *e* Innenlösung, *f* AgCl-Ableitelektrode, *g* Stopfen, *h* elektrische Steckverbindung

Ionenselektive Durchflußelektroden kann man sich für spezielle Zwecke mit einiger Übung selbst herstellen. Nach Schindler und Schindler kann man folgendermaßen vorgehen [173]: Zwei Stücke dünnen PVC-Schlauches von etwa 2,0 mm innerem Durchmesser und 0,5 mm Wandstärke werden auf einen passenden Teflonschlauch gezogen, so daß zwischen ihnen ein Abstand von 3,5 mm bleibt. Unter Drehung wird die Kunststoff-Ionophorlösung in die Lücke getropft bis die Rohrmembran schichtweise aufgebaut ist und die beiden Schlauchstücke miteinander verbunden sind. Die beiden Übergangsstellen werden mit der Membranmasse um etwa 0,5 mm verstärkt. Der Elektrodenkörper wird nach dem Aushärten mit den beiden indifferenten Schlauchenden in ein Gefäß aus Acrylglas gekittet (s. Abb. 42). Dann wird als Festableitung so viel Zementmasse eingebracht, bis der ionenselektive Schlauchteil vollständig eingeschlossen ist. Die Zementmasse besteht aus dem Zinkphosphat-Dentalzement. Sein trockener Anteil wird mit der gleichen Menge Silberchlorid gemischt und der zugehörigen Flüssigkeit angerührt. In den frischen Zement steckt man eine vorbereitete Silber-/Silberchlorid-Ableitelektrode. Nach dem Abbinden wird der Zement mit einer gesättigten Lithiumchlorid-Lösung und der gesättigten Lösung eines Salzes, welches das Meßion enthält, behandelt. Zum Einbringen dieser Lösungen dient die untere Öffnung in dem Elektrodenkörper. Zum Schluß wird das Loch verschlossen und der Teflonschlauch herausgezogen.

3.3.5 Eigenschaften

Wird eine Flüssigmembran-Elektrode mit einer geeigneten Bezugselektrode zu einer Meßkette komplettiert und in eine Meßionenlösung getaucht, so folgt die Spannung der Gleichung (vgl. Abb. 43):

$$E = E' \pm \frac{R \cdot T}{z_m \cdot F} \ln \left[a_m + \sum_S K_{M-S} \cdot a_s^{z_m/z_s} \right]. \tag{72}$$

Die Bedeutung der Symbole ist in Kapitel 1.5 erklärt worden. Für Kationen ergibt sich für den Logarithmus-Term ein positives, für Anionen ein negatives Vorzeichen. *Im Gegensatz zu den homogenen und heterogenen Niederschlagsmembran-Elektroden, bei denen das Selektivitätsverhältnis durch das Verhältnis der betreffenden Löslichkeitsprodukte bestimmt ist, vom Elektrodenhersteller folglich unabhängig ist, treten bei diesen Elektroden, je nach der Herstellerfirma, größere Unterschiede auf.* Dies hängt einmal damit zusammen, daß unterschiedliche Austauscher- oder Ionensolvensverbindungen benutzt werden, zum anderen, daß man sich unterschiedlicher Lösungsmittel oder unterschiedlicher Trägermaterialien bedient, die ebenfalls die Selektivität beeinflussen können. Für eine bestimmte Anwendung empfiehlt es sich also, die von den Herstellerfirmen näherungsweise angegebenen Selektivitätsverhältnisse im Hinblick auf speziell störende Begleitionen etwas näher zu studieren (s. a. [174]).

Es kann sein, daß die Elektrode des einen Herstellers gerade für dieses Störion ein besonders günstiges Verhältnis aufweist, während für ein anderes Störion die Elektrode eines anderen Herstellers besser wäre. In kritischen Fällen sollte man vor dem Kauf der entsprechenden Elektrode bei einem Demonstrationsbesuch den günstigsten Arbeitsbereich mit vorbereiteten Lösungen bestimmen (s. Kap. 5.9). Man muß aber damit rechnen, daß mit Alterung der Flüssigmembran-Elektroden eine Veränderung des Selektivitätsverhältnisses parallel gehen kann.

Die Anzeigegeschwindigkeit dieser Elektrodensorten ist infolge der geringeren Austauschstromdichte länger als bei allen bisher besprochenen Elektroden. Sie liegt bei 10^{-2} bis 10^{-3} mol/L Lösungen für t_{90} zwischen 10 und 30 s. In der Nähe der Nachweisgrenze und bei Anwesenheit von Störionen wird sie jedoch aus den in Kapitel 1.4 angegebenen Gründen größer.

Die Tabelle 13 zeigt einige weitere charakteristische Eigenschaften dieser Elektrodensorten.

Wenn der Konzentrationsunterschied zwischen dem Meßion in der Innenlösung und dem Meßion in der Außenlösung (Meßlösung) zu groß wird (>3 bis 4 Zehnerpotenzen), so kann bei einigen Elektroden infolge von zusätzlichen Diffusionspotentialen innerhalb der ionenselektiven Membran eine Abweichung von der Nernst-Gleichung festgestellt werden [63]. In diesem Fall wählt man für genauere Messungen die Konzentration des Meßions in der Innenlösung entsprechend der in der äußeren Meßlösung. Die meisten Hersteller verwenden eine 10^{-2} bis 10^{-3} mol/L Innenlösung. Falls man die Innenlösung austauscht, darf man nicht vergessen, eine bestimmte Menge Chlorid für eine stabile Gleichgewichts-Galvanispannung an dem meist verwendeten Ag/AgCl-Ableit-Halbelement hinzuzufügen. Zur Verlängerung der Lebensdauer

Tabelle 12. Scheinbare Austauschkonstanten an Valinomycin, nach Horvai [182]

Elektrolyt (mol/L)		Austauschkonstante
$c_{KCl} = 1$	$c_{CsCl} = 1$	$K_{Cs-K} = 10^{0,3}$
$c_{NH_4Cl} = 1$	$c_{CsCl} = 1$	$K_{Cs-NH_4} = 10^{-1,63}$
$c_{NaCl} = 0,1$	$c_{NaCl} = 0,1$	$K_{Cs-Na} = 10^{-2,53}$

3.3 Flüssigmembran-Elektroden

Tabelle 13. Flüssigmembran-Elektroden

Elektroden-typ	Aktive Phase	Potentialbe-stimmende Ionen	Meßbereich (mol/L)	Selektivitätsverhältnis[1] K_{M-S}	Empfohlener pH-Bereich	Temperatur-Bereich (°C)	bei 25 °C (MΩ)	Empfohlene Bezugselek-trode
pCa, verfe-stigt in PVC-Matrix	Ca-Salz der Didecylphos-phorsäure in Dioctylphe-nylphospho-nat	Zn^{2+}, Ca^{2+}, Fe^{2+}, Pb^{2+}	1 bis $5 \cdot 10^{-7}$	$Cu^{2+} \sim 0{,}27$; $Sr^{2+} \sim 0{,}1$; $Mg \sim 5 \cdot 10^{-3}$; $Ba^{2+} \sim 0{,}010$; $Na^+ \sim 10^{-3}$; $K^+ \sim 10^{-3}$; $Zn^{2+} \sim 1$; $Al^{3+} \sim 0{,}90$; $Mn^{2+} \sim 0{,}38$; $Li^+ \sim 10^{-4}$; kationische Detergentien müssen abwesend sein	5,5 bis 11	0 bis 50	<25	normale Ag/AgCl
pMe^{2+} verfe-stigt in PVC-Matrix (Was-serhärte)	Ca-Salz der Didecylphos-phorsäure in Dekanol	Zn^{2+}, Fe^{2+}, Cu^{2+}, Ni^{2+}, Ca^{2+}, Mg^{2+}, Ba^{2+}, Sr^{2+}	1 bis $2 \cdot 10^{-6}$	$Zn^{2+} \sim 3{,}5$; $Fe^{2+} \sim 3{,}5$; $Cu^{2+} \sim 3{,}1$; $Ni^{2+} \sim 1{,}35$; $Ca^{2+} \sim 1{,}0$; $Mg^{2+} \sim 1{,}0$; $Ba^{2+} \sim 0{,}94$; $Sr^{2+} \sim 0{,}54$; Na^+, $K^+ \sim 0{,}01$; kationische Detergentien müssen abwesend sein	5,5 bis 11	0 bis 50	<25	s. oben
pBa, verfe-stigt in PVC-Matrix	Naphthyl-po-lyether	Ba^{2+}, H^+, Ca^{2+}	1 bis $5 \cdot 10^{-5}$	$H^+ \sim 0{,}25$; $Ca^{2+} \sim 2 \cdot 10^{-2}$	5–9	0 bis 50	–	normale Ag/AgCl
pCl verfestigt in PVC-Ma-trix	großes quar-ternäres Amin	ClO_4^-, I^-, HS^-, NO_3^-, Br^-, OH^-, Cl^-	1 bis 10^{-5}	$HS^- \sim 7{,}5$; $NO_3^- \sim 4{,}2$; $Br^- \sim 1{,}6$; $HPO_4^{2-} \sim 0{,}97$; $Ac^- \sim 0{,}32$; $SO_4^{2-} \sim 0{,}14$; $HCO_3^- \sim 0{,}05$; $F^- \sim 0{,}9$; anio-nische Detergentien müssen abwesend sein	2 bis 10	0 bis 50	~ 25	Ag/AgCl mit Doppelstrom-schlüssel (1 mol/L Li-trichloro-acetat)

(Fortsetzung)

Tabelle 13. (Fortsetzung)

Elektrodentyp	Aktive Phase	Potentialbestimmende Ionen	Meßbereich (mol/L)	Selektivitätsverhältnis[1] K_{M-S}	Empfohlener pH-Bereich	Temperatur-Bereich (°C)	bei 25°C (MΩ)	Empfohlene Bezugselektrode
pClO$_4$, verfestigt in PVC-Matrix	Fe^{2+}-Phenanthrolin-Komplex	ClO$_4^-$, OH$^-$	0,1 bis 10^{-5}	OH$^-$ ~1,0; I$^-$ ~6·10^{-3}; NO$_3^-$ ~2·10^{-3}; Br$^-$ ~5,6·10^{-4}; OAc$^-$ ~2·10^{-3}; HCO$_3^-$ ~9·10^{-4}; F$^-$ ~2,5·10^{-4}; Cl$^-$ ~2,2·10^{-4}; SO$_4^{2-}$ ~1,6·10^{-4}; anionische Detergentien müssen abwesend sein	4 bis 11	0 bis 50	~25	normale Ag/AgCl
pNO$_3$, verfestigt in PVC-Matrix	Ni^{2+}-Phenanthrolin-Komplex	ClO$_4^-$, I$^-$, ClO$_3^-$, NO$_3^-$	1 bis 7·10^{-6}	ClO$_4^-$ ~10^3; I$^-$ ~20; ClO$_3^-$ ~2; Br$^-$ ~0,9; S^{2-} ~0,57; NO$_2^-$ ~6·10^{-2}; CN$^-$ ~2·10^{-2}; HCO$_3^-$ ~2·10^{-2}; Cl$^-$ ~6·10^{-3}; OAc$^-$, CO$_3^{2-}$, S$_2$O$_3^{2-}$, SO$_3^{2-}$ ~6·10^{-3}; F$^-$ ~9·10^{-4}; SO$_4^{2-}$ ~10^{-3}; PO$_4^{3-}$ ~10^{-3}; HPO$_4^{2-}$ ~10^{-3}; anionische Detergentien müssen abwesend sein	2 bis 12	0 bis 50	~25	s. oben
pBF$_4$, verfestigt in PVC-Matrix	Ni-Phenanthrolin-Komplex	I$^-$, BF$_4^-$	1 bis 7·10^{-6}	I$^-$ ~20; NO$_3^-$ ~0,1; Br$^-$ ~4·10^{-2}; OAc$^-$, HCO$_3^-$ ~4·10^{-3}; F$^-$, Cl$^-$, SO$_4^{2-}$ ~10^{-3}; anionische Detergentien müssen abwesend sein	2 bis 12	0 bis 50	~25	s. oben

3.3 Flüssigmembran-Elektroden

Messgröße	Elektrodenmaterial	Bestimmbare Ionen	Messbereich (mol/l)	Störionen (Selektivitätskoeffizienten)	pH-Bereich	Temperatur (°C)	Ansprechzeit (s)	Bezugselektrode
pK, verfestigt in PVC-Matrix	Valinomycin	Cs^+, Rb^+, K^+	1 bis 10^{-6}	$Cs^+ \sim 1,0$; $NH_4^+ \sim 3\cdot 10^{-2}$; $H^+ \sim 1\cdot 10^{-2}$; $Ag^+ \sim 1\cdot 10^{-3}$; $Na^+ \sim 1\cdot 10^{-2}$; $Li^+ \sim 1\cdot 10^{-4}$; kationische Detergentien müssen abwesend sein	2 bis 11	0 bis 50	>25	Ag/AgCl mit Doppelstromschlüssel
pNH_4, verfestigt in PVC-Matrix	Nonactin-Monactin in Tris-(2-ethylhexyl)-phosphat	NH_4^+	1 bis $5\cdot 10^{-7}$	$K^+ \sim 0,12$; $Rb^+ \sim 4,3\cdot 10^{-3}$; $H^+ \sim 1,6\cdot 10^{-2}$; $Cs^+ \sim 4,8\cdot 10^{-3}$; $Li^+ \sim 4,2\cdot 10^{-3}$; $Na^+ \sim 2\cdot 10^{-3}$; $Ca^{2+} \sim 1,7\cdot 10^{-4}$; $Bu_4N^+ \sim 30$; kationische Detergentien müssen abwesend sein	2 bis 8	0 bis 50	<1	s. oben
pLi, verfestigt in PVC-Matrix	14-crown-4-Ether	Li^+, Na^+	10^{-4} bis 10^{-2}	$H^+ \sim 10^{-3}$; $Na^+ \sim 4\cdot 10^{-3}$; $K^+ \sim 5\cdot 10^{-3}$	–	0 bis 50	–	normale Ag/AgCl
pCO_3^{2-}, verfestigt in PVC-Matrix	Trioctylpropylammoniumchlorid + Decyltrifluoroacetophenon	CO_3^{2-}	–	–	–	0 bis 50	–	normale Ag/AgCl

[1] Nach Angaben des Herstellers

empfiehlt es sich, auch der Innenlösung Weichmacher und Ionophor als Reserve zuzufügen. Damit können die schleichenden Verluste in die Meßlösung ausgeglichen werden (Cammann [175]).

Bei allen Flüssigmembran-Elektroden, ob verfestigt oder nicht, ist beim Arbeiten in partiell wäßrigen oder nichtwäßrigen Medien äußerste Vorsicht geboten. Wegen der Löslichkeit der aktiven Phase in solchen Medien wird die definierte Phasengrenze gestört und unter Umständen die gesamte aktive Phase aus der Elektrode herausgelöst.

Wie Tabelle 13 zeigt, stören bei allen Elektroden dieses Typs, die auf der spezifischen Extraktion eines Ions aus der wäßrigen Phase in eine organische beruhen, Detergentien-Ionen gleichen Vorzeichens [176, 177]. Die Nitrat-Elektrode konnte erfolgreich in eine MnO_4^-, IO_4^- [178], ReO_4^-, SCN^- [179], Phthalat [180] und Carboxylat-Ionen anzeigende „umfunktioniert" werden. Im letzten Fall konnte festgestellt werden, daß die Selektivität gegenüber verschiedenen organischen Carboxylat-Ionen mit zunehmender Ionengröße und Ladungsdelokalisation zunimmt [181].

Von allen Polymermembran-Elektroden ist die *Valinomycin*-Elektrode zur Bestimmung von Kaliumionen am gründlichsten untersucht worden. Die an ihr gewonnenen Erkenntnisse lassen sich sinngemäß auch auf andere Polymermembran-Elektroden anwenden. Das Valinomycin hat die in der Tabelle 12 zusammengestellten Austauschkonstanten. Aus Impedanzmessungen von Xie und Cammann kann für Kaliumionen eine Standard-Austauschstromdichte von $j_{00} = 25 \cdot 10^{-3}$ A cm^{-2} angenommen werden [183]. Für Natrium- und Lithiumionen ergab sich die Austauschstromdichte um zwei bis drei Zehnerpotenzen kleiner, wie es dem im Abschn. 1 erläuterten Zusammenhang zwischen Austauschstromdichte und Selektivitätskoeffizient entspricht.

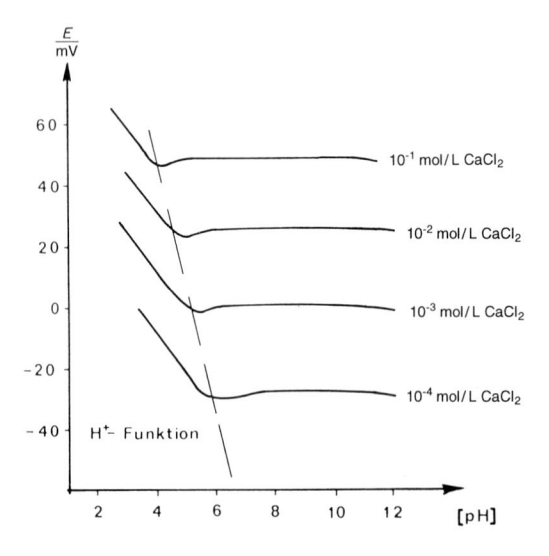

Abb. 43. Einfluß des pH-Wertes auf die Anzeige einer pCa-Ionenaustauscher-Elektrode

3.3.6 Handhabung

Da alle Elektroden mit einer Innenlösung eine labile innere Phasengrenzfläche besitzen, dürfen sie nur senkrecht, mit der aktiven Phase unten, eingesetzt werden. Im einzelnen muß auf die Anleitung der Herstellerfirma verwiesen werden.

Bezüglich der Aufbewahrung sei bemerkt, daß die Elektroden mit verfestigter Membran eine kleinere Lebensdauer aufweisen, als die Flüssig-Typen mit Reservoir. Es ist deshalb *nicht* zweckmäßig, sie in einer Lösung mit dem Meßion aufzubewahren. Man bewahrt sie am besten an feuchter Luft auf und konditioniert sie erst kurz vor der eigentlichen Messung 1/2 bis 2 h lang in einer Lösung, die das Meßion in einer mit der Probelösung vergleichbaren Konzentration enthält. Die PVC-Membranen nehmen während der Konditionierung oberflächlich Wasser auf und bilden eine 20 bis 40 µm dicke reversible Quellschicht. Während zu langer Einwirkung der Meßlösung kann Wasserdampf durch die Membran diffundieren und sich die Innenlösung verdünnen, wie Harrison et al. mit dem Wasserindikator Cobalt(II)-chlorid nachgewiesen haben [184].

Viel größer ist die Aufnahme von organischen Lösungsmitteln, wie Alkoholen aus den Meßlösungen, so daß das Ansprechverhalten gestört wird [185]. Z.B. sind Kaliumbestimmungen mit PVC-Membranen bereits in alkoholischen Getränken nicht mehr durchführbar.

Membranen aus PVC sind im allgemeinen hydrophob. Solange die Meßlösung keine oberflächenaktiven Stoffe enthält, läßt sich mit solchen Elektroden gut messen, wobei die Membran nur wenig Verschmutzungen annimmt. Probleme mit der Asymmetriespannung treten jedoch auf, wenn makromolekulare Stoffe, besonders anionische Tenside, zu einer ungleichmäßigen Benetzung der Membran führen [186]. Auch Proteine in Proben klinischer Messungen haben eine ähnliche Wirkung. Nach Simon und Duerselen [187] ist es dann besser, die Membran durch Beimischen von Stoffen mit Hydroxyl-, Ester-, oder Carboxyl-Gruppen schon vorher hydrophil zu machen, so daß sie immer gleichmäßig benetzt wird. Vorgeschlagen wird auch, konventionelle Membranen mit einem Baumwollgewebe zu überziehen.

Alle Flüssig- und Polymermembranen-Elektroden sollen nur kurzzeitig in Meßlösungen, die hydrophobe Verbindungen wie Öle oder Fette enthalten, getaucht werden, um eine „Vergiftung" der Membran zu vermeiden. Zwischen den Messungen in solchen Lösungen ist mit viel dest. Wasser zu spülen. Eine Vergiftung der Membran (z.B. Picrat-Anionen bei der Kalium-Elektrode) zeigt sich durch einen plötzlichen Verlust der Nernst-gemäßen Anzeige für das Meßion an. Bei den verfestigten PVC-Membranen lassen sich oberflächliche Verunreinigungen durch Abreiben mit einem feuchten Zellstofftuch entfernen.

Sind Detergentien-Ionen von entgegengesetzter Ladung anwesend, so empfiehlt sich die Konditionierung der Elektrode in Anwesenheit dieser Detergentienart durchzuführen, um driftende Anzeigen zu vermeiden [176].

Die Lebensdauer beträgt beim üblichen Laborgebrauch trotzdem etwa 6 Monate, einige Hersteller garantieren sogar ein Jahr. Im kontinuierlichen Betrieb kann man jedoch nur mit einer Lebensdauer von etwa 30 Tagen rechnen.

Als erstes geht der Weichmacher aus der PVC-Membran verloren. Träge Elektroden lassen sich daher oft durch Zufuhr von neuem Weichmacher regenerieren. Unter anderem wird Einstellen Dioctyladipat empfohlen [188].

3.3.7 Selbstbau von Flüssigmembran-Elektroden

Unter Berücksichtigung der in Kapitel 3.3.1 erläuterten Überlegungen lassen sich eine Vielzahl von Ionenassoziationsverbindungen als aktive Phasen wählen. Im Einzelfall probiert man einige zuvor mit Dichlordimethylsilan hydrophobierte Membranfilter unterschiedlicher Porenweite aus. Geeignet ist diejenige Membran, die das schnellste Ansprechvermögen sowie das beste Nernst-Verhalten zeigt.

Bei aktiven Phasen mittlerer Viskosität hat sich eine Celluloseacetat-Membran mit 0,1 µm mittlerem Porendurchmesser (Millipore VC) bewährt [189]. Aber auch Membranfilter (SM-113-06) der Firma Sartorius (Göttingen), silikonisiert mit Trimethylchlorosilan in Benzol sind dazu geeignet [190]. Mit einem Korkbohrer sticht man sich Scheiben passenden Durchmessers aus, ohne sie mit den Händen zu berühren. Man kann sich das Silikonisieren ersparen, wenn man nach dem Einbau in den Elektrodenkörper zuerst die organische Phase zugibt und mit der Einfüllung der entsprechenden Innenlösung (mit dem Meßion in der Chloridform oder zusätzlichem Chlorid bei Anionen) wartet bis die Membran durchscheinend geworden ist.

Für die Umweltforschung sind Elektroden interessant, die *Detergentien* anzeigen [155]. Auch sie entsprechen im wesentlichen dem oben beschriebenen Typus: Ein langkettiges Alkylpyridinium-Kation wird in Nitrobenzol gelöst und mit einer wäßrigen Lösung des Natriumsalzes des betreffenden anionischen Detergents wie Dodecylsulfonsäure, Tetrapropylenbenzolsulfonsäure, Dioctylsulfobernsteinsäure etc. ausgeschüttelt. Eine Flüssigmembran-Elektrode, gefüllt mit dieser aktiven Phase, erlaubt die Bestimmung der kritischen Micellenkonzentration [191, 192]. Für die wichtige Gruppe der anionischen Tenside scheinen die Versuche bisher am aussichtsreichsten zu sein. In Anlehnung an die *Methylenblau-Methode* der Deutschen Einheitsverfahren [193] wurden kationische Farbstoffe [194] als Ionophor benutzt. Geeignet sind aber auch Phosphoniumverbindungen mit langen Seitenketten [195]. Die Selektivitäten zwischen den oft sehr ähnlichen Tensiden sind nicht groß, was erwünscht sein kann, wenn in erster Linie die Summe der Tenside wichtig ist. Oft stören aber auch größere anorganische Anionen (s. Tabelle 14).

Tabelle 14. Selektivitätskonstanten der Tensidelektrode nach Starobinets et al. [197] für Octylsulfat (1) und Decylsulfat (2)

Anion	K_x (1)	K_x (2)	Anion	K_x (1)	K_x (2)
Acetat	$2,5 \cdot 10^{-5}$	$2,5 \cdot 10^{-6}$	Iodid	$2,0 \cdot 10^{-2}$	$1,0 \cdot 10^{-3}$
Bromid	$4,2 \cdot 10^{-4}$	$3,9 \cdot 10^{-5}$	Thiocyanat	$1,0 \cdot 10^{-1}$	$5,1 \cdot 10^{-2}$
Benzoat	$6,1 \cdot 10^{-4}$	$5,0 \cdot 10^{-5}$	Pelargon.	$1,3 \cdot 10^{-1}$	$1,0 \cdot 10^{-2}$
			Toluolsulfonat	$1,3 \cdot 10^{-2}$	$1,0 \cdot 10^{-2}$

3.4 „Solid-state"-Elektroden mit elektroaktivem Überzug

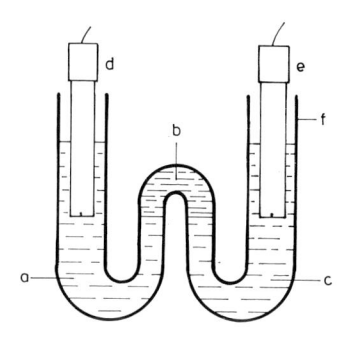

Abb. 44. Flüssigmembran-Meßkette nach Starobinets et al. [197] für die Bestimmung anionischer Tenside. *a* Bezugslösung, *b* Flüssigmembran, *c* Meßlösung, *d* und *e* Bezugselektroden, *f* W-Rohr

Die handelsübliche Tetrachloroborat-Elektrode eignet sich als Indikator für die Titration von Tensiden. Nichtionische Tenside können mit Bariumchlorid gefällt und der Äquivalenzpunkt mit einer auf Bariumionen ansprechenden Elektrode angezeigt werden [196].

Wie erwähnt, werden Flüssigmembran-Elektroden nur noch für Sonderaufgaben benutzt, daher sei an dieser Stelle eine Meßkette für die Tensidanalyse zum Selbstbau nach Starobinets et al. beschrieben. Sie eignet sich auch für Demonstrationszwecke [197]: Ein W-förmiges Glasrohr nach Abb. 44 wird mit drei Lösungen gefüllt. Eine 10^{-4} mol/L Lösung des Tributyloctadecylammonium-Salzes des Anions des zu bestimmenden Tensids (TBODA$^+$A$^-$) in einer Mischung aus 70 Vol% Toluol und 30 Vol% Nitrobenzol stellt die Flüssigmembran dar. Eine wäßrige $c=5\cdot10^{-3}$ bis 1 mol/L Lösung des zu bestimmenden Alkylsulfats dient als innere Vergleichslösung. Die Kettenspannung wird über zwei konventionelle Ag/AgCl-Bezugselektroden abgenommen. Die Meßkette zeigt in dem angegebenen Bereich eine fast theoretische Steilheit, die wichtigsten mit ihr gefundenen Selektivitätskoeffizienten befinden sich in der Tabelle 14.

Es bleibt der Experimentierfreudigkeit des Lesers vorbehalten, weitere Assoziationskomplexe auf ihre Verwendbarkeit als spezifische Elektrodenphase zu testen.

3.4 „Solid-state"-Elektroden mit elektroaktivem Überzug

Zum Selbstbau ist die Herstellung von Elektroden mit Membran und Innenlösung mit Ableitelektrode nach Abschn. 3.3.4 etwas umständlich. Für schnelle Versuche läßt man das innere System einfach weg und beschichtet einen elektrischen Leiter direkt mit der Membranlösung.

3.4.1 Festkörpermembran-Überzugselektroden

Die noch in früheren Auflagen dieses Buches beschriebene *Ruzicka Selectrode*® aus einer Graphitmasse mit PTFE, die mit dem betreffenden Niederschlag präpariert werden konnte, wird nicht mehr hergestellt. Man konnte sie mit fast allen

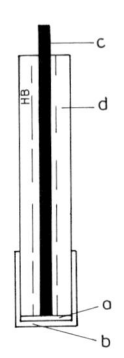

Abb. 45. Bleistift als Graphitsubstrat-Elektrode nach Wenk und Höhner [199]. *a* Membranmaterial, *b* Fixiermittel, *c* Graphitstift, *d* Holzmantel

ionenselektiv wirksamen Substanzen präparieren. Wer die preiswerten Versuche mit aktivierten Kohleelektroden aber trotzdem ausführen möchte, muß sich nun den Kohlesupport selbst herstellen. Hierzu haben Midgley und Mulcahy [198] eine große Zahl von Festkörperelektroden auf Graphitbasis beschrieben.

Graphit reagiert wegen seines Gehaltes an Hydroxyl- und Carboxylgruppen von sich aus auf Wasserstoffionen. Die Austauschstromdichte ist jedoch so klein, daß die dadurch hervorgerufene Querempfindlichkeit gegenüber Protonen gering bleibt. Trotzdem ist es ratsam, extreme pH-Werte zu vermeiden.

Auf jeden Fall sollte der Graphit bis auf die Stirnseite rundum isoliert und nicht porös sein, weshalb empfohlen wird, glasartigen Kohlenstoff oder hydrophobierten Graphit zu verwenden. Ein Graphitstab wird entgast und mit einer Lösung aus 36% Acrylnitril, 54% Styrol und 10% Tetrachlorkohlenstoff behandelt. Danach wird das Styrol durch γ-Bestrahlung vernetzt [198]. Auf die Stirnseite wird der feuchte Niederschlag eingerieben, wofür sich alle Mischungen eignen, die in der Tabelle 9 für Festmembranen angegeben sind.

Eine sehr preiswerte Version der Graphitelektrode besteht aus einem gewöhnlichen Bleistift (Sorte HB) [199]. Wie die Abb. 45 andeutet, wird er unten plan geschliffen und mit dem entsprechenden Niederschlag, z.B. Cadmiumsulfid, für eine cadmium-ionenselektive Elektrode beschichtet. Dieser wird dazu feucht aufgelegt und trocknen gelassen. Zur Fixierung des Niederschlages und zum Schutz des Holzschaftes dient ein Teflonspray. Am oberen Ende legt man soviel von dem Graphitstift frei, daß eine Krokodilklemme mit Kabel angelegt werden kann.

Merkwürdigerweise reagieren auch die Graphitelektroden schneller, wenn die Niederschläge mit silbersulfidhaltigen Metallsulfiden präpariert werden.

3.4.2 Polymermembran-Überzugselektroden

Polymermembranen mit Ionophor werden ebenfalls als aktive Überzüge eingesetzt. Der Übergang an der Phasengrenze Membran/Metall ist nicht reversibel, daher ist eine gewisse Polarisation mit Nullpunktsdrift der Elektrode nicht immer zu vermeiden (s. aber auch weiter unten in diesem Abschn.).

Als Substrat kann im Prinzip jedes Material dienen, das eine größere spezifische elektrische Leitfähigkeit aufweist, als die Polymermembran. Vorzugswei-

3.4 „Solid-state"-Elektroden mit elektroaktivem Überzug

se finden Platin-, Silber- oder Kupferdrähte mit etwa 1 mm Durchmesser, aber auch Kohlenstoffstifte Verwendung.

Für die medizinische Diagnostik gibt es Elektroden, die als Folien hergestellt werden (Lemke und Cammann [200]), wie sie die Abb. 46 zeigt. Die einzelnen Schichten werden aufgedampft oder nach den Methoden der Filmtechnik aufgetragen (Coated Film-Elektrode). Eine „Innenfüllung" wird mit Gelatine verfestigt. Die mögliche Massenherstellung gestattet die Benutzung als Einmalelektrode. Zum praktischen Messen kann man zwei gleiche Elektroden ohne konventionelle Bezugselektrode gegeneinander schalten. Die dicht nebeneinander angeordneten Elektroden werden mit je einem Tropfen Vergleichs- und Meßlösung benetzt (s. Abb. 47). Sobald sich die auf der Oberfläche in der Filterpapierschicht ausbreitenden Flüssigkeiten berühren, ist der Meßkreis geschlossen. Das Verhältnis c_x/c_s ergibt sich dann aus der Kettenspannung.

Ansaldi und Epstein [201] fixierten eine calcium-selektive PVC-Membran von 0,5 mm Dicke (Herstellung: s. Abschn. 3.3.3) auf der Oberfläche einer Graphitelektrode (für die Spektroskopie) und erhielten dadurch eine „solid-state" Calcium-Elektrode mit Eigenschaften, wie sie der Flüssigmembrantypus zeigt.

Simon, Morf und Pretsch [202] berichteten über „solid-state"-Mikroelektroden bestehend aus ionenselektiven PVC-Membranen für Ca^{2+}, Ba^{2+}, Li^+, Na^+ und K^+ (Vorschrift: s. Abschn. 3.3.3) aufgezogen auf mit Tetraphenyloborat vorbehandelte Silberoberflächen. Die Elektroden wiesen eine Lebensdauer von über einem Jahr auf. Die EMK-Stabilität war ausgezeichnet und wegen des Fehlens einer labilen flüssig/flüssig-Phasengrenze auch weniger druckabhängig.

James, Garmack und Freiser [203] beschrieben ebenfalls eine Elektrodenkonstruktion für Flüssigaustauschersysteme ohne Innenlösung. Die Elektroden sind leicht herzustellen und zu miniaturisieren. Aus diesem Grund und wegen ihres Ansprechens auf einige Aminosäuren können diese Elektrodentypen besonders für physiologische Messungen interessant werden. Da sie nicht kom-

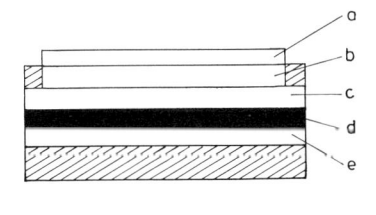

Abb. 46. Kalium-ionenselektive Elektrode in Filmbauweise (Kodak). *a* Valinomycin-Aliphaticester-PVC, *b* KCl und NaCl in Gelatine, *c* AgCl, *d* Silber, *e* Estar-Unterlage

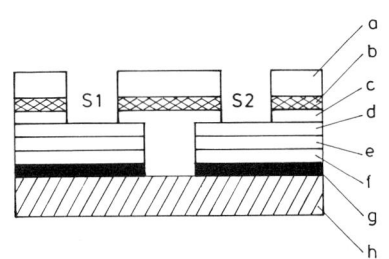

Abb. 47. Differenzmeßkette in Filmbauweise [200]. *a* Isolierschicht, *b* Diffusionsschicht, *c* Isolierschicht, *d* ionenselektive Schicht, *e* Innenelektrolyt, *f* AgCl, *g* Silberschicht, *h* Substrat

Tabelle 15. Drahtüberzug-Elektroden (s.a. [198, 208])

Elektroden-typ	Aktive Phase	Potentialbestimmende Ionen	Meßbereich (mol/L)	Selektivitätsverhältnis K_{M-S}	Empfohlener pH-Bereich	Temperatur (°C)	bei 25 °C (MΩ)	Empfohlene Bezugselektrode
pCl	Aliquat 336S in PVC-Matrix	NO_3^-, Br^-, Cl^-	10^{-1} bis 10^{-4}	NO_3^- 2,0; Br^- 1,2; SO_4^{2-} 0,12	2 bis 12	0 bis 50	100	Ag/AgCl mit Doppelstromschlüssel
pBr	s. oben	I^-, NO_3^-, Br^-	10^{-1} bis 10^{-3}	I^- 14,5; NO_3^- 2,0; Cl^- 0,19; SO_4^{2-} 0,020	s. oben			s. oben
pI	s. oben	I^-	10^{-1} bis 10^{-4}	NO_3^- 0,11; Br^- 0,056; Cl^- 0,0048; SO_4^{2-} 0,001;	s. oben			s. oben
pSCN	s. oben	SCN^-, I^-	10^{-1} bis 10^{-3}	I^- 0,34; NO_3^- 0,046; SO_4^{2-} 0,001; Cl^- 0,001	s. oben			s. oben
$pClO_4$	s. oben	ClO_4^-	10^{-1} bis 10^{-4}	ClO_3^- 0,039; Cl^- 0,004; NO_3^- 0,028; SO_4^{2-} 0,001	s. oben			s. oben
pSO_4	s. oben	NO_3^-, Cl^-, SO_4^{2-}	10^{-1} bis 10^{-3}	NO_3^- 30; Cl^- 16	s. oben			s. oben
p-Oxalat	s. oben	Cl^-, OAc^-, Oxalat$^-$	10^{-1} bis 10^{-4}	Cl^- 51; OAc^- 11; SO_4^{2-} 1,3	>8			s. oben
p-Benzoat	s. oben	Salicylat$^-$, Cl^-, Benzoat$^-$	10^{-1} bis 10^{-3}	Sal$^-$ 1,4; Cl^- 1,3; NO_3^- 1,3; SO_4^{2-} 0,15	>10			s. oben
p-Salicylat	s. oben	Sal$^-$, NO_3^-	10^{-1} bis 10^{-3}	NO_3^- 0,42; m-OH-Benzoat$^-$ 0,22; Cl^-, SO_4^{2-} 0,001	>10			s. oben
p-Leucin	s. oben	Phe$^-$, Leu$^-$, Cl^-, NO_3^-	10^{-1} bis 10^{-3}	Phe$^-$ 2,0; Cl^- 1,3; NO_3^- 0,50; Val$^-$ 0,25; Gly$^-$ 0,032; SO_4^{2-} 0,025	>10			s. oben
p-Phenyl-alanin	s. oben	NO_3^-, Phe$^-$, Cl^-	10^{-1} bis 10^{-3}	NO_3^- 2,0; Cl^- 0,8; Leu$^-$ 0,13; SO_4^{2-} 0,020; Gly$^-$ 0,025	>10			s. oben

3.4 „Solid-state"-Elektroden mit elektroaktivem Überzug

p-FeCl$_4^-$	s. oben	FeCl$_4^-$, FeCl$_4^{2-}$	10^{-1} bis 10^{-4}	Fe^{2+} 0,1; Hg^{2+} 10^{-2}; Sn^{2+} 0,05; 0 (1 mol/L Zn^{2+} 0,05; SO$_4^{2-}$ <F$^-$ <NO$_3^-$ 10^{-2} HCl+5 mol/L LiCl)	Ag/AgCl mit Doppelstromschlüssel
p-p-Toluolsulfonat	s. oben	p-CH$_3$C$_6$H$_4$S- O$_3^-$	10^{-1} bis 10^{-5}	Cl$^-$ 10^{-2}; SO$_4^{2-}$ 10^{-2}; NO$_3^-$ 1; ClO$_4^-$ 1; Ac$^-$ 0,5	>10	Ag/AgCl mit Doppelstromschlüssel
p-Laurylbenzolsulfonat	s. oben	C$_{12}$H$_{25}$C$_6$H$_4$S- O$_3^-$	10^{-3} bis 10^{-6}	wie oben	>10	Ag/AgCl mit Doppelstromschlüssel
p-Laurylsulfat	s. oben	C$_{12}$H$_{25}$SO$_4^-$	10^{-2} bis 10^{-4}	wie oben	>10	
pNO$_3$	Tetraoctadecylammoniumnitrat	SCN$^-$, ClO$_4^-$, I$^-$	0,1 bis 10^{-6}	Cl$^-$ 0,3; Br$^-$ 1,1; NO$_2^-$ 0,5	4 bis 11	0 bis 50	normale Ag/AgCl
pK	Valinomycin	K$^+$, Rb$^+$	0,1 bis 10^{-6}	Rb$^+$ 2,5; Cs$^+$ 0,6; Na$^+$ 6·10^{-2}; Li$^+$ 2·10^{-3}	3 bis 9	0 bis 50	Ag/AgCl mit Doppelstromschlüssel
pCa	Bis[bis(n-octylphenyl)-phosphato]-Calcium+Di-n-octyl-phenyl-phosphonat	Ca^{2+}	–	Na$^+$ 4·10^{-2}; K$^+$ 4·10^{-2}; Ba^{2+} 8·10^{-3}; Mg^{2+} 5·10^{-3}	3 bis 11	0 bis 50	s. oben
					wie oben	–

merziell erhältlich sind, fehlen umfangreiche praktische Erfahrungen. Die aktive Phase dieser Typenreihe ist ein flüssiger organischer Ionenaustauscher, der das große quartäre Tricaprylmethylammonium-Kation (Aliquat 336S, General Mill, USA; Serva, Heidelberg) enthält. Die Elektroden sprechen daher auf Anionen an. Bei der Messung von Aminosäuren bedeutet dies, daß der pH-Wert der Meßlösung hoch liegen sollte, damit sie überwiegend in der Anionenform vorliegen.

Zur Herstellung einer Drahtüberzug-Elektrode überzieht man einen dünnen, zuvor kurz ausgeglühten Platindraht mit einer Schicht Membranmaterial, z.B. nach Tabelle 11. Um eine gleichmäßige Schicht zu erhalten, empfiehlt es sich, den Draht während des Trocknens in waagerechter Stellung mit 1 bis 4 Umdrehungen/min rotieren zu lassen. In allen Fällen muß der nicht überzogene Platindraht durch einen Paraffinüberzug von einem direkten Kontakt mit der Meßlösung ausgeschlossen werden.

Viele der in der Tabelle 15 aufgeführten Ionen werden zwischen 0,1 bis 10^{-4} mol/L von den entsprechenden Überzug-Elektroden exakt im Sinne der Nernst-Gleichung angezeigt. Für das Sulfat- und Oxalat-Anion ergibt sich eine Steigung von ca. 28 mV pro Aktivitäts-Zehnerpotenz bei 25 °C. Die Tabelle 15 zeigt ein gutes Selektivitätsverhalten. Die Ansprechzeit ist mit wenigen Sekunden ebenfalls sehr kurz. Die Lebensdauer derartiger Mikro-Elektroden soll 3 Monate überschreiten.

Die Tabelle 15 zeigt eine große Zahl von Drahtüberzugs-Elektroden, von denen ein großer Teil den gleichen aktiven Überzug haben. Sie unterscheiden sich nur durch verschiedene Konditionierungen vor der Messung. Grundsätzlich lassen sich aber alle Membranlösungen aus dem Abschn. 3.3.4 verwenden. Mit Filmtechnik gebaute Sensoren für die medizinische Diagnostik sind mit einer kalium-, carbonat- oder ammonium-ionenselektiven Membran aufgebaut.

Die ionenselektiven Überzug-Elektroden sollen im Interesse eines driftfreien Arbeitens vor der ersten Messung ca. 15 min in einer Lösung konditioniert werden, die ca. 0,1 mol/L an dem zu messenden Ion ist. Zwischen den Messungen werden sie an Luft aufbewahrt und nach längerem Nichtgebrauch erneut ca. 5 min in einer 0,1 mol/L Meßlösung konditioniert. Es muß darauf geachtet werden, daß zwischen dem Platindraht und der Meßlösung kein direkter elektrolytischer Kontakt entstehen kann, der natürlich Fehlanzeigen ergäbe.

Die letztgenannten Drahtüberzug-Elektroden sind, vom theoretischen Standpunkt aus gesehen, sehr interessant. Man erzielt eine unterschiedliche Selektivität trotz gleicher aktiver Phase nur durch die unterschiedliche Konditionierung. Da durch die Konditionierung eigentlich nur die Konzentration des Meßions in der Elektrodenphase erhöht wird, kann man die Selektivität dadurch erklären, daß durch diese Erhöhung die korrespondierende Austauschstromdichte erhöht wird. Auch das Auftreten von Mischpotentialen läßt sich bei diesen Elektroden leicht beweisen, denn einige der Detergentien-Elektroden weisen eine Steilheit auf, die die theoretische Nernst-Steilheit übertrifft.

Abschließend sei zu diesen „solid-state"-Elektroden bemerkt, daß es schwierig ist, die Arbeiten anderer nachzuvollziehen. In einigen Fällen traten länger andauernde Drifterscheinungen, in anderen Fällen ein Herauslösen der aktiven Verbindung aus der PVC-Matrix auf. Bedingt durch die unüberschau-

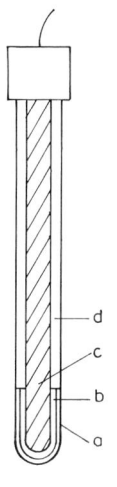

Abb. 48. Ionenselektive Elektrode ohne flüssige Füllung [204]. *a* Ionenselektive Membran, *b* innere Membran mit Redoxsystem, *c* Graphitkern, *d* PVC-Rohr

bare Ableitung des Potentials an der Metall/PVC-Phasengrenze, sollte man mit möglichst hochohmigen Verstärkern ($R_E > 10^{14}$ Ω) arbeiten, um eine Polarisation der dort stattfindenden, noch unbekannten Redox-Reaktion zu vermeiden. Diesen kritischen Übergang von der Ionen- zur Elektronenleitung versucht man in neuerer Zeit durch eine Zwischenschicht mit einem Redoxsystem aufzufangen (Abb. 48). Als sog. Mediatoren oder Ionenbrücken dienen z.B. Berliner Blau [204] oder Ferrocenderivate [205]. Aus der Summengleichung (R 23) in einer Kalium-selektiven Elektrode ist die Ladungsweitergabe ersichtlich:

$$K_3Fe(CN)_6 + K^+ = K_4Fe(CN)_6 - e^-. \qquad (R\,23)$$

Auf diese Weise können auch entscheidende Verbesserungen der Einstelldauer erreicht werden [206]. Die Wirkung leuchtet ein, obwohl Ionenbrücken noch nicht allgemein angewendet werden.

Zur Herstellung von „coated wire electroden" (CWE) sind bei Lima und Machado [207] noch weitere Einzelheiten der Herstellung und bei Cunningham und Freiser [208] weitere Beispiele angegeben.

3.5 Gas-Sensoren

Obwohl es sich hier um neutrale Gase handelt, die gemessen werden, sollen diese Meßfühler hier kurz besprochen werden, weil neben einer pH-Glasmembran-Elektrode auch ionenselektive Elektroden (im Fall von HF, H_2S, CO_2, NH_3 und HCN) zum Aufbau entsprechender Sensoren benutzt werden.

3.5.1 Prinzip

Allen Elektroden gemeinsam ist die Reaktion des betreffenden Gases mit Wasser unter Ionenbildung:

$$CO_2 + H_2O \rightleftharpoons HCO_3^- + H^+ \qquad (R\,24)$$

$$HCO_3^- \rightleftharpoons CO_3^{2-} + H^+ \qquad (R\,25)$$

$$NH_3 + H_2O \rightleftharpoons NH_4^+ + OH^- \qquad (R\,26)$$

$$SO_2 + H_2O \rightleftharpoons HSO_3^- + H^+ \qquad (R\,27)$$

$$2\,NO_2 + H_2O \rightleftharpoons NO_3^- + NO_2^- + 2\,H^+ \qquad (R\,28)$$

$$HF + H_2O \rightleftharpoons H_3O^+ + F^- \qquad (R\,29)$$

$$H_2S \rightleftharpoons S^{2-} + 2\,H^+ \qquad (R\,30)$$

$$HCN + H_2O \rightleftharpoons H_3O^+ + CN^-. \qquad (R\,31)$$

In den Fällen, wo beim Einleiten dieser Gase in wäßrige Lösungen Wasserstoffionen entstehen oder abgefangen werden, kann eine pH-Glaselektrode zur Anzeige der Änderung des pH-Wertes der Lösung herangezogen werden. In den drei letzten Fällen können ionenselektive Elektroden (Fluorid-Elektrode, Silbersulfid-Elektrode) eingesetzt werden.

Gemäß den betreffenden Ausdrücken für das Massenwirkungsgesetz

$$K = \frac{a_{HCO_3^-} \cdot a_{H^+}}{a_{CO_2}}, \quad a_{H^+} = K \cdot \frac{a_{CO_2}}{a_{HCO_3^-}}, \qquad (73)$$

$$K = \frac{a_{NH_4^+} \cdot a_{OH^-}}{a_{NH_3}}, \quad a_{OH^-} = K \cdot \frac{a_{NH_3}}{a_{NH_4^+}} \quad \text{usw.} \qquad (74)$$

ergibt sich bei konstant gehaltener Aktivität von HCO_3^-, HSO_3^- usw. eine Proportionalität zwischen der Konzentration des neutralen Gases und des von einer Elektrode angezeigten Ions.

Severinghaus [209] hat der Innenlösung ein Salz des Anions zugefügt, welches sich aus dem Gas bildet, damit dessen Konzentration etwa konstant bleibt. Dann wird im Fall des Kohlenstoffdioxids aus Gl. (73) $a_{H^+} = K' a_{CO_2}$, d. h., man erhält eine Proportionalität zwischen Wasserstoffionenaktivität und Partialdruck. Ohne die Vorgabe dieses Salzes wäre nämlich nur

$$a_{HCO_3^-} = a_{H^+} \text{ und damit } a_{H^+} = \sqrt{K' a_{CO_2}}.$$

3.5.2 Aufbau

Man kann das oben beschriebene Meßprinzip durch zwei unterschiedliche Meßfühlerkonstruktionen verwirklichen. Die eine Konstruktion folgt dem Vorbild der schon längere Zeit im Handel erhältlichen CO_2-Elektrode [210, 211], die vor allem zu klinischen pCO_2-Messungen herangezogen wird. Hier wird die notwendige Reaktionslösung mit Hilfe einer gaspermeablen Membran und eines Abstandrings in dünner Schicht vor der Oberfläche einer Indikatorelektrode gehalten. Da die äußerst dünne Membran nur Gase passieren läßt, können keine Störionen zur Meßelektrode gelangen. Bei der anderen Konstruktion dient ein kleiner Luftspalt (air-gap-electrode [212]) dazu, die ionischen Bestandteile der Meßlösung von der Oberfläche der Indikatorelektrode fernzu-

3.5 Gas-Sensoren

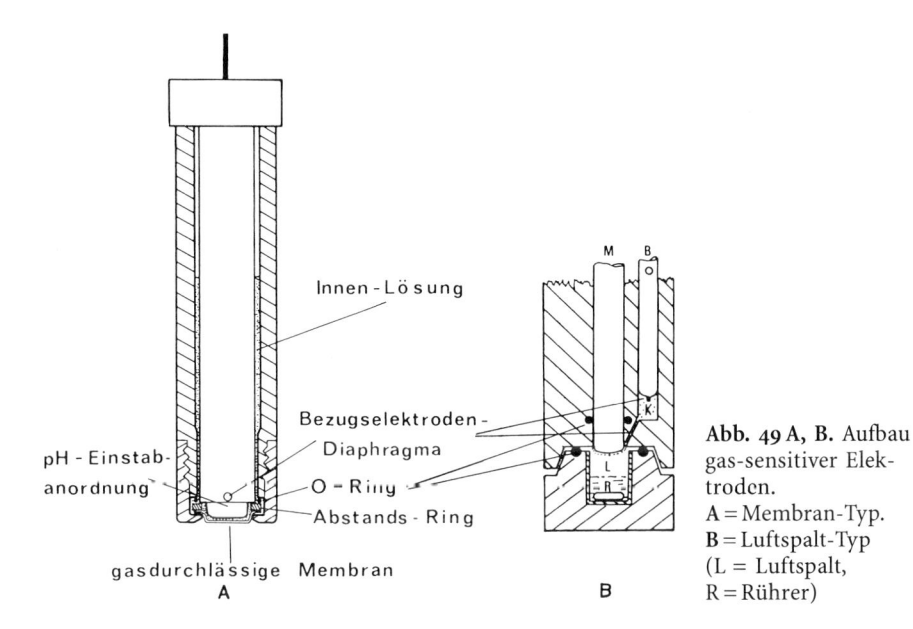

Abb. 49 A, B. Aufbau gas-sensitiver Elektroden.
A = Membran-Typ.
B = Luftspalt-Typ
(L = Luftspalt,
R = Rührer)

halten. Hier muß allerdings die Indikatorelektrodenoberfläche vor jeder Messung mit der betreffenden Reaktionslösung benetzt werden (Kontaktieren eines mit der betreffenden Elektrolytlösung getränkten Polyurethanschaums). Die Abb. 49 zeigt beide Konstruktionsprinzipien. Da man als Indikatorelektrode jeweils eine Einstabanordnung (mit integrierter Bezugselektrode) mit flacher Elektrodenspitze verwendet, erübrigt sich bei den Gas-Sensoren eine weitere, äußere Bezugselektrode.

Als Membranen haben sich für Kohlenstoffdioxid homogene Folien aus Siliconkautschuk bewährt, sie lassen sich unter Zwischenlage eines dünnen Netzes stramm über die Glaselektrode ziehen. Für die übrigen Gase sind die Diffusionskoeffizienten viel kleiner (s. Tabelle 16), so daß man für sie poröse Teflonmembranen verwendet, in deren Lufträumen die Diffusion immer noch am schnellsten vor sich geht. Es hat sich gezeigt, daß fast unabhängig von der Dicke, feinporige Membranen, z. B. mit 0,02 µm Porendurchmesser, am besten geeignet sind. Für das sog. Abstandsgewebe hat sich für CO_2-Meßketten bei einer Fadendicke von 1 bis 10 µm eine Maschenweite von 50 µm als optimal erwiesen [213]. Um das Eintrocknen der Innenlösung zu verzögern, werden auch bis zu 60% Glycerin zugegeben [214].

Ein Vorteil der Luftspalt-Elektrode ist das raschere Ansprechvermögen. Die Diffusion des Gases erfolgt in dem nur ca. 10 mm breiten Luftspalt schneller

Tabelle 16. Diffusionskoeffizienten in Siliconkautschuk, D ($cm^2 s^{-1}$)

θ (°C)	CO_2	NH_3	NO/NO_2
25	$1,1 \cdot 10^{-5}$	$9,5 \cdot 10^{-8}$	$1,0 \cdot 10^{-6}$

als in den Mikroporen der gaspermeablen Membran; zugleich wird aber auch das Gleichgewicht in der äußerst dünnen Elektrolytschicht mit ihrem, im Gegensatz zu den Membran-bedeckten, begrenzten Volumina schneller eingestellt. Dadurch, daß bei der Luftspalt-Elektrode die Indikatoroberfläche nie in direkten Kontakt mit dem Meßmedium kommt, fallen auch die üblichen Membranstörungen (Verstopfen der Poren durch viskose Medien, Proteinschichten etc., Eindringen von Lösung bei Gegenwart von Netzmitteln) weg. Man erkauft sich diese Vorteile aber durch eine etwas umständlichere Handhabung, denn die Benetzung der Indikatoroberfläche muß reproduzierbar erfolgen! Meßketten mit Luftspalt werden nicht kommerziell hergestellt, sie sind aber für den Selbstbau, von Mikroelektroden, sehr geeignet (s. Abschn. 6.1.2).

Mit ionenselektiven Film-Elektroden für Carbonat und Ammonium lassen sich alternative Gas-Sensoren aufbauen [215]. Von der aufgetragenen Probe diffundiert das Gas in eine Pufferschicht. Proportional zur Gesamtkonzentration in der Probe werden in einer darunter liegenden ionenselektiven Schicht die Carbonat- bzw. Ammoniumionen gemessen (s. Abb. 50). Der pH-Wert der Probe ist im Gegensatz zu den im Abschn. 3.5 beschriebenen Gas-Sensoren nicht wichtig, weshalb sich diese Methode besonders gut für Blut- oder Serumanalysen eignet.

Für Kohlenstoffdioxid (und Ammoniak) können also zwei alternative Meßketten benutzt werden. Da die Steilheiten verschiedene Vorzeichen haben, kann man durch Gegeneinanderschalten eine Meßkette mit der doppelten Steilheit von 118 mV erhalten [216].

Zur Bestimmung von freiem Chlor für die Wasserdesinfektion kann man das Gleichgewicht

$$Cl_2 + H_2O \rightleftharpoons HClO + H^+ + Cl^- \tag{73}$$

heranziehen. Chlor dringt durch die Membran, so daß bei gepuffertem pH-Wert der Innenlösung ihre Chloridionenaktivität ein Maß für den Gehalt an freiem Chlor darstellt [217].

Eine interessante bicarbonat-ionenselektive Meßkette erhält man aus zwei Bezugselektroden, die durch eine protonenselektive Membran getrennt sind [218]:

Bez. ∥ Messl. | H^+-sel-Membr. | $NaHCO_3^-$ ∥ Bez.

(s. die schematische Abb. 51). Die Membran läßt Kohlenstoffdioxid hindurch. Die Meßkettenspannung ist gleich der Differenz der pH-Werte in Meß- und innerer Lösung und in letzterer hängt der pH-Wert vom Kohlenstoffdioxid-Partialdruck ab:

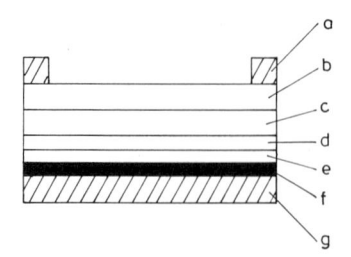

Abb. 50. Kohlenstoffdioxid-selektive Filmüberzugs-Elektrode (Ektachem). a Isolierschicht, b Pufferemulsion (pH=8,4), c CO_3^{2-}-selektive Membran, d feste Innenlösung, e AgCl, f Silber, g Support

3.5 Gas-Sensoren

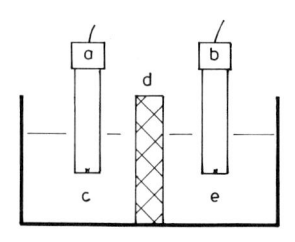

Abb. 51. Schema zur Funktion einer hydrogencarbonat-ionenselektiven Meßkette nach Botré et al. [218]. *a* und *b* Bezugselektroden, *c* Meßlösung, *d* H$^+$-ionenselektive PVC-Membran, *e* Bicarbonat-Elektrolyt

$$E = \text{konstant} + 59,2\,(\text{pH} - \lg P_{CO_2})(\text{mV}) \text{ oder}$$
$$E = \text{konstant}' + 59,2\,p(HCO_3^-)(\text{mV}). \tag{74}$$

3.5.3 Eigenschaften der gas-sensitiven Elektroden

Die Tabelle 17 faßt die wichtigsten Eigenschaften der kommerziell erhältlichen gassensitiven Elektroden zusammen. Generell ist zu beachten, daß der Gas-Transport durch die Membranfolie, wie über den Luftspalt, diffusionskontrolliert ist. Treibende Kraft für die Gasdiffusion ist der Gradient des Partialdrucks. Die Elektrode zeigt demnach, wenn sie in Lösungen getaucht wird, eigentlich die unterschiedlichen Gas-Partialdrücke in den Meßlösungen an. Der Zusammenhang zwischen dem Partialdruck eines Gases P_{gas} und der Konzentration der physikalisch gelösten Stoffmengenkonzentration *c* wird durch das Henrysche Gesetz beschrieben:

$$P_{gas} = k \cdot c. \tag{75}$$

Die Proportionalitätskonstante *k* drückt die stoffspezifische physikalische Löslichkeit des betreffenden Stoffes in der Lösung aus. Sie ist von der Zusammensetzung der Lösung abhängig. *Da man bei der Elektrodenkalibrierung dieses Lösungsgleichgewicht mit erfaßt, sollten sich Meß- und Kalibrierlösung ähneln.* Im Zweifelsfall ist eine Verdünnung der Probelösung angebracht. Gemäß dem Meßprinzip dieser Elektroden ergibt sich auch ein Wasserdampftransport, wenn der osmotische Druck zwischen Reaktions- und Meßlösung unterschiedlich ist. Dies kann die Konzentration des dünnen Elektrolytfilms vor der Indikatorelektrodenoberfläche verändern und zu einem Driften der Meßwerte führen.

Zu isotonen Lösungen gelangt man, wenn man die Meßlösung in der Ionenstärke der Reaktionslösung anpaßt. Viele Gas-sensitive Elektroden folgen zwischen 0,1 und 10^{-5} mol/L näherungsweise der Nernst-Gleichung:

$$E = E' - \frac{R \cdot T}{z \cdot F} \ln P_{gas}. \tag{76}$$

Beim Arbeiten in stark alkalischen Lösungen (pH>13) ist Vorsicht geboten, da die Membranfolie beim längeren Arbeiten in derartigen Medien quellen kann. Dabei kann sich die für den Gastransport notwendige Porenweite verkleinern, was die Diffusion beeinflußt. Das gleiche geschieht beim Arbeiten in nichtwäßrigen Lösungen. Will man die volle Empfindlichkeit des betreffenden Gas-

Tabelle 17. Handelsübliche Gas-Sensoren [167, 212]

Angezeigtes Gas	Indikatorelektrode	Membran Beispiele	Reaktionslösung (mol/L)	Erfassungsgrenze (mol/L)	optimaler pH-Wert	Störungen
CO_2	pH-Glaselektrode	mikroporös. (1,5 μm) Filter[1]	10^{-2} $NaHCO_3$ 10^{-2} NaCl	10^{-5}	<4,8	
NH_3	s. oben	0,1 mm mikroporös. Teflon	10^{-2} NH_4Cl 0,1 KNO_3	10^{-6}	>11	flüchtige Amine
SO_2	s. oben	0,025 mm Silikongummi	10^{-3} $NaHSO_3$ pH 5	$5 \cdot 10^{-6}$	0 bis 3	Cl_2, NO_2 zerstören mit N_2H_4; HCl, HF, Acetat
NO/NO_2	s. oben	0,025 mm mikroporös. Polypropylen	0,02 $NaNO_2$ 0,1 KNO_3	10^{-6}	<1,8	SO_2 abfangen mit CrO_4^{2-}; CO_2
pCO_2	Aliquat 336 S (CO_2-sensitiv)	Puffer pH 8,4 in PVC	–	$5 \cdot 10^{-4}$	–	Br^-, I^-

[1] Zum Beispiel Fluoropore mit 1 μm Porenweite mit Polyethylenrückseite (Millipore) [171]
[2] Die Membran-bedeckten Sensoren können noch Viskosität-erhöhende Zusätze enthalten [172]

Sensors erhalten, so empfiehlt sich die Einstellung der in Tabelle 17 aufgeführten optimalen pH-Werte in der Meßlösung. Bei Abwesenheit von Ammoniak kann man den NH_3-Sensor zur Anzeige flüchtiger Amine (z. B. zur Überwachung der Luft bei der großtechnischen Herstellung dieser Verbindungen) einsetzen. Um komplex gebundenes NH_3 (z. B. Kupfer- oder Zinktetrammin-Komplexe) freizusetzen, wird der Zusatz von 15 g/L EDTA empfohlen [219].

Der optimale pH-Wert für SO_2 und NO_2 liegt bei 0,7. Die pH-Wert-Einstellung kann mit H_2SO_4 oder $HClO_4$ erfolgen. Wenn man bei pH-Werten messen muß, bei denen das Gleichgewicht nicht ganz auf der Seite des Gases liegt, ergibt sich eine reduzierte Empfindlichkeit und, um zu vergleichbaren Aussagen zu gelangen, muß man den pH-Wert genau einstellen! Die Anzeigegeschwindigkeit bis zur Erreichung eines Endwertes variiert je nach dem Gehalt der Meßlösung zwischen 10 sec und einigen Minuten beim Arbeiten in der Nähe der Nachweisgrenze. Bezüglich der Meßtechnik und Auswertung können diese Sensoren unter Beachtung der oben aufgeführten Punkte wie andere ionenselektive Elektroden behandelt werden.

3.5.4 Handhabung

Alle Sensor-Typen mit Membran sollen bei Nichtgebrauch in einer mit der Innenlösung isotonen Lösung aufbewahrt werden. Man kann die in der Tabelle 17 angegebenen Elektrolytlösungen dazu verwenden. Keelev und Walters [220] fanden, daß Regenerierlösungen mit großem pH-Gradienten gegenüber der Innenlösung die Ansprechzeit der Elektroden verbessern, sie empfehlen:

CO_2-Meßkette: 0,1 mol/L Na-Phosphatpuffer, pH = 10,
NH_3-Meßkette: 0,1 mol/L Citratpuffer, pH = 4,5.

Längere Aufbewahrung an der Luft hat eine Konzentrierung der Innenlösung zur Folge und kann zum Auskristallisieren von Salzen an der Membraninnenseite führen. Nach ca. 1 Woche bis 1 Monat sind Membran und Innenlösung zu erneuern. Bei der Messung von Gasspuren kann die Verwendung einer verdünnteren Reaktionslösung vorteilhaft sein. *Die Membranfolie soll nicht mit bloßen Händen angefaßt werden.* Poröse Membranen müssen ihre hydrophoben Eigenschaften behalten und dürfen daher niemals mit Tensiden in Berührung kommen. Kontaminierte Membranen lassen sich kaum noch regenerieren. Die meisten Hersteller liefern Module mit fertig vorgespannten Membranen, die sich leicht auswechseln lassen. Oft haben diese aber auf der Unterseite einen Rand, mit dem man sich leicht eine Luftblase einfangen kann, ggf. muß die Meßkette schräg gehalten werden. Auch sollen keine Luftblasen im Reaktionsraum sein. Beim Meßvorgang ist zu beachten, daß die durch die optimale pH-Einstellung freigesetzten Gase aus der Meßlösung entweichen, wenn man nicht mit der Luftspalt-Elektrode arbeitet. Man soll die pH-Einstellung also erst unmittelbar vor der Messung vornehmen. Das Verhältnis von Volumen zu Oberfläche sollte bei der Meßlösung so groß wie möglich sein. Bei gerührter Lösung kann man in 6 h mit ca. 50% Abnahme rechnen. In den Fällen, wo eine pH-Glaselektrode als Indikator-Elektrode dient, kann die Ansprechzeit nach einigen Monaten infolge Alterung der Glaselektrode zuneh-

Tabelle 18. Bunsenscher Absorptionskoeffizient a (Pa^{-1})

θ (°C)	CO$_2$	NH$_3$	N$_2$O$_3$	H$_2$S
20	$8{,}67 \cdot 10^{-6}$	$6{,}93 \cdot 10^{-3}$		$25{,}5 \cdot 10^{-6}$
25	$7{,}49 \cdot 10^{-6}$	$6{,}31 \cdot 10^{-3}$ (24 °C)	$22{,}5 \cdot 10^{-6}$	$2{,}5 \cdot 10^{-6}$
30	$6{,}56 \cdot 10^{-6}$	$5{,}78 \cdot 10^{-3}$ (28 °C)		$20{,}1 \cdot 10^{-6}$
35	$5{,}48 \cdot 10^{-6}$			$18{,}1 \cdot 10^{-6}$

men. Eine Aktivierung ist dann durch Behandlung der Glaselektroden mit verdünnter Flußsäure ($c \approx 0{,}5$ mol/L) möglich. Im übrigen sei auf die Vorschriften der Hersteller verwiesen.

Die Konzentration gelöster Gase wird sehr oft in Partialdrücken angegeben. Für medizinische Zwecke sind Kalibriergase mit den wichtigsten CO$_2$-Konzentrationen im Handel. Bequemer sind aber Kalibrierlösungen, deren Konzentrationen in mol/L eingewogen sind. Dann muß man mit der Formel umrechnen:

$$P_{gas} = \frac{c_{gas} \cdot 22{,}41}{a} \text{ (Pa).} \tag{77}$$

Darin ist c in mol/L anzugeben, 22,41 ist das Molvolumen und a der Bunsensche Absorptionskoeffizient in Pa^{-1} (Tabelle 18). In der Medizin wird noch in mmHg gerechnet (1 mm Hg = 1333 Pa).

3.5.5 Probenvorbereitung

Abschließend seien nochmal die Punkte, die für ein erfolgreiches Arbeiten mit diesen Gas-Sensoren unbedingt zu beachten sind, zusammengefaßt:

a) Kalibrier- und Meßlösungen sollen sich hinsichtlich ihrer Zusammensetzung nicht sehr unterscheiden (gleicher Proportionalitätsfaktor beim Henryschen Gesetz).

b) Kalibrier- und Meßlösungen müssen bei der gleichen Temperatur gemessen werden (sonst ändert sich der Proportionalitätsfaktor).

c) Die Einstellung des optimalen pH-Wertes (s. Tabelle 17) soll erst unmittelbar vor der Messung geschehen. Bewährte Konditionierungspuffer befinden sich in Abschn. A.3 im Anhang.

d) Die Ionenstärke von Meß- und Reaktionslösung soll ähnlich sein (sonst Wasserdampftransport und driftende Werte).

e) In allen Fällen ist gutes Rühren erforderlich. Wenn das Meßgas entweichen kann, muß man in geschlossenen Systemen messen.

f) Bei Konzentrationen >0,1 mol/L kann man in einen Sättigungsbereich kommen, in dem das Henrysche Gesetz nicht mehr gilt.

g) Die Genauigkeit hängt von den verwendeten Standards ab. Da sich eine NaHSO$_3$-Lösung (SO$_2$-Elektrode) rasch zersetzt, ist eine jodometrische Kontrolle derselben angebracht.

Neben NH$_3$ und NH$_4^+$-Ionen können mit der NH$_3$-Elektrode auch NO$_3^-$-, NO$_2^-$- und *organische Stickstoffverbindungen* nach Überführung in NH$_3$ gemessen werden [221]. Für organisch gebundenen Stickstoff eignet sich dazu der bekannte Kjeldahl-Aufschluß. Nitrat und Nitrit kann in einer HCl–NaF-Lösung mit Al-Pulver zu NH_4^+ reduziert werden, das dann mit NaOH in NH_3 überführt werden kann. Die Ausbeute dieser Reduktion liegt bei über 80%. Eine direkte Reduktion in alkalischer Lösung führt zu hohen NH_3-Verlusten. Auch hier sind bei Probe- und Kalibrierlösung gleiche Bedingungen einzuhalten. Da bei der direkt anzeigenden Nitrat-Elektrode größere Chloridmengen stören, ergibt sich mit der NH_3-Elektrode nun die Möglichkeit, auch chloridreiche Boden- oder Meerwasserproben auf ihren Nitratgehalt hin zu überprüfen, was dieser Elektrode ein breites Einsatzfeld eröffnet. Ein weiteres großes Gebiet eröffnet sich für die Membran-bedeckte NH_3-Elektrode auf dem Gebiet der Enzym-Elektroden, worauf im nächsten Kapitel eingegangen wird. Ruzicka und Hansen [212] berichteten über die erfolgreiche Verwendung einer Luftspalt-NH_3-Elektrode zur NH_4^+-Bestimmung in Serum- und Plasmaproben. Unter Verwendung eines Analysenautomaten sind bis zu 60 Bestimmungen je Stunde möglich. Mit der korrespondierenden CO_2-Elektrode läßt sich der totale anorganische und organische Kohlenstoffgehalt von Wässern nach der Oxidation einfach und preiswert erfassen.

Die SO_2-Elektrode erlaubt die Bestimmung der „schwefeligen Säure" in Nahrungsmitteln und Getränken. Durch einfaches Ansäuern <0,7 pH mit $HClO_4$ wird das „freie SO_2" bestimmt. Das an Aldehyde gebundene erfaßt man nach Alkalisieren auf >12,5 pH und anschließendem Ansäuern auf <0,7 pH, da die Rekombination kinetisch gehemmt ist [219].

Die gasselektive Meßkette für Stickstoffoxide kann man auch zur Nitratbestimmung verwenden, wo die nitrationenselektive Elektrode gestört wird. Vorher ist eine Reduktion zu Nitrit notwendig. Dazu kann man die für kolorimetrische Nitratbestimmungen in Wässern schon lange bekannte Nitratreduktion mit Hydrazin anwenden [222].

3.6 Bio-Sensoren

Obwohl es (mit Ausnahme der Corning-476 200-Acetylcholinbromid-selektiven Flüssigmembran-Elektrode) kommerziell noch keine „Bio-Sensoren" gibt, die mit Hilfe ionenselektiver Elektroden biochemisch wichtige Verbindungen anzeigen, gibt es doch schon eine Vielzahl leicht selbstherstellbarer Bio-Sensoren für diese Stoffe (wie z. B. Proteine, Harnstoff, Antigene, Hormone, Enzyme sowie deren Substrate), so daß es gerechtfertigt ist, an dieser Stelle auch darauf kurz einzugehen. Für Details sei auf die ausgezeichneten Übersichtsartikel von Guilbault et al. [223] sowie Schindler und Schindler [1] hingewiesen.

3.6.1 Prinzip

Ähnlich wie bei den oben besprochenen Gas-Sensoren dient als Basis eine chemische Reaktion, bei der ein von einer ionenselektiven Elektrode angezeigter Stoff gebunden oder freigesetzt wird. Paradebeispiel für die sog. *Enzym-Elektroden* ist die enzymatische Spaltung von Harnstoff in Ammonium- und Carbonationen durch das Enzym Urease:

$$\underset{\text{(Substrat)}}{CO(NH_2)_2} + 2\,H_2O \xrightarrow{\text{Urease} \atop \text{(Enzym)}} \underset{\text{(Produkte)}}{2\,NH_4^+ + CO_3^{2-}}\ . \tag{R 32}$$

Für die Verfolgung dieser spezifischen Reaktion mit Hilfe ionenselektiver Elektroden gibt es in diesem Fall vier Möglichkeiten: Man kann die freigesetzten Ammonium-Ionen mittels einer kationensensitiven Glasmembran- oder ammoniumselektiven Flüssigmembran-Elektrode oder nach Umwandlung in NH_3 mittels des NH_3-Gas-Sensors anzeigen. Zum anderen kann man das Carbonat-Ion entweder direkt mit einer Carbonat-selektiven Flüssigmembran-Elektrode [181] oder nach Umwandlung in CO_2 mittels eines CO_2-Sensors zur Anzeige bringen.

Mit der hier beispielhaft aufgeführten Reaktion (R 32) läßt sich mit Hilfe geeigneter ionenselektiver Elektroden nicht nur die Substratkonzentration ermitteln sondern bei Substratüberschuß aus der Kinetik der Reaktion (EMK gegen Zeit-Kurve) auch die Enzymaktivität bestimmen. Durch vergleichende Aktivitätsmessungen auf dieser Basis kann man weiter indirekt so auch Aktivatoren (z. B. Na-Glykocholat bei der Lipase) oder Inhibitoren (z. B. Phosphorinsektiziden bei der Cholinesterase) bestimmen. Die Tabelle 20 führt einige Beispiele auf.

Die große Selektivität der Enzymelektroden macht es in einigen Fällen attraktiv, auch anorganische Ionen auf diesem Wege zu bestimmen, obwohl einfacher gebaute Elektroden zur Verfügung stehen. Zum Beispiel kann man Nitrat auf diesem Wege, auch in Gegenwart der sonst störenden Ionen, bestimmen: Es wird durch Nikotinamidadenindinucleotid (red) in Gegenwart von Nitrat- und Nitritreduktase in zwei Stufen zu Ammoniak reduziert und mit der gassensitiven Meßkette gemessen [224].

3.6.2 Aufbau

Im einfachsten Fall kann man die ionenselektive Meßkette direkt in die gerührte, thermostatisierte Substratlösung tauchen, das Enzym hinzufügen und die neue Potentialeinstellung abwarten [225]. Aus der Potentialänderung wird dann die Konzentrationsänderung des angezeigten Stoffes errechnet und hieraus dann die Substratkonzentration. Voraussetzung hierbei ist natürlich eine stöchiometrische Reaktion, d.h. die Substratmoleküle müssen quantitativ reagieren. Der Nachteil dieses „Becherglas-Verfahrens" besteht in dem relativ großen Zeitaufwand und liegt in der Tatsache, daß das zugesetzte Enzym weggeworfen werden muß, obwohl es noch aktiv ist.

Fußend auf den Arbeiten von Clark und Lyons [226] sowie Hicks und Updike [227] immobilisierten Guilbault und Montalvo [228, 229, 230, 231] das

3.6 Bio-Sensoren

Enzym. Sie überzogen eine herkömmliche kationenselektive (auf NH_4^+ ansprechende) Glaselektrode mit dem Enzym (Urease, Aminosäureoxidase) in einer photopolymerisierten Acrylamidgel-Matrix. Zur besseren mechanischen Festigkeit wurde das Gel mit einem Nylonnetz oder einer Cellophanfolie fixiert. Das Enzym reagiert spezifisch nur mit dem in der Lösung vorhandenen Harnstoff bzw. den Aminosäuren unter Bildung von NH_4^+-Ionen, die von der kationensensitiven Elektrode angezeigt werden. Eine derartige Elektrode arbeitete ohne Aktivitätseinbuße über 3 Wochen lang als spezifischer Detektor. Der Harnstoff-Sensor überstrich einen Konzentrationsbereich von $1,6 \cdot 10^{-1}$ bis $5 \cdot 10^{-5}$ mol/L mit einer Ansprechzeit t_{90} von nur ca. 25 s. Temperaturen über 37 °C verkürzen die Lebensdauer der meisten Enzyme erheblich. Die thermophilen Enzyme der Archaebakterien, die z.T. bis 110 °C stabil bleiben und vielleicht sogar sterilisiert werden können, haben bei gewöhnlichen Temperaturen aber nur geringe Aktivitäten.

Die Abb. 52 zeigt ein Schema mit den gängigen Immobilisationsverfahren. Danach kommen von der einfachen Absorption bis zur kovalenten Bindung alle Varianten vor [232]. Je weniger fest ein Enzym gebunden ist, um so weniger büßt es von seiner Aktivität ein. Am wenigsten geht davon verloren, wenn das Enzym in flüssiger Lösung hinter einer Membran eingeschlossen ist. Dagegen geht in einer kovalenten Bindung der größte Teil der Aktivität verloren.

Eine kovalente Bindung erfolgt über die Aminogruppen der Enzyme, entweder mit Hilfe von Aldehyden oder einer Azo-Reaktion direkt auf der vorbereiteten Membran der Primärelektrode. Es gibt auch viele Versuche, natürliche Gewebe als Enzymmembran zu verwenden. Die Aktivität der Enzyme ist dann zwar größer als bei den anderen Bindungsarten, dafür fehlt aber die künstliche Anreicherung, so daß solche Elektroden langsamer reagieren.

Die Haltbarkeit der Enzyme hängt u.a. vom Grad ihrer Isolierung ab (s. Tabelle 19). Immobilisiert lebende Mikroorganismen produzieren das gewünschte Enzym laufend neu, so daß sich die Elektroden in gewisser Weise selbst regenerieren [233]. Näheres ist der Originalliteratur zu entnehmen.

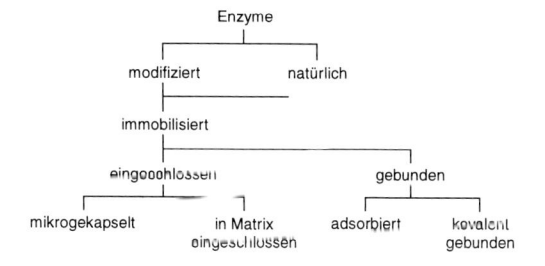

Abb. 52. Schema zur Immobilisation von Enzymen

Tabelle 19. Mindestlebensdauer von Enzymelektroden, nach Arnold und Rechnitz [234]

Isoliertes Enzym	ca. 1 d
Zellfraktion	ca. 10 d
Lebender Organismus	ca. 20 d
Organgewebe	ca. 30 d

3.6.3 Herstellung von Enzym-Elektroden

Enzyme stehen selten als reine Stoffe, sondern meist in mehr oder weniger angereicherter Form zur Verfügung. Die Enzymaktivität (nicht zu verwechseln mit der Ionenaktivität!) wird in I.U. (International Units) angegeben: 1 I.U. ist die Enzymmenge, welche 1 µmol/min Substrat umsetzt. Für die Herstellung von Elektroden ist die Konzentration im Enzympräparat wichtiger, sie wird in I.U./mg angegeben.

a) *Harnstoffsensor mit physikalischer Immobilisation* [235]
Nachdem eine pH-Glaselektrode mit Kugelmembran mit Wasser und Aceton gespült wurde, wird sie für 5 min in eine Lösung aus 200 mg Urease (5 I.U./mg) und 20 mg Cellulosetriacetat in 2 mL Aceton getaucht. Sie wird mit der anhaftenden Schicht 5 min lang an der Luft unter beständigem Drehen in horizontaler Lage getrocknet. Danach wird der Vorgang wiederholt. Später wird der Grenzbereich zwischen Membran und Elektrodenschaft durch Auftragen einer PVC-Lösung (2,5 mg/mL in Tetrahydrofuran) isoliert.

b) *Harnstoff-Sensor nach der Sandwich-Bauweise*
60 I.U. Urease werden in 0,56 mL Phosphatpuffer (pH 6,8) gelöst, 0,4 mL einer 1,5%igen Rinderalbuminlösung und 0,04 mL einer 25%igen Glutaraldehyd-Lösung hinzugefügt und die Mischung auf eine ebene Glasplatte gegossen. Die Vernetzung wird bei 4 °C bis zur vollständigen Verfestigung durchgeführt. Dann wird die erhaltene Membran mit Wasser abgespült und von der Glasplatte abgezogen. Mittels eines Korkbohrers werden Scheiben herausgeschnitten und sandwich-artig zusammen mit der gaspermeablen Membran eines CO_2-Sensors eingebaut [236].

Nach einer anderen Vorschrift gibt man einen Tropfen der Urease-Puffermischung (pH 7,0) auf die äußere Oberfläche der gaspermeablen Membran eines NH_3-Sensors, deckt mit einer passenden Cellulosemembran ab und baut beides nach Vorschrift der Hersteller in den Sensorkörper ein [237]. Obwohl an der Primärelektrode überwiegend nur NH_4^+-Ionen vorliegen sollten, ergibt sich ein Nernst-gemäßes Ansprechen des Sensors auf die Harnstoffkonzentration. Sogar Vollblutanalysen sind möglich.

c) *Harnstoff-Sensor mittels einer Luftspalt-Elektrode* [238]
10 I.U. immobilisierter Urease (Boehringer-Enzygel-Urease-650 Einh./g; Corning-glas-gebundene Urease-300 Einh./g) werden auf den Teflonrührer einer Luftspalt-Elektrode gegeben, ein Nylonnetz darübergezogen und an den Enden zugebunden. Bedingt durch die günstige Hydrodynamik dieser Anordnung, dauert eine Analyse nur ca. 2 min, obwohl man mit einem Tris-Puffer (0,5 mol/L; pH 8,5) arbeitet bei einem pH-Wert, bei dem das Enzym nicht seine optimale Aktivität entfalten kann.

Als weiteres Immobilisierungsmittel kommt Polyacrylamidgel, wie es auch für die Herstellung von Elektrophoreseplatten benutzt wird, in Frage. Zur Herstellung von 60 mL eines Gels mit 20% Trockenmasse nimmt man 29,2 mL 40%ige Acrylamid-Lösung, 16,2 mL 2%ige Methylendiacrylamid(B)-Lösung mit 15 mL Enzym-Pufferlösung, gibt etwas Ammoniumperoxiddisulfat mit

N,N,N',N'-Tetramethylethylendiamin als Katalysator hinzu [239]. Mit den Konzentrationen und dem Verhältnis der beiden ersten Komponenten zueinander kann man den Vernetzungsgrad in weiten Grenzen einstellen.

Eine besondere Art der Immobilisation beschreiben Miyabayashi et al. [240]; sie vermischen die Enzymlösung mit magnetisiertem Eisenoxid, um es damit auf der Elektrode zu fixieren. In dieser fließt ein elektrischer Strom durch ein Solenoid so lange, wie die Elektrode mit dem Enzym gebrauchsbereit sein soll.

Diese Herstellungsarten mögen stellvertretend für die unzähligen Möglichkeiten stehen, die sich durch die Verwendung höchst selektiver Enzyme oder gar ganzer Enzymketten bieten.

3.6.4 Eigenschaften von Bio-Sensoren

Bezüglich der Eigenschaften können an dieser Stelle nur wenig generelle Bemerkungen gemacht werden, da zu den Eigenschaften der jeweils als Basis dienenden ionen- oder gassensitiven Elektrode noch die der im speziellen Fall verwendeten biologisch aktiven Verbindung (Enzym, Antikörper, Hormonrezeptoren etc.) hinzukommen.

Im allgemeinen ergeben Bio-Sensoren in der oben beschriebenen Sandwich-Bauweise einen annähernd Nernst-gemäßen Zusammenhang zwischen der Substratkonzentration und der EMK. Die Ansprechzeit derartiger Konstruktionen wird durch verschiedene Parameter beeinflußt [236]: Zunächst läuft die enzymatische Reaktion nur mit einer bestimmten Geschwindigkeit ab, die von der Ausgangskonzentration des Substrats und der Michaeliskonstante abhängt. Die Geschwindigkeit des Ablaufs folgt für Reaktionen erster Ordnung der *Michaelis-Menten-Regel* [278]:

$$v = k \frac{E_0 \cdot S_{\text{subs}}}{S_{\text{subs}} + K_M} \left(\frac{\text{mol}}{\text{L} \cdot \text{min}} \right). \tag{78}$$

Darin bedeuten E_0 die Enzymkonzentration, S_{subs} die noch nicht umgesetzte Substratkonzentration und k die Reaktionsgeschwindigkeits-Konstante. Die *Michaelis-Menten-Konstante* K_M charakterisiert bestimmte Reaktionsbedingungen und ist als diejenige Substratkonzentration definiert, bei welcher die Umsatzgeschwindigkeit halb so groß ist, wie die Maximalgeschwindigkeit (s. dazu die Abb. 53). Mit der Anreicherung des Produktes vergrößert sich auch dessen Rückdiffusion in die Lösung, so daß sich ein stationärer Zustand mit konstanter Reaktionsgeschwindigkeit und konstanter Produktkonzentration einstellt. Die Produktkonzentration C_{prod} auf der Elektrode ist dann abhängig von der Reaktionsgeschwindigkeit v. Damit diese aber der Substratkonzentration möglichst proportional ist, muß $K_M \gg S_{\text{subs}}$ sein, damit man mit der Gl. (79) rechnen kann:

$$v \approx k \frac{E_0 \cdot S_{\text{subs}}}{K_M} \left(\frac{\text{mol}}{\text{L} \cdot \text{min}} \right). \tag{79}$$

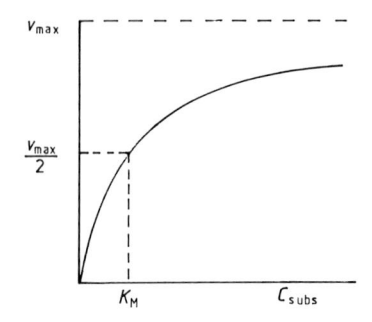

Abb. 53. Abhängigkeit der Reaktionsgeschwindigkeit v vom Substratgehalt C_{subs} bei gegebener Enzymkonzentration

Man kann die Empfindlichkeit einer Enzymelektrode mit einer zusätzlichen Membran, welche für das Reaktionsprodukt schwer durchlässig ist, steigern. Zum Beispiel verkleinert man die Nachweisgrenze der Urease-Elektrode mit einer anionenselektiven Membran um bis zu zwei Zehnerpotenzen [279].

Eine Enzymelektrode verbraucht Substrat und gibt Produkt ab, folglich ist ihre Spannung immer rührabhängig. Daher sollten Kalibrieren und Messen stets mit gleicher Rührgeschwindigkeit erfolgen. Eine ausführliche Theorie befindet sich bei Schindler und Schindler [1] sowie bei Hameka und Rechnitz [280].

Während ionenselektive Elektroden nach der Gleichgewichtseinstellung die Meßlösung nicht mehr verändern, arbeiten die Enzyme so lange weiter, wie die Elektrode eingetaucht ist. In einem beispielhaften Fall, der Adenosinbestimmung mit der Adenosindeaminase-Elektrode, fanden Arnold und Rechnitz [281] in einer Probe von 10 mL einer 1 mmol/L-Adenosinlösung einen Verlust von 4 bis 5% innerhalb von 10 min. Das Produkt der enzymatischen Reaktion muß aber dann noch zur Indikatorelektrodenoberfläche diffundieren, bzw., bei wechselnden Konzentrationen, auch wegdiffundieren. Die Konzentration des angezeigten Stoffes (Substrat oder Produkt) an der Meßelektrodenoberfläche hängt unter „steady-state"-Bedingungen ab von der Michaeliskonstanten, der Aktivität der biologisch aktiven Verbindung in der Membran, der Dicke dieser Membran und von den Diffusionskoeffizienten von Substrat und Produkt. Man kann zeigen, daß bei einem gegebenen System die Ansprechzeit einer Enzym-Elektrode durch das Verhältnis $s^2/\bar{D}$ (s = Schichtdicke; $\bar{D}$ = effekt. Diffusionskoeffizient) gegeben ist, wenn nicht, wie im Fall der membranbedeckten Gas-Sensoren, der geschwindigkeitsbestimmende Schritt die Diffusion des Gases durch die gaspermeable Membran ist. In der Praxis kann man mit der Schichtdicke bis zu $s = 30$ µm heruntergehen. Je nach der Substratkonzentration kann man mit Ansprechzeiten zwischen $t_{90} = 10$ s und $t_{90} = 15$ min rechnen.

Enzymelektroden eignen sich gut für den Aufbau von Differenzschaltungen. Dafür werden zwei gleiche Primärelektroden, eine ohne und die andere mit Enzym zu einer Meßkette kombiniert. Gleichzeitig wird damit eine evtl. vorhandene Untergrundkonzentration des Reaktionsprodukts eliminiert.

Die Lebensdauer derartiger Sensoren hängt von der Stabilität der bio-aktiven Verbindung ab. Bei empfindlichen Verbindungen kann die Aktivität nur

3.6 Bio-Sensoren

über Stunden aufrechterhalten werden. Bei geeigneter Immobilisation und Aufbewahrung im Kühlschrank, wenn nicht gemessen wird, läßt sich z.B. beim Harnstoff-Sensor eine Lebensdauer von 60 Tagen [238] erzielen. Der Aktivitätsabfall kann mehrere Ursachen haben. So können z.B. bestimmte Schwermetallionen selbst in Spuren als Inhibitoren wirken. So wurde beispielsweise über einen Anti-Enzym-Faktor in der aus einer Kalomel-Bezugselektrode ausströmenden KCl-Lösung (wahrscheinlich Hg^+-Ionen) berichtet, der durch Cystein (10^{-3} mol/L) behoben werden konnte [282]. Manchmal lassen sich die störenden Schwermetallionen (z.B. Cu^{2+}, Zn^{2+} usw.) durch Zugabe eines Komplexbildners (EDTA) binden [283]. Schwieriger sind störende Anionen (z.B. Nitrat bei der Urease) zu beseitigen. Man kann aber andererseits dadurch auch indirekt die Inhibitoren bestimmen. Für typische Enzymgifte, wie *Malathion* oder *Parathion*, lassen sich auf diese Weise Nachweisgrenzen bis herunter auf 10^{-10} mol/L erreichen [284]. Die Lebensdauer einer Enzym-Elektrodenanordnung kann aber auch durch Bakterienbefall verkürzt werden. Um dies zu verhindern, kann man Natriumazid (10^{-3} mol/L) hinzufügen [251, 285]. Ebenfalls günstig auf die Lebensdauer wirken sich Aktivatoren (z.B. Phosphat bei der Urease, Natriumcholat bei der Cholesterolesterhydrolase) aus.

Während die Bio-Sensoren auf Enzymbasis wegen ihrer Einfachheit und Schnelligkeit schon häufig in klinischen Labors eingesetzt werden und Ergebnisse bringen, die sehr gut mit den nach anderen (umständlicheren) Methoden erhaltenen übereinstimmen, sind die Bio-Sensoren auf *Antikörperbasis* (Immuno-Elektrode) noch immer im Erprobungsstadium und die auf *Hormonbasis* noch in der theoretischen Konzeptionsphase (s. dazu auch in [1] und [2]).

3.6.5 Probenvorbereitung bei Bio-Sensoren

Auch hier kann man kaum detaillierte Vorschriften geben, da die Vielzahl der möglichen Reaktionen unabsehbar ist und jede ihre eigenen optimalen Parameter aufweist. Ein Problem, das häufig auftritt, ist das des optimalen pH-Wertes. Der optimale pH-Wert des bio-aktiven Stoffes stimmt nicht immer mit dem der ionenselektiven Elektrode überein, sei es, daß die H^+-Ionen direkt von der Elektrode angezeigt werden (z.B. kationenselektive Glaselektrode), sei es, daß sie mit dem Stoff, der angezeigt werden soll, assoziiert sind (z.B. NH_4^+-Ionen bilden, wo NH_3 angezeigt werden soll, oder HCN, wenn CN^- angezeigt werden soll). Im Falle der Urease konnte man mit pH-Werten zwischen 7 [237] und 8,5 [238] einen Kompromiß schließen. Wo das nicht möglich ist, muß man Reaktion und Anzeige in zwei Schritte zerlegen, wie z.B. bei den ersten Versuchen, Harnstoff in Vollblut mit der Luftspalt-Elektrode zu bestimmen [256]. Besser ist in diesen Fällen eine Durchflußanordnung zu verwenden, die biochemische Reaktion von der Indikatorelektrode zu trennen und erst unmittelbar vor der Elektrode die für dieselbe optimale pH-Anpassung zu vollziehen. Dabei kann man in vielen Fällen den bio-aktiven Stoff an die Oberfläche eines Nylonschlauches binden [286] und erhält so auf elegante Weise

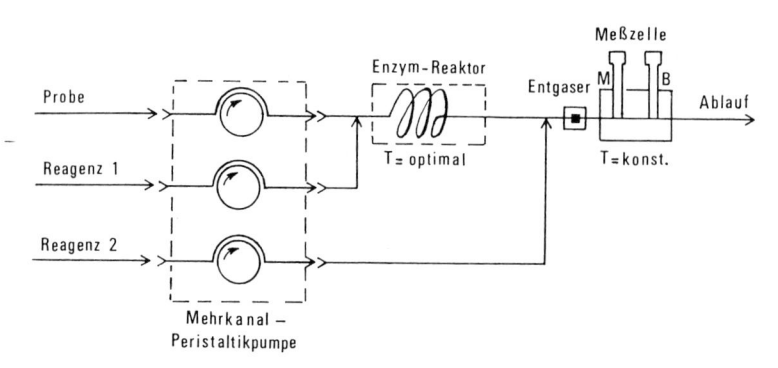

Abb. 54. Fließschema zur Bestimmung von Enzymaktivitäten und Substratkonzentrationen

einen Reaktor für Durchflußmessungen. Die Länge des Schlauches und die Durchströmgeschwindigkeit (Reaktionszeit) sind leicht empirisch zu optimieren.

Bezüglich des zu analysierenden Konzentrationsbereiches muß man aufpassen, daß man nicht zu hohe Substratkonzentrationen einsetzt. Eine annähernd Nernst-gemäße Anzeige erhält man nur im Substrat-proportionalen Bereich der Michaelis-Menten-Kinetik. Bei Substrat-Sättigung (Erreichen der maximalen Geschwindigkeit) folgt die EMK nicht mehr der Substratkonzentration. Beim Durchflußverfahren hat man ferner die Möglichkeit, für Reaktion und Anzeige jeweils auch die optimale Temperatur zu wählen. Da die Ansprechzeit der Sensoren auf Sandwich-Basis, durch die Diffusion bedingt, nicht allzu schnell ist, zieht das Durchflußverfahren nicht unbedingt eine längere Analysenzeit nach sich. Die Abb. 54 verdeutlicht ein derartiges Verfahren.

Wie schon in der Tabelle 20 angedeutet, kann man auch mehrere biochemische Reaktionen hintereinander ablaufen lassen, um zu einem, ionenselektiv angezeigten, Stoff zu gelangen. Auch dies ist durch hintereinander geschaltete Reaktoren bei einem Durchflußsystem kein Problem.

3.6 Bio-Sensoren

Tabelle 20. Beispiele von Bio-Sensoren

Substrat (zu bestimmender Stoff)	Biologisch-aktive Verbindung	Produkte (angezeigter Stoff)	optimaler Puffer und pH-Wert	Indikatorelektrode	Meßbereich	Literatur
Acetylcholin (indirekt: Phosphororganische Pestizide im ng/mL-Bereich)	Acetylcholinesterase	Cholin, Essigsäure	physiol. Salzlösung, pH 7,2	pH-Glaselektrode	10^{-2} bis 10^{-4} mol/L	[241, 242]
5-Adenosinmonophosphat (5-AMP)	AMP-Deaminase	5-Inosinmonophosphat, NH_3	0,05 mol/L Tris; pH 7,5	NH_3 Gassensor	10^{-2} bis 10^{-4} mol/L	[243, 244]
Albumin (Human)	Anti-Human-Serum-Albumin (Immunoreaktion)	nicht-reagierter Antikörper	0,1 mol/L NaOH	Ag_2S	0,5 bis 30 µg/mL	[245]
Amygdalin	-Glucosicase	Glucose, Benzaldehyd, CN^-	NaH_2PO_4; pH 6,4	Cyanid	10^{-2} bis 10^{-5} mol/L	[246, 247]
L-Arginin	Arginase+Urease (Doppelreaktion)	NH_3, CO_2	Tris; pH 7	NH_3-Luftspalt		[248]
Asparagin	Asparaginase	Asparaginsäure, NH_4^+	Tris; pH 7	NH_4^+-Glasmembran		[249]
Brenzkatechin	Polyphenoloxidase	Quinon	Acetat; pH 5,9	Kupfer		[250]
Cholesterol	Cholesterolesterhydrolase+Cho esteroloxidase (Doppelreaktion)	Cholest-4-en-3-on, H_2O_2	Na_2HPO_4/NaH_2PO_4; pH 6,8	Iodid	50 bis 400 mg%	[251]
Cyanid/Thiosulfat	Rhodanase	SCN^-	NaH_2PO_4; pH 7,9	SCN od. CN		[252]
L-Cystein/Cyanid	-Cyanoalanin-synthase	-Cyanoalanin, HS^-	Tris-Acetat; pH 8,5	Ag_2S		[253]
Diphenylcarbamylfluorid	-Chymotrypsin	DPC-chymotrypsin, F^-	pH 7,5	Fluorid	0,03 µmol/L	[254]
Glucose	Glucoseoxidase	Gluconsäure, H_2O_2	KH_2PO_4/K_2HPO_4; pH 5,7	Iodid	1 bis 300 mg%	[255]

(Fortsetzung)

Tabelle 20. (Fortsetzung)

Substrat (zu bestimmender Stoff)	Biologisch-aktive Verbindung	Produkte (angezeigter Stoff)	optimaler Puffer und pH-Wert	Indikatorelektrode	Meßbereich	Literatur
Glutamin	Glutaminase	Glutaminsäure, NH_4^+	Tris; pH 7	NH_4^+-Glasmembran	—	[249]
Harnstoff	Urease	NH_3, CO_2	Phosphat; pH 7 bis 8,5	NH_4^+-Glasmembran, NH_3, CO_2-Gassensor	—	[237, 249, 256, 257]
L-Asparaginsäure	L-Aspartase (Bact. Cada-veris)	NH_3	pH 8	NH_3-Gassensor	$3\cdot10^{-4}$ bis $7\cdot10^{-3}$ mol/L	[258]
Creatinin	Creatinin-Iminohydrolase	NH_3	pH 8,5	NH_3-Gassensor	$4\cdot10^{-4}$ bis $9\cdot10^{-2}$ mol/L	[259]
Guanidin	Guanase	NH_3	pH 8	NH_3-Gassensor	10^{-4} bis 10^{-2} mol/L	[260]
Harnstoff	Urease	NH_3	—	pH-Wo-Elektrode	$2\cdot10^{-3}$ bis 10^{-1} mol/L	[261]
Hefe (mannann)	Concanvalin A (Immuno-Elektrode)	—	Phthalat; pH 3,5	PVC-Draht	—	[262]
Histidin	Histidin-Ammoniak-Lyase	NH_3	pH 9,2	NH_3-Gassensor	10^{-5} bis 10^{-2} mol/L	[270]
Histidin	Histidin-Carboxylase	CO_2	pH 4,8	CO_2-Gassensor	$3\cdot10^{-4}$ bis 10^{-2} mol/L	[271]
Histidin	Histidin-Ammoniak-Lyase	NH_3	pH 4,5	CO_2-Gassensor	10^{-4} bis 10^{-3} mol/L	[272]
Creatinin	Creatininase	N-Methylhydantoin, NH_4^+	Tris/NaH_2PO_4; pH 8,5	NH_3-Gassensor	1 bis 100 mg%	[263]
Laktat	Laktat-Dehydrogenase	Brenztraubensäure	pH 8	Ferrocen-Redoxel.	10^{-4} bis 10^{-2} mol/L	[273]

3.6 Bio-Sensoren

Substrat	Enzym	Produkte	Puffer	Sensor	Messbereich	Lit.
L-Leucin	L-Aminosäureoxidase	$RCOCOO^-$, NH_4^+, H_2O_2	Tris; pH 7	NH_4^+-Glasmembran		[249]
D-Methionin	D-Aminosäureoxidase	$RCOCOO^-$, NH_4^+, H_2O_2	Tris; pH 7	NH_4^+-Glasmembran		[249]
Nitrit	Nitritreduktase+Methyl-viologer.	NH_4^+	Phosphat; pH 7,2	NH_4^+-Flüssig	10^{-3} mol/L	[264, 265]
Oxalsäure	Oxalat-Decarboxylase	CO_2	pH 3	CO_2-Gassensor	$2 \cdot 10^{-4}$ bis 10^{-2} mol/L	[274]
Penicillin		korrespond. Säure	pH 6,9	pH-Glasmembran	3 bis 1100 µg/mL	[243, 266]
L-Phenylalanin	L-Aminosäureoxidase	$RCOCOO^-$, NH_4^+, H_2O_2		Iodid		[267]
Phosphat	Phosphatase	Salicylat	pH 8	Salicylsel. Elektrode	0,5 bis 0,05 mmol/L	[275]
Saccharose	Zymomonas mobilis	Gloconsäure	pH 6,2	pH-Glaselektrode	7 bis 70 g/L	[276]
Salicylsäure	Salicylat-Hydroxylase	CO_2	pH 6	CO_2-Gassensor	$8 \cdot 10^{-5}$ bis $7 \cdot 10^{-4}$ mol/L	[277]
Sulfat	Sulfatreduktase	HS^-		Ag_2S		[268]
D,L-Tyrosin	D,L-Aminosäureoxidase	$RCOCOO^-$, NH_4^+, H_2O_2	Tris; pH 7	NH_4^+-Glasmembran		[249]
Tyrosin	Tyrosindecarboxylase	Tyramin, CO_2	Na-citrat; pH 5,5	CO_2-Sensor		[269]

Meßtechnik bei ionen-selektiven Elektroden

4.1 Elektrisches Ersatzschaltbild einer Elektrodenmeßkette mit Überführung

Aufgabe ist es, die Spannung einer Elektrodenmeßkette möglichst genau zu messen. Das Meßgerät sollte dazu der elektrochemisch überhaupt sinnvollen Genauigkeit angepaßt sein. Abb. 55 verdeutlicht den Meßstromkreis einer ionenselektiven Meßelektrode, die mit einer der üblichen Bezugselektroden zu einer Meßkette mit Überführung komplettiert wurde. Aus den in Kap. 2.1 erläuterten Gründen muß man sich damit begnügen, Unterschiede derselben zu messen. Will man eine gemessene Veränderung von $\Delta\phi_4$ über die Nernst-Gleichung mit einer entsprechenden Aktivitätsänderung des Meßions in Beziehung bringen, so müssen alle anderen Meßkreiskomponenten konstant bleiben. Zur Fehlerabschätzung kann es nützlich sein, sich die einzelnen Komponenten etwas genauer anzusehen.

$\Delta\phi_1$ und $\Delta\phi_6$ sind die im Abschn. 2.1 beschriebenen Kontaktspannungen, welche an der Phasengrenze zweier verschiedener Metalle, z.B. an der Berührungsstelle des als primäre Ableitung häufig verwendeten Silberdrahtes mit dem Kupferdraht der Meßleitung. Unter Vernachlässigung von Oberflächenpotentialen (vgl. $\Delta\chi$ Kap. 1.1) ist die EMK einer solchen Kontaktstelle als Kontakt-Voltaspannung bekannt. Sie kann, wie man von den analog aufgebauten Thermoelementen weiß, stark temperaturabhängig sein. So besitzt ein Ag/Cu-Kontakt einen Temperaturkoeffizienten von 10^{-4} mV/K, ein Cu/Lötzinn-Kontakt schon einen von 10^{-3} mV/K und ein Cu/CuO-Kontakt sogar den beachtlichen Koeffizienten von 1 mV/K. Gerade der zuletzt erwähnte Kontakt kann vorliegen, wenn korrodierte Kupferstecker verwendet werden. Man sollte also schon bei Messungen, bei denen es um mittlere Genauigkeit und Empfindlichkeit geht ($\leq 0,1$ mV), auf saubere Kontakte achten und Temperaturänderungen zu vermeiden suchen.

$\Delta\phi_2$ ist die Gleichgewichts-Galvanispannung an der Phasengrenze: inneres Bezugshalbelement/Innenlösung (meist Ag/AgCl). Sie hängt in erster Linie von der Aktivität desjenigen Ions der Innenlösung ab, das an der Elektrodenreaktion mit diesem Halbelement teilnimmt (im Falle Ag/AgCl also a_{Cl^-}). Nur wenn diese Aktivität konstant bleibt, kann $\Delta\phi_2$ als konstant betrachtet werden. Bezüglich der Bedeutung des $R \cdot C$-Gliedes an dieser Phasengrenze sowie auch aller weiteren sei auf das Kap. 1.1 verwiesen. R stellt den Grenzflächenwiderstand dar. Er kann verschiedenen Ursprungs sein. So kann es sich um einen

Polarisationswiderstand handeln, der daher rührt, daß bei Stromfluß durch die Phasengrenze die an der Elektrodenreaktion beteiligte Ionenart in der Nähe der Elektrodenoberfläche verarmt, was zumindest in diesem Bereich zu einer schlechteren Leitfähigkeit, d.h. größerem Widerstand führt. Es kann sich aber auch um einen sog. Reaktionswiderstand handeln, der dann vorliegt, wenn die den Stromfluß aufrechterhaltende Elektrodenreaktion kinetisch gehemmt ist, wie in dem Beispiel aus Kap. 1.3 bei der Wasserstoff-Abscheidung an Quecksilber oder Blei. Selbstverständlich können auch beide Widerstandsarten gleichzeitig vorliegen. C stellt die Kapazität der elektrochemischen Doppelschicht an der Phasengrenzfläche gemäß dem Modell von Kap. 1.1 dar. Es schließt sich der Widerstand R_{E_1}, gegeben durch die begrenzte Leitfähigkeit der Innenlösung, an. Während R, je nach der Grenzflächenbeschaffenheit, die unterschiedlichsten Werte annehmen kann (die Austauschstromdichte j_0 ist ein Maß dafür), ist der Widerstand der Innenlösung bei den normalerweise verwendeten Konzentrationen von 0,01 bis 0,1 mol/L Elektrolyt (bei Ag/AgCl also NaCl oder KCl) zu vernachlässigen. Dies gilt vor allem, wenn der Widerstand der ionenselektiven Membran um Größenordnungen größer ist.

$\Delta\phi_3$ ist die Gleichgewichts-Galvanispannung an der inneren Phasengrenze der ionenselektiven Membran. Für sie gilt das gleiche, wie für $\Delta\phi_2$, d.h., auch sie ist als konstant anzusehen, wenn die Aktivität des betreffenden, an der Elektrodenreaktion beteiligten Ions (in diesem Fall das Meßion in der Innenlösung) sich nicht ändert. Der Widerstand R_M der aktiven Phase besitzt oft den größten Wert aller Meßstromkreiswiderstände und bestimmt daher den Spannungsabfall $i_m \cdot R_M$ und damit den Fehler der EMK-Messung bei einem durch den Eingangswiderstand des Meßgerätes gegebenen Stromfluß i_m im Meßkreis.

$\Delta\phi_4$ ist die eigentlich *zu messende Variable*. Es ist die Änderung der Galvanispannung an der äußeren Phasengrenze der ionenselektiven Membran. Hier ist zu bemerken, daß an dieser Stelle R und C von der jeweiligen Meßlösung abhängen und infolgedessen variieren können. Das elektrische Verzögerungsglied $R \cdot C$ spielt vor allem bei der Untersuchung rascher Aktivitätsänderungen in einem Medium eine große Rolle. Z.B. ist man bei kinetischen Messungen und bei physiologischen Untersuchungen an einer möglichst raschen Anzeige interessiert (vgl. C-Neutralisation in Kap. 6.1.2.4).

Im Falle einer Meßkette mit Überführung, wie sie in Abb. 55 vereinfacht skizziert ist, liegt zwischen den beiden Gleichgewichts-Galvanispannungen $\Delta\phi_4$ und $\Delta\phi_5$ noch die Diffusionsspannung E_d und ein entsprechender Diaphragmenwiderstand R_D (meist <1 KΩ). Die Unsicherheit in der Konstanz der Diaphragmaspannung und Methoden seiner Elimination sind schon in Kap. 2.3 beschrieben worden. Der Spannungsabfall $i_m \cdot R_D$ kann bei den üblichen Laborapplikationen mit sehr kleinem Meßkreisstrom ($i_m < 10^{-12}$ A) vernachlässigt werden, vor allem, weil der Widerstand der ionenselektiven Membran meist wesentlich größer ist. Falls aber durch dieses Diaphragma höhere Streu- oder Kriechströme fließen (z.B. bei industriellen Applikationen mit geerdeten Armaturen, vgl. Abb. 95 im Abschn. 6), die nicht weiter durch die ionenselektive Membran fließen, so kann an dieser Stelle ein störender, das Meßergebnis verfälschender Spannungsabfall entstehen. Ebenso bietet sich die Situation dar, wenn das Diaphragma verstopft ist und der Widerstand R_D da-

4.1 Elektrisches Ersatzschaltbild einer Elektrodenmeßkette mit Überführung

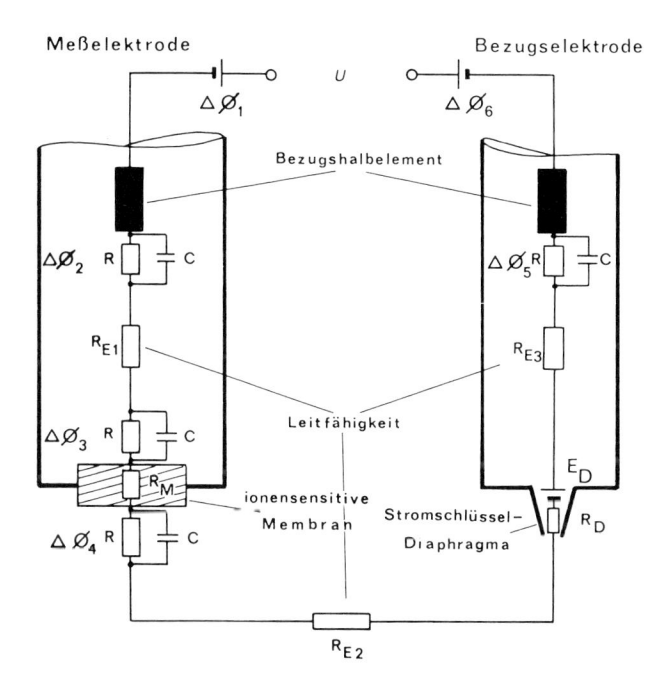

Abb. 55. Ersatzschaltbild einer Meßkette mit Überführung

durch extrem steigt. Aus diesen Gründen ist bei Präzisionsmessungen, wenn schon mit einer Meßkette mit Überführung gearbeitet werden muß, eine leicht sauber zu haltende Schliffverbindung vorzuziehen. Auch bei Messungen in schlecht leitenden Medien sorgt ihre räumliche Ausdehnung für einen kleineren Ausbreitungswiderstand [287].

Über den Widerstand R_{E_3}, der Stromschlüssel-Lösung, gelangt man weiter zu $\Delta\phi_5$, der Gleichgewichts-Galvanispannung an der Phasengrenze: Bezugselektrodenhalbelement/Stromschlüssel-Lösung. Sie hängt, wie alle anderen Gleichgewichts-Galvanispannungen, von der Aktivität des an der Elektrodenreaktion teilnehmenden Ions ab. Da diese durch die Verwendung eines Stromschlüssels konstant gehalten wird, kann man auch $\Delta\phi_5$ als konstant ansehen. Zusätzlich ist aber an dieser Stelle auf einen kleinen Polarisationswiderstand (unpolarisierbare Elektrode, vgl. Kap. 1.2) zu achten, denn über diese Grenzfläche können, wie wir eben sahen, besonders bei industriellen Applikationen unter Verwendung geerdeter Armaturen beachtliche Streuströme fließen, die diese Gleichgewichts-Galvanispannung verändern können. Als letzte Komponente unseres Meßstromkreises tritt an der Berührungsstelle zweier Metalle die Galvanispannung $\Delta\phi_6$ auf. Hier gilt das gleiche wie für $\Delta\phi_1$. Bei gleichartigen Metallverbindungen und gleicher Temperatur heben sich $\Delta\phi_1$ und $\Delta\phi_6$ gegenseitig auf.

Diese Detailanalyse einer Elektrodenmeßkette sollte nur eine Vorstellung von der Kompliziertheit einer im Praktikumsversuch so einfach aussehenden Spannungs-Messung vermitteln. Solange die Meßgenauigkeit nicht besser als ±5 mV sein soll, kann man vieles von dem Gesagten vergessen. Beim Arbeiten mit ionenselektiven Elektroden will man aber oft die volle Meßgenauigkeit der elektrochemischen Zelle ausnützen, um entsprechend genaue und reproduzierbare Analysenergebnisse zu bekommen. *Diese Kenntnis der Eigenschaften der betreffenden elektrochemischen Kette unterstreicht jetzt auch die Sinnlosigkeit, die Analysengenauigkeit allein mit Hilfe eines genaueren und empfindlicheren Meßgerätes steigern zu wollen!*

4.2 Zur Messung der Spannung einer Elektrodenkette

Der letzte Abschnitt, das Kap. 1.3 über die Austauschstromdichte sowie über die polarisierenden und unpolarisierenden Elektroden zeigen, wie wichtig es ist, die Spannungsmessung zwischen beiden Elektroden möglichst stromlos durchzuführen. Ein direkter Anschluß der beiden Elektrodenkabel an ein Drehspulmeßinstrument, etwa in der Form der weit verbreiteten Vielfachmeßinstrumente ohne elektronische Verstärkung, führt nur in den seltensten Fällen (sehr hohe Austauschstromdichte an beiden Elektroden, Innenwiderstand der Elektrodenmeßkette sehr klein) zu einer Messung der richtigen Gleichgewichtsspannung. In vielen Lehrbüchern wird in diesem Zusammenhang die Kompensationsmethode nach Poggendorf erwähnt. Bei dieser Methode schaltet man der zu messenden Spannung eine gleich große Spannung entgegen und versucht so, einen zu großen Meßkreisstrom zu vermeiden. Die Abb. 56 verdeutlicht das Prinzip. Man variiert die Kompensationsspannung mit dem Potentiometerabgriff am Schleifdraht solange, bis das empfindliche Galvanometer G keinen Stromfluß mehr anzeigt. Dann sind beide Spannungen gleich und bei Verwendung eines Normalelements (z.B. Weston = 1,01841 V) kann man anhand des abgegriffenen Schleifdrahtverhältnisses direkt die Zellenspannung berechnen. Da bei diesem Verfahren das Galvanometer nicht voll auszuschlagen braucht, konnte man bei dem Verfahren den Stromfluß um diesen Ausschlagstrom verkleinern. Das Verfahren ist aber bei den meisten ionenselektiven Elektroden so nicht anwendbar, denn erstens bietet es keine Gewähr für einen ausreichend kleinen Meßkreisstromfluß ($i_m < 10^{-12}$ A) und zweitens wird die Meßkette im nicht abgeglichenen Zustand durch die Widerstandsdrahtstrecke kurzgeschlossen, was ebenso zu Nicht-Gleichgewichtszuständen und Elektroden mit driftenden Anzeigen führen kann.

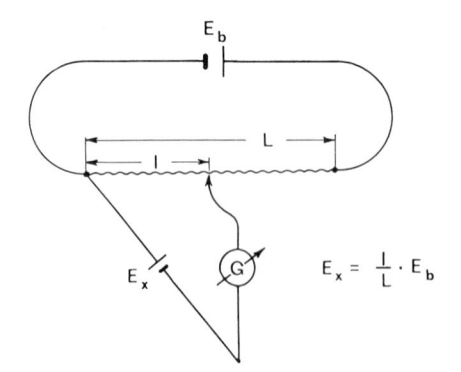

Abb. 56. Spannungsmessung nach der Kompensationsmethode von Poggendorf

4.3 Zur Auswahl eines Meßgerätes

Zur Verdeutlichung können wir das in Abb. 57 detailliert gezeichnete Ersatzschaltbild einer Meßkette vereinfacht darstellen. In der Abb. 57 stellt R_q die Summe der Meßkettenwiderstände dar und wird hier als Quellenwiderstand bezeichnet.

R_e soll den Eingangswiderstand des verwendeten Meßgerätes darstellen. Nach dieser vereinfachten Schaltung wird die Zellenspannung durch den Eingangswiderstand belastet, wenn er wesentlich kleiner ist als der Quellenwiderstand. Generell läßt sich der Meßfehler, der durch eine falsche Widerstandsanpassung hervorgerufen wird, nach folgender Formel berechnen:

$$\% \text{ Fehler} = \frac{\text{Quellenwiderstand}}{\text{Quellenwiderstand} + \text{Eingangswiderstand}} \cdot 100 \qquad (80)$$

Um diesen Meßfehler unter 0,1% zu halten, muß der Eingangswiderstand des Meßgerätes um den Faktor 1000 höher als der Quellenwiderstand der Elektrodenkette sein. Bei den ionenselektiven Elektroden muß man mit Widerständen bis 1000 MΩ rechnen (Glasmembran-Elektroden bei Temperaturen <10 °C), d.h., der Eingangswiderstand des Meßgerätes sollte >10^{12} Ω betragen. Einen derartig hohen Eingangswiderstand weisen Spannungsmeßgeräte mit Feldeffekttransistor-Eingang auf. Speziell zur Messung der Spannung an pH-Glaselektroden-Meßketten sind seit 1935 sog. „pH-Meter" erhältlich. Sie besitzen neben einer in mV geeichten Skala auch eine pH-Skala, bei der die temperaturabhängige Nernst-Steigung und in bestimmten Grenzen Nullpunkt und Steilheit eingestellt werden können. Diese Skala kann selbstverständlich auch zur Anzeige des analog definierten pIon-Wertes von anderen einwertigen Kationen bei Verwendung einer entsprechenden ionenselektiven Elektrode dienen. Bei zweiwertigen Kationen ist die Nernst-Steigung nur halb so groß (bei 25 °C = 29,6 mV/pIon).

Bei der Messung von Anionen würde der Zeigerausschlag auf der Skala in die entgegengesetzte Richtung gehen. Einige neuere Meßgeräte sind für Messungen mit ionenselektiven Elektroden eingerichtet. Sie besitzen Umschaltmöglichkeiten, mit denen die Art des angezeigten Ions (Kation und Anion) und dessen Wertigkeit (ein- oder zweiwertig) eingestellt werden kann, um das gleiche Display ohne Umrechnung benutzen zu können. Daneben ist vielfach noch eine Entlogarithmierung für direkte Aktivitäts- bzw. Konzentrationsanzeigen vorhanden. Man kann ein pH- oder Ionen-Meßgerät in drei Teile auf-

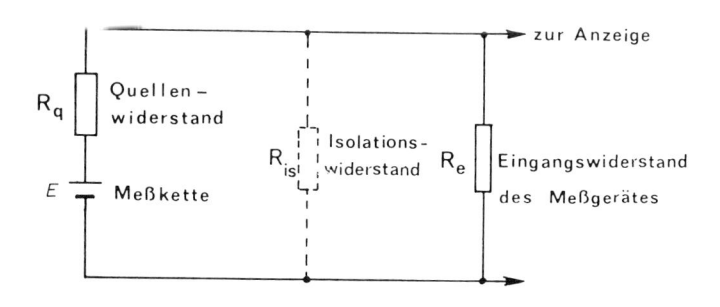

Abb. 57. Elektrisches Ersatzschaltbild des Verstärkereingangs

gliedern. Erster Teil ist der Vorverstärker, dem im wesentlichen die Aufgabe der Impedanzwandlung zufällt. Dazu wird bei den derzeitig auf dem Markt anzutreffenden Geräten überwiegend ein modulierter Feldeffekt-Transistor- oder Kapazitätsdioden-Eingang angewandt. Daran anschließend folgt der als zweiter Teil aufzufassende Leistungsverstärker. Der Leistungsverbrauch der Anzeigevorrichtung (z. B. Drehspulinstrument) oder LCD-Anzeige sowie evtl. angeschlossener Folgegeräte ist im Vergleich zu der Verstärkungsleistung der ersten Stufe meist zu hoch. Da die erste Stufe schon eine Impedanzwandlung (hochohmig → niederohmig) durchgeführt hat, kann der Leistungsverstärker in niederohmiger Schaltungstechnik aufgebaut werden. Je nachdem, ob die zu messende Spannung vor dem Eintritt in den Eingangskreis moduliert wurde (Wechselspannungsverstärker) oder nicht (Gleichspannungsverstärker), kann man eine elektronische Demodulationsschaltung, die die verstärkte Wechselspannung phasenrichtig gleichrichtet, noch zu diesem zweiten Teil rechnen. Als dritten Teil eines pH-Meßgerätes kann man die Anzeigevorrichtung sowie die weiteren Funktionselemente (Ein–Aus, mV–pH, Regler, Temperaturkompensation, % Nernst-Verhalten) auffassen. Nach der Art der Anzeige kann man dann weiter unterscheiden: analog-anzeigende Geräte mit und ohne Skalenspreizung, digital-anzeigende Geräte und Kompensationsgeräte, bei denen die Stellung des Potentiometers (vgl. Poggendorf-Schaltung), je nach der Skala, analog wie auch digital abgelesen werden kann.

Für welche Möglichkeit man sich entscheidet, hängt von der jeweiligen Aufgabe ab. Die preisgünstigsten Geräte stellen die pH-Meßverstärker mit LCD-Anzeige dar. Die Auflösung einer Digitalanzeige kann ohne weiteres fünf Stellen betragen und ist meist so groß, wie es die Konstanz des Verstärkers gestattet, nicht der Elektroden! Da sie über den ganzen Meßbereich die gleiche Anzeigegenauigkeit hat, erübrigen sich Meßbereichsumschaltungen. Wegen des geringen Stromverbrauchs, vor allem, wenn mit integrierten Schaltungen und Operationsverstärkern gearbeitet wird, sind Geräte auch für Batterie- oder Akkubetrieb besonders geeignet. Die Ablesegenauigkeit liegt meist bei $\Delta pH = \pm 0,01$ oder $\Delta E = \pm 0,6$ mV. Dies zieht bei der Messung einwertiger Ionen einen Fehler in der Aktivität oder Konzentration von immer noch $\Delta a = \pm 4\%$ nach sich, der sich bei der Messung zweiwertiger Ionen noch verdoppelt. Für Routine- und Übersichtsmessungen (z. B. geologische Trendanalysen im Gelände) ist das dennoch oft genügend.

Bei höheren Ansprüchen an die Meßgenauigkeit muß man ein besseres Meßgerät anwenden.

Digital-pH-Meter sind für Routine- wie für Präzisionsmessungen gleichermaßen geeignet. Wegen ihrer großen Genauigkeit (ca. 0,1%) und bequemeren Ablesbarkeit sind sie die Geräte der Zukunft, zumal sie inzwischen auch schon zu Preisen deutlich unter DM 2000,– angeboten werden (s. Abb. 58).

Bei allen Anzeigemethoden ist das Erkennen des nur festzuhaltenden Endwertes nach der bei jeder ionenselektiven Elektrode vorhandenen Einstellzeit und Drift gleichermaßen schwierig. *Zur vollen Ausnutzung der Genauigkeit eines jeden Gerätes gehört also unbedingt auch der geeignete Zeitpunkt der Datenabrufung.* Zur Feststellung dieses Punktes kann ein angeschlossener Schreiber wertvolle Dienste leisten. Anhand des registrierten Verlaufs der Zellenspannung läßt sich in vielen Fällen sicherer entscheiden, ob aufgrund des

4.3 Zur Auswahl eines Meßgerätes

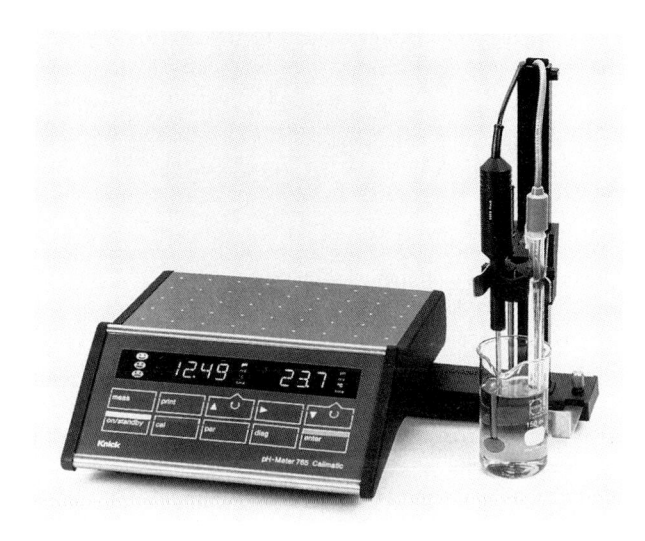

Abb. 58. Digital pH/mV Meter, Knick 765

registrierten Kurvenverlaufs ein „Fast-End"-Wert erreicht ist oder nicht. Dazu reicht ein kleiner, preiswerter Schreiber völlig aus.

Abschließend seien einige weitere Forderungen an ein „praxisnahes" Ionenmeter aufgezählt und die schon besprochenen zusammengefaßt [288]:

1) Einfache Bedienung.
   Da oft Personen mit Messungen betraut werden, die die Ladung eines Meßions nicht kennen, sollte zu jeder ionenselektiven Elektrode eine Anleitung zur richtigen Programmierung des Meßgerätes mitgeliefert werden.
2) Direkte Konzentrationsanzeige bei direkt-potentiometrischen Messungen in digitaler Form.
3) Konzentrationsanzeige bei standardisierten Eichlösungszugabeverfahren.
4) Eingangswiderstand $>10^{12}$ Ω.
5) mV-Meßfehler nicht über ±0,1 mV über gesamten Spannungsmeßbereich von ±1,5 V.
6) Konzentrationsanzeige auf 3 Stellen genau.
7) Temperatur-Einstellung auf 0,2 °C reproduzierbar, Anschlußmöglichkeit eines Temperaturkompensations-Widerstandes Pt 100 oder Pt 1000.
8) Isothermenschnittpunktsanpassung bei Industriegeräten ($E_{is} = \pm 1000$ mV) (vgl. Kap. 6.2.1.1).
9) Schiebespannungsquelle mit ±1000 mV Einstellbereich.
10) Nullpunktsdrift <1 mV/24 h.
11) Option für zweifach-hochohmigen Eingang zum Anschluß von zwei ionenselektiven Elektroden (vgl. Abb. 43).
12) Option für Impedanzwandlung in unmittelbarer Nähe der hochohmigen Elektrode mit Eingangswiderstand von $>10^{14}$ Ω, Schutzleitung und Schutzschirmtreiber für physiologische Messungen. Die automatische Temperaturkompensation der pH-Meter läßt sich für Arbeiten mit ionenselektiven Elektroden meist nicht verwenden, da die Messung durch mehrere temperaturabhängige Gleichgewichte in Lösung und Elektrode beeinflußt wird

und nicht der einfachen Nernstschen Temperaturfunktion folgt. Deshalb sollte die Meßtemperatur immer bestimmt und aufgezeichnet werden. pH- oder Ionenmeter, welche gleichzeitig die Temperatur anzeigen, sind sehr zweckmäßig. Der Einstellknopf für die Temperaturkompensation kann für eine erweiterte Steilheitseinstellung benutzt werden, wenn der Einstellbereich mV/pH nicht ausreicht.

4.4 Eigenschaften von Vorverstärkern

4.4.1 Auflösungsvermögen

Jedem Verstärker kann man ein Eigenrauschen, das sind Anzeigefluktuationen (häufig erst im empfindlichsten Bereich sichtbar), zuordnen. Es setzt sich zusammen aus der Summe der Rauschpegel der einzelnen Bauteile (Transistoren, Widerstände usw.) und hat seine Ursache in statistisch gegebenen Unregelmäßigkeiten der Elektronenbewegung (Stromfluß). Die elektronische Verstärkung eines Meßsignals hat ihre Grenzen, im Eigenrauschen des verwendeten Verstärkers. Häufig liegt das Meßsignal aber auch selbst „verrauscht" vor. Das einer Spannungsquelle eigene Signal-/Rausch-Verhältnis läßt sich nicht ohne weiteres durch eine elektronische Verstärkung verbessern, wo der Rauschpegel der Quelle zu Anzeigefluktuationen führt. Bekanntlich muß man bei der Meßkette mit einer ionenselektiven Elektrode mit einem hohen Quellenwiderstand rechnen. In einer elektronischen Schaltung *wirkt aber jeder Widerstand wie ein Rauschgenerator.* Je höher der Widerstand, desto größer das Rauschen. Die Moleküle des Widerstandsmaterials übertragen ihre thermische Bewegungsenergie (Oszillationen um ihre Gitterschwerpunkte) durch Stoß auch auf geladene Teilchen (Ionen oder Elektroden), was zu statistisch verteilten Elementar-Stromstößen (Strom = Bewegung von elektrischen Ladungen) führt. Man bezeichnet dies als das „thermische Widerstandsrauschen" eines Widerstandes. Es läßt sich für einen metallischen Leiter nach folgender Formel abschätzen [289]:

$$E_r = \sqrt{(h \cdot f / k \cdot T)[\exp.(h \cdot f / k \cdot T) - 1]^{-1} \cdot 4k \cdot T \cdot R \cdot b} \tag{81}$$

oder näherungsweise bei $T = 300$ K:

$$E_{r,\,\text{effektiv}} = 0{,}13\sqrt{R \cdot b}(\mu V \cdot k\Omega,\ kHz). \tag{82}$$

Hierin bedeuten:
h = Plancksche Konstante,
f = Frequenz,
k = Boltzmann-Konstante,
T = Temperatur in K,
R = Widerstandswert,
b = Bandbreite.

Die Abb. 59 zeigt die Abhängigkeit des theoretisch nach Formel (82) zu erwartenden Spannungsrauschens in V von Peak zu Peak in Abhängigkeit von dem

4.4 Eigenschaften von Vorverstärkern

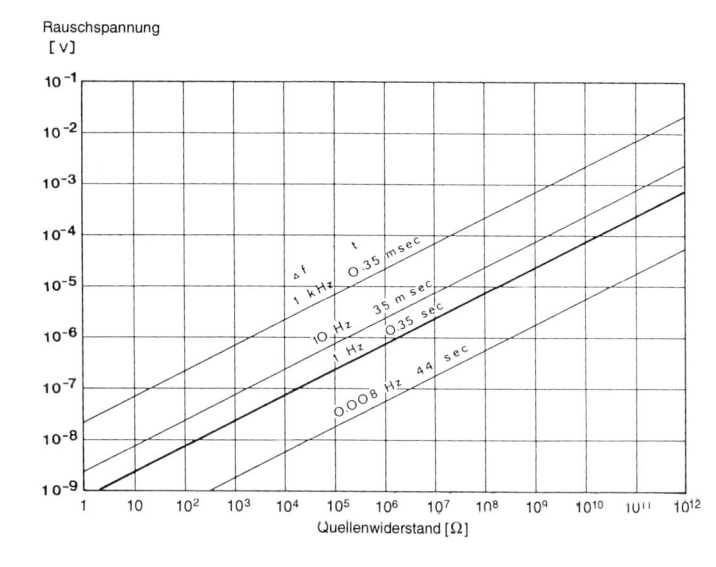

Abb. 59. Spannungsrauschen von Widerständen in Abhängigkeit von der Bandbreite des Verstärkers [289]

Quellenwiderstand R und der Bandbreite b des Verstärkers. Die Bandbreite ist der Frequenzbereich, der noch voll verstärkt wird. Sie kann für die meisten Geräte mit 1 Hz angenommen werden. Eine schnelle Anzeige mit großer Bandbreite hat also notwendigerweise einen größeren Rauschpegel zur Folge. Man erkennt, daß man schon nach der Theorie bei einem Metallwiderstand zwischen 10^6 und 10^9 Ω keine bessere Auflösung als 0,001 bis 0,01 mV erzielen kann. Bei den Materialien der ionenselektiven Phasen muß man sogar mit einem Vielfachen dieser Werte rechnen.

Zu diesem Signalquellenwiderstands-Rauschen kommt aber noch das eigentliche Verstärker-Rauschen. Man kann auch bei ausgezeichneten Elektrometerverstärkern bei kurzgeschlossenem Eingang und im empfindlichsten Meßbereich auf dem Anzeigeinstrument noch ein Rauschen entsprechend ±25 μV beobachten. Dies bedeutet, daß das meßtechnisch derzeitig sinnvolle Auflösungsvermögen einer Elektrometermessung bei ca. 0,02 mV liegen dürfte. (Wenn gelegentlich behauptet wird, einige Bezugselektroden würden untereinander auf besser als 0,01 mV übereinstimmen, so ist zu berücksichtigen, daß der Meßkettenwiderstand zweiter Bezugselektroden erheblich niedriger liegt und somit mit weniger hochohmigen Verstärkern (Kompensatoren) gemessen werden kann.)

Nach Gl. (82) wird das Rauschen bei kleiner werdender Bandbreite b des Verstärkers kleiner. Man kann zwar die Bandbreite des Verstärkers durch Vorschalten dämpfender R-C-Tiefpaßfilter-Kombination verkleinern, muß aber dann unpraktisch lange Wartezeiten in Kauf nehmen, da nun die Zeitkonstante des Verstärkers im gleichen Maß verlängert wird. Der Bandbreite von 1 Hz entspricht etwa eine Ansprechgeschwindigkeit von 0,35 s, um 90% des Endwertes zu erreichen (T_{90}). Dies hat zur Konstruktion sog. Zweikanal-Meßverstärker geführt. Sie reagieren schnell mit einer ungefähren Anzeige und stellen sich etwas langsamer auf den genauen Wert ein.

4.4.2 Isolationsprobleme

In das vereinfachte Ersatzschaltbild einer Elektrodenmeßkette (vgl. Abb. 57) kann man noch einen Widerstand R_{is} parallel zum Elektrometereingang einzeichnen, der den Isolationswiderstand der abgeschirmten Meßleitung (Widerstand zwischen Kabelseele und Abschirmung) verdeutlichen soll. Damit er die zu messende Spannung nicht über den Umweg einer Erdverbindung kurzschließen kann, muß er genau so wie der Eingangswiderstand des Meßgerätes nach Gl. (80) um Größenordnungen über dem Quellenwiderstand liegen. Das bedeutet: Bei einem Quellenwiderstand von 10^{10} Ω sollte der Isolationswiderstand $>10^{13}$ Ω betragen. Einen derartig hohen Widerstand über die gesamte Meßkabelstrecke einschließlich ihrer Steckerverbindungen aufrecht zu erhalten erfordert Sorgfalt. So kann ein in kondensierter Luftfeuchtigkeit gelöster Elektrolyt (z. B. CO_2 aus der Luft) an Steckkontakten zu Störungen bei hochohmigen Messungen Anlaß geben. Eine Methode zur Vermeidung dieser Kurzschlußverbindungen ist, das Meßgerät ständig eingeschaltet zu lassen. Die im Gerät freigesetzte Wärme verhindert dann weitgehend die Feuchtigkeitskondensation an den Eingangsbuchsen oder auf den hochohmigen Leiterplatten der Eingangselektronik. Bei hochohmigen ionenselektiven Elektroden mit Steckkabelverbindung sollte man die Steckerisolation von Zeit zu Zeit mit wasserfreiem Methanol (p. a.) reinigen. Eine Isolationsstörung ist schwer festzustellen, da die Anzeige des Meßgerätes in diesem Fall nicht wie bei anderen Störungen schwankt. Man mißt in diesem Fall nur eine kleinere Meßkettenspannung. Zur Überprüfung der Funktionsweise des Meßgerätes eignen sich pH-Simulatoren mit 0,1% genauer Eichung in mV- oder pH-Einheiten bei einem zuschaltbaren Quellenwiderstand von 10^9 Ω. Den Elektrodenkabelwiderstand kann man mit einem sog. Teraohmmeter mit Meßbereichen bis 10^{14} Ω an der trockenen Elektrode überprüfen.

4.4.3 Aufladungserscheinungen

Statische Aufladungserscheinungen kennen fast alle Benutzer von pH-Meßgeräten. Zu ihrer Erklärung kann man von einer modifizierten Form des vereinfachten Ersatzschaltbildes einer Elektrodenkette ausgehen (Abb. 60). Parallel zu dem Elektrometereingang liegt eine Elektrodenkabel-Kapazität. Zur Abschätzung ihrer Größenordnung: Die Kapazität einer Elektrodengrenzfläche liegt in der Gegend von 0,1 bis 10^3 $\mu F/cm^2$, die von einem Meter abgeschirmten Elektrodenkabel bei ca. 70 pF. Bevor die Elektrodenaufladung den Elektrometereingang erreicht, muß sie den Kondensator aufladen, den die Meßkabelseele und die dazugehörige Abschirmung bildet. Erst danach stellt sich an den Kondensatorplatten (Kabelseele und Abschirmung) gemäß

$$E = \frac{q}{C} \qquad (83)$$

die Meßspannung E ein. E ist vorgegeben durch die Spannung der Elektrodenmeßkette. Die Kapazität C hängt, wie jede Kapazität, von der Geometrie, also von der räumlichen Anordnung der beiden Kondensatorplatten (Kabelseele

4.4 Eigenschaften von Vorverstärkern

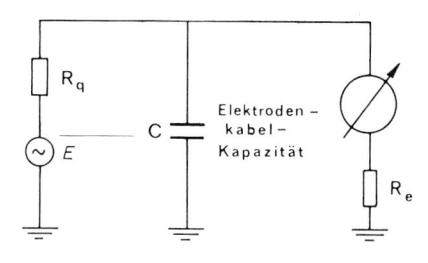

Abb. 60. Elektrisches Ersatzschaltbild des Verstärkereingangs unter Berücksichtigung der Elektrodenkabel-Kapazität

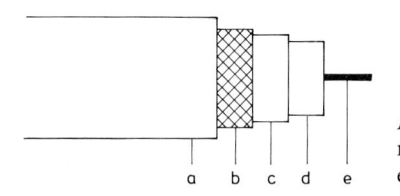

Abb. 61. Geschirmtes Elektrodenkabel. *a* Kabelmantel, *b* Metallschirm, *c* Halbleiterschicht, *d* Dielektrikum, *e* Kabelseele

und Abschirmung) ab. Die Ladungsmenge q, die nach der Gl. (83) im Kondensator gespeichert wird, kann bei extrem hochohmigen Elektrometerstromkreisen nur sehr langsam verändert werden, denn es fließt ja nur ein äußerst geringer Strom im Meßkreis (Strom = bewegte Ladung). Ändert man plötzlich die Geometrie des als Kondensator aufzufassenden Elektrodenkabels, etwa durch Biegen, so ändert sich die Kapazität C und damit auch bei gegebener Spannung nach Gl. (83) die dazugehörige Ladungsmenge. Die heute allgemein verwendeten sog. *rauscharmen Elektrodenkabel* enthalten daher zwischen innerer Isolation (Dielektrikum) und Metallschirm noch eine geschlossene halbleitende Kunststoffschicht, z.B. aus PET mit Graphit (s. Abb. 61). Diese Schicht liegt immer gleichmäßig an, so daß sich die Kabelkapazität beim Biegen nicht ändert.

Neben der Beeinflussung der Elektrometeranzeige durch die Änderung der Kapazität des Elektrodenkabels treten aber in einem hochohmigen Meßkreis auch noch Influenzwirkungen auf. Bekanntlich erzeugt jede Ladung bei Annäherung an eine Materiephase dort eine gleich große, entgegengesetzt geladene. Eine *äußere* Ladung vermag demnach auch auf die Meßleitung zu wirken und kann dort eine Ladungsänderung hervorrufen. Da diese zusätzlich induzierte Ladung in einem hochohmigen Elektrometermeßkreis wiederum nicht sogleich abfließt, führt sie zu einer Spannungsänderung zwischen der Meßkabelseele und der äußeren Ableitelektrode, die das Elektrometer solange anzeigt, bis die Ladung über die Meßkette abgeflossen ist. *Als besonders störend ist in diesem Zusammenhang eine elektrostatische Aufladung der Bedienungsperson* (hervorgerufen durch isolierendes Schuhwerk und synthetische Kleiderstoffe) zu erwähnen. Wenn man bedenkt, daß solche Aufladungen sogar zur Funkenbildung (>2000 V) führen können, so versteht man ihre Wirkung bei extrem hochohmigen Spannungs-Messungen. Man versucht deshalb die Wirkung starker externer Ladungen durch eine vollständige Abschirmung der Elektrode und des signalführenden Kabels auszuschließen. An Stellen, an denen auf der hochohmigen Verstärkereingangsseite die Abschirmung unterbrochen wird, muß man allerdings nach wie vor mit Influenzwirkungen rechnen. *Deshalb sollte bei ionenselektiven Meßelektroden, die eine hochohmige aktive Phase ent-*

halten, die Metallabschirmung möglichst bis zur Elektrodenspitze reichen. Obwohl eine Elektrolytlösung (Meßlösung) in vielen Fällen ebenfalls abschirmend wirkt, können sich beim Arbeiten in verdünnten und schlecht leitenden Lösungen in dieser Hinsicht sonst Schwierigkeiten ergeben. So kann man bei einigen der kommerziell erhältlichen Flüssigaustauscher-Elektroden nur durch eine Umwicklung des Elektrodenschaftes mit einer Aluminiumfolie und Verbinden derselben mit der Meßerde zu einer ruhigen Anzeige am Meßgerät kommen. Wenn auch das nichts hilft, muß man die gesamte Meßapparatur in einen geerdeten Faraday-Käfig bringen. Sehr wirksam ist auch ein kleiner Faradayscher Käfig aus Metalldraht um die beiden Elektroden innerhalb der Lösung. In gut leitenden Meßlösungen genügt ein einfacher Erdungsstift (s. a. [290]).

Als niederohmige Elektrode ist die *Bezugselektrode* in der Regel mit der niederohmigen Seite des Elektrometereingangs verbunden, so daß eine dort induzierte Ladung sofort abfließen kann. Aus diesem Grund ist das Kabel der Bezugselektrode auch nicht abgeschirmt. Ausnahmen sind Bezugselektroden, die für den Betrieb eines Potentiostaten gedacht sind, da sie in diesem Fall an der hochohmigen Seite eines Elektrometerverstärkers angeschlossen werden. Bei einer niederohmigen *Meßelektrode* (<1 MΩ) stört die Influenzwirkung wenig, da die Ladung über die Elektrodenkette, d.h. über die Elektrolytlösung und die Bezugselektrode, ungehinderter zur Meßerde abfließen kann.

Generell ist bei Arbeiten mit hochohmigen Meßelektroden zu beachten, daß die Kabelführung stabil und vibrationsfrei ist. Auch sollten sich keine stromführenden Netzkabel in unmittelbarer Nachbarschaft der Elektroden und der Elektrodenkabel befinden, denn nach dem Transformatorprinzip können in diesem Fall über magnetische Felder, für die diese Abschirmung nicht ganz so wirkungsvoll ist, Wechselspannungen mit der Netzfrequenz induziert werden. Solche induzierten Wechselspannungen können infolge der begrenzten Bandbreite des Verstärkers und des Anzeigeinstruments nicht direkt bemerkt werden. Der Verstärker kann aber dabei leicht in einen Sättigungsbereich hereinkommen, in dem keine lineare Verstärkungscharakteristik mehr existiert. Bei Verfolgung der Meßketten-Spannung mittels eines Oszillographen (wie bei einigen physiologischen Anwendungen) kann dieses störende Netzfrequenzbrummen sichtbar gemacht werden.

4.4.4 Erdschleifen

Erdschleifen können gebildet werden, wenn mehrere Geräte mit eigenem Netzanschluß aus meßtechnischen Gründen galvanisch miteinander verbunden sind. Beim Arbeiten mit ionenselektiven Elektroden handelt es sich hier meist um den Anschluß eines Schreibers oder Oszillographen an den Schreiberausgang des verwendeten Elektrometerverstärkers. Erdschleifen werden häufig übersehen. Vielfach schiebt man diese Störungen auf das Meßgerät, das heute „seinen schlechten Tag" hat oder auf die „schlechte Erde der Steckdose", da eine andere Steckdose aus Erfahrung bessere Messungen ermöglichte usw. Die Abb. 62 soll verdeutlichen, was unter dem Begriff einer Erdschleife gemeint ist. In dieser Abbildung ist nur die Schutzkontaktleitung (Erdleitung eines jeden VDE-gerechten Anschlusses) eingezeichnet. Man erkennt auf dieser ver-

4.4 Eigenschaften von Vorverstärkern

einfacht dargestellten Abbildung, daß die beiden Geräte galvanisch miteinander verbunden sind, so daß unter Berücksichtigung der die beiden Steckdosen auf mehr oder weniger kurzem Wege verbindenden Schutzleitung ein geschlossener Stromkreis, die sogenannte Erdschleife, entsteht. Die galvanische Kopplung der beiden Geräte kann auf verschiedene Weisen erfolgen; so können sich z.B. bei manchen Versuchsaufbauten die beiden Gehäuse der Geräte direkt berühren; eine Abschirmungsleitung zwischen beiden Geräten kann, wenn sie wie üblich auf Erdpotential gehalten wird, das gleiche bewirken; je nach der Schaltung kann aber auch über die Schaltungserde (oft als Minus-Ausgangs- oder -Eingangspol bezeichnet) der Kreis geschlossen werden (bei manchen Geräten wird die Signalerde durch einen 1 Ω Widerstand von der Gehäuse-Erde getrennt). In diesem Kreis fließt ein Strom, wenn eine galvanische Aktivität (z.B. Kontaktpotential) im Kreis vorhanden ist, wenn zwischen den Schaltungserden der verbundenen Geräte ein Potentialunterschied besteht und, was wegen der Inkonstanz und des „Brummens" am meisten stört, wenn elektrische oder magnetische Wechselfelder diese Leiterschleife schneiden (Prinzip der Dynamomaschine). Wegen der oft erheblichen Größe von Erdschleifen (bei ungünstig geschalteten Steckdosen und vor allem in stationären

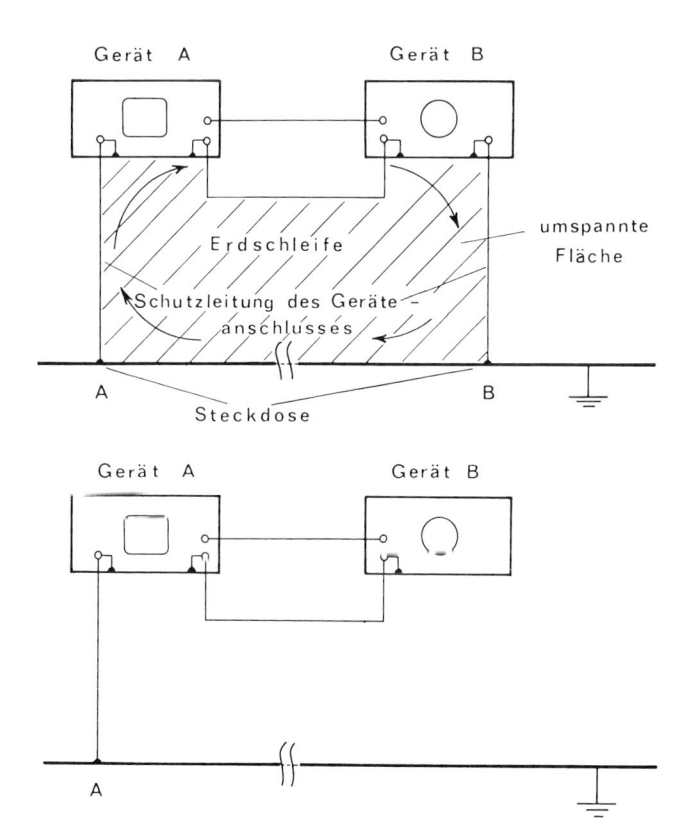

Abb. 62. Meßanordnung mit und ohne Erdschleife

Anlagen können u. U. mehrere Räume dazwischen liegen), ist es vor allem das Wechselfeld der überall vorhandenen Netzfrequenz, das besonders stark einwirkt. Die Eingangsverstärker der meisten Geräte werden heute mit einer besonderen Schaltung zur Unterdrückung dieser Frequenz ausgestattet. Diese Störunterdrückung ist aber auf einen kleinen Frequenzbereich (um 50 Hz) beschränkt, so daß Einwirkungen von Feldern anderer Frequenz (z. B. von Schalterfunken, nicht entstörte Motoren usw.) bei großen Erdschleifen dennoch zu instabilen Anzeigen führen können. *Eine Abhilfe schafft in diesem Fall nur die galvanische Unterbrechung oder Verkleinerung der Erdschleife.* So sollte man verschiedene Meßgeräte, die über Signalleitungen verbunden sind, von der gleichen Steckdose speisen und die von den Netzkabeln umspannte Fläche klein halten. Speziell dafür geeignet ist eine Mehrfachsteckdose E 550 der Fa. Metrohm, die zusätzlich noch eine Störschutzdrossel zur Unterdrückung von Störsignalen im Frequenzbereich 1 KHz bis 1 MHz enthält. Sicher ist es auch, die Störungen durch eine Erdschleife zu eliminieren, indem man die Geräteerde auf demselben Wege wie die Meßleitung mit dem Geber verbindet. Ist der Geber nicht aus Metall, so verbindet man die Geräteerde mit einem sog. Erdungsstift. Natürlich darf der Meßkreis dann an keiner weiteren Stelle geerdet sein.

4.4.5 Temperaturkompensation

Die theoretische Steilheit der Membranfunktion folgt dem Nernstschen Gesetz mit

$$\frac{\mathrm{d}E}{\mathrm{d}T} = \frac{R \ln 10}{zF} = \frac{0{,}1984}{z} (\mathrm{mVK}^{-1}). \tag{84}$$

Die in den meisten pH-Metern vorhandene Temperaturkompensation berücksichtigt nur diesen theoretischen Temperaturkoeffizienten. Eine ionenselektive

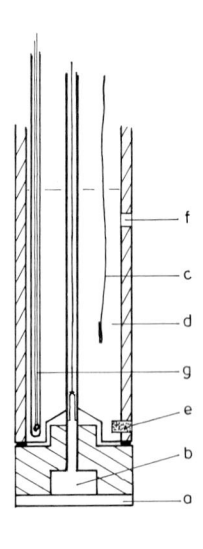

Abb. 63. Unterteil einer Einstabmeßkette für Nitratbestimmungen [291]. *a* Nitratsensor, *b* feste Ableitelektrode, *c* Bezugselektrode, *d* Bezugselektrolyt, *e* Diaphragma, *f* Nachfüllöffnung, *g* Temperatursensor

4.4 Eigenschaften von Vorverstärkern

Meßkette enthält jedoch, wie bereits beschrieben, weitere temperaturabhängige Glieder, so daß eine eingebaute Temperaturkompensation meist nicht verwendet werden kann. Um Abweichungen infolge Temperaturdifferenzen zu vermeiden, muß grundsätzlich unter isothermen Bedingungen mit $\Delta T < \pm 0{,}5$ K kalibriert und gemessen werden.

Temperaturkompensationen mit ionenselektiven Meßketten sind nur möglich, wenn sie einem speziellen Meßgerät zugeordnet sind, dessen Temperaturkompensation auf diese eine Meßkette für eine ganz bestimmte Anwendung zugeschnitten ist [291]. Dies gilt z.B. für die nitrat-ionenselektive Einstabmeßkette mit eingebautem Temperaturkompensationswiderstand in Abb. 63.

Analysentechniken unter Benutzung ionenselektiver Elektroden

5

Dieser Abschnitt beschreibt die verschiedenen Kalibrier- und Auswertmethoden, die man beim Arbeiten mit ionenselektiven Elektroden anwenden kann. *Die jeweils angewandte Methode entscheidet, ob man als Resultat einer Messung die Aktivität oder die Konzentration des betreffenden Meßions erhält.* Grundlage aller analytischen Methoden ist die Nernst-Gleichung. Im Kap. 1.2 wurde gezeigt, daß diese Gleichung das Ergebnis einer theoretischen Ableitung ist. *In der Praxis kommt es häufig vor, daß Elektroden eine verminderte Steilheit zeigen. Solange diese Abweichung jedoch reproduzierbar ist, kann die Elektrode für analytische Anwendungen benutzt werden.* Die genaue Prüfung einer Elektrodenkette auf ein exaktes Nernst-Verhalten ist ziemlich aufwendig. Man benötigt Kalibrierlösungen mit genau bekannten Aktivitäten. Dazu benötigt man wiederum den mittleren Aktivitätskoeffizienten des betreffenden Meßions, der nicht immer ausreichend genau bekannt ist. Daher wendet man in der Analytik meist eine empirische Form der Nernst-Gleichung an:

$$E = E' \pm S \lg a_M; \qquad (85)$$

es bedeuten:
E = Spannung der Elektrodenmeßkette,
E' = Spannung der Elektrodenmeßkette beim Eintauchen in eine Lösung mit $\lg a_M = 0$, d.i. $a_M = 1$,
$\pm S$ = Steilheit, bei Kationen (+), bei Anionen (−) (bei 25 °C theoretisch 59,16 mV/Wertigkeit pro Aktivitätszehnerpotenz).

Vor jeder Spannungsmessung überzeuge man sich grundsätzlich, ob sich der Gleichgewichtswert eingestellt hat. Nach den letzten Vorschlägen [292] ist dies der Fall, wenn die Änderung nicht mehr größer als 0,1 bis 0,6 mV/min ist. Um die Drift zu erkennen, kann die Meßspannung mit einem Analogschreiber oder einem digitalen Schnelldrucker aufgezeichnet werden.

Die Gl. (85) kann man bei logarithmischer Darstellung als Aktivitätsachse der Gleichung einer Geraden auffassen. Eine Gerade ist eindeutig erst durch zwei Angaben beschrieben: Entweder durch zwei Punkte, die auf der Geraden liegen oder einem Punkt und der Steigung. *Deshalb sollte man jede ionenselektive Meßelektrode mit mindestens zwei Kalibrierlösungen kalibrieren, falls man über eine Spannungsmessung direkt auf die Aktivität oder Konzentration des Meßions schließen will (Direkt-Potentiometrie).* Bei einem Titrationsverfahren ist eine genaue Kalibrierlösung nicht erforderlich, da es hierbei ja nur auf den Punkt der größten relativen Änderung ankommt. Welches analytische Verfahren man anwendet, hängt von mehreren Voraussetzungen ab: Sind Einfachheit und Schnelligkeit ausschlaggebend, so wendet man ein direktanzeigendes Verfahren an. Wird mehr Wert auf Genauigkeit gelegt, so zieht man ein Titrationsverfahren vor. Daneben gibt es Kombinationen der beiden Verfahren, z. B. die Zumischmethode (innerer Standard) und die Methode nach Gran. Es muß betont werden, daß die folgenden Abschnitte davon ausgehen, daß Kalibrier- und Probelösung bei der gleichen Temperatur (thermostatisiert) vorliegen. Jede Analyse beginnt mit der Probenahme. Die Probe soll für die Gesamtmenge repräsentativ sein und darf sich bis zum Beginn der Untersuchung nicht verändern. Für alle Wasseranalysen wird auf die Normen der Deutschen Einheitsverfahren A 11 bis A 22 [293] verwiesen.

5.1 Das Kalibrierkurven-Verfahren

Die Aufstellung einer Kalibrierkurve ist wohl das überschaubarste Verfahren, um sowohl die Aktivität als auch die Konzentration des Meßions in einer Probe zu ermitteln. Auch wenn man nach einer der anderen Methoden arbeitet, sollte man zur Überprüfung der Elektrodenfunktion stets eine Kalibrierkurve aufnehmen. In der Regel geht man dazu von einer 0,1 mol/L Meßionenlösung aus (bei der Cyanid-Elektrode 0,01 mol/L, wegen des Angriffs der aktiven Phase), die man stufenweise solange verdünnt, bis man am Meßgerät keinen weiteren Verdünnungseffekt mehr feststellen kann. Trägt man nun in einem Koordinatensystem die gemessenen Spannungswerte auf der Ordinate linear und auf der Abszisse die zugehörigen Konzentrationseinheiten logarithmisch auf, so erhält man die Kalibrierkurve für die jeweilige Elektrodenkette. Als untere *Nachweisgrenze* gilt die Konzentration des Meßions, die im Rahmen der Meßgenauigkeit von der Kalibriergeraden abzuweichen beginnt. Gemäß dem Vorschlag einer IUPAC-Kommission definiert man bei der ionensensitiven Meßtechnik die Nachweisgrenze analog den anderen signalproduzierenden physikalisch-chemischen Techniken als diejenige Meßionenkonzentration, bei der das Meßsignal gerade doppelt so groß wie das Untergrundrauschen wird. Dies ist genau dann der Fall, wenn die Abweichung von der Nernst-Gleichung $18/z$ mV ($59,1/z \cdot \lg 2 = 18/z$, bei 25 °C) wird. Alle Kalibrierkurven, die auf einer Konzentrationsangabe beruhen und durch eine Verdünnungsreihe mit Wasser hergestellt werden, zeigen bei höheren Konzentrationen als etwa 0,01 mol/L Abweichungen von der Linearität (vgl. Abb. 34). Die Abweichung rührt daher, daß die Meßelektrode ja eigentlich nicht die Konzentration, die hier als Abszisse aufgetragen wird, erfaßt, sondern vielmehr die *Aktivität*. Der Aktivitätskoeffizient nimmt aber bei zunehmend konzentrierten Lösungen kleinere Werte als 1,00 an. Die Aktivität wird also bei konzentrierteren reinen Meßionenlösungen zunehmend kleiner als die Konzentration, was zu einer Abflachung der Konzentrations-Kalibrierkurve führt. Korrigiert man die Abnahme des Aktivitätskoeffizienten anhand von Daten, die in Tabellenwerken [46, 47] zu finden sind, so erhält man bis hinauf zu >1 mol/L Lösungen lineare Eichkurven. Schon beim Ansetzen der Kalibrierlösungen sollte man sich entschieden haben, ob man an der Aktivität (maßgeblich für physiko-chemische Vorgänge, wie Kinetik, Gleichgewicht usw., also mehr als Kriterium einer Wirkung) oder

5.1 Das Kalibrierkurven-Verfahren

an der Konzentration (definitionsgemäß bestimmend für Reinheitskriterien, MAK-Werte, also generell bei absoluten Materiemengen-Angaben) des betreffenden Meßions interessiert ist.

5.1.1 Bestimmung der Aktivität mittels einer Aktivitäts-Kalibrierkurve

Bei der Bestimmung der Aktivität des freien Meßions in einer Probenmatrix spielt die Matrix bei der Messung keine Rolle, solange sie kein Ion enthält, das ebenfalls von der Elektrode angezeigt wird. Die Hintergrund-Zusammensetzung der Meßlösung kann sich dann lediglich beim Arbeiten mit einer Elektrodenkette mit Überführung auf die Konstanz der Diffusionsspannung auswirken. Auch die Anwesenheit starker Elektrolyte in hohen Konzentrationen, die einen kleinen Aktivitätskoeffizienten nach sich ziehen, stört nicht. Ebensowenig stören auch Komplexbildner oder Fällungsmittel, da man ja nur an der Aktivität des freien Ions interessiert ist. In diesem Sinne kann eine einmal aufgenommene Aktivitäts-Kalibriergerade unbedenklich für alle möglichen Probelösungen verwendet werden, im Gegensatz zu der entsprechenden Konzentrations-Kalibrierkurve, wo sich Kalibrier- und Probelösung möglichst wenig in der Zusammensetzung unterscheiden sollen. Dieser unproblematischen Benutzung einer Aktivitäts-Kalibriergeraden stehen auf der anderen Seite jene Schwierigkeiten entgegen, die sich ergeben, wenn man beim Ansetzen der Kalibrierlösungen den individuellen Aktivitätskoeffizienten einer einzigen Ionenart entsprechend genau wissen möchte. Man geht ja auch in diesem Fall von Konzentrations-Einheiten aus, die man durch genaue Einwaage eines Salzes des betreffenden Meßions erhält. *Alle Methoden zur Berechnung des individuellen Aktivitätskoeffizienten sind nur Näherungsverfahren, d.h. man ist auf genügend genaue, experimentell nach einem anderen Verfahren bestimmte Werte angewiesen, die leider nur für wenige Ionen vorliegen* (s. Anhang). Da das gleiche Problem schon bei der genaueren Messung von pH-Werten auftrat, hat man sich international geeinigt, welcher Aktivitätskoeffizient einer verdünnten Cl^--Ionenlösung zukommt [3]. Dies führte schließlich zu der operativen pH-Definition und den festgelegten pH-Werten einiger Standardpuffersubstanzen. Es bleibt zu hoffen, daß man sich in naher Zukunft auch bei den nun mit Hilfe der ionenselektiven Elektroden erfaßbaren Ionen in ähnlicher Weise einigt [45, 174].

Hat man für ein bestimmtes Meßion überhaupt keinen Anhaltspunkt über die Größe des Aktivitätskoeffizienten vorliegen, so kann man die Kalibriergerade, die man mit Lösungen unter 10^{-3} mol/L erhalten hat, nach höheren Konzentrationen hin verlängern. Einige Aktivitätskoeffizienten von Lösungen über 0,1 mol/L sind auf diese Weise erhalten worden [62].

Der Aktivitätskoeffizient läßt sich mit guter Näherung auch aus einer Verdünnung und arithmetischer Extrapolation herleiten. Notwendig ist dazu eine ionenselektive Meßkette mit bekannter Steilheit. Mit der ersten Messung in der unveränderten Originallösung mit der Konzentration c erhält man

$$E_1 = E' + S \lg (c y_1). \tag{86}$$

Nach Verdünnen im Verhältnis V_1/V_2, die möglichst eine Konzentration von $c = 0{,}001$ mol/L erreichen sollte, läßt sich $y_2 = 1$ setzen oder ggf. nach Debye-Hückel berechnen. Dann ergibt eine zweite Messung

$$E_2 = E' + S \lg c \left(\frac{V_1}{V_2} y_2 \right). \tag{87}$$

Subtrahiert man beide Gleichungen, dann ist:

$$\frac{E_1 - E_2}{S} = \lg \frac{V_2 y_1}{V_1 y_2} \tag{88}$$

oder

$$y_1 = \frac{V_1 y_2}{V_2} 10^{\frac{E_1 - E_2}{S}}. \tag{89}$$

Wenn in der Bedienungsanleitung der jeweiligen ionenselektiven Elektrode die neuesten Werte für den individuellen Aktivitätskoeffizienten aufgeführt sind, ist eine Aktivitäts-Kalibrierkurve schnell zu erstellen. Bei der Abschätzung der analytischen Genauigkeit sollte man aber berücksichtigen, daß hierbei nicht nur die Meßgenauigkeit oder die Standard-Abweichung der Einzelmessung eingeht. *Es muß immer wieder darauf hingewiesen werden, daß man nicht genauer analysieren kann, als der Kalibrierstandard bekannt oder definiert ist!*

Die eigentliche Messung der Aktivität einer unbekannten Lösung ist nun sehr einfach. Man mißt die Spannung der Meßkette in dieser Lösung und geht mit diesem Wert in die Aktivitäts-Kalibriergerade. Auf der Abszisse kann man dann die Aktivität des Meßions in dieser Lösung ablesen. Normalerweise ist die Stabilität einer Elektrodenkette ausreichend, um mit einer einmaligen Kalibrierkurven-Aufstellung pro Tag auszukommen. Werden jedoch höhere Ansprüche an die Genauigkeit gestellt (<1%), so ist eine häufigere Überprüfung erforderlich. Meistens wird man finden, daß die Steigung konstant bleibt. In solchen Fällen genügt es, nach der Messung von nur einer Kalibrierlösung, eine Parallelverschiebung vorzunehmen. Die Erfahrung bestimmt, in welchen Abständen neu kalibriert werden muß. *Bei der Verwendung von Kalibrierlösungen unter 10^{-5} mol/L ist besondere Vorsicht geboten, da stark verdünnte und ungepufferte Lösungen infolge irreversibler Adsorptionsvorgänge an den Behälterwandungen sehr instabil sind. Sie sollten daher stets frisch angesetzt werden.*

5.1.2 Bestimmungen der Konzentration mittels einer Konzentrations-Kalibrierkurve

Bei der Benutzung einer Konzentrations-Kalibrierkurve geht man von der Voraussetzung aus, daß der Aktivitätskoeffizient des Meßions in Kalibrier- und Probenlösung gleich ist. Dies ist aber nur dann der Fall, wenn auch die Gesamtionenstärke beider Lösungen gleich ist. Es gibt zwei Möglichkeiten, zu möglichst gleichen Lösungen zu kommen. Einmal kann man die Kalibrierlösungen mit einer der Probenlösung vergleichbaren Matrix ansetzen. Bei einer Gesamtionenstärke der Probenlösung von unter 10^{-3} mol/L können sich in die-

5.1 Das Kalibrierkurven-Verfahren

sem Fall Kalibrier- und Probenlösungen bezüglich ihrer Ionenstärke bis zu einem Faktor von 5 unterscheiden; zwischen 10^{-3} bis 10^{-2} mol/L muß die Kalibrierlösung schon innerhalb einer Spanne von ±50% der Ionenstärke der Probenlösung liegen und zwischen 10^{-2} bis 10^{-1} mol/L sogar innerhalb einer Spanne von ±20%, wenn man eine Genauigkeit von ±2% bei einwertigen Ionen und ±5% bei zweiwertigen Ionen erzielen möchte. Diese Anpassung an die Zusammensetzung der Probenlösung ist nur dort zu verwirklichen, wo man die Matrixzusammensetzung der Probe in etwa kennt und keine großen Änderungen derselben innerhalb einer Meßreihe erwarten kann. In allen anderen Fällen muß man ein anderes Verfahren der Ionenstärke-Anpassung wählen. Es besteht in der Zugabe eines indifferenten Elektrolyten, der sowohl in den Kalibrier- als auch in den Probenlösungen eine so hohe Ionenstärke einstellt, daß die Ionenstärkevariationen der einzelnen Probenlösungen dagegen vernachlässigt werden können. Wenn, was selten vorkommt, die Probenlösungen extreme Schwankungen hinsichtlich ihrer Ionenstärke zeigen, verdünnt man sie mit einer konzentrierten Lösung dieses indifferenten Elektrolyten (Ionenstärke-Einsteller). So lassen sich Schwankungen in der Gesamtionenstärke k_c zwischen 0,1 und 1 mol/L bei einer Verdünnung 1:10 mit einer 5 mol/L Lösung auf Schwankungen zwischen 4,51 und 4,60 mol/L reduzieren. Einige Rezepte für bewährte Ioneneinsteller mit Puffer und Komplexierungsmittel befinden sich im Anhang A.3. Es wurde schon bei der Besprechung der Einzelelektroden erwähnt, daß man diesen Arbeitsgang kombinieren kann mit der Zugabe eines geeigneten Puffersystems und Komplexbildners zur Unterdrückung von Störioneneinflüssen. Die Kalibrierlösungen werden natürlich bei dieser Arbeitsweise genau so wie die Probenlösungen behandelt und im gleichen Verhältnis mit der Konditionierungslösung verdünnt. So erhält man auch noch bei hohen Meßionen-Konzentrationen lineare Konzentrations-Kalibrierkurven, da der Aktivitätskoeffizient konstant bleibt. Neben diesem Effekt, daß die Elektrodenkette nun direkt die Konzentration anzeigt, sorgt die gleichbleibende Zusammensetzung der Meßlösungen auch noch für eine bessere Konstanz der Diffusionsspannung, falls man eine Kette mit Überführung verwenden muß. Als indifferenter Elektrolyt wird oft eine 5 mol/L $NaNO_3$-Lösung verwendet. Natürlich geht das nicht, wenn Na^+- oder NO_3^--Ionen stören. Bei der natriumselektiven Glasmembran-Elektrode wählt man eine Lösung von 1 mol/L NH_4OH + 1 mol/L NH_4Cl, der zugleich die Aufgabe einer optimalen pH-Wert-Einstellung zukommt. Bei der ClO_4^--, BF_4^-- und NO_3^--Elektrode, wo NO_3^--Ionen stören bzw. gemessen werden sollen, verwendet man als Ionenstärke-Einsteller eine Lösung von 1 mol/L Na_2SO_4. Bei der Cyanid- und Ammoniak-Elektrode bedient man sich einer 10 mol/L NaOH-Lösung.

Diese Auswertmethode mittels einer linearen Konzentrations-Kalibrierkurve, erzielt durch Verdünnung mit einer geeigneten Konditionierungs-Lösung, überstreicht einen großen Bereich (üblich sind ca. 4 bis 6 Konzentrationsdekaden) mit gleichbleibender relativer Genauigkeit. Sie ist einfach in der Durchführung und ermöglicht bei Abwesenheit von Störungen erster Art durchaus eine Analysengenauigkeit von unter ±2% bei einwertigen Ionen und ±4% bei zweiwertigen Meßionen.

Um eine Kalibrierkurve aufzustellen, beginnt man zweckmäßig mit der kleinsten Konzentration, damit eine Verschleppung von Lösung durch Elektroden oder Rührer nicht stört. Man kann in einem Becherglas mit 1 L konditionierter Lösung beginnen und eine Stocklösung mit dem Meßion schrittweise hinzugeben. Dazu verwendet man am besten eine automatische Pipette, um kleine Mengen sicher zu dosieren.

Im linearen Teil der Kalibrierkurve genügt ein Meßpunkt für jede Zehnerpotenz. Rechnet man mit einer Krümmung, z. B. in der Nähe der Nachweisgrenze, so müssen die Kalibrierpunkte dichter beieinander liegen und den vermuteten Meßbereich einschließen.

Wegen der logarithmischen Beziehung zwischen Aktivität und Kettenspannung gibt es keine definierte Spannung für $c=0$. In einer Lösung, in welcher das Meßion nicht enthalten ist, wird man eine Meßspannung erhalten, die entweder der Querempfindlichkeit eines Begleitions oder der Nachweisgrenze des Meßions entspricht. Eine Nullpunktskontrolle mit Hilfe von Blindlösungen im sonst gewohnten Sinne ist also nicht möglich. Als Ersatz für die Blindlösung kann nur eine Lösung dienen, deren Meßionengehalt definiert ist und deren Meßwert im unteren, aber noch linearen, Teil der Kalibrierkurve liegt.

Die Kalibrierkurve kann im Prinzip beliebig genau hergestellt werden. Dazu ist nur eine genügend große Anzahl von Meßpunkten und die Durchführung einer Regression nach der Methode der kleinsten Quadrate notwendig. Für den nichtlinearen Teil kann man aus mehreren Meßpunkten einen Polynom entwickeln:

$$E = A + B(\lg c) + C(\lg c)^2 + D(\lg c)^3 + \ldots$$

und die entsprechende Regression höheren Grades durchführen.

Einfacher ist natürlich die Arbeit im linearen Teil der Kalibrierkurve, daher kann für kleine Konzentrationen eine sog. *Blindwertanhebung* zweckmäßig sein. Dafür gibt man der Kalibrier- und Meßlösung zusammen mit dem Ioneneinsteller eine stets gleiche Menge Meßionen zu, die ausreicht, um den Meßwert in den linearen Teil der Kalibrierkurve zu transportieren [294]. Liegen die Meßionen ganz oder zum Teil komplex gebunden vor, dann müssen sie aus dieser Verbindung befreit werden, bevor eine ionenselektive Elektrode darauf anspricht. Je nach Art der Liganden kann dies durch pH-Einstellung, meist durch Ansäuern, mittels Komplexaustausch unter Freisetzen der Meßionen oder durch komplexe Bindung des Meßions geschehen. Im letzten Fall muß der Komplex stärker sein als der in der Matrix, aber noch so schwach, daß die Nachweisgrenze für das freie Ion in der Meßlösung nicht unterschritten wird. Im Abschn. 6.1 findet sich ein Beispiel für die Calciumbestimmung im Blut.

5.1.3 Fehlerrechnung

Zur Ermittlung der relativen Abweichung $\Delta c/c$ aufgrund der Unsicherheit der gemessenen Spannung ΔE muß man die Fehlerfortpflanzung nach dem *Taylorschen Satz* berechnen. Aus

$$\Delta c = \frac{\mathrm{d}c}{\mathrm{d}E}\Delta E \tag{90}$$

erhält man nach den Regeln der Differentialrechnung

$$\Delta \ln c = \frac{d \ln c}{dc} dc = \frac{\Delta c}{c} \tag{91}$$

und dem Einsetzen der Nernst-Gleichung

$$\frac{\Delta c}{c} = d\frac{\frac{E-E_0}{S} \ln 10}{dc} \frac{dc}{dE} \Delta E = d\frac{\frac{E-E_0}{S} \ln 10}{dU} \Delta E \tag{92}$$

oder

$$\ln c = \frac{\Delta E}{S} \ln 10. \tag{93}$$

Die hier interessierende *relative Abweichung* ist für einwertige Ionen:

$$\frac{\Delta c}{c} = \frac{\ln 10}{S} \Delta E \approx 0{,}039 \cdot \Delta E. \tag{94}$$

Die Abweichung der gefundenen Konzentration um 4% bei einem ΔE von 1 mV bei einwertigen Ionen wurde schon mehrfach erwähnt. Führt man, wie meist üblich, drei Messungen aus, zwei zur Kalibrierung und eine für die Messung, so addieren sich die Abweichungen nach

$$\frac{\Delta c_x}{c_x} = \frac{\delta \ln c_1}{\delta E_1} \Delta E_1 + \frac{\delta \ln c_2}{\delta E_2} \Delta E_2 + \frac{\delta \ln c_3}{\delta E_3} \Delta E_3. \tag{95}$$

Darin sind E die gemessenen Spannungen in den Standardlösungen 1 und 2 mit den Konzentrationen c_1 und c_2. E_3 ist die gemessene Spannung in der Probe.

Die Ausrechnung ergibt nach Einsetzen in die Interpolation:

$$\frac{\Delta c}{c_x} = \frac{\ln c_x - \ln c_2}{E_3 - E_2} \Delta E_1 + \frac{\ln c_x - \ln c_1}{E_3 - E_1} \Delta E_2 + \frac{\ln c_2 - \ln c_1}{E_2 - E_1} \Delta E_3. \tag{96}$$

Danach wird der Fehler um so kleiner, je weiter die beiden Kalibrierpunkte auseinander liegen (allerdings nur soweit die Linearität der Kalibrierfunktion gegeben ist).

5.2 Direkt-Anzeige über die pH- oder pIon-Skala eines Meßgerätes

Bei der Messung einwertiger Kationen kann man auf der pH-Skala eines jeden pH-Meters den analog definierten pIon-Wert (pIon $\equiv -\log a_{\text{Ion}}$) direkt ablesen (falls die eingebaute Schiebespannungsquelle ausreichend ist).

Grundlage jeder Direktanzeige ist, daß die Kalibriergerade der Anzeigeskala des Gerätes angepaßt wird. Der Temperatureinstellknopf und der Steilheitseinsteller des pH- oder Ionenmeters bestimmen die Steigung der Geraden und der Asymmetrie-Stellwiderstand den Abschnitt der y-Achse (mV-Wert) bei einem x-Achsenwert von Null. Wenn die Elektrodenmeßkette, wie üblich, keine 100%ige Nernst-Steigung aufweist (ersichtlich aus einer Kalibrierkurve), muß man die Skala des Meßgerätes unter Verwendung von zwei Standardlösungen

Abb. 64. „Hochleistungs-Ionenmeter" Typ pMX 3000 (WTW)

kalibrieren. Wählt man als erste Kalibrierlösung eine Meßionen-Konzentration, die einer Meßketten-Spannung von annähernd 0 mV (entspricht auf der pH-Skala pH = 7) entspricht (ebenfalls aus einer zuvor aufgenommenen Kalibrierkurve ersichtlich), dann kann man den Wert der zweiten Kalibrierlösung mit dem Steilheitseinsteller exakt mit der Skalenanzeige (unter Berücksichtigung des Ausgangs von pH = 7) in Übereinstimmung bringen, ohne daß damit die erste Einstellung, die mit dem Eichregler erfolgte, beeinflußt wird (vgl. Abb. 96). Man kann die Skala des Meßgerätes unter Beachtung des im vorherigen Abschnitt Gesagten auf diese Weise in Aktivitäts- oder Konzentrationseinheiten kalibrieren. Bedingung ist nur ein linearer Kalibrierkurven-Verlauf. Bezüglich eines linearen Kalibrierkurven-Verlaufs bei Konzentrationsmessungen sei ebenfalls auf diesen Abschnitt hingewiesen (Ionenstärke-Einsteller). Mit dieser Technik wird eine Ionenmessung so einfach wie eine pH-Messung. Es sollte an dieser Stelle aber hervorgehoben werden, daß man am besten nur unter isothermen Bedingungen arbeitet und auf eine sog. automatische Temperaturkompensation verzichtet. Wie später noch gezeigt wird (Kapitel 6.2.1.2), funktioniert diese nur in besonderen Fällen.

Bei diesem einfachen und schnellen Verfahren lassen sich Analysengenauigkeiten von ca. ±3% bei einwertigen und ±6% bei zweiwertigen Meßionen erreichen, wenn keine Störungen erster und zweiter Art vorliegen.

Wie schon im Abschn. 4.3 vermerkt, gibt es kaum noch analog arbeitende Ionenmeter. Neuere Geräte arbeiten mit elektronischer Entlogarithmierung und einer Rechenschaltung. Das Kalibrierkurven-Verfahren und meist auch die weiter unten beschriebenen Methoden der Standardzugaben brauchen nur als Programm angewählt werden. Um auch mit dem nichtlinearen Teil der Kalibrierkurve arbeiten zu können, entwickeln moderne Ionenmeter aus mehreren Kalibrierpunkten die wahrscheinlichste Funktion bis zur vierten Ordnung. Das Ergebnis wird direkt in mol/L oder g/L angezeigt (s. Abb. 64). Wer seinen Personalcomputer einsetzen will und ein geeignetes Programm besitzt, sollte nicht vergessen, zwischen Meßkette und Computereingang einen Vorverstärker mit mindestens 10^{12}, besser 10^{14}, Ω Eingangswiderstand zu schalten. Die Eingangswiderstände der AD-Wandler reichen im allgemeinen nicht aus.

5.3 Titrationsverfahren zur Bestimmung der Konzentration eines Stoffes

5.3.1 Voraussetzungen

Wenn man an genaueren ($\frac{\Delta c}{c}$<0,5%) Konzentrationsbestimmungen interessiert ist, so muß man auf ein Titrationsverfahren unter Einsatz der ionenselektiven Elektroden als Endpunktsindikator zurückgreifen. Grundlage jeder Titration ist eine stöchiometrische Reaktion des zu bestimmenden, in gelöster Form vorliegenden Stoffes mit einem zweiten Stoff, der ebenfalls in einer Lösung (Maßlösung) vorliegt, deren Gehalt man aber genau kennt (= Titer). Wenn die Stöchiometrie der Reaktion bekannt ist, kann man aus der bis zum Ende der Reaktion verbrauchten Menge des Titranden auf die Menge des zu bestimmenden Stoffes schließen. Mißt man die Menge des Titranden mit Hilfe einer genau kalibrierten Bürette, so kann man bei dieser Mengenmessung leicht eine Genauigkeit von besser als 0,1% erreichen. Bei der Übertragung dieser Meßgenauigkeit auf die Gesamtgenauigkeit der Analyse werden aber oft zu leichtfertige Annahmen gemacht. *Die Analysengenauigkeit ist nur dann mit der Volumenmeßgenauigkeit vergleichbar, wenn a) der Titer der Maßlösung entsprechend genau bestimmt werden konnte, b) die Stöchiometrie der Titrationsreaktion entsprechend genau bekannt ist und konstant bleibt, c) der Endpunkt der Titration innerhalb der Fehlerbreite der Volumenbestimmung entsprechend genau festgestellt werden kann!*

Die ersten beiden Bedingungen sind leichter zu erfüllen. Die Güte eines Titrationsverfahrens steht und fällt daher mit der Sicherheit der genauen Endpunktsindikation. Da eine visuelle Erkennung des Endpunktes einer Titration (Ende einer Niederschlagsbildung, Farbumschlag) zu großen subjektiven Fehlern unterliegt, hat man schon früh in der analytischen Chemie nach objektiveren Methoden Ausschau gehalten. Eine objektivere Methode der Endpunkts-Erkennung bieten die ionenselektiven Elektroden. Man kann sie vielfältig einsetzen; einmal, wenn der zu bestimmende Stoff direkt von einer Elektrode selektiv angezeigt wird, zum anderen aber auch, wenn ein Ion der Maßlösung entsprechend selektiv angezeigt wird (vgl. Abb. 2). Aber auch, wenn für keinen der an einer Titration beteiligten Stoffe eine selektive Elektrode existiert, kann man durch einen Trick doch noch zu einem genauen Elektroden-indizierten Endpunkt gelangen: *Man setzt der Analysenlösung eine kleine Menge eines Stoffes zu, der ebenfalls mit dem Titrationsmittel reagiert, und von einer ionenselektiven Elektrode spezifisch angezeigt wird.* So kann man Ca^{2+} Ionen mit EDTA unter Zuhilfenahme einer Cu-Elektrode und einer Spur Cu^{2+}-Ionen titrieren (s. Arey et al. [295]). Die Abb. 65 zeigt eine entsprechende Titrationskurve. Das Cu^{2+} bildet den stabileren Komplex mit EDTA (größere Komplexbildungskonstante) und wird daher von der Komplexmittel-Lösung zuerst komplexiert. Erst nachdem das Cu^{2+} komplexiert ist, beginnt die EDTA mit den Ca^{2+}-Ionen zu reagieren. Daß beim Endpunkt der Ca^{2+}-Titration die Cu-Elektrode noch einen weiteren Sprung anzeigt, liegt daran, daß erst nach der Komplexierung des Calciums der überschüssige Komplexbildner gemäß dem Massenwirkungsgesetz die Cu^{2+}-Ionenaktivität weiter verkleinern kann. Setzt

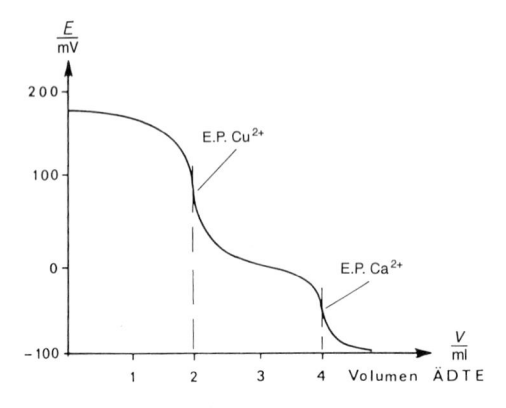

Abb. 65. Titrationskurve (äquivalente Cu^{2+}- und Ca^{2+}-Mengen werden mit EDTA unter Verwendung einer Cu-Elektrode als Endpunktindikator titriert)

man gleich zu Beginn der Titration eine kleine Menge stöchiometrisch zusammengesetztes CuEDTA hinzu, so zeigt die Titrationskurve natürlich nur einen Sprung. Bei diesem Verfahren müssen sich die Komplexbildungskonstanten stark unterscheiden [296].

Bei den Titrationsverfahren dient die ionenselektive Elektrode nur als Endpunktsindikator. Die Analysen-Genauigkeit hängt in diesem Fall nicht mehr in so entscheidendem Maße von einer absoluten und richtigen Kalibrierung der Elektrodenkette ab. Man ist vielmehr nur an der genauen Erfassung einer relativen Änderung der Elektroden-Spannung interessiert. Dabei ist aber zu beachten: Nur im symmetrischen Fall ist der Wendepunkt der Titrationskurve auch mit dem Endpunkt der chemischen Reaktion identisch. Bei einer 1:2 Reaktion (z.B. $Ca^{2+}+2F^- \rightleftharpoons CaF_2$) oder 2:1 Reaktion (z.B. $2Ag^+ + S^{2-} \rightleftharpoons Ag_2S$), generell bei allen nicht 1:1 verlaufenden Reaktionen, verläuft die Titrationskurve nicht symmetrisch.

Die Schärfe des Endpunktes bei Fällungstitrationen wird durch die Löslichkeit des entstehenden Niederschlags begrenzt. Man versucht daher die Löslichkeit des Niederschlags durch Verwendung nicht- oder partiellwäßriger Lösungen zu verkleinern. *Darum werden viele Titrationen in Alkohol, Aceton oder Dioxan durchgeführt (z.B. Titration von F^--Ionen mit $La(NO_3)_3$-Lösung). Im gleichen Sinne kann eine Kühlung der Lösung wirken!*

Da ionenselektive Elektroden eine gewisse Einstelldauer haben, ist die kontinuierliche Zugabe des Titranden sehr oft nicht angebracht. Man wird die Zugabe besser in kleinen, gleich großen Volumenanteilen tätigen und jedesmal die Gleichgewichtseinstellung abwarten. Die Titrationskurve erhält man dann als eine Reihe digitaler Wertepaare, die sich für eine arithmetische Auswertung eignen. Dabei sucht man die Stufe mit der größten Spannungsänderung und ermittelt innerhalb dieser den Umschlagspunkt durch Interpolieren, entweder linear nach Hahn, siehe in [297], oder quadratisch nach Wolf [298]. Das letzte Verfahren eignet sich für die Anwendung elektronischer Rechner.

5.3.2 Titrationsfehler

Man kann mathematisch zeigen, daß bei asymmetrischen Titrationskurven mit einem schlecht ausgeprägten Sprung erhebliche Fehler entstehen, wenn man den Wendepunkt (1. Ableitung = Maximum) als Äquivalenzpunkt betrachtet [297]. Dies wird leider heute immer noch nicht genügend berücksichtigt, weshalb noch einmal darauf verwiesen werden soll. Viele Analytiker haben keine Schwierigkeiten bei asymmetrischen Kurven mit dieser üblichen Form der Auswertung, obwohl sie den Endpunkt falsch indizieren. Das liegt einmal daran, daß bei der Einstellung des Titers der Maßlösung der gleiche Fehler gemacht wird. Man kalibriert sozusagen seinen Fehler mit ein. Zum anderen wird dieser Fehler bei großen und scharfen Sprüngen vernachlässigbar klein.

Eine weitere Fehlermöglichkeit beim Arbeiten mit ionenselektiven Elektroden als Endpunktsindikator tritt durch eine zu schlechte Selektivität auf. Wenn man allein schon den Verdünnungseffekt für das Störion berücksichtigt, der sich in einer Spannungsänderung ausdrückt, die nicht durch eine Reaktion des zu bestimmenden Stoffes mit der Maßlösung hervorgerufen wird, so kann man die Beeinflussung der genauen Endpunktserkennung verstehen. Carr [299, 300] ist diesen Fehlermöglichkeiten durch asymmetrische Titrationskurven sowie Mitanzeige von Störionen von der Elektrode nachgegangen. Er geht von der empirischen Form der Nernst-Gleichung aus:

$$E = E' + S \lg(y_M c_M + B). \tag{97}$$

Hierin haben E, E', S die übliche Bedeutung [s. Gl. (24)], B ist die Summe der mitangezeigten Störionenaktivitäten:

$$B = \sum K_{M-S}(y_S c_S)^{z_S/z_M}; \tag{98}$$

es bedeuten:
K_{M-S} = Selektivitätskoeffizient Meßion-Störion,
y_S = Aktivitätskoeffizient des betr. Störions,
c_S = Konzentration des betr. Störions,
z_S = Ladung des Störions,
z_M = Ladung des Meßions.

Betrachtet werden soll eine Fällungstitration:

$$nA + mT \rightleftharpoons A_n T_m. \tag{R 32}$$

Und eine chelatometrische Komplexierungstitration:

$$A + T \rightleftharpoons AT. \tag{R 33}$$

Die Größe des Endpunktprungs hängt von der Gleichgewichtskonstanten der betreffenden Titrationsreaktion ab, gleichermaßen aber auch von der Konzentration der Ausgangslösung. Da der Fehler bei der Auswertung asymmetrischer Titrationskurven über den Wendepunkt mit zunehmender Sprunggröße kleiner wird, müssen beide Faktoren (Ausgangskonzentration und Gleichgewichtskonstante) durch Parameter berücksichtigt werden. Bei einer Fällungstitration wird β_F definiert als:

$$\beta_F \equiv \frac{v K_L^{1/m}}{(c_{0A})^{v+1}};\tag{99}$$

hierin bedeuten:
v = n/m Stöchiometriekoeffizient,
K_L = Löslichkeitsprodukt des Niederschlages $A_n T_m$,
c_{0A} = Ausgangskonzentration des zu bestimmenden Stoffes A.

Im Fall der chelatometrischen Komplexierungstitration wird ein Parameter β_K definiert als:

$$\beta_K = K_{KB} c_{0A};\tag{100}$$

hier bedeutet:
K_{KB} = die Komplexbildungskonstante des zu titrierenden Stoffes mit dem Komplexmittel (Maßlösung),
c_{0A} = Ausgangskonzentration des zu bestimmenden Stoffes A.

Bei der Störung durch Mitanzeige von anderen Ionen ist nicht der absolute Wert von B maßgeblich, sondern vielmehr sein Verhältnis zum Meßion, daher wird zur Meßionenkonzentration ein weiterer Parameter b definiert:

$$b \equiv \frac{B}{y_m c_{0A}};\tag{101}$$

hierin bedeuten:
B = s. Gl. (54),
y_m = Aktivitätskoeffizient des Meßions,
c_{0A} = Ausgangskonzentration des Meßions.

In der Originalarbeit wird mit Hilfe eines Computerprogrammes der Einfluß dieser beiden normierten Parameter β und b auf die Analysengenauigkeit untersucht, wenn man zur Auswertung der Titrationskurve deren Wendepunkt, wie häufig üblich, als Endpunkt der chemischen Reaktion auffaßt. Am günstigsten schneiden symmetrische Fällungstitrationen ab, die auch bei relativ großen β_F-Werten von 0,1 bis 0,01 und $b=0$ noch keine systematischen Fehler zeigen. Im Fall einer asymmetrischen Titrationskurve, z.B. $v=2$, ergibt sich bei einem β_F-Wert von 0,1 und $b=0$ immerhin die enorme Abweichung von 55,3%.

Ein praxisnaher Fall: $v=1$, $\beta_F = 10^{-6}$, $b = 10^{-2}$ ergeben eine Abweichung von 0,25%, also größer als die Volumenmeßgenauigkeit. Diese von der Theorie her gegebenen Fehler sind berechnet worden, ohne den Verdünnungseffekt zu berücksichtigen. *Wenn man diesen berücksichtigt, so sollte man bei der Wahl eines Titrationsverfahrens, das genauer als 0,1% werden soll, darauf achten, daß $\beta_F \leq 10^{-9}$ oder $b \leq 3 \cdot 10^{-4}$ beträgt.* Bei den chelatometrischen Titrationen, die von Haus aus alle asymmetrisch sind, ist der Auswertfehler entsprechend größer. *Wenn man eine Analysengenauigkeit von besser als 0,1% erzielen möchte, sollte man bei der Auswahl des Verfahrens (Komplexierungsreagenz) darauf achten, daß $\beta_K \geq 10^4$ und $b \leq 10^{-2}$ gehalten wird.*

Bei der obigen Abschätzung von Titrationsfehlern ist davon ausgegangen worden, daß die beiden normierten Parameter β und b während des gesamten

5.3 Titrationsverfahren zur Bestimmung der Konzentration eines Stoffes

Verlaufs der Titration konstant bleiben. In der Praxis kann es aber vorkommen, daß in einigen Fällen Störionen über das Titrationsmittel in die Meßlösung gelangen (bei chelatometrischen Titrationen werden z.B. H^+-Ionen freigesetzt) und damit b erhöhen. Unter Berücksichtigung der Nichtkonstanz von β und b haben Anfält und Jagner [301] mit Hilfe eines von den Autoren zu beziehenden Computerprogramms „Haltafall" (IBM 360/65) die Fehler berechnet. Im Fall einer Titration von 100 mL Lösung, die 0,01 mol/L Ca^{2+}, 0,05 mol/L Mg^{2+}, Cu^{2+}, Na^+ und 0,35 mol/L an NH_4^+ war, mit EGTE Ethylenglycol-bis-β-(aminoethylether)-N,N,N',N'-tetraessigsäure) 0,1 mol/L ergab sich nach der Methode der 2. Ableitung immerhin noch ein systematischer Fehler von ca. −6%.

Darüber hinaus können bei Titrationen weitere Fehler gemacht werden, die rein chemisch oder physikalisch-chemisch bedingt sind. So kann man in einigen Fällen Übersättigungs-Erscheinungen beobachten. Hier liegt der Fall vor, daß kurzzeitig die Lösung mehr Ionen enthält, als sie aufgrund des Löslichkeitsproduktes des betreffenden Niederschlags enthalten dürfte. *Man kann feststellen, daß die Niederschlagsbildung und damit auch die Elektrodenspannung zeitabhängig wird. Darauf ist besonders beim Einsatz von automatischen Titratoren zu achten* (z.B. bei der Titration von Fluoridspuren mit Lanthan-Lösung, vgl. Abb. 74).

Eine weitere Komplikation bei Fällungstitrationen ist das Einschließen oder Adsorbieren der zu Beginn noch als Überschuß vorliegenden Ionen (z.B. bei den argentometrischen Halogenid-Bestimmungen). Bei den komplexometrischen Titrationen tritt das Problem der mitkomplexierten Störionen auf. Alle diese Einflüsse können die Ursache dafür sein, daß die theoretisch mögliche Analysengenauigkeit von besser als 0,1% nicht erreicht wird. In einem derartigen Fall sei auf die einschlägige Literatur auf dem Gebiet der analytischen Chemie hingewiesen.

Die Fehlermöglichkeiten werden an dieser Stelle nur deshalb hervorgehoben, um zu vermeiden, daß man eventuelle Mißerfolge allein den ionenselektiven Elektroden zuschreibt.

5.3.3 Probenvorbereitung für Titrationen

Man schließt die ionenselektive Elektrode, die das Meßion oder ein Ion des Titrationsmittels anzeigt, an die Meßelektrodenbuchse des Meßgerätes an und komplettiert die Meßkette mit einer Bezugselektrode. Die Analysenlösung sollte so konzentriert vorliegen, daß die im letzten Abschnitt erwähnten β_F- oder β_K- und b-Werte für eine ausreichende Genauigkeit erreicht werden. Falls man dabei noch einigen Spielraum hat, sollte man die Ausgangslösung bis zum notwendigen β- und b-Wert verdünnen, da bei verdünnteren Lösungen die Gefahr von Einschlüssen und Adsorptionen bei Fällungstitrationen verringert wird. Gleichzeitig sollte man das Ausgangsvolumen groß im Vergleich zu dem Volumen an zuzusetzenden Titranden wählen, um Verdünnungseffekte klein zu halten. Bei einem typischen Ausgangsvolumen von 100 mL soll der Titer der Maßlösung so berechnet sein, daß das zuzusetzende Volumen unter 10 mL bleibt. Wegen des Einflusses von überschüssigem Fremdelektrolyten über den Selektivitätskoeffizienten K_{M-S} auf b, sollte man im Gegensatz zu der

Direktpotentiometrie auf die Einstellung einer hohen Ionenstärke verzichten. Auch eine eventuell erforderliche pH-Einstellung sollte mit möglichst wenig Pufferchemikalien geschehen. Nach den Vorarbeiten taucht man die Elektrodenkette in die Analysenlösung und fügt unter Rühren den Titranden hinzu. Hat man keinen automatischen Titrator, so notiert man sich bei Annäherung an den Endpunkt die pro 0,01 mL auftretenden Spannungsänderungen. Hierfür ist ein sog. *Titrierzusatz* am mV-Meter sehr nützlich. Mit seiner Hilfe wird eine veränderliche Gegenspannung in den Ausgangskreis gelegt, um nach jeder Ablesung wieder auf „Null" zurückzustellen. Der Punkt der größten Spannungsänderung wird als Endpunkt genommen. *Bei allen unsymmetrischen Titrationskurven ($v \neq 1$) muß der Titer der Maßlösung mit einer eingewogenen Menge des zu bestimmenden Stoffes eingestellt werden.* Bezüglich anderer Techniken zur Ermittlung des Äquivalenzpunktes einer Titrationskurve sei auf die Literatur [297] verwiesen.

Je ein Beispiel für eine Fällungstitration und für eine komplexometrische Titration:

Fällungstitration: Der Iodidgehalt einer ca. 0,01 mol/L I⁻ enthaltenden Lösung ist auf 0,1% genau zu bestimmen. Man wählt dazu eine Fällungstitration mit Silberionen. Das bei der Reaktion entstehende AgI hat nach Angaben in Tabellenwerken ein Löslichkeitsprodukt von ca. 10^{-16}. Daraus berechnet man den dazugehörigen β_F-Wert aus:

$$\beta_F = \frac{v \cdot K_L^{1/m}}{(c_{0A})^{v+1}} = \frac{1 \cdot (10^{-16})^{1/1}}{(10^{-2})^{1+1}} = 10^{-12}. \tag{102}$$

Nach den Ausführungen im letzten Abschnitt braucht man aber für eine Genauigkeit von 0,1% in der Endpunktserfassung nur einen β_F-Wert von $\beta_F \leq 10^{-9}$. Um die bei argentometrischen Fällungstitrationen auftretende Adsorption des zu Beginn im Überschuß vorliegenden Ions am ausfallenden Niederschlag klein zu halten, verdünnt man die Probelösung noch 1:10 mit destilliertem Wasser. Dann beträgt die Ausgangskonzentration $c_{0A} = 10^{-3}$ mol/L Iodid, was einem β_F-Wert von

$$\beta_F = \frac{10^{-16}}{(10^{-3})^2} = 10^{-10} \tag{103}$$

entspricht. Dieser Wert garantiert immer noch einen scharfen Endpunktsprung in der Titrationskurve. Das gleiche Beispiel würde für eine Analyse von Chlorid anstelle des Iodids wesentlich ungünstiger ausfallen. Das Löslichkeitsprodukt des AgCl beträgt nämlich nur ca. 10^{-10}. Bei einer Ausgangskonzentration der zu titrierenden Lösung von 10^{-2} ergibt sich in diesem Fall für β_F nur ein Wert von 10^{-6}, der schon nur noch unter optimalen Bedingungen (sorgfältigste Einstellung des Titers mit einem Standard mit gleicher Matrix wie die Probenlösung und standardisiertem Analysengang) eine Analysengenauigkeit von 0,1% möglich erscheinen läßt. Hier würde jede Verdünnung der Ausgangslösung den Endpunktsprung verschmieren.

Komplexometrische Titration: Man möchte Mg^{2+}-Ionen mit EGTA titrieren. Aus Tabellenwerken entnimmt man die Komplexbildungskonstante für den Mg-EGTA-Komplex $K_{KB} =$ ca. 10^5. Damit β_K einen Wert von 10^4 nicht unterschreitet, darf gemäß $\beta_K = K_{KB} \cdot c_{0A}$ die Konzentration der Mg-Ausgangslösung 0,1 mol/L nicht unterschreiten. Setzt man diese Konzentration in die Gleichung von b ein und berücksichtigt, daß $b \leq 10^{-2}$ betragen muß, so ergibt sich ein Störionenterm von $B \leq 10^{-3}$ mol/L. Erst wenn diese Bedingungen erfüllt sind, kann man einen Analysenfehler von unter 0,1% erwarten.

Alles gilt natürlich nur, solange nicht bei der Probennahme, dem Analysengang, der Titerstellung usw. größere Fehler entstehen. *Bei nicht zu verdünnten Ausgangslösungen gilt die Titrationsmethode als das genaueste Analysenverfahren unter Einsatz der ionenselektiven Elektroden, da hier die Größe des Aktivitätskoeffizienten wie auch die der Diffusionsspannung belanglos sind.* Darüber hinaus lassen sich mit dieser Technik eine große Anzahl von Ionen erfassen, für die es direkt noch keine selektiven Elektroden gibt. Wenn in der Probenmatrix ein Komplexbildner vorliegt, so erfaßt man bei einer komplexometrischen Titration nur dann den gesamten Meßionengehalt, wenn der als Titrant verwendete Komplexbildner einen stabileren Komplex mit dem Meßion (größerer K_{KB}-Wert) bildet als der der Probenmatrix.

5.3.4 Titration bis zu einem vorgegebenen Spannungswert

5.3.4.1 Titration auf der Basis einer Titrationskurve

Wie gezeigt wurde, tritt am Äquivalenzpunkt einer Fällungs- oder Komplexierungstitration ein mehr oder weniger großer Sprung in der Titrationskurve auf. Bei annähernd gleichbleibenden Proben liegt der Wendepunkt dieser Kurven zwar bei unterschiedlichen Volumenwerten (entsprechend den unterschiedlichen Meßionengehalten), jedoch bei einem etwa gleichbleibenden Spannungswert. Man kann sich also den „Überschußschwanz" der Titrationskurve sparen, wenn man die Titriermittelzugabe beim mV-Wert des Äquivalenzpunktes stoppt. Man erhält diesen mV-Wert aus einer Reihe zuvor vollständig aufgenommener Titrationskurven unter Benutzung realer Probenlösungen durch Mittelung. Neben diesem empirischen Vorgehen, läßt sich dieser Wert aber auch mit Hilfe einer Kalibrierkurve für die betreffende Elektrodenanordnung und Kenntnis der betreffenden Äquivalenzkonzentration an Meßionen ermitteln. Eine Kalibrierkurve sollte stets für jede Elektrodenanordnung zur Überprüfung ihrer Arbeitsweise aufgenommen werden.

Die Lage der Voräquivalenzkurve hängt von der Ausgangskonzentration ab. Der Kurvenverlauf nach dem Äquivalenzpunkt wird durch die Lage des betreffenden Reaktionsgleichgewichts, also durch das Löslichkeitsprodukt K_L oder durch die Komplexbildungskonstante K_{KB} kontrolliert. Bei Kenntnis der entsprechenden K_L- oder K_{KB}-Werte lassen sich die betreffenden Äquivalenzpunkt-Konzentrationen leicht errechnen. Während man dazu bei den Komplexierungstitrationen die Konzentration der Ausgangslösung benötigt, liegt sie bei Fällungstitrationen fest, da der ausfallende Niederschlag eine neue Phase gebildet hat. Geht man mit diesen Äquivalenzkonzentrationen in die Elektroden-Kalibrierkurve, so erhält man den korrespondierenden Spannungswert, bei dem die Titration beendet ist. Diese Technik, die Titration bei einem vorgegebenen Spannungswert zu stoppen, läßt sich vorteilhaft bei den Titrationen anwenden, bei denen eine kinetische Hemmung (z. B. Übersättigung bei Fällungstitrationen) zu einer zeitabhängigen Elektroden-Spannung führt. In diesem Fall wartet man nach jeder Titrationsmittelzugabe einen stabilen Spannungswert ab, bevor man ein weiteres Volumeninkrement hinzufügt. In einigen Fällen kann man zur Initiierung der Fällung auch einige stöchiometrisch zusammengesetzte Kriställchen der betreffenden Niederschlagsverbindung beigeben (näheres in Lehrbüchern der quantitativen analytischen Chemie).

Schwierigkeiten ergeben sich bei diesem Verfahren bei unscharfen Endpunktsprüngen und variablen b-Werten (vgl. Kap. 5.3.2) der Probenlösungen. Bei ausreichender Reaktionskinetik erlaubt das Verfahren eine einfache Automation des Titrationsverfahrens.

5.3.4.2 Titration auf der Basis eines Konzentrationsketten-Aufbaus

Für diese Technik muß im Gegensatz zu allen anderen Techniken, die unter Verwendung einer ionenselektiven Elektrode und einer Bezugselektrode arbeiten, mittels zweier gleichartiger ionenselektiver Elektroden oder einer ionenselektiven Membran und zwei gleichartigen Bezugselektroden eine Konzentrationskette aufgebaut werden. Abbildung 66 zeigt einige Möglichkeiten des Kon-

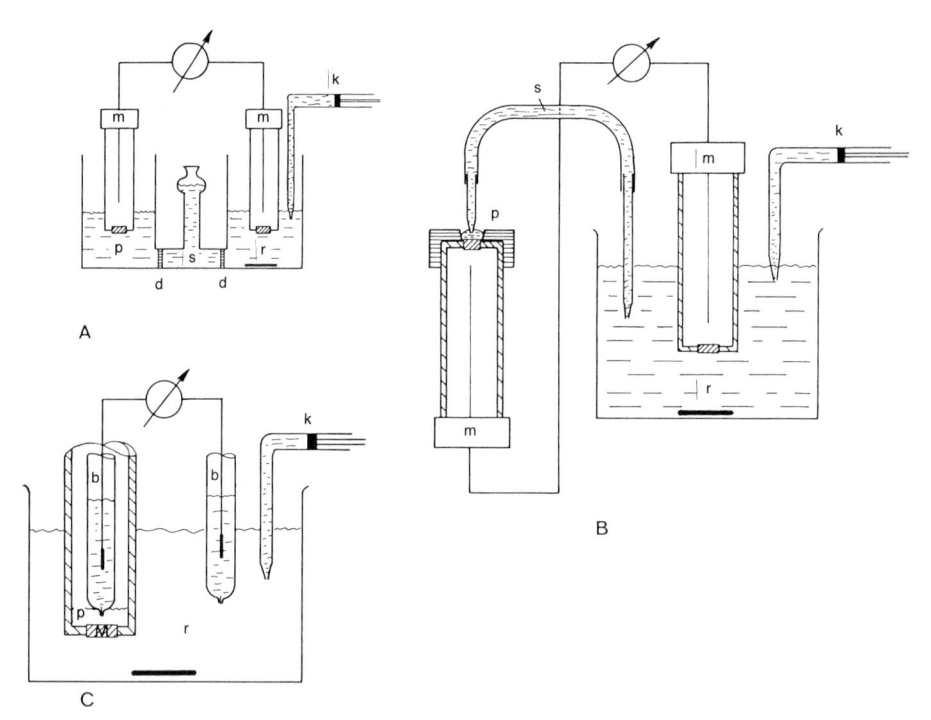

Abb. 66 A–C. Konzentrationsketten mit ionenselektiven Elektroden. Makro-Aufbau mit zwei gleichartigen ionenselektiven Elektroden m. Die Probelösung p ist durch einen Stromschlüssel s unter Verwendung zweier Diaphragmen d von der Bezugslösung r getrennt. **B** Mikro-Aufbau mit zwei gleichartigen ionenselektiven Elektroden. **C** Halbmikro-Aufbau mit einer demontierbaren ionenselektiven Elektrode und zwei Bezugselektroden

5.3 Titrationsverfahren zur Bestimmung der Konzentration eines Stoffes

zentrationsketten-Aufbaus. Das Prinzip dieses Verfahrens beruht darauf, daß in einer Konzentrationskette die Ketten-Spannung Null wird, wenn die Meßionenaktivität in beiden Elektrodenräumen gleich ist (Nullpunkt-Potentiometrie). Man kann nun in dem Referenzlösungsraum von einer Meßionenaktivität von Null (genauer von einer Aktivität, die der Löslichkeit der aktiven Phase in dieser Lösung entspricht) ausgehen und durch eine genau zu messende Zugabe einer Meßionenlösung bekannter Konzentration diese solange steigern, bis eine Ketten-Spannung von 0 mV resultiert. Somit ist die dann bekannte Aktivität dieser Referenzlösung gleich der angrenzenden Probenlösung. Bei diesem Verfahren ist keine Kalibrierung der Elektroden notwendig. Auch die Größe der Nernst-Steilheit ist unwesentlich. Sie wirkt sich nur in der Empfindlichkeit der pro Meßionenzusatz beobachtbaren Spannungsänderung aus. Diese Technik ist zu empfehlen, wenn nur wenig Probenmaterial zur Verfügung steht oder bei Proben, die nicht verunreinigt werden dürfen. Wie Abb. 66 B zeigt, kann man mittels dieser Technik sogar Mikroliterproben messen.

Wenn man allerdings genaue Konzentrationsbestimmungen durchführen will, muß man in beiden Elektrodenräumen eine gleich große Ionenstärke einstellen, damit man gleiche Aktivitätskoeffizienten vorliegen hat. In diesem Fall verkleinert sich auch die Diffusionsspannung an der Kontaktstelle der beiden Lösungen, was die Genauigkeit erhöht. Wenn man keine Fremdchemikalien in die Probenlösung geben kann (z. B. bei physiologischen Messungen oder Weiterverwendung der Probenlösung), so arbeitet man mit einer Kapillarverbindung zwischen beiden Lösungen und erteilt der Ausgangs-Referenzlösung eine der Probenlösung vergleichbare Matrix. Im Zweifelsfall kann man zuvor über eine ebenfalls verbrauchslose und verseuchungsfreie Leitfähigkeitsmessung die Leitfähigkeit der Probe ermitteln und in der Referenzlösung eine gleiche einstellen. Gelegentlich kann man auch mehrere alte Proben vereinigen, das Meßion selektiv aus ihnen entfernen (Ionenaustausch, Ausfällung) und diese Lösung als Grundlage der Referenz wählen (dies entspricht der Verwendung quantitativ bis zum Äquivalenzpunkt austitrierter Lösungen). Weisen die Probenlösungen eine hohe Konzentration an Meßionen auf, so vergrößert nach den Ausführungen in Abschn. 5.1.2 eine Verdünnung derselben den Ionenstärkespielraum zwischen Meß- und Referenzlösung.

Es gibt eine Vielzahl von Variationen dieser Technik, die alle aufzuführen den Rahmen dieses Buches sprengen würde. Erwähnt werden soll nur noch das *inverse Verfahren*, das von einer Referenzlösung ausgeht, die eine höhere Konzentration als alle Probenlösungen aufweist. Hier mißt man die für eine Ketten-Spannung von 0 mV notwendig werdende Verdünnung der Referenzlösung und schließt daraus auf die Proben-Konzentration.

Um den Ketten Nullpunkt sicherer zu erfassen, kann man ihn auch graphisch ermitteln. Dazu trägt man die Ketten-Spannung nach aliquoten Zugabe-Inkrementen auf halb-logarithmischem Papier (Spannung gegen lg c_{Ref}) auf. Man erhält eine lineare Titrationskurve, die bei 25 °C eine Steigung von $(59/z)$-mV pro Zehnerpotenz aufweist. Die Konzentration der Probe läßt sich aus diesem Diagramm beim Ketten-Nullpunkt ablesen. Diese Variante verhindert aufgrund einer besseren Statistik (es werden zur Auswertung mehrere Meßwerte herangezogen) sog. Ausreißer (Anzeigefluktuationen aufgrund der in Kap. 4 diskutierten Störungen, unachtsame Reagenz-Zugabe, Ablesefehler usw.). Sie ist, wenn schon keine Parallelproben bestimmt werden, im Interesse einer erhöhten Analysensicherheit besonders zu empfehlen.

Bevor man beginnt, gilt es zu prüfen, ob bei Gleichheit der Aktivität der beiden angrenzenden Lösungen tatsächlich bei den jeweils verwendeten ionenselektiven Elektroden eine Ketten-Spannung von 0 mV auftritt. Man sollte also zu Beginn einer Meßreihe die Ketten-Spannung so genau wie möglich bestimmen, die sich an der Konzentrationskette einstellt, wenn man in beide Elektrodenräume die gleiche Lösung gibt. In der Regel stellt man dabei einen mV-Wert fest, der nahe bei Null liegt. Nur im Fall, daß die beiden ionenselektiven Elektroden unterschiedliche Selektivitäten K_{M-S} aufweisen und die Störionenmatrix der Proben stark schwankt, resultieren inkonstante „Null"-Werte. In diesem Fall kontrolliert man durch dieses Vorgehen auch gleichzeitig die Grundlage des Verfahrens. Bei der eigentlichen Messung gibt man dann eine der jeweiligen Konstruktion angepaßte Probenmenge in den Probenraum der Konzentrationskette und taucht die zweite ionenselektive Elektrode in ein ausreichend großes Becherglas mit der Referenzlösung. Wie schon erwähnt, sollte die Ionenstärke dieser Lösung der der Probenlösung entsprechen. Zur Erzielung einer größtmöglichen Genauigkeit ist es vorteilhaft, mittels eines Ionenstärke-Einstellers in beiden Lösungen eine gleiche und konstante Ionenstärke einzustellen. Dadurch verkleinert man auch den Fehler, der durch die Inkonstanz der Diffusionsspannung an der Kontaktzone dieser beiden Lösungen entsteht und die Meßgenauigkeit einschränkt. Eine Vereinfachung in der Berechnung der effektiven Konzentration der Referenzlösung ergibt sich, wenn man das Ausgangsvolumen dieser Lösung so groß ansetzt, daß die Volumenänderung durch die Zugabe der Standardlösung vernachlässigt werden kann. So kann man bei dieser Technik ohne weiteres mit einem Ausgangsvolumen von 1 L arbeiten und die Standardlösung mit Hilfe einer genau kalibrierten 1 mL Kolbenbürette hinzufügen. Wenn man die Konzentration der Standardlösung so wählt, daß alle Proben mit maximal 1,00 mL Zugabe erfaßt werden, so kann man die Volumenänderung von <0,1% vernachlässigen. In der Praxis sollte man aus den in Kap. 1.3 erläuterten Gründen (Identitätsveränderung) auch nicht von einer Ausgangskonzentration des Meßions von null in der Referenzlösung ausgehen. Es treten in diesem Fall bei einigen ionenselektiven Elektroden (Glas- und Flüssigmembran-Typen), vor allem wenn störende Matrixionen vorliegen, leicht Drifterscheinungen auf. Man beginnt daher die Titration mit einer genau bekannten, aber kleineren Konzentration des Meßions in der Referenzlösung als von allen Proben erwartet wird. Genauere Titrationen als bis auf ±0,1 mV des zuvor bestimmten „Null"-Wertes sind zwar manchmal meßtechnisch möglich, führen aber nur dann zu einer entsprechend erhöhten Analysengenauigkeit, wenn die Variationen der Diffusionsspannung zwischen den beiden angrenzenden Lösungen kleiner sind.

Diese Null-Punkt-Technik erlaubt im Gegensatz zu den direkten Titrationsverfahren, bei denen die Meßionenaktivität in der Probenlösung selbst verändert wird, auch genaue Analysen von sehr verdünnten Meßionenlösungen. So konnte Durst [63] mit dieser Technik Fluorid- und Silberionen in nur 5 bis 100 µL großen Probenmengen bestimmen. In dem Masse-Bereich 0,38 bis 190 ng (!) Fluorid und 0,054 bis 54 µg Silber ließ sich ein beachtlich kleiner Fehler von unter 1% erreichen.

5.3 Titrationsverfahren zur Bestimmung der Konzentration eines Stoffes

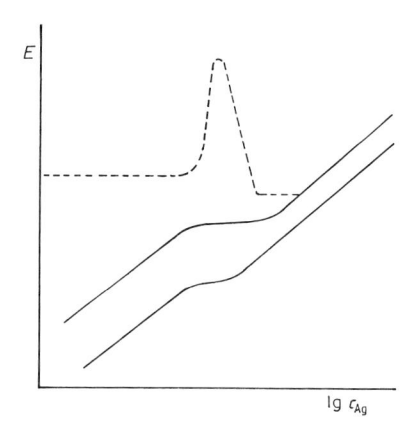

Abb. 67. Maximum der Differenzspannung zwischen AgCl- und Ag$_2$S-Elektrode am Umschlagspunkt bei der Titration von Chlorid mit Silbernitrat [302]

Die wichtige Titration von Chlorid mit Silbernitrat kann man mit der Meßkette nach Bound und Fleet [302]

AgCl | Ag$^+$, Cl$^-$ | Ag$_2$S

ausführen. Im Anfangsteil der Titrationskurve steigt die Kettenspannung stetig an. Am Äquivalenzpunkt jedoch geht die Chloridionenselektivität der Meßkette in eine Silber-Ionenselektivität über. Bei lin/lg-Darstellung der Titrationskurve ist die Parallelverschiebung der beiden Spannungsgeraden bei der Silberchloridelektrode größer als bei der Silbersulfidelektrode. Daraus ergibt sich ein Spannungsmaximum am Umschlagspunkt (s. Abb. 67).

5.3.5 „Chemisch linearisierte" Titrationskurve (Ein-Punkt-Titration)

Während man üblicherweise Titrationskurven mit einem großen, scharf ausgeprägten Spannungssprung am Endpunkt haben möchte, wird bei dieser Technik versucht, möglichst eine lineare Beziehung zwischen der Spannung und dem Volumen (oder Konzentration bei konstantem Volumen) des Titranden zu erzielen. Für die Titration von starken Säuren wurde von Leithe [303] zur Linearisierung ein Gemisch schwacher Basen mit sich überlappenden Dissoziationsbereichen verwendet. Die Linearisierung stellt nichts anderes dar als eine Aneinanderreihung der bei schwächeren Basen sowieso nicht so scharf verlaufenden Titrationskurven der einzelnen Basen (vgl. Abb. 68). Der Vorteil dieser Technik liegt darin, daß man bei einem vorgegebenen Basengemisch nach Zugabe einer bestimmten Menge einer starken Säure aus dem sich einstellenden Spannungswert direkt an Hand der Kalibrierkurve auf die Säure*konzentration* schließen kann. Er liegt ferner in der leichten Durchführbarkeit von Durchflußmessungen. Man kann nämlich, wenn das Strömungsverhältnis von Basengemisch und Säure konstant ist, anstelle der Spannungswerte direkt die Konzentration registrieren. Dies wurde vor allem durch Oehme et al. bis zur Industriereife entwickelt. So berichtet er z. B. über ein „direkt-potentiometrisches" Bestimmungsverfahren der Schwefelsäurekonzentration in Anodisierelektrolyten [304]. Hier lag der Konzentrationsbereich zwischen 120 und 165 g/L und hätte,

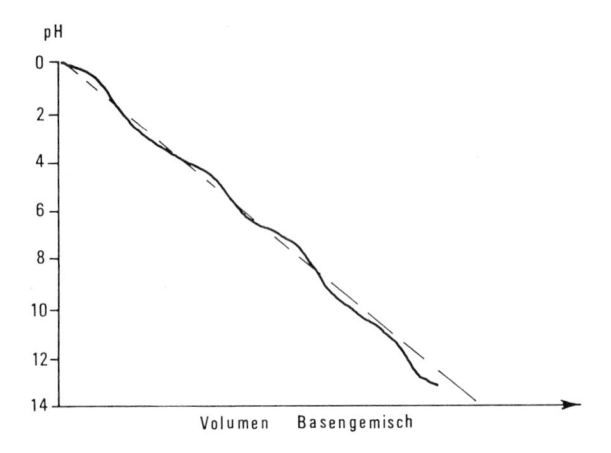

Abb. 68. Beispiel einer „chemischen linearisierten" Titrationskurve

direkt mit einer pH-Glaselektrodenkette gemessen, nur einer Spannungsänderung von 8,4 mV entsprochen. Durch Verwendung dieser Technik konnte aber durch Anpassung der Konzentration der betreffenden Basen in diesem Fall eine Spannungsänderung von 92 mV erzielt werden! (Die Empfindlichkeitssteigerung wird verständlich, wenn man bedenkt, daß man im Endpunktsprung einer Titrationskurve ebenfalls sehr große Spannungsänderungen bei kleinen Volumen (Konzentrations)-Änderungen vorliegen hat.)

Da die Komplexierung von Al^{3+}-Ionen mit F^--Ionen über die Komplexe AlF^{2+} (pK ~ 6), AlF_2^+ (pK ~ 11), AlF_3 (pK ~ 15), AlF_4^- (pK ~ 18), AlF_5^{2-} (pK ~ 19) und AlF_6^{3-} (pK ~ 20) verläuft, kann man bei einer Titration von Fluorid mit Al^{3+}-Ionen ebenfalls keinen scharfen Sprung in der Titrationskurve erwarten. Oehme und Dolezalova [305] konnten daher mit dieser Technik Al^{3+}-Konzentrationen im 10 bis 15 mg/L-Bereich mit Hilfe einer Fluorid-Elektrode bestimmen. Sie erzielten unter Verwendung einer Konditionierungslösung, die 2 mol/L Acetat-Puffer und 10^{-3} mol/L F^- enthielt, für diesen kleinen Konzentrationsbereich eine Spannungsänderung von 32 mV gegenüber theoretisch zu erwartenden 3,4 mV. Dies zeigt deutlich, daß sich mit dieser Technik auch mehrwertige Ionen, die direkt wegen des kleinen Nernstfaktors nur ungenau bestimmbar sind, genügend genau bestimmen lassen. Nach diesen Autoren sollten sich auf diese Weise auch andere Fluorkomplexbildner, wie Fe^{3+}, Th^{4+}, Zr^{4+} und UO_2^{2+} bestimmen lassen, wie auch Ni^{2+}, Fe^{2+} und Au^+ mit CN^- sowie Hg^{2+} mit Br^-, SCN^- mit Cu^{2+} und $S_2O_3^{2-}$ mit Ag^+ als „Hilfsionen".

Horvai et al. [306] geben eine feste Menge Titrans, die dem erwarteten Verbrauch ungefähr entspricht, zur Probe. Die Restmenge der gesuchten Ionen oder der Überschuß des Titrans werden anhand einer Kalibrierkurve mit der Meßkette direktpotentiometrisch ermittelt. Die Meßkette muß dazu auf beide Ionenarten ansprechen, z.B. mit einer Silberchlorid-Elektrode für die Bestimmung von Chloridionen. Wenn mit der Zugabe etwa 90% der Meßionen ausgefällt wurden, so ist mit dieser Art von Nullpunktsunterdrückung die Einpunkttitration der restlichen 10% viel genauer.

5.4 Konzentrationsbestimmungen mit Hilfe einer Standard-Zugabe

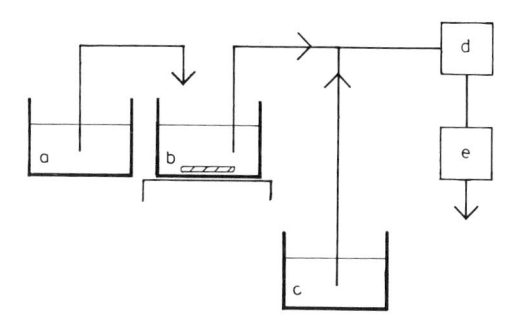

Abb. 69. Herstellung einer Lösung mit zeitlich veränderlicher Konzentration nach Bound und Fleet [302]. *a* Titrand mit der Konzentration c_A, *b* Titrand mit der Konzentration c_B, *c* Probelösung mit der Konzentration c_x, *d* Mischer, *e* Durchflußmeßzelle

5.3.6 Titration mit veränderlichem Titranden

Normalerweise besteht eine Titration darin, zu einem Volumen der Probenlösung ein steigendes Volumen des Titranden mit gleichbleibender Konzentration zuzugeben. Denkbar ist aber auch eine Mischung im konstanten Verhältnis mit einem Titranden von veränderlicher Konzentration. Letztes Vorgehen eignet sich für kontinuierliche Titrationen. Die Mischung von Probe und Titrand erfolgt in einem konstanten Volumenverhältnis, man braucht also keine regelbaren Pumpen. Wenn sich die Änderung der Konzentration des Titranden nach einer vorgegebenen Zeitfunktion vollzieht, dann ist die Zeit maßgebend, nach welcher die Meßkette den Umschlagspunkt anzeigt. Den Titranden mit einem Konzentrationsgradienten erzeugten Fleet und Ho [307] mit einer Anordnung nach Abb. 69. Wenn der Durchfluß z. B. $Q_A = Q_B$ ist, steigt die Konzentration des Titranden B linear mit der Zeit t an:

$$c_B = c_A + \frac{c_{B0} - c_A}{V_{B0}}(V_{B0} - Q_A t). \tag{104}$$

5.4 Konzentrationsbestimmungen mit Hilfe einer Standard-Zugabe bei bekannter Elektroden-Steilheit S

5.4.1 Messung der Spannungsänderung bei Zugabe einer Standardlösung zu der Probenlösung

Die einfache Standardaddition ist die schnellste Methode, wenn nur einzelne Proben zu untersuchen sind und eine Elektrode mit bekannter Steilheit zur Verfügung steht. Grundlage dieses Verfahrens ist der Rückschluß auf die Ausgangskonzentration einer abgemessenen Probelösungsmenge aus der beobachteten Spannungsänderung nach Zugabe einer ebenfalls genau abgemessenen Menge Standardlösung des betreffenden Meßions. Zur Ableitung der Auswertformel geht man wieder von der empirischen Form der Nernst-Gleichung aus:

$$E_1 = E' \pm S(c_x y_x k_x) + \Delta E_d; \tag{105}$$

hierin bedeuten:

c_x = die unbekannte Meßionenkonzentration der Probe,
y_x = der Aktivitätskoeffizient des Meßions in der Probe,
k_x = ist der Bruchteil des Meßions, der in einer Komplexmittel enthaltenden Probe frei vorliegt,
ΔE_d = Differenz der Diffusionsspannungen aus zweiter und erster Messung.

Die sog. restliche Diffusionsspannung wird meistens vernachlässigt.

Nach Zugabe einer bestimmten Menge einer Standardlösung und Erhöhung der Meßionenkonzentration um Δc zeigt die Meßkette gemäß:

$$E_2 = E' \pm S \lg(c_x + c_1) y'_x k'_x + \Delta E_d \tag{106}$$

eine andere Spannung an. Hält man die Menge an zugesetzter Standardlösung Δc klein genug, so daß sich dadurch die Gesamtionenstärke der Meßlösung nicht wesentlich ändert, und vermag ein evtl. in der Probenmatrix vorliegender Meßionenkomplexbildner auch noch die zugesetzte Menge vollständig zu komplexieren, so ist $f_x \cdot k_x = f'_x \cdot k'_x$; darüber hinaus bleiben E' und ΔE_d konstant und fallen bei der Differenzbildung E_2-E_1 heraus. Man erhält also:

$$E_2 - E_1 = S \lg \frac{c_x + c_1}{c_x}. \tag{107}$$

c_1 ist die durch die Standard-Zugabe bewirkte Konzentrationsvergrößerung.

$$c_x = c_1 (10^{(E_2-E_1)/S} - 1)^{-1}. \tag{108}$$

Um die Volumenänderung infolge der Zugabe vernachlässigen zu können, muß man eine hochkonzentrierte Standardlösung hinzufügen. Volumina unter 0,1 mL lassen sich aber nicht mehr ausreichend genau dosieren.

Eine Volumenkorrektur kann auch immer entfallen, wenn anstelle der konventionellen Bezugselektrode eine Ionenselektive Elektrode benutzt wird. Nach S.L. Xie [308] wird z.B. bei der Fluoridbestimmung dem Ioneneinsteller Kaliumiodid zugegeben und die Spannung zwischen einer Iodid- und der Fluoridselektiven Elektrode gemessen. Das gemessene Verhältnis $R = a_{I^-}/a_{F^-}$ ist unabhängig von der Verdünnung.

In sehr vielen Fällen ist jedoch eine Volumenkorrektur notwendig.

Unter Berücksichtigung des zugesetzten Volumens Standardlösung V_S mit der Konzentration c_S zu einem Volumen der Probenlösung V_P erhält man unter Vernachlässigung des Verdünnungseffektes:

$$c_x = c_S \left(\frac{V_S}{V_P}\right)(10^{(E_2-E_1)/S} - 1)^{-1} \tag{109}$$

und bei Berücksichtigung des Verdünnungseffektes:

$$c_x = c_S \frac{V_S}{V_P + V_S} \left(10^{(E_2-E_1)/S} - \frac{V_P}{V_P + V_S}\right). \tag{110}$$

Die Formel läßt sich in jeden Taschenrechner programmieren oder nach Tabelle A.5 im Anhang auswerten. Man kann diese Auswertmethode auch dann anwenden, wenn man die Konzentration des Meßions in der Probenlösung

5.4 Konzentrationsbestimmungen mit Hilfe einer Standard-Zugabe

nicht erhöht, sondern quantitativ (Fällung oder Komplexierung) um einen genau bekannten Betrag vermindert (Subtraktionstechnik). Auch bei dieser Methode gilt die Formel (110) bzw. die Tabelle A.5.

Die Größen der Gl. (110), c_S, V_P, V_S und S, können in der Regel sehr genau bestimmt werden. Der größte Fehler tritt bei der Ermittlung von E_2-E_1 auf. Es handelt sich hierbei um die Differenz zweier größerer Werte, die, mathematisch gesehen, leicht beliebig ungenau werden kann. Andererseits sind einer Vergrößerung von E_2-E_1 Grenzen gesetzt. Die Ionenstärke sowie der Komplexierungsgrad der Probenlösung darf ja dabei nicht wesentlich verändert werden. Auch ist man nicht sicher, ob man dann noch im gleichen Steilheitsbereich arbeitet. Trotzdem wird dieses Verfahren häufig angewandt, denn es ist eines der wenigen, *das unter bestimmten Bedingungen auch die komplex gebundenen Meßionen mit erfaßt*. Der Fall der komplexen Bindung eines Meßions kommt häufig vor. Man erkennt ihn an der Nichtübereinstimmung von Analysendaten, die beide mit Hilfe der ionenselektiven Elektroden gewonnen werden können. So ergab eine direktpotentiometrische Fluoridbestimmung in Meerwasser mit Hilfe einer Konzentrations-Eichkurve 0,6 mg/kg, während die Zusatztechnik einen Wert von 1,2 mg/kg lieferte. Dies besagt, daß die Hälfte des Fluorids im Meerwasser wahrscheinlich komplex an Magnesiumionen gebunden ist. Auch bei physiologischen Messungen ist zu berücksichtigen, daß ein Teil der Meßionen an Proteine gebunden sein kann [63]. Über die Bestimmung von komplex gebundenen Calcium- oder Silberionen siehe auch Ilcheva et al. [309].

Zum Verständnis der Möglichkeit, mit diesem Verfahren auch komplexgebundene Ionen zu erfassen und zur Erkennung der Grenzen sei noch einmal kurz auf die Chemie des Komplexierungsvorganges hingewiesen. Bei einer Komplexierungsreaktion:

$$A + T \rightleftharpoons AT \qquad (R\ 34)$$

bildet das Komplexierungsmittel T mit dem Meßion A einen Komplex AT. Dadurch wird die Konzentration an freien A-Ionen vermindert. Wie bei jeder chemischen Reaktion, so wird auch hier ein Gleichgewicht erreicht, das aber bei starken Komplexbildnern ganz auf der rechten Seite liegt. Bei Anwendung des Massenwirkungsgesetzes auf diese Reaktion erhält man:

$$\frac{a_{AT}}{a_A \cdot a_T} = K_{KB}. \qquad (111)$$

K_{KB} ist die Komplexbildungskonstante. Da sie in der Regel sehr groß ist (10^5 bis 10^{12}), stellt sich bei Komplexmittelüberschuß eine sehr kleine Konzentration an freien A-Ionen ein. Sie ist aber bei einem großen und konstanten T-Überschuß proportional der Ausgangsmenge von A, denn man kann in diesem Fall den konstanten Faktor a_T noch mit K_{KB} zusammenfassen. Bildlich gesprochen (vgl. Abb. 70) arbeitet man in diesem Fall in einem Bereich einer komplexometrischen Titrationskurve, den man als Nachäquivalenzbereich mit Titriermittelüberschuß bezeichnen kann. Bei komplexometrischen Titrationen hängt der Spannungswert dieses Kurventeils im Gegensatz zu Fällungstitrationen, bei denen eine neue Phase gebildet wird, noch von der Ausgangskonzentration der Lösung ab. Nur ist die freie Meßionenkonzentration um den Fak-

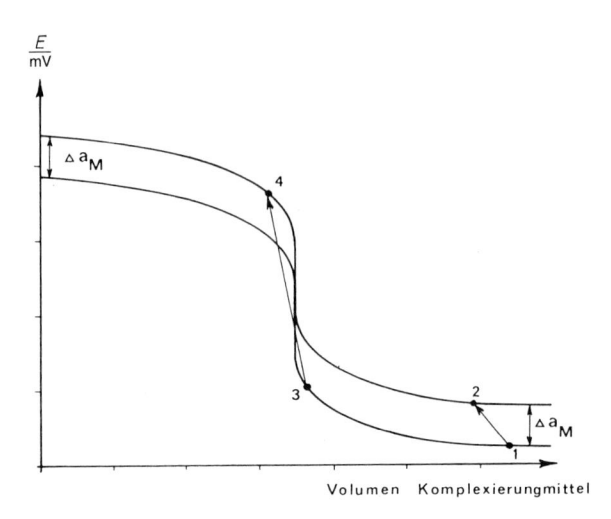

Abb. 70. Arbeitspunkte auf den virtuellen Komplexmittel-Titrationskurven bei der Standard-Additionstechnik; Punkt 1→2 ergibt richtige Bestimmung, Punkt 3→4 ergibt Fehler

tor der Komplexierungskonstante, multipliziert mit dem Komplexmittelüberschuß, kleiner. Das ist der eigentliche physikalisch chemische Hintergrund, warum man bei dieser Technik die Meßionenkonzentration ohne Rücksicht auf vorliegende Komplexbildner erfaßt. Anstelle einer Konzentrationsänderung von z. B. 1 auf 2 mol/L, wie sie ohne Komplexbildner in der Probenmatrix auftreten würde, stellt die Elektrodenmeßkette nun eine von beispielsweise $1 \cdot 10^{-8}$ mol/L auf $2 \cdot 10^{-8}$ mol/L fest, also eine Änderung um das gleiche Verhältnis (vgl. Abb. 70, Punkt 1→2). Man merkt bei der Messung von E_2-E_1 von dem konstanten Komplexierungsfaktor nichts; lediglich die absolute Spannung ist bei Kationen negativer und Anionen positiver. Man erkennt nun auch, warum man immer einen sicheren Überschuß an Komplexbildner, d.h. 20- bis 100fachem, in der Probenmatrix vorliegen haben muß. Im anderen Fall ist ja das Verhältnis AT/A nicht mehr konstant. Man würde, bildlich gesprochen, in den Bereich des Endpunktsprungs der komplexometrischen Titrationskurve gelangen (vgl. Abb. 70, Punkt 3→4). Hier entfallen natürlich die Voraussetzungen dieser Methode. Dies ist also zu beachten, wenn man unbekannte Systeme mit dieser Technik untersuchen möchte. *Oft ist in natürlichen Systemen (Physiologie) der große Überschuß an Komplexmittel nicht gegeben. Man arbeitet dort vielfach in einem Bereich in der Nähe des Äquivalenzpunktes einer komplexometrischen Titration.* Dies mag die Unstimmigkeiten klären, die beim Analysieren derartiger Lösungen bisweilen aufgetreten sind.

Bei diesem Verfahren benötigt man die Steilheit S der jeweils benutzten Elektrodenkette *im in Frage kommenden Konzentrationsbereich*. Man sollte sie vor Beginn der Meßreihe über eine Konzentrations-Kalibrierkurve ermitteln. Sie bleibt meistens einigermaßen konstant. Im letzten Abschnitt war zu sehen, wie wichtig eine konstante Ionenstärke und, im Fall eines Komplexbildners in der Probenmatrix, sein sicherer Überschuß für die Analysengenauigkeit ist. Aus diesem Grund stellt man in der Probenlösung durch Verdünnen mit einem Ionenstärke-Einsteller (vgl. Abschn. 5.1.1) eine Ionenstärke von ca. 1 mol/L ein. Falls in der Probenlösung ein Komplexbildner vorliegt, von dem man

5.4 Konzentrationsbestimmungen mit Hilfe einer Standard-Zugabe

nicht weiß, ob er mit einem ausreichenden Überschuß vorliegt, kann man entweder einen Stoff zugeben, der mit dem Komplexbildner eine noch stabilere Verbindung eingeht (Verdrängungsreaktion) und dadurch das Meßion freisetzt (z. B. AlF_6+Citrat), oder noch einen stärkeren Komplexbildner mit dem Meßion in ausreichendem Überschuß der Probenlösung vor der Messung hinzufügen, sofern dabei nicht die Nachweisgrenze unterschritten wird. In diesem Fall können auch gleich beide Zugaben vereinigt und die Probenlösung zuvor 1:1 mit dieser Konditionierungslösung (oft 5 mol/L $NaNO_3$ und 1 mol/L Komplexmittel-Lösung) verdünnt werden. Bei der Aufnahme einer Kalibrierkurve zur Ermittlung der Elektrodensteilheit verwendet man in diesem Fall natürlich dieselbe Verdünnung mit Konditionierungslösung. Je nach dem Gehalt der Probenlösungen wählt man die Konzentration der Standard-Meßionenlösung so, daß sich bei einer Zugabe von ca. 10 mL dieser Lösung zu der konditionierten Probenlösung eine Spannungsänderung von ca. 30 mV bei einwertigen und ca. 10 mV bei zweiwertigen Meßionen ergibt. Wenn man von 10 mL Probenlösung ausgeht und sie mit 10 mL Konditionierungslösung verdünnt, so sollte die Standardlösung etwa um den Faktor 5 konzentrierter als die Probenlösung sein. *Wenn man genau 10 mL der Standardlösung hinzugibt, kommt man für eine komplette Analyse mit einer Standardlösung, einer Konditionierungslösung und einer Pipette aus.* Dies ist natürlich auch für Feldmessungen sehr nützlich. Bei dieser Methode kann man mit einer Genauigkeit von ca. 1% rechnen.

5.4.2 Messung der Spannungsänderung bei Zugabe der Probenlösung zu einer Standardlösung

Dies ist zu der oben beschriebenen Methoden die inverse Technik. Bei ihr gibt man zu einem bekannten Volumen einer Standardlösung des jeweiligen Meßions, in welche die Elektrodenkette taucht, eine bestimmte Menge der Probenlösung und berechnet die aktuelle Meßionenkonzentration in der Probenlösung nach folgender Formel:

$$c_x = c_S \left(\frac{V_S + V_P}{V_P} 10^{(E_2 - E_1)/S} - \frac{V_S}{V_P} \right). \tag{112}$$

Die Kürzel haben hierin die gleiche Bedeutung wie in Gl. (110). Es sollen auch hier die gleichen Annahmen gelten, also $y_x k_x = y'_x k'_x$, E' und ΔE_d = konstant, wie beim ursprünglichen Zumischverfahren.

Ein Vorteil dieser Variante ist, daß das zum Eintauchen der Elektrodenkette notwendige Mindestvolumen Meßlösung hier von der Standardlösung gestellt wird. Wenn man die Konzentration des Meßions in dieser Standardlösung um den Faktor 100 kleiner macht als die erwarteten Probenkonzentrationen, dann genügt schon ein kleines Volumen der Probenlösung, um eine optimale Spannungsänderung (ca. 30 mV bei einwertigen Meßionen, ca. 10 mV bei zweiwertigen Meßionen) hervorzurufen. Wenn die vorgelegte Standardlösung gleichzeitig auch noch eine hohe Ionenstärke aufweist, so wird sich der Aktivitätskoeffizient durch die Zugabe des kleinen Volumens Probenlösung kaum ändern, so daß die Voraussetzung für eine Konzentrationsmessung erfüllt ist. *Vorsicht ist allerdings auch hier geboten, wenn die Probenmatrix einen Komplexbildner enthält. Aus den schon erläuterten Gründen muß sichergestellt sein, daß er auch nach der Verdünnung mit der Standardlösung noch im Überschuß vorliegt.* Andernfalls verläßt man seinen Arbeitspunkt (Abb. 70, Punkt 1→2) auf der virtuellen Titrationskurve und die zur Ableitung der Auswertformel gemachten Annahmen gelten nicht mehr. In einem solchen Fall gibt es zwei Möglichkeiten: Entweder man setzt der Standardlösung von Anfang an eine Ionensorte zu, mit welcher der in der Probenmatrix vorhandene Komplexbildner noch stärkere Komplexe bildet als mit den Meßionen (z. B. Citrat bindet Al^{3+}-Ionen, die ihrerseits dadurch das an ihnen gebundene F^- freisetzen) oder den gleichen oder einen stärkeren Komplexbildner im Überschuß für das Meßion (z. B. bildet Citrat häufig etwas stärkere Komplexe als Acetat). Der Unterschied zwischen diesen beiden Möglichkeiten liegt darin, daß im ersten Fall das Meßion freigesetzt wird und sich eine relativ hohe Konzentration an ihm in der Meßlösung einstellt, während im zweiten Fall die Konzentration gemäß der Komplexbildungskonstante um einen konstanten Faktor verkleinert ist. *Da dieser Faktor durchaus Werte von 10^{-10} annehmen kann, ergeben sich bei diesem Vorgehen manchmal Nachweisschwierigkeiten, vor allem, weil dann in der empirischen Nernst-Gleichung der erste Term im Ausdruck $(a_M + K_{M-S}\, a_S)$ so klein wird, daß der zweite potentialbestimmend wird. Dies gilt auch für die ursprüngliche Zumischtechnik.*

Diese zweite Variante der Zumischtechnik läßt sich noch weiter rationalisieren als die erste, denn man kann die notwendigen Konditionierungsmittel (Ionenstärke-pH-Einsteller, Komplexbildner oder -binder, letztere nur im Fall einer echten Notwendigkeit) gleich mit in die vorgelegte Standardlösung geben. Selbstverständlich lassen sich auch mit dieser Version Stoffe erfassen, für die keine ionenselektive Elektrode zur Verfügung steht. Bedingung ist nur, daß sie quantitativ und stöchiometrisch mit einem Ion *reagieren*, das von einer Elektrode angezeigt wird. Dann resultiert eben aus der Abnahme der Konzentration der Standardlösung bei Zugabe der Probenlösung eine entsprechende Spannungsänderung. Unter Vorzeichenberücksichtigung läßt sich zur Auswertung in diesem Fall ebenfalls die Gl. (112) verwenden.

Wenn man nicht sicher ist, ob die Bedingungen $y_x k_x = y'_x k'_x$ sowie E' und $E_d =$ konstant erfüllt sind, empfiehlt sich eine empirische Überprüfung. Zu diesem Zweck fügt man zu der vorgelegten Standardlösung (mit oder ohne Konditionierungsmittel) die dem später zuzusetzenden Probenvolumen entsprechende Wassermenge zu und beobachtet die dabei auftretende Spannungsänderung a. Diese Spannungsänderung beinhaltet natürlich auch den Verdünnungseffekt. Mit dieser Korrektur läßt sich eine weitere Gleichung zur Auswertung ableiten:

$$E_2 - E_1 = a + S \lg\left(1 \pm \frac{V_P c_x}{V_S c_S}\right).$$

Das Minus-Zeichen gilt hier für den Fall, daß der zu bestimmende Stoff die Konzentration der Standardlösung verkleinert. In dieser Gleichung drückt das empirisch bestimmte Glied a folgenden Zusammenhang aus:

5.4 Konzentrationsbestimmungen mit Hilfe einer Standard-Zugabe 179

$$a = S \lg\left(\frac{V_S}{V_S + V_P} \frac{y'_x k'_x}{y_x k_x}\right) + \Delta E_d. \tag{114}$$

Gl. (114) nach der unbekannten Probenkonzentration c_x aufgelöst wird:

$$c_x = \pm \frac{c_S V_S}{V_P}(10^{(E_2-E_1-a)/S} - 1). \tag{115}$$

Der von einer Meßreihe empirisch zu bestimmende Wert a entspricht einer Korrektur der gemessenen Spannungsänderung. Man kann daher $E_2-E_1-a = \Delta E_k$ als korrigierten (E_2-E_1)-Wert auffassen. Wenn man die weiter oben erwähnten Vorsichtsmaßnahmen ergreift, liegt a in der Nähe von 0 mV. Die Firma Orion hat die durch den Klammerausdruck in Gl. (118) gegebenen c_x/c_S-Werte, das sind die durch die Zugabe erfolgten Konzentrationsänderungen geteilt durch die Ausgangskonzentrationen, aus den dazugehörigen (E_2-E_1)-Werten berechnet *(unter der Annahme, daß die Elektrodenkette die theoretische Nernst-Steilheit besitzt)* und in Tabellenform veröffentlicht. Die entsprechende Tabelle ist im Anhang als Tabelle A.6 zu finden. Zur Auswertung einer Messung entnimmt man der Tabelle den dazugehörigen c_x/c_S-Wert f und multipliziert ihn mit $V_S c_S/V_P$. Man erhält als Ergebnis die Konzentration der Probenlösung in der gleichen Einheit wie bei der verwendeten Standardlösung (mol/L, mg/kg, mmol/L oder dgl.).

5.4.3 Fehlerrechnung

Zur Frage, wie groß die optimale Standard-Zugabe sein soll, führt man am besten eine Fehlerrechnung durch. Unter Berücksichtigung der Meßwerte E_1, E_2 und c_1 ist der Fehler Δc_x nach den Regeln der Fehlerfortpflanzung:

$$\Delta c_x = \frac{\delta c_x}{\delta E_1}\Delta E_1 + \frac{\delta c_x}{\delta E_2}\Delta E_2 + \frac{\delta c_x}{\delta c_S}\Delta c_S.$$

Angewandt auf die einfache Standardaddition nach Gl. (107) ist

$$\Delta c_x = \frac{c_S}{S/\ln 10}\frac{\exp\frac{E_2-E_1}{S/\ln 10}}{2\exp\left(\frac{E_2-E_1}{S/\ln 10} - 1\right)}(\Delta E_1 - \Delta E_2) + \frac{\Delta c_S}{\exp\left(\frac{E_2-E_1}{S/\ln 10} - 1\right)}.$$

Durch nochmaliges Einsetzen der Formel (107) erhält man die relative Abweichung

$$\frac{\Delta c_x}{c_x} = \frac{\Delta E_1 - \Delta E_2}{S/\ln 10\left(1 - \frac{c_x}{c_S - c_x}\right)} + \frac{\Delta c_S}{c_S}. \tag{116}$$

Theoretisch wäre es also am günstigsten, wenn c_1 gegenüber c_x sehr groß wäre, was jedoch praktische Grenzen hat. Um ein optimales Größenverhältnis zu finden, ist c_x/c_1 in der Abb. 71 gegen die rel. Abweichung aufgetragen. Geht man davon aus, daß Spannungsmessungen mit $\Delta E = \pm 0{,}1$ mV und Volumenmessungen zu Konzentrationsabweichungen von $\Delta c = \pm 0{,}1\%$ führen, dann sollte die Zugabe c_1 zwei- bis dreimal so groß sein, wie das erwartete c_x. Größere Zugaben nützen nicht mehr viel.

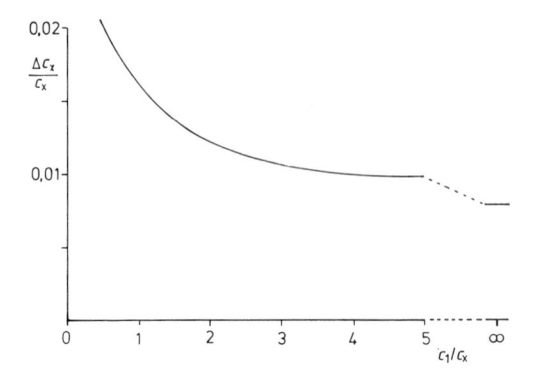

Abb. 71. Fehlerfortpflanzung von $\Delta E_1 - \Delta E_2 = 2$ mV für verschieden große Standardadditionen in Abhängigkeit von c_1/c_x

5.5 Konzentrationsbestimmung mit Hilfe einer Standard-Zugabe bei unbekannter Elektroden-Steilheit S

Die empirische Form der Nernst-Gleichung

$$E = E' \pm S \lg a_M$$

enthält neben a_M zwei Unbekannte E' und S. Zur Bestimmung von zwei Unbekannten sind zwei Gleichungen erforderlich. Dies bedeutet auf die Elektroden-Standardisierung übertragen: Erst durch die Messung von zwei unterschiedlichen Standardlösungen bekannter Konzentration lassen sich E' und S ermitteln. In der im folgenden Abschnitt beschriebenen Zumischmethode läßt sich dies elegant durch eine zweimalige Standard-Zugabe verwirklichen. Aber auch eine einmalige Standard-Zugabe mit anschließender definierter Verdünnung kann dazu herangezogen werden.

5.5.1 Methode der doppelten Standard-Zugabe

Zur Ableitung der Auswertformel geht man wieder von Gl. (105) aus. Taucht man eine ionenselektive Meßelektrode und eine Bezugselektrode in eine Probenlösung mit einer unbekannten Konzentration c_x an dem Meßion, so läßt sich die Meßketten-Spannung durch folgende Gleichung beschreiben:

$$E_1 = E' \pm S \lg [y_x k_x c_x] + \Delta E_d. \tag{117}$$

Über die Bedeutung der Kürzel s. Gl. (105).

Nun fügt man mittels eines genau abgemessenen Volumens einer Standardlösung eine bestimmte zusätzliche Menge am Meßion hinzu. Durch die Konzentrationserhöhung in der Meßlösung um Δc_1 verändert sich die Meßketten-Spannung auf E_2:

$$E_2 = E' \pm S \lg [y'_x k'_x (c_x + c_1)] + \Delta E_d. \tag{118}$$

5.5 Konzentrationsbestimmung mit Hilfe einer Standard-Zugabe

Bis hier entspricht noch alles dem weiter oben beschriebenen einfachen Zumischverfahren. Nun fügt man aber nach Notieren des E_2-Wertes noch einmal die gleiche Menge Meßionen zu der Probenlösung. Im Fall vernachlässigbar kleiner Volumenänderungen können wir in diesem Fall schreiben:

$$E_3 = E' \pm S \lg [y''_x k''_x (c_x + 2c_1)] + \Delta E_d. \tag{119}$$

Für die beiden auftretenden Spannungsänderungen ergibt sich bei $y_x k_x = y'_x k'_x = y''_x k''_x$ sowie E' und $\Delta E_d = $ konstant:

$$E_2 - E_1 = S \lg \frac{c_x + c_1}{c_x}, \tag{120}$$

$$E_3 - E_1 = S \lg \frac{c_x + 2c_1}{c_x}. \tag{121}$$

Dividiert man E_1-E_3 durch E_1-E_2:

$$R = \frac{E_3 - E_1}{E_2 - E_1} = \frac{\lg \frac{c_x + 2c_1}{c_x}}{\lg \frac{c_x + c_1}{c_x}}, \tag{122}$$

so kürzt sich der konstante S-Faktor heraus. Gleichzeitig haben wir aber nun in einer Gleichung mit einer Unbekannten die gewünschte Verknüpfung der Spannungsänderung mit der korrespondierenden Konzentrationsänderung. Zum Auflösen der Gl. (122) nach c_x für die Anwendung in einem Rechner werden die Gleichungen (120) und (121) in den Formen

$$10^{\frac{E_2-E_1}{S}} = 1 + \frac{c_1}{c_x} \quad \text{und} \quad 10^{\frac{E_3-E_1}{S}} = 1 + \frac{2c_1}{c_x} \tag{123}$$

geschrieben. Darin ist c_1 die durch die Standard-Zugabe verursachte Konzentrationszunahme. Die Exponenten werden erweitert:

$$10^{\frac{E_2-E_1}{k} + \frac{(E_2-E_1)(k-S)}{kS}} \quad \text{und} \quad 10^{\frac{E_3-E_1}{k} + \frac{(E_3-E_1)(k-S)}{kS}}. \tag{124}$$

Darin bedeutet k die theoretische Steilheit $k = RT \ln 10/F$. Dann wird zur *Mac-Laurinschen Reihe* entwickelt:

$$10^{\frac{E_2-E_1}{S}} = 10^{\frac{E_2-E_1}{k}} \left[1 + \frac{\frac{\ln 10 (E_2-E_1)(k-S)}{kS}}{1!} + \frac{\left(\frac{\ln 10 (E_2-E_1)(k-S)}{kS}\right)^2}{2!} + \ldots \right]. \tag{125}$$

Die Differenz $k-S$ sollte nur klein sein, so daß nach dem zweiten Glied abgebrochen werden kann. Der dadurch verursachte Fehler beträgt unter 1%.

$$10^{\frac{E_2-E_1}{k}} + 10^{\frac{E_2-E_1}{k}} \ln 10 \, (E_2 - E_1) \frac{k-S}{kS} \approx 1 + \frac{c_1}{c_x} \tag{126}$$

und

$$10^{\frac{E_3-E_1}{k}} + 10^{\frac{E_3-E_1}{k}} \ln 10 \, (E_3 - E_1) \frac{k-S}{kS} \approx 1 + \frac{2c_1}{c_x}. \tag{127}$$

Aus den beiden letzten Gleichungen erhält man durch Eliminieren der Elektroden-Steilheit S die programmierbare Formel:

$$c_x = c_1 \frac{\frac{1}{E_2-E_1}\exp\left(-\frac{E_2-E_1}{k}\ln 10\right) - \frac{2}{E_3-E_1}\exp\left(-\frac{E_3-E_1}{k}\ln 10\right)}{\frac{1}{E_2-E_1}\left[1-\exp\left(-\frac{E_2-E_1}{k}\ln 10\right)\right] - \frac{1}{E_3-E_1}\left[1-\exp\left(-\frac{E_3-E_1}{k}\ln 10\right)\right]}. \quad (128)$$

Unter Berücksichtigung der Verdünnung durch die Volumina der Standard-Zugaben V_S nimmt sie die Form an:

$$c_x = c_S \frac{\frac{1}{E_2-E_1}\exp\left(-\frac{E_2-E_1}{k}\ln 10\right)\frac{V_S}{V_P+V_S} - \frac{2}{E_3-E_1}\exp\left(-\frac{E_3-E_1}{k}\ln 10\right)\frac{2V_S}{V_P+2V_S}}{\frac{1}{E_2-E_1}\left[1-\exp\left(-\frac{E_2-E_1}{k}\ln 10\right)\right] - \frac{1}{E_3-E_1}\left[1-\exp\left(-\frac{E_3-E_1}{k}\ln 10\right)\right]}. \quad (129)$$

Da die Anwendung der Gl. (128) und (129) eine gewisse Programmierarbeit erfordert, sind für diejenigen, welche lieber mit einer Tabelle arbeiten (Anhang, Tabelle A.7) einige zu R zugehörige Konzentrationsverhältnisse c_x/c_1 tabellarisch aufgeführt. Bei Benutzung dieser Werte erleichtert man sich die Auswertung, wenn man die Zugabe in geraden Konzentrationseinheiten durchführt.

Natürlich sind bei diesem Verfahren wegen der doppelten Standard-Zugabe besonders die schon beim einfachen Verfahren aufgezählten Vorsichtsmaßnahmen zu beachten (konstante Ionenstärke, gleichbleibender Komplexierungsgrad E_d = konstant). *Wegen der Einkalibrierung der Elektroden-Steilheit innerhalb eines relativ engen Konzentrationsbereichs ($2c_1$) kann man mit dieser Methode auch in einem Bereich arbeiten, in dem die Kalibrierkurve gekrümmt ist.* Dies ist von Vorteil beim Arbeiten in der Nähe der Nachweisgrenze.

5.5.2 Methode der mehrfachen Standard-Zugabe

Es leuchtet ein, daß eine mehr als zweifache Standard-Zugabe (oder -Subtraktion) die Genauigkeit erhöht. Aus den Messungen wird eine Reihe simultaner Gleichungen erhalten:

$$10^{\frac{E_2-E_1}{S}} \cdot \frac{V_x + V_S}{V_x} = \frac{c_x + c_S}{c_x}, \quad (130)$$

$$10^{\frac{E_3-E_1}{S}} \cdot \frac{V_x + 2V_S}{V_x} = \frac{c_x + 2c_S}{c_x}, \quad (131)$$

$$10^{\frac{E_n-E_1}{S}} \cdot \frac{V_x + (n-1)V_S}{V_x} = \frac{c_x + (n-1)c_S}{c_x}. \quad (132)$$

Eine Regressionsgerade läßt sich nur ermitteln, wenn S bekannt ist. Man kann aber für S eine Annahme machen und diese so oft variieren, bis man die Gerade mit der kleinsten Standardabweichung erhält. Die Auswertung ist ohne elektronische Hilfsmittel sehr umständlich, einige Ionenmeter mit Mikroprozessor arbeiten aber nach diesem Prinzip.

5.5.3 Methoden der Standard-Zugabe mit anschließender Verdünnung

Anstelle der zweifachen Standard-Zugabe, bei der man im Grunde ja nicht genau die Steilheit der Meßelektrode bei der Probenkonzentration, sondern die in einem etwas konzentrierteren Bereich (zwischen c_x+c_1 und c_x+2c_1) bestimmt, kommt im Fall einer Verdünnung der Meßpunkt der Probenlösung näher an die damit bestimmte Kalibriergerade zu liegen. Bei diesem Verfahren fügt man zunächst, wie üblich, eine gewisse Menge einer Meßionen-Standardlösung hinzu und notiert sich die dabei auftretende Spannungsänderung E_2-E_3. Dabei wählt man die Standard-Zugaben c_1 in etwa gleich der Probenkonzentration. Um den Arbeitspunkt genau in der Mitte liegen zu haben, verdünnt man anschließend die Meßlösung 1:1. Die bei diesem Verdünnungsschritt auftretende Spannungsänderung E_2-E_3 wird ebenfalls notiert. Die Steilheit der jeweiligen Meßelektrode läßt sich dann nach folgender Gleichung berechnen:

$$S = \frac{E_2 - E_3}{\lg(V_{end}/V_{anf})} = \frac{E_2 - E_3}{\lg 2} = \frac{E_2 - E_3}{0{,}301} \tag{133}$$

mit

$$R = \frac{E_2 - E_1}{E_2 - E_3} \tag{134}$$

und Einsetzen in Gl. (108) erhält man:

$$c_x = c_1 (10^{R \cdot 0{,}301} - 1)^{-1}. \tag{135}$$

Im Anhang findet sich eine Tabelle, in der die zu bestimmten R-Werten dazugehörigen (c_x/c_1)-Werte aufgeführt sind. Praktikabler ist die Auswertung, wenn man den Ausdruck $(10^{R \cdot 0{,}31}-1)^{-1} = A$ als Inkrementfaktor in Abhängigkeit von E_2-E_1 und E_2-E_3 tabellarisch zusammenfaßt (siehe Anhang, Tabellen A 8 und A 9).

Wie ersichtlich, geht man in diesem Fall mit Gl. (108) von jener aus, die unter Vernachlässigung von Volumenänderungen abgeleitet worden ist. Das heißt, man sollte das Probenvolumen im Verhältnis zum zugesetzten Standardvolumen groß machen. Dies läßt sich erreichen, wenn man die zuzusetzende Standardlösung mindestens um den Faktor 100 stärker als die Probenlösung ansetzt. Denn dann benötigt man zur Verdopplung der Meßionenkonzentration nur weniger als 1/100 des Probenvolumens. Bei Probenlösungen mit geringen Ionenstärken ($c < 10^{-2}$ mol/L) kann man beim Verdünnungsschritt destilliertes Wasser verwenden. Bei Probenlösungen mit höheren Ionenstärken ändert sich der Aktivitätskoeffizient bei der dabei erfolgenden 50%igen Ionenstärkeverminderung zu stark, weshalb man in diesen Fällen zur Verdünnung eine Lösung mit einem inerten Elektrolyten mit einer mit den Probenlösungen vergleichbaren Ionenstärke verwenden sollte. (Im Zweifelsfall Kontrolle über eine Leitfähigkeitsmessung.) Das gleiche gilt, wenn das Meßion mittels Konditionierungsmittel freigesetzt werden muß. Hier sollte die Verdünnungslösung das gleiche Mittel in gleicher Konzentration wie die Probenlösung enthalten.

Der Vorteil dieser Technik liegt auch hier hauptsächlich bei schnellen Übersichtsmessungen in der Nähe der Nachweisgrenze. Es konnten mit dieser Technik immerhin noch 10^{-8} mol/L Fluoridlösungen auf 30% genau bestimmt wer-

den. Dies ist darum so beachtlich, weil der Beginn der Kalibrierkurven-Krümmung bei der Fluorid-Elektrode bei 10^{-6} mol/L, also zwei Zehnerpotenzen höher, einsetzt.

Das Problem ist, daß man hier mit E_2-E_1, mathematisch gesehen, eine Differenz zweier mehr oder weniger großer Werte mißt. Da aber jede Spannungsmessung ihre eigene Unsicherheit aufweist, kann E_2-E_1, vor allem bei kleinen Werten, beliebig ungenau werden. Aus den Gesetzen der Fehlerfortpflanzung entnehmen wir, daß sich in E_2-E_1 die Fehler der Einzelmessungen addieren. Aus den Überlegungen des Kapitels 2 können wir bei einer Kette mit Überführung mit einer Unsicherheit in der Spannungsmessung von bestenfalls ±0,1 mV rechnen. Dies ergibt für E_2-E_1 schon eine minimale Abweichung von ±0,2 mV. Leider kann man aus den im Abschn. 5.4.1 ausgeführten Gründen E_2-E_1 nicht durch eine übergroße Standard-Zugabe so groß machen, daß dieser Fehler zu vernachlässigen wäre. Überträgt man diese Meßunsicherheiten in die dazugehörigen Konzentrationswerte, so erhält man bei der Messung von einwertigen Ionen (günstigster Fall) bei der Direktpotentiometrie das Analysenergebnis mit einer Abweichung von mindestens 0,8%, bei der einfachen Zumischmethode mit bekannter Elektroden-Steilheit mit einem von mindestens 1,6% und bei den letzten Verfahren mit unbekannter Elektroden-Steilheit wegen der Quotientenbildung von zwei Spannungsdifferenz-Werten sogar mit einem von ca. 8%. Bei der Messung von zweiwertigen Ionen verdoppeln sich die Fehler jeweils.

5.6 Meßpraxis der Zumischmethode am Beispiel einer Natrium- und Kalium-Bestimmung von Blutserum

Erforderliche Mittel:

- 1 pH/mV-Meter (auf ±0,1 mV genau)
- 1 Natrium-selektive Glasmembran-Elektrode
- 1 Kalium-selektive Ionensolvens-Elektrode
- 1 Ag/AgCl-Bezugselektrode mit Schliff und Doppelstromschlüssel
- 1 thermostatisierte Meßzelle

Vorarbeiten:

In normalen Blutseren kann man mit Natriumgehalten von ca. 140 mmol/L und mit Kaliumgehalten von ca. 5 mmol/L rechnen. Wegen des großen Natrium-Überschusses und dem für Kalium sehr kleinen Selektivitätskoeffizienten K_{Na-K} bei der Natrium-selektiven Glasmembran-Elektrode, braucht man wegen einer evtl. Mitanzeige von Kalium bei dieser Elektrode keine Befürchtungen zu hegen. Bei den Kalium-selektiven Ionensolvens-Elektroden mit einem Selektivitätskoeffizienten K_{K-Na} von ca. 10^{-4} ergibt sich für den $K_{M-S}\,a_S$-Term in der empirischen Nernst-Gleichung in diesem Fall $10^{-4} \cdot 140 = 0{,}014$ mmol/L ein Wert, der gegenüber den 5,0 mmol/L als a_M zu vernachlässigen ist.

Da aus Gründen der speziellen Matrix nicht bekannt ist, wie das Natrium und Kalium im Serum vorliegt, wählt man das Zumischverfahren. Wegen einer

5.6 Meßpraxis der Zumischmethode

wünschenswerten Genauigkeit von ca. 2% benutzt man darüber hinaus die Methode mit bekannter Elektroden-Steilheit und aus dem gleichen Grund eine Bezugselektrode mit Schliff-Diaphragma. Aus den Ausführungen des Kapitels 2.3 geht hervor, daß diese Elektrolytverbindungsart eine sehr stabile Diffusionsspannung aufweist. Da bei dieser Diaphragmenart eine größere Stromschlüssel-Elektrolyt-Ausflußrate herrscht, sollte als äußerer Elektrolyt keine Na^+- oder K^+-Ionen enthaltende Lösung verwendet werden. Es wird aus diesem Grund zum Füllen des äußeren Stromschlüssels der Bezugselektrode ein 1 mol/L Lithium-trichloracetat-Elektrolyt empfohlen. Man kann ihn herstellen durch Neutralisation einer 2 mol/L LiOH-Lösung mit einer 2 mol/L Trichloressigsäure.

Die Serumprobe wird vor der eigentlichen Messung so weit verdünnt, wie es der lineare Teil einer zuvor aufgenommenen Kalibrierkurve gerade noch erlaubt. Damit gelangt man in ein Gebiet kleinerer Ionenstärken der Meßlösung, wo der Einfluß der Ionenstärke auf den Aktivitätskoeffizienten nicht mehr so ausgeprägt ist (vgl. Abschn. 1.8). Auf die Zugabe eines Ionenstärke-Einstellers wird verzichtet, um nicht die Eiweißmoleküle auszuflocken (Aussalz-Effekt), wobei evtl. Meßionen eingeschlossen würden.

Ausgehend von einer 0,1 mol/L Natrium- und Kaliumlösung (aus NaCl bzw. KCl), setzt man eine Reihe Standardlösungen abnehmender Konzentration an (Lösungen unter 10^{-4} mol/L sind jeweils frisch anzusetzen). Mit Hilfe dieser Lösungen nimmt man für jede der beiden Meßelektroden kombiniert mit der Ag/AgCl-Bezugselektrode eine Konzentrations-Kalibrierkurve auf. Dabei stellt man den für jede Elektrode charakteristischen Erfassungsbereich (= linearer Kurvenbereich) fest. Darüber hinaus bestimmt man aus der Spannungsänderung im untersten Konzentrationsbereich, in dem die Kurve noch linear verläuft, die Elektroden-Steilheit der jeweils benutzten Meßelektrode. Erfahrungsgemäß wird man für beide Elektrodentypen Steilheiten zwischen 50 bis 57 mV pro Konzentrationsdekade (bei 25 °C) finden. Dies ist der Wert für S in der dann später zu benutzenden Auswertformel.

Dieser zunächst im Vergleich zu den beiden letzten Varianten der Zumischtechnik überflüssig erscheinende Arbeitsgang der Kalibrierkurven-Konstruktion ist die beste Überprüfung der *Funktionsweise* der Elektroden. Man sollte ihn mit jeder ionenselektiven Elektrode nach längerer Arbeitspause durchführen. Darüber hinaus erhält man damit auch die Elektroden-Steilheit wegen der durch die Kurvenzeichnung verbundenen Mittelwertsbildung wesentlich besser als bei den Verfahren 5.5.1 und 5.5.2. Falls man diesen, nur eine halbe Stunde dauernden, Arbeitsgang häufiger ausführt, bemerkt man außerdem sofort, wann z.B. die Kalium-selektive Ionensolvens-Elektrode regeneriert werden muß. Die Eichkurve zeigt auch den Verdünnungsspielraum, den man in Serumproben hat. Bei intakten Meßelektroden wird man feststellen, daß das Serum für die Natriumbestimmung 1:100, für die Kaliumbestimmung aber nur 1:10 verdünnt werden kann, ohne in den Bereich der Eichkurvenkrümmung zu gelangen. Erst nachdem dies geklärt ist, wendet man sich dem Problem der optimalen Konzentration der zuzusetzenden Standardlösungen zu:

Nach der Verdünnung ist in der Meßlösung mit ca. 1,5 mmol/L Na und 0,5 mmol/L K zu rechnen. Um keine Volumenkorrekturen anwenden zu müssen, wählt man über 100fach konzentriertere Standardlösungen. Für die Natriumbestimmung wählt man eine 200 mmol/L Na enthaltende Lösung, für die Kaliumbestimmung eine 100 mmol/L K enthaltende.

Da man die zugesetzte Menge dieser Standardlösung sehr genau messen muß (diese Meßunsicherheit geht natürlich mit in den Gesamtfehler ein), füllt man diese beiden Standardlösungen am besten in genau kalibrierte 1 mL-fassende Kolbenbüretten. Bei einem für eine optimale Spannungsänderung von ca. 30 mV erforderlich werdenden Volumen von ca. 0,5 mL dieser Lösung, reicht die Genauigkeit der Kolbenbüretten von ±0,003 mL aus. Dabei ist aber darauf zu achten, daß diese Genauigkeit auch optimal ausgenutzt wird, d.h. die Bürettenspitze muß zu einer Kapillare ausgezogen sein und nur während des Dosierungsvorgangs in die Meßlösung eintauchen. Damit sind die Vorarbeiten abgeschlossen. Der eigentliche Analysenvorgang ist viel kürzer, so daß man vor allem bei *Serienanalysen* die Vorteile des elektrometrischen Verfahrens voll ausschöpft.

Analysengang:

5 mL Serumprobe mit destilliertem Wasser verdünnen

50 mL-Kolben auffüllen

10 mL abpipettieren	30 mL abpipettieren
für Na-Bestimmung	direkt für K-Bestimmung
mit destilliertem Wasser verdünnen	in 100 mL Becherglas mit Magnetrührer geben,
100 mL-Kolben auffüllen	Elektroden eintauchen, rühren
30 mL abpipettieren	1. mV-Wert ablesen = E_{K1}
in 100 mL Becherglas	Bürettenspitze mit der
mit Magnetrührer geben,	Kaliumlösung eintauchen,
Elektroden eintauchen,	Lösung einfließen lassen,
rühren	bis $E \approx 30$ mV positiver,
1. mV-Wert ablesen = E_{Na1}	Volumenzugabe V_S notieren
Bürettenspitze mit der	
Natriumlösung eintauchen,	2. mV-Wert ablesen = E_{K2}
Lösung einfließen lassen	
bis $E \approx 30$ mV positiver,	
Volumenzugabe V_S notieren	
2. mV-Wert ablesen E_{Na2}	

Auswertung:

$$c_{Na} = 100 c_{NaS} \left(\frac{V_S}{30}\right) \left(10^{(E_{Na2}-E_{Na1})/S_{Na}} - 1\right)^{-1} (\text{mmol/L}) \qquad (136)$$

(V_S in mL) und entsprechend

$$c_K = 10 c_{KS} \left(\frac{V_S}{30}\right) \left(10^{(E_{K2}-E_{K1})/S_K} - 1\right)^{-1} (\text{mmol/L}). \qquad (137)$$

5.7 Konzentrationsbestimmungen mit Hilfe einer „mathematisch linearisierten" Titrationskurve

5.7.1 Methode mit bekannter Elektroden-Steilheit nach Gran

Bei einer genügend hohen Ausgangskonzentration sind die genauesten Analysen ($\Delta c \sim 0{,}1\%$) mit Hilfe der ionenselektiven Elektroden über den Umweg einer quantitativen und stöchiometrisch verlaufenden Titration zu erzielen. Bei kleineren Ausgangskonzentrationen gestaltet sich die Endpunktsfeststellung schwieriger; dazu treten dann auch noch die in Abschnitt 5.3.2 erläuterten systematischen Fehler im Fall einer schlecht ausgeprägten asymmetrischen Titrationskurve und evtl. Störionenanzeige auf. Bei der Anzeige des titrierten Ions durch eine ionenselektive Elektrode verfolgt man zunächst bis ca. 90 bis 95% vom Äquivalenzpunkt-Volumen die Abnahme dieser Ionenkonzentration durch die fortschreitende Titration. Je näher man aber dem Äquivalenzpunkt kommt, um so kleiner wird die Konzentration der freien Meßionen in der Lösung. Nun treten die ersten Störterme auf: Bei genügend kleiner Meßionenkonzentration bestimmen zunehmend irgendwelche Störionen das Potential; gleichzeitig ist mit Überschreiten des Äquivalenzpunktes im asymmetrischen Fall ($v \neq 1$) die mathematische Beziehung zwischen Meßkettenspannung und Volumen Titriermittel anders als zu Beginn der Titration. Trotzdem geht man aber bei der üblichen Auswertung über den Wendepunkt von der Grundlage einer mathematisch homogenen und eindeutigen Funktion aus. Da dies in Wirklichkeit leider nicht immer der Fall ist, resultieren die in Kapitel 5.3.2 diskutierten systematischen Fehler. Eine Lösung dieses Problems wäre: nur den Teil vor dem Sprung einer Titrationskurve zur Auswertung zu verwenden, wo infolge der eindeutigen mathematischen Beziehung zwischen Kettenspannung und Meßionenkonzentration übersichtliche Verhältnisse vorliegen. In jedem Fall müßte die genaue Lage des Endpunkts durch Extrapolation festgestellt werden. Dazu muß man die herkömmliche *Titrationskurve linearisieren*. Gran [310] zeigte ein Verfahren, den Äquivalenzpunkt potentiometrisch indizierter Titrationen mittels Extrapolation aus linearisierten Teiltitrationskurven zu bestimmen. Leider ist dieses Verfahren bis heute oft übersehen worden. Es bietet eine Reihe von Vorteilen und von allen bisher besprochenen Verfahren die geringsten Nachteile. Der etwas größere Rechenaufwand dürfte heute auch dank preiswerter Taschenrechner keine große Rolle mehr spielen.

Die Methode nach Gran geht davon aus, daß man eine lineare Titrationskurve bekommt, wenn man, anstelle der Elektroden-Spannung, ihre Zehnerpotenz gegen die Konzentration des jeweils angezeigten Ions aufträgt. Denn man kann die folgende Überlegung anstellen: 10% vom Äquivalenzpunkt-Volumen ist titriert = 10% freie Meßionen weniger in der Lösung; 50% titriert = 50% weniger; 100% titriert = keine freien Meßionen mehr in der Lösung. Bei Titrationen, die mittels einer Leitfähigkeitsmessung verfolgt werden, werden wegen der direkten (und nicht logarithmischen, wie bei der Spannungsmessung) Proportionalität zwischen Meßionenkonzentration und Leitfähigkeit ebenfalls lineare Titrationskurven gefunden, die extrapoliert werden können. Um die zu den Werten der Kettenspannung zugehörigen Konzentrationen zu bekommen, kann man im einfachsten Fall eine passende Konzentrations-Kalibrierkurve benutzen oder auch die Konzentrationswerte direkt auf einer logarithmisch unterteilten Meßgeräteskala ablesen. Man kann aber auch die empirische Form der Nernst-Gleichung mathematisch in eine geeignete Form bringen, d.h. entlogarithmieren:

$$E = E' + S \lg a_M, \tag{138}$$

$$\frac{E}{S} = \frac{E'}{S} + \lg a_M, \tag{139}$$

$$10^{E/S} = 10^{E'/S} \cdot a_M, \tag{140}$$

$$\text{Antilog}\, E/S = \text{konstant} \cdot a_M. \tag{141}$$

Natürlich kann auch mit dieser Form der Nernst-Gleichung gearbeitet werden. Die Abb. 72 zeigt eine Elektroden-Kalibrierkurve, die man erhält, wenn man den Antilogarithmus der Elektrodenspannung, dividiert durch die Elektroden-Steilheit, als Ordinate gegenüber den linear aufgetragenen Konzentrationswerten aufzeichnet. Dabei zeigt sich eine charakteristische Eigenschaft dieser Auftragungsart: Man kann die Kalibrierkurve bis zur Aktivität oder Konzentration null verlängern, wo sie die horizontale Achse schneidet. Gerade dies möchte man ja auch bei den Titrationen machen, aber man hat Schwierigkeiten, diesen Punkt experimentell zu bestimmen. Bei der Kalibrierkurve sind diese Schwierigkeiten gegeben durch die unsichere Potentialeinstellung in Lösungen, die keine Meßionen enthalten. Man beobachtet in solchen Lösungen eine Spannungsdrift, bis sich das Verteilungsgleichgewicht zwischen dem Meßion in der aktiven Phase der Meßelektrode und der Lösung hergestellt hat. Dann ist die Meßionen-Konzentration natürlich nicht mehr null. Falls das Löslichkeitsprodukt der Meßionenverbindung in der aktiven Phase allerdings so klein ist wie im Fall des Ag_2S mit 10^{-51}, dann bestimmen Verunreinigungen das Null-Potential; man bekommt streuende Spannungswerte. Bei einer Titration läßt sich eine Meßionenkonzentration von null im Äquivalenzpunkt ebensowenig realisieren und damit messen.

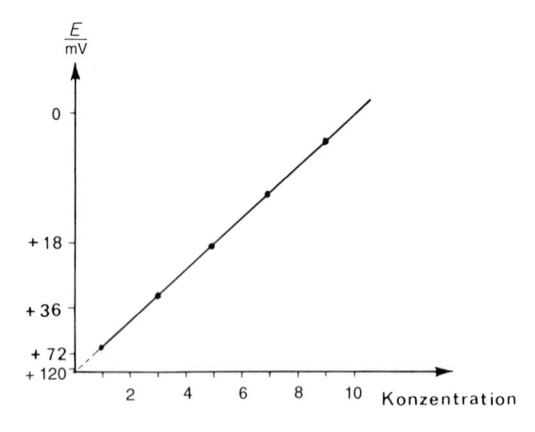

Abb. 72. Kalibrierkurve eines einwertigen Anions nach der Gran-Methode

5.7 Konzentrationsbestimmungen mit Hilfe einer Titrationskurve

Nichtsdestoweniger betrachtet man aber bei der stöchiometrischen Rechnung eine Titration als 100%ig quantitativ. Die Extrapolation auf eine Meßionenkonzentration von null würde also hier erst die richtigen Voraussetzungen für die Auswertung liefern. Da die Steigung S konstant ist, kann man auf der Ordinate anstelle des betreffenden $10^{E/S}$-Wertes auch den dazugehörigen Antilogarithmus der Meßkettenspannung auftragen. Damit weist die Kalibrierkurve dann auch sichtbar wieder den Zusammenhang zwischen Elektrodenspannung und Meßionenkonzentration auf, nur daß in diesem Fall die Konzentration linear und die Spannung exponentiell aufgetragen sind. Die nach der Konzentration Null hin verlängerte Kurve schneidet die Ordinate bei einem mV-Wert entsprechend der Konstante $10^{E'/S}$.

Eine derartige Kalibrierkurve ist leicht aufzunehmen. Man taucht die Meß- und Bezugselektrode in ein 2 L-Becherglas mit 1 L Konditionierungslösung und gibt aus einer genauen 10 mL-Bürette, gefüllt mit einer 100mal konzentrierteren Lösung als dem Meßbereich entspricht, in dem man später messen möchte, je 1 mL in die Lösung. Man erhält so eine Kalibrierkurve für 100fach niedrigere Meßionengehalte. In diesem Fall kann man die Konzentrationsveränderung durch den Verdünnungseffekt vernachlässigen. Falls dies nicht gegeben ist, muß man auf der Ordinate den Ausdruck: $(V_0+V)10^{E/S}$ auftragen. Was geschieht, wenn man eine solche Kalibrierkurve auf eine Probenlösung aufbaut, in der schon eine gewisse Menge des Meßions enthalten ist? Dann lautet die Bestimmungsgleichung:

$$10^{E/S} = \text{konstant} \cdot (a_x + a_S). \tag{142}$$

Man findet in diesem Fall im Diagramm (Abb. 73) eine Parallelverschiebung einer zuvor mit einer meßionenfreien Blindlösung aufgenommenen Kalibrierkurve. Um die ursprüngliche Kalibrierkurve wieder herzustellen, müßte man die neue Gerade um den Abschnitt a_P der Aktivitäts- oder Konzentrationsachse (bei gleichbleibenden Aktivitätskoeffizienten) verschieben. Dies kann aber nur bedeuten, daß diese Meßionenmenge in der Probenlösung selbst vorliegt.

Aber auch der andere Fall ist denkbar, daß nämlich in der Probenlösung ein Stoff vorliegt, der quantitativ mit den zugesetzten Ionen der Standardlösung reagiert und sie aus dem Lösungsgleichgewicht entfernt. In diesem Fall

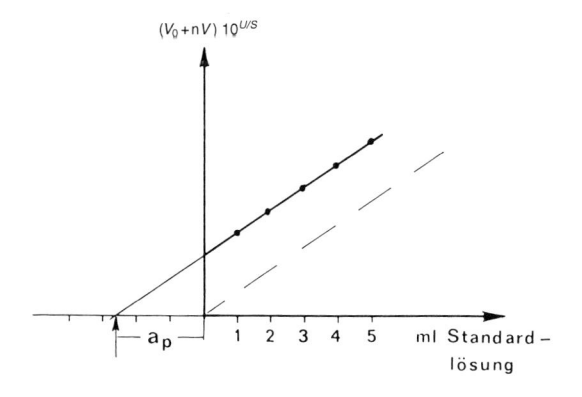

Abb. 73. Standard-Additionstechnik nach Gran

wäre die lineare Titrationskurve nach rechts verschoben. Aus der Extrapolation auf die Volumenachse findet man mit a_x die über die Stöchiometrie verbundene Menge des Stoffes, der in der Probenlösung vorliegt, selbst aber nicht von einer ionenselektiven Elektrode angezeigt wird.

Im ersten Fall (zu bestimmendes Ion wird selbst angezeigt und auch zugegeben) haben wir es mit einer *aufgestockten Zumischmethode* zu tun. Durch die größere Anzahl der Meßpunkte und die graphische oder rechnerische Mittelwertbildung erreicht man hierbei aber eine *viel größere Genauigkeit* als mit dem Verfahren der einmaligen Standard-Zugabe.

Im zweiten Fall (zu bestimmendes Ion wird selbst nicht angezeigt, es reagiert aber quantitativ mit einem angezeigten Titriermittel-Ion) haben wir es mit einem regelrechten Titrationsverfahren zu tun, bei dem man in diesem Fall nur den Bereich nach dem Endpunkt, wenn das angezeigte Ion in ausreichender Konzentration anwesend ist, zur Auswertung heranzieht. Dieses Verfahren, das mit einem *Überschuß des Titrationsmittels* arbeitet, weist besonders bei Fällungstitrationen einen weiteren Vorteil auf: In diesem Fall ist ein Überschuß von Fällungsreagenz in der Meßlösung vorhanden. Damit wird aber bei einer 1:1-Reaktion z.B. nach:

$$a_{\text{Bestimmungs-Ion}} \cdot a_{\text{Fällungsmittel}} = K_L \tag{143}$$

die Gleichgewichtsaktivität des Meßions verkleinert, d.h. auch bei kleineren Meßionenaktivitäten findet noch eine Ausfällung statt. Dies ist natürlich besonders bei der Bestimmung kleiner Konzentrationen von Vorteil, bei denen sonst kleinere Meßionenkonzentrationen als $\sqrt{K_L}$ nicht zu einer Ausfällung führen. Bei Fällungstitrationen kann man manchmal auch noch eine Eigenschaft feststellen: *Der ausgefällte Niederschlag ändert seine Löslichkeit im Laufe der Zeit.* Ein Beispiel dafür ist LaF_3, dessen Löslichkeitsprodukt sich von ca. 10^{-15} auf $10^{-17,6}$ ändert. Dieser Vorgang verhindert die Auswertung einer herkömmlichen Titrationskurve völlig, wie Abb. 74 zeigt. Erst im darunter gezeichneten linearisierten Diagramm nach Gran ist eine Auswertung möglich. Ähnlich gut sind auch die anderen Titrationen von verdünnten Lösungen auszuwerten. Dies zeigt am deutlichsten den Vorteil dieser Methode.

Das gleiche Verfahren: Bestimmung eines nicht angezeigten Ions über eine quantitative Reaktion mit einem angezeigten, läßt sich natürlich bei Vorgabe einer bekannten Menge des nicht angezeigten Ions und quantitativer Umsetzung mit einem ebenfalls nicht angezeigten Stoff und Titration des noch verbleibenden Überschusses mit dem angezeigten Ion für indirekte Titrationen einsetzen.

So läßt sich beispielsweise Phosphat durch einen Überschuß Lanthan ausfällen und die restliche Lanthanmenge, wie üblich, durch eine Titration mit Fluoridionen bestimmen.

Bisher ergaben alle besprochenen Techniken dieser Methode immer eine von links unten nach rechts oben verlaufende lineare Titrationskurve. Dies rührt daher, daß mit zunehmendem Volumen Reagenzzugabe die Konzentration des angezeigten Ions zunimmt. Dies ist bei allen Zumisch-Methoden sowie Titrationen mit angezeigten Titriermittel-Ionen der Fall. In dem Fall, wo der zu bestimmende Stoff direkt von einer Elektrode angezeigt wird, kann man zwischen zwei Techniken wählen: einmal kann man die oben beschriebene erwei-

5.7 Konzentrationsbestimmungen mit Hilfe einer Titrationskurve

terte Zumisch-Technik anwenden, zum anderen kann man aber auch eine Titration ausführen, die quantitativ die Menge der angezeigten Ionen vermindert. In diesem Fall verläuft die linearisierte Titrationskurve nach Gran natürlich von links oben nach rechts unten. Bei Spurenbestimmungen wird man die erste Technik anwenden und bei größeren Mengen die zweite. Bei sehr hohen Konzentrationen mit großem Endpunktsprung und damit vernachlässigbaren Symmetriefehlern empfiehlt sich wegen der vereinfachten Auswertung die herkömmliche Titrationstechnik.

Bei der Auswertung komplexometrischer Titrationen nach der Extrapolationsmethode von Gran sind einige *Besonderheiten* zu beachten: Die Komplexbildungskonstante ist pH-Wert-abhängig, da Wasserstoffionen mit den zu titrierenden Metallkationen um einen freien Ligandenplatz konkurrieren. Bei zu sauren Lösungen sind infolge des Überangebots von Wasserstoffionen fast alle in Frage kommenden Ligandenpositionen mit Wasserstoffionen besetzt. Ein Metallionen-Komplex kann sich in diesem Fall bei Metallionenkonzentrationen um 0,1 mol/L nicht in größerem Umfang bilden. Bei zu alkalischen Lösungen besteht dagegen die Gefahr, daß das betreffende Metallkation als Hydroxid ausfällt. Darum arbeitet man bei komplexometrischen Titrationen in einem mittleren pH-Bereich (Näheres in der Speziallliteratur [311]). In einem solchen pH-Bereich sind einige Ligandenpositionen (bei mehrzähnigen Liganden wie z.B. EDTA) teilweise mit Wasserstoffionen besetzt. Erst wenn im Zuge der Chelatbildung mit einem zentralen Metallion genügend Energie frei wird, werden diese Wasserstoffionen abgespalten. Man kann ein Gleichgewicht formulieren:

$$Me^{2+} + EDTA\text{-}H_2 \rightleftharpoons Me\text{-}EDTA + 2H^+. \tag{R 35}$$

Um diese Reaktion möglichst weitgehend zur rechten Seite zu verlagern, muß man gemäß dem Massenwirkungsgesetz die freigesetzten Wasserstoffionen aus dem Gleichgewicht entfernen. Dies erreicht man durch ein geeignetes pH-Puffer-System (z.B. Acetat, Hydrogenphosphat, Citrat-Puffer). Leider bilden aber diese zuzusetzenden pH-Puffer-Systeme auch manchmal schwache Komplexe mit den zu bestimmenden Metallionen. Dies kann man mittels einer das betreffende Metallkation anzeigenden ionenselektiven Elektrode sofort feststellen. In diesem Fall ist das Elektrodenpotential in einer Metallionen und pH-Puffer-System enthaltenden Lösung negativer als in einer reinen Metallionenlösung gleicher Konzentration.

So liegt das Cadmium in einer Acetat-gepufferten Lösung nur zu 10% frei vor, in einer Citrat gepufferten sogar nur noch zu ca. 0,01% [311]. Dies verhindert normalerweise nicht die eigentliche komplexometrische Titration, da in der Regel der Titrand einen wesentlich stabileren Komplex mit dem Meßion bildet. Darum erfaßt man auch den leichtkomplexierten Anteil des Meßions. Bei der Gran-Auswertung macht sich lediglich eine spezielle Eigenschaft der Metallionen-pH-Puffer-Komplexe bemerkbar, die beachtet werden muß: *Die Metallionen-pH-Puffer-Komplexe wirken wie entsprechende Metallionen-Puffer.* Wie in Abschnitt 5.4.1 gezeigt, ist bei einer Komplexbildung die Aktivität des übrigbleibenden freien Metallions proportional dem Verhältnis der totalen Metallionenkonzentration zu der totalen Ligandenkonzentration. Bei einem großen Überschuß an dem pH-Puffer-System ändert sich dieses Verhältnis bei einer Verdünnung der vorliegenden Lösungsmenge um 10 bis 15%, also im

Laufe einer Titration mit geringer Volumenzunahme, kaum. *Eine ionenselektive Elektrode zeigt in diesem Fall keinen Verdünnungseffekt der Lösung an.* Aus diesem Grund verzichtet man bei der Gran-Auswertung komplexometrischer Titrationen beim Vorliegen von Meßionen-pH-Puffer-Überschuß auf eine entsprechende Volumenkorrektur. Für die Praxis bedeutet dies: Wenn man durch eine Negativierung des Elektrodenpotentials eine Komplexbildung zwischen Metallion und pH-Puffer festgestellt hat, muß man für einen großen Überschuß an diesem Puffer sorgen.

Ferner ist zu beachten, daß mehrzähnige Chelatbildner zu Beginn einer Titration, bei großem Metallionenüberschuß, auch noch mehr oder weniger starke Komplexe anderer Stöchiometrie bilden können. In diesem Fall weist die Gran-Funktion $10^{U/S}$ in diesem Titrationsabschnitt eine andere Steigung auf als der Bereich der Gran-Funktion kurz vor dem Endpunkt. Man kann in diesem Fall also aus der Extrapolation der verschiedenen Gran-Geraden auf die Stöchiometrie der jeweils gebildeten Komplexe schließen. Auf diese Weise gewinnt man also zusätzlich auch noch einen tieferen Einblick in die Grundlagen der betreffenden Komplexbildung. Zusammenfassend noch einmal die Vorzüge der Gran-Technik:

Meßtechnisch gesehen weist diese Methode den Vorteil auf, daß man die dem Äquivalenzpunkt entsprechende Kettenspannung bei einer Titration nicht direkt messen muß. Wir haben gesehen, daß bei den kleinen Meßionenaktivitäten, die an diesem Punkt herrschen, größere Unsicherheiten (auch längere Einstellzeiten) bei der Spannungsmessung möglich sind (Mitanzeige von vorhandenen Störionen, da dann der $\sum_S K_{M-S} \cdot a_S$-Term in der empirischen Nernst-Gleichung im Vergleich zur Meßionenaktivität zu groß wird). Entsprechendes gilt auch von direktpotentiometrischen Messungen in der Nähe der Nachweisgrenze. In diesem Fall löst sich, wenn man bis zu einer stabilen Potentialanzeige wartet, eine kleine Menge der Meßionen aus der aktiven Phase der Meßelektrode und verfälscht das Ergebnis. Bei der Zugabemethode nach Gran kann man diese Menge durch eine Blindlösung unter Extrapolation auf den sonst meßtechnisch schlecht erfaßbaren Null-Wert ermitteln und in Rechnung stellen.

Auswerttechnisch ist die Erkennung des Endpunktes einer Titration durch die Extrapolation viel sicherer. Gemäß unserer Nomenklatur (vgl. Absch. 5.3.2) ist auch der *b*-Wert einer Titration nun nicht mehr so ausschlaggebend. Er gibt bei der Auswertung nach Gran nicht mehr zu systematischen Fehlern Anlaß, sondern zeigt sich nur noch in einer schlechteren Reproduzierbarkeit, wenn er zu groß wird ($b>1$). Ebensowenig stört eine asymmetrische Titrationskurve, denn man wertet ja bei dieser Methode nicht über den Wendepunkt von zwei unterschiedlichen im Äquivalenzpunkt zusammentreffenden mathematischen Funktionen aus, sondern extrapoliert, nur von einer Seite der Titrationskurve aus kommend, auf den Endpunkt.

Neben dieser Umgehung aller Meß- und Auswertprobleme werden bei diesem Vorgehen aber auch noch eine Reihe von chemischen Titrationsproblemen umgangen. So etwa, wenn wegen des relativ großen Löslichkeitsproduktes oder der kleinen Komplexbildungskonstante bei der Titration verdünnter Lösungen bei der üblichen Titrationskurve unscharfe Endpunkte auftreten. Bei der Gran-Methode, bei der man mit einem Überschuß des Titriermittels arbeiten kann, führt dies nur zu einer Abweichung der Titrationsgeraden unmittelbar

5.7 Konzentrationsbestimmungen mit Hilfe einer Titrationskurve

vor dem Äquivalenzpunkt. Dies verhindert aber keine genaue Extrapolation. Wir haben gesehen, daß selbst eine zeitliche Veränderung der Niederschlagslöslichkeit bei Fällungstitrationen die Auswertung nicht wesentlich beeinflußt. Auch die Bestimmung der verschiedenen Halogenidionen nebeneinander, die bekannterweise zu gegenseitiger Mitfällung neigen, läßt sich nach der Gran-Methode genauer durchführen. Einmal wertet man mit einem Titrationskurventeil aus, wo die Fällung noch nicht 100%ig, also auch die Mitfällung noch nicht maximal ist. Zum anderen kann man das jeweils schwerlöslichere durch das erweiterte Zugabeverfahren ermitteln. Die Summe der Halogenidionen, die ja auf alle Fälle stimmt, kann man dann aus der Anzeige der Silberionen nach Überschreiten des Chlorid-Äquivalenzpunktes bekommen.

Es fällt schwer, Nachteile dieser Methode aufzuzeigen. Daß man bei dieser Arbeitsweise nur etwa eine Konzentrationsdekade überstreicht, hat seinen Grund ausschließlich in zeichentechnischen Schwierigkeiten. Man benötigt für jede weitere Konzentrationsdekade eine 10mal längere Abszissenstrecke. *Obwohl prinzipiell für die Konstruktion einer Geraden nur wenige Meßpunkte ausreichen, so wird doch die statistische Sicherheit der Extrapolation durch jeden zusätzlichen Meßpunkt erhöht.* Bei der Aufzeichnung eines gesamten Titrationsverlaufs nach dieser Methode findet man auch manchmal neben einer

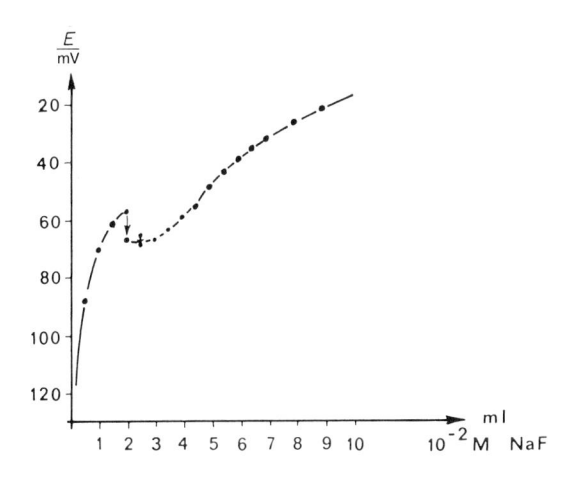

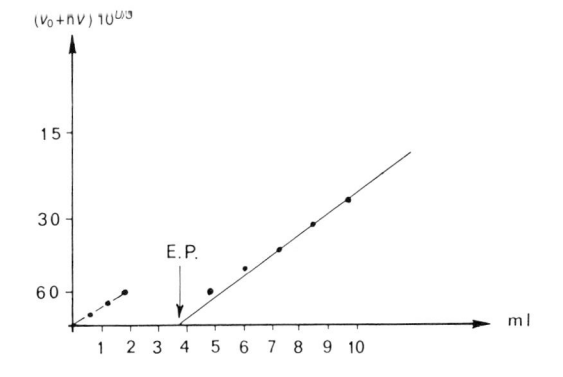

Abb. 74. Titration von kleinsten La^{3+}-Mengen mit NaF. Oben: herkömmliche Titrationskurve; unten: Auftragung nach Gran

Abweichung kurz vor dem Endpunkt (wegen Restlöslichkeit oder Restdissoziation und Störionenanzeige) auch eine ganz am Anfang der Titrationskurve, was auf eine gewisse Übersättigung der Lösung hindeutet. Damit stellt sich natürlich die Frage, welchen Teil der Titrationsgeraden man dann zur Auswertung heranziehen soll, denn durch die Anfangs- und Endkurvatur ergibt sich ja die zeichnerische Aufgabe einer Tangenten-Anlegung. *Gerade deshalb sollte man im Interesse einer besseren statistischen Sicherheit möglichst mehr als drei bis vier Meßpunkte berücksichtigen; ist man doch erst bei einer größeren Meßpunkte-Anzahl in der Lage, den Übergang der Titrationsgeraden in eine Kurve genügend sicher festzustellen, um diesen Teil aussparen zu können.*

Da man bei diesem Verfahren, wie schon erwähnt, zeichnerisch nur ca. eine Konzentrationsdekade erfassen kann, beträgt auch der mV-Bereich, in dem alle Messungen liegen, nur ca. 60 mV. Um also überhaupt eine größere Anzahl von Meßdaten innerhalb dieses kleinen mV-Bereichs zu erhalten, sollte man eine Meßkette aufbauen, die eine Meßgenauigkeit von mindestens 0,1 mV sinnvoll erscheinen läßt. Eine bessere hat aus den in Kapitel 4 genannten Gründen keinen Sinn, was auch durch Versuche schon festgestellt worden ist [312].

Die Fehler, die durch die Annahme einer falschen Elektroden-Steilheit über eine veränderte Steigung der Titrationsgeraden entstehen, lassen sich durch Titration einer Standardlösung zwar einkalibrieren; damit vergibt man aber wieder einen entscheidenden Vorteil der Gran-Methode (keine systematischen Fehler).

Bezüglich der graphischen Auswertung sei bemerkt, daß man wegen der Größe des zur Verfügung stehenden Diagramms und der Strichstärke einer Linie Ablesefehler von etwa 0,5% in Kauf nehmen muß. Vorteilhaft bei der graphischen Auswertung ist die automatische Mittelwertbildung und Verwerfung von „Ausreißern". Mit dem zunehmenden Einsatz von Computern auch in analytischen Laboratorien dürfte die Auswertmethode nach Gran ebenfalls weitere Verbreitung finden. Wenn man den Computer so programmiert, daß er nur den Bereich zwischen ca. 30 bis 80% der gesamten Titrationskurve berücksichtigt und ca. 10% Ausreißer (über die meßtechnischen Ursachen s. Kap. 4) verwirft, so kann man unter idealen Bedingungen bei einer Meßgenauigkeit von 0,1 mV bei der Titration von 0,01 mol/L Lösungen eine Genauigkeit von ca. 0,1% und bei der Titration von 10^{-3} mol/L Lösungen immerhin noch eine beachtliche Genauigkeit von $\Delta c_x \approx 0{,}5\%$ mit dieser Methode erreichen [312].

Die Methode nach Gran eignet sich auch zur numerischen Auswertung unter Benutzung eines elektronischen Rechners. Wie oben ausgeführt, erhält man durch Entlogarithmieren der Nernst-Gleichung eine lineare Funktion. Sie lautet ohne Berücksichtigung einer Volumenzunahme:

$$\exp\left(\frac{E_n}{S}\ln 10\right) = \text{konstant}\,[c_x - (n-1)c_1]. \qquad (144)$$

Darin ist E_n die gemessene Spannung nach n–1 Standard-Zugaben, von welchen jede zu einer Konzentrationsänderung von c_1 geführt hat. Unter Einbeziehung aller Wertepaare kann nach der Methode der kleinsten Quadrate die Ausgleichsgerade berechnet werden. Sie ist in vielen Taschenrechnern schon vorprogrammiert. Extrapoliert auf $\exp[(E_n/S)\ln 10] \to 0$ erhält man $c_x = n\,c_1$.

5.7 Konzentrationsbestimmungen mit Hilfe einer Titrationskurve

Unter praxisnäheren Bedingungen (mit Störionen und chemischen Komplikationen) muß man allerdings auch hier mit bis zu 3% Fehler rechnen [313]. In diesem Zusammenhang ist ein Vergleich einer bestimmten Titration (im vorliegenden Fall die simple Titration von ca. 10^{-2} mol/L Chloridlösung mit 0,1 mol/L AgNO$_3$) bei verschiedenen Auswertmethoden interessant. Isbell et al. [314] verglichen für diese Titration ein von ihnen entwickeltes Computerprogramm „TITRATE" (IBM 360/65) zur Endpunktsfeststellung mit der Methode des Tangentenschnitts, der ersten und zweiten Ableitung sowie der Auftragung nach Gran und kamen zu folgendem Ergebnis: TITRATE-Fehler ±0,1%

Tangentenschnitt-Abweichung +1,5%   2. Ableitung-Abweichung +5,4%
1. Ableitung-Abweichung   +5,4%   Gran-Abweichung   −2,4%

5.7.2 Extrapolation mit unbekannter Elektroden-Steilheit

Weicht die tatsächliche Steilheit der Elektrode von der angenommenen ab, so verändert sich die Steigung der Gran-Funktion, läuft aber auf den gleichen Schnittpunkt zu. Allerdings ist die Funktion dann nicht mehr linear, so daß bei größeren Abweichungen die graphische Extrapolation erschwert und die Ausgleichsrechnung unsicher wird (s. Abb. 75). Da bereits bei der doppelten Standard-Zugabe im Abschn. 5.5 die Elektroden-Steilheit eliminiert wird, sollte dies auch bei der Titration mit mehreren Meßpunkten möglich sein. Ohne Volumenkorrektur ist: $E_1 = E' + S \lg c_x$ und $E_n = E' + S \lg [c_x - (n-1)c_1]$, daraus folgt wie oben:

$$10^{\frac{(E_n - E_1)}{S}} = \frac{c_x - (n-1)c_1}{c_x}. \qquad (145)$$

Nach H. Li [315] wird die Gl. (145), wie in Abschn. 5.5 gezeigt, zur MacLaurinschen Reihe entwickelt und wieder nach dem zweiten Glied abgebrochen:

$$10^{\frac{E_n - E_1}{k}} \left(1 + \frac{\ln 10 (E_n - E_1)(k - S)}{kS}\right) \approx \frac{c_x - (n-1)c_1}{c_x}. \qquad (146)$$

Nach einigen Umstellungen erhält man eine Gleichung:

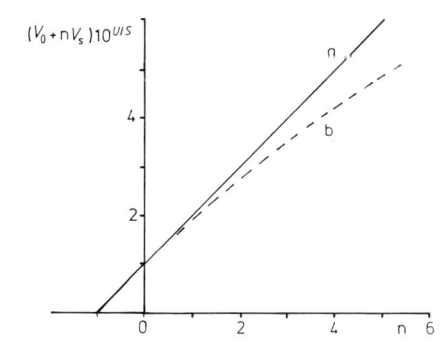

Abb. 75. Extrapolation nach Gran. *a* Lineare Funktion bei bekannter Elektroden-Steilheit. *b* Nichtlineare Funktion bei einer von der Annahme abweichenden Elektroden-Steilheit (52 statt 59,16 mV). $c_x = 0{,}0001$, $c_S = 1{,}0$, $V_0 = 0{,}5$, $V_S = 0{,}0005$

$$c_1 \frac{n-1}{(E_n - E_1)\exp\left(\frac{E_n-E_1}{k}\ln 10\right)} =$$

$$= -c_x \frac{\ln 10(k-S)}{kS} + c_x \frac{1 - \exp\left(\frac{E_n-E_1}{k}\ln 10\right)}{(E_n - E_1)\exp\left(\frac{E_n-E_1}{k}\ln 10\right)}. \tag{147}$$

Aus den Teilfunktionen

$$A = c_x \frac{\ln 10(k-S)}{kS} \text{ (mol/LV)}, \quad X = 1 - \exp\left(\frac{E_n - E_1}{k}\ln 10\right),$$

$$Y = (n-1)c_1 \text{ (mol/L)}, \quad Z = (E_n - E_1)\exp\left(\frac{E_n - E_1}{k}\ln 10\right) \text{(V)} \tag{148}$$

wird ersichtlich, daß die Gl. (147) eine Gerade darstellt:

$$Y/Z = -A + c_x(X/Z), \tag{149}$$

die sich für die Anwendung der Ausgleichsrechnung eignet. c_x wird als Steigung dieser Geraden erhalten (s. Abb. 76).

Da man mit Hilfe von c_x auch A ausrechnen kann, läßt sich nebenbei die Steilheit S ermitteln:

$$S = k \frac{c_x \ln 10}{A \cdot k + c_x \ln 10} \text{ (V)}. \tag{150}$$

Mit Volumenkorrektur heißt es dann ganz analog:

$$c_1 \frac{n-1}{(E_n - E_1)\exp\left(\frac{E_n-E_1}{k}\ln 10\right)} =$$

$$= -c_x \frac{(E_n - E_1)\ln 10}{kS} + c_x \frac{V_0[V_0 + (n-1)V_S]\exp\left(\frac{E_n-E_1}{k}\ln 10\right)}{(E_n - E_1)[V_0 + (n-1)V_S]\exp\left(\frac{E_n-E_1}{k}\ln 10\right)}. \tag{151}$$

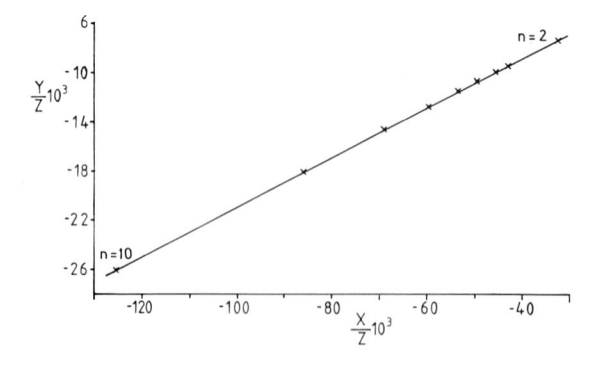

Abb. 76. Auswertung einer Titration nach Gran mit unbekannter Elektrodensteilheit nach Gl. (147) bis (150). n = Zahl der Messungen. Konzentrationsänderung je Zugabe $c_1 = 0{,}02$. $c_x = \Delta(Y/Z) : \Delta(X/Z)$

5.8 Praxis der Extrapolationsmethode: Bestimmung von Chlorid im mg/kg-Bereich

Stellvertretend für die große Anzahl der möglichen Bestimmungen, die mit dieser Technik ausgeführt werden können, sei hier nur eine ausführlicher beschrieben. Da die Grundarbeitsgänge gleich bleiben, läßt sich diese Arbeitsvorschrift leicht auf andere Ionen und Maßlösungen übertragen.

Die Bestimmung äußerst geringer Chloridspuren gewinnt zunehmend an Aktualität in der Materialprüfung und Umweltforschung. Eisen und Stahl korrodieren leichter unter Mitbeteiligung von Chloridionen. Für zwei Anwendungsgebiete der Stahlindustrie ist aus diesem Grund ein Ausschluß von Chloridionen sehr wichtig. Das eine Gebiet ist die Energie-Umwandlung mittels einer Hochdruckdampfturbine. Hier muß der Chloridgehalt des Kesselspeisewassers unter 1 mg/kg liegen, um vorzeitigen Verschleiß zu verhindern. Das andere Gebiet stellt die Statik von Eisenbetonbauten dar. Hier ist es vor allem das bei PVC-Bränden freigesetzte HCl, das durch die Poren des Betonwerks zum Baustahl gelangt und durch dessen beschleunigte Korrosion ein ernstes Sicherheitsrisiko darstellt. Da heute zunehmend PVC für Elektroisolationen verwendet wird, ist also nach jedem größeren Brand zu prüfen, inwieweit auch andere, von den Flammen noch nicht direkt erreichte Gebäudeteile mit Chlorid verseucht wurden.

Aber auch in der klinischen Diagnostik ist der Chloridgehalt von Bedeutung. Hier bedeutet ein empfindlicheres Verfahren eine Herabsetzung der notwendigen Probenmenge, was vor allem bei der Untersuchung von Kleinkindern und Säuglingen wünschenswert ist.

Benötigt werden:

- 1 pH- oder Ionenmeter mit einer Meßgenauigkeit von mindestens 0,1 mV
- 1 Silberionen-anzeigende Ag_2S-Festkörpermembran-Elektrode,
- 1 Ag/AgCl-Bezugselektrode mit Schliffdiaphragma und Doppelstromschlüssel,
- 1 thermostatisierte (ggf. $\theta<10°$) Meßzelle

bei einer Titration mit einer eingestellten $AgNO_3$-Lösung:

- 1 genau kalibrierte 1 mL-Kolbenbürette

bei einer coulometrischen Titration:

- 1 Konstantstromgerät 0 bis 100 mA
- 1 Silberdraht ($w_{Ag}>99,99\%$).

5.8.1 Grundlage

Aus Genauigkeitsgründen wählt man ein Titrationsverfahren mit Silberionen als Titrationsmittel. Der bei der Titration entstehende Niederschlag, das AgCl mit einem Löslichkeitsprodukt $K_L=10^{-9,75}$ bei 25 °C in Wasser, ist relativ löslich. Die in Lösung bleibende Chloridmenge läßt sich leicht ausrechnen:

$$a_{Cl} = \frac{K_L}{a_{Ag}}. \tag{152}$$

Im Äquivalenzpunkt ist $a_{Cl} = a_{Ag}$ und mit der obigen Konstanten ergibt sich daraus eine Chloridionenaktivität von $10^{-4,9}$ mol/L. Dies entspricht einer Konzentration von etwa 0,35 mg/kg, d.h. Konzentrationen unter 0,35 mg/kg würden also zu keiner AgCl-Ausfällung führen und somit nicht titriert werden können. Bei der Besprechung der Vorteile der Gran-Methode wurde allerdings gesehen, daß man diese Grenze durch die Anwendung eines ca. 10fachen Silberionenüberschusses gemäß Gl. (152) um eine Zehnerpotenz nach unten schieben kann. Da aber Interesse an sicheren Chloridbestimmungen im Submilligramm-Bereich besteht, soll man auch chemisch für eine größere Schwerlöslichkeit sorgen. Wir wissen, weniger polare Lösungsmittel als Wasser sind grundsätzlich für ionisch gebaute Verbindungen schlechtere Lösungsmittel. So konnte gezeigt werden, daß sich das Löslichkeitsprodukt von AgCl in 54,2 Gew.% Methanol auf $K_L = 10^{-11,38}$, in 54,15 Gew.% Aceton auf $K_L = 10^{-12,13}$ und in 60,73 Gew.% Dioxan sogar auf $K_L = 10^{-12,36}$ (mol/L)^2 verringert [316]. Dieser Verringerung des Löslichkeitsproduktes um fast drei Zehnerpotenzen entspricht ein Rest-Chloridgehalt der Lösung beim Äquivalenzpunkt von unter 0,035 mg/kg. Ähnliche Erfahrungen wurden auch mit 100%iger Essigsäure als Lösungsmittel gemacht [317]. Selbst unter Berücksichtigung der für eine wäßrige Probe notwendig werdenden Verdünnung 9:1 mit 100%iger Essigsäure, um zu einer 90%igen Säurekonzentration in der Meßlösung zu gelangen, ergibt sich noch eine Steigerung der Nachweisgrenze um über eine Zehnerpotenz gegenüber rein wäßrigen Lösungen. Die 90%ige Essigsäure als Lösungsmittel weist auch in dieser Konzentration noch eine ausreichende Leitfähigkeit auf. Im gleichen Sinn der Löslichkeitsminderung wirkt die Thermostatisierung unter 10 °C.

5.8.2 Vorbereitende Arbeiten

Es braucht nicht betont zu werden, daß man in diesem Beispiel, wie bei allen Spurenbestimmungen auf extrem reine Chemikalien zu achten hat. Die Essigsäure ist in extrem reiner Form (Puranal, Suprapur) erhältlich. Besondere Sorgfalt muß natürlich bei der Bestimmung von Chloridspuren auf die Elektrolytverbindung zwischen Bezugshalbelement und Meßlösung gelegt werden, da die meisten Bezugshalbzellen eine chloridhaltige Lösung aufweisen. Man verwendet daher als primären Elektrolyten für die Ag/AgCl-Bezugselektrode eine 0,1 mol/L KCl-Lösung und als äußeren Elektrolyten eine mit KNO$_3$ gesättigte 90%ige Essigsäure, die täglich erneuert wird. Damit sind gleichzeitig auch alle Vorkehrungen für eine konstante Diffusionsspannung (vgl. Kap. 2.3) getroffen. Nach der amerikanischen Standardmethode (ASTM) [318] wird ohne Überführung mit einer pH-Glaselektrode als Bezugselektrode gearbeitet.

Man geht von 10 mL Probenlösung aus, die mit 90 mL der reinen Essigsäure versetzt sind. Ferner gilt es, die Konzentration der AgNO$_3$-Lösung so anzusetzen, daß bei einem Chloridgehalt der Probenlösung von 10^{-6} g/L gerade eine Bürettenfüllung (= 1,000 mL) dieser Lösung verbraucht wird. Dazu ist

5.8 Praxis der Extrapolationsmethode: Bestimmung von Chlorid

eine $2{,}82 \cdot 10^{-5}$ mol/L Silbernitratlösung zu verwenden. Wegen der Schwierigkeiten bezüglich der Haltbarkeit solch verdünnter Silberlösungen sollte man stets von frisch hergestellten Lösungen ausgehen oder am besten gleich die wesentlich elegantere Methode der coulometrischen Reagenzerzeugung anwenden (Näheres [319]).

Nach diesen grundsätzlichen Überlegungen wird die Elektrodensteilheit der verwendeten Ag_2S-Festkörpermembran-Elektrode in der 90%igen Essigsäure bestimmt, weil man für die Auftragung der Gran-Funktion $10^{E/S}$ die Steilheit S benötigt. Es genügt der Konzentrationsbereich 10^{-2} bis 10^{-7} mol/L $AgNO_3$. Abschließend mißt man dann noch die Spannung der Elektrodenkette, die sich bei einer Aufschlämmung einer Spatelspitze AgCl in der reinen 90%igen Essigsäure einstellt. Anhand der soeben aufgenommenen Kalibriergeraden kann man durch Extrapolation die mit dem festen AgCl im Gleichgewicht befindliche Ag^+-Ionen-Menge und daraus das Löslichkeitsprodukt in diesem Lösungsmittel ermitteln. Natürlich ist eine dieser Silberionen-Menge äquivalente Chlorid-Menge ebenfalls in Lösung gegangen. Diese Menge stellt folglich die Mindestmenge an Chlorid dar, die zur Bildung eines ausfallenden Niederschlags erst einmal überschritten werden muß. Will man dennoch kleinere Chloridgehalte titrieren, so geht man zweckmäßig gleich von einer solchen Lösung mit aufgeschlämmtem AgCl aus. Dieses Vorgehen weist gleichzeitig den Vorteil auf, daß dieses AgCl eine ausreichende Menge Kristallisationskeime stellt und damit einer Übersättigung der Lösung während der Titration entgegenwirkt.

5.8.3 Bestimmung des Blindwertes

10 mL destilliertes Wasser werden in ein 150 mL fassendes Becherglas mit Magnetrührer gegeben und 90 mL 100%ige Essigsäure (extrem rein) hinzugefügt. In diese Lösung streut man eine Spatelspitze (ca. 10 mg) AgCl und beginnt unter Rühren der Lösung die Titration mit der $2{,}82 \cdot 10^{-5}$ mol/L $AgNO_3$-Lösung. Nach jeweils 0,025 mL Zugabe notiert man die sich einstellende Elektrodenspannung. Dazu benötigt die Elektrode anfangs bei der sehr geringen Konzentration an Meßionen (ca. 10^{-8} mol/L Ag^+-Ionen) etwas längere Einstellzeiten (ca. 1 min). Sind 0,5 mL des Titranden zugegeben (äquivalent einer Chlorid-Menge von 0,5 mg/kg), so stoppt man die Titration und zeichnet mit den bis dahin erhaltenen Spannungswerten die Gran-Funktion (Ordinate $10^{E/S}$) gegen das jeweils zugefügte Titriermittelvolumen (Abszisse linear) auf. Bei dieser Analysenvorschrift kann man den Verdünnungseffekt während der Titration (100→101 mL) vernachlässigen. Wenn in den verwendeten Reagenzien keine Chlorid-Verunreinigungen enthalten sind, verläuft die Gran-Funktion durch den Koordinatenursprung. Geht die Funktion rechts vorbei, so entspricht diese Menge (1 mL $\hat{=}$ 1 mg/kg) dem Chloridblindwert der verwendeten Chemikalien und Gerätschaften. In diesem Fall soll man sich durch Wiederholungsanalysen vergewissern, daß der Blindwert konstant bleibt, denn nur dann ist eine Korrektur der eigentlichen Chloridbestimmung möglich. Zur Überprüfung des Titers (1 mL $\hat{=}$ 1 mg/kg) der Silbernitratlösung sollte man gelegentlich eine frisch angesetzte Standardlösung von 0,5 mg/kg Chlorid titrieren.

Wegen der starken Adsorptionsbereitschaft von Glasgefäßen sollte man mit Kunststoffbechern arbeiten.

5.8.4 Bestimmung des Chloridgehaltes der Probenlösung

Anstelle der 10 mL Wasser bei der oben beschriebenen Blindwert-Bestimmung wird die zu untersuchende Probenlösung genommen. Sonst wird wie oben erwähnt verfahren. Man fügt so lange Silbernitratlösung zu der Probenlösung, bis man die gleiche Kettenspannung wie bei der Blindwert-Bestimmung erreicht. Auch hier trägt man die Gran-Funktion bis zu einem Überschuß von ca. 0,5 mL der Silbernitratlösung auf. An dem Schnittpunkt der Gran-Funktion mit der Volumenachse läßt sich der Chloridgehalt der Probenlösung dann direkt in mg/kg (bei einem Titer und Faktor des Titranden von 1,00) ablesen. Von diesem Wert ist dann lediglich noch der zuvor bestimmte Blindwert abzuziehen.

5.9 Bestimmung einiger charakteristischer Elektrodenparameter

Die für einen potentiellen Anwender wichtigste Information ist neben der Nachweisgrenze vor allem die Selektivität der ionenselektiven Elektrode. Wegen der Vielzahl der möglichen Störionen-Kombinationen geben die Hersteller den Selektivitätskoeffizienten immer nur für wenige Störionen an. Da, wie wir noch sehen werden, der Selektivitätskoeffizient von der totalen Ionenkonzentration und von seiner Ermittlungsmethode abhängt, können die angegebenen Koeffizienten nur Näherungen darstellen, zumal leider nicht immer angegeben wird, auf welche Weise sie gewonnen wurden.

Da einige Elektrodenhersteller ihre Elektroden (im Interesse eines zufriedenen Kunden) auch nur bei einigermaßen guten Erfolgsaussichten für das betreffende Problem ausleihen, werden im folgenden einige Methoden zur Ermittlung der wichtigsten Elektrodenparameter aufgeführt, damit der potentielle Käufer an Hand einer versuchsweise überlassenen Elektrode testen kann, ob sie für sein Problem geeignet ist.

5.9.1 Bestimmung der Nachweisgrenze

Bei richtiger Probenvorbereitung (vgl. Kap. 5.1.2) überstreicht eine ionenselektive Meßkette in der Regel mehrere Zehnerpotenzen der Konzentration des Meßions, bevor eine größere Abweichung von der Kalibriergeraden (E gegen $\lg c$) auftritt. Eine DIN-Norm befindet sich im Entwurfsstadium [320], nach ihr wird zwischen Nachweis-, Erfassungs- und Bestimmungsgrenze unterschieden. Man erhält diese Größen, die dann für ein bestimmtes analytisches Verfahren gelten, durch Auswerten einer großen Zahl von Messungen. Bei ionen-

5.9 Bestimmung einiger charakteristischer Elektrodenparameter

selektiven Elektroden ist die Nachweisgrenze die Eigenschaft einer bestimmten Elektrode, die von ihrer Vorgeschichte abhängt. Daher sind die nachfolgend gezeigten einfacheren Verfahren mit wenigen Messungen zu empfehlen.

Gemäß einem früheren Vorschlag einer IUPAC-Kommission definiert man bei der ionenselektiven Meßtechnik die Nachweisgrenze analog wie bei den anderen signalproduzierenden physikalisch-chemischen Techniken als diejenige Meßionenkonzentration, bei der das Meßsignal gerade doppelt so groß wie das Untergrundrauschen wird. Neuere Empfehlungen der IUPAC [33] in Übereinstimmung mit den früheren Vorschlägen dieser Kommission und der IEC schlagen für die Anwendung auf ionenselektive Elektroden jedoch eine andere, meist etwas größere, Nachweisgrenze vor:

Wie mehrfach gezeigt wurde, geht bei kleinen Konzentrationen jede Funktion E gegen $\lg c$ von der Geraden mit der Steigung S in eine Gerade mit kleinerer Steigung, meist in eine Parallele zur $\lg c$-Achse über, wie die Abb. 77 zeigt. An beide Äste wird dann je eine Schmiegungsgerade gezeichnet, die Projektion ihres Schnittpunktes auf die $\lg c$-Achse definiert die Nachweisgrenze. Erfahrungsgemäß streuen die Meßwerte unterhalb der Nachweisgrenze sehr stark, die zweite Gerade wird im Zweifelsfall als Mittelwert parallel zur $\lg c$-Achse gezeichnet. Die Nachweisgrenze einer ionenselektiven Elektrode wird durch mehrere Faktoren beeinflußt. Theoretisch wird die Nachweisgrenze durch die Eigenlöslichkeit der elektroaktiven Elektrodenphase, die das zu messende Ion mehr oder weniger fest gebunden enthält, in der Meßlösung bestimmt. Man kann keine kleineren Ionenaktivitäten als die dem betreffenden Löslichkeitsprodukt entsprechenden messen. Dabei ist zu beachten, daß z.B. Komplexierungsmittel die Nachweisgrenze verschlechtern können (Beispiel: EDTA kann mit dem LaF_3-Kristall der Fluoridelektrode reagieren, La^{3+} komplexieren und die entsprechende Menge F^- freisetzen).

Im allgemeinen wird jedoch diese theoretische Nachweisgrenze nicht erreicht, da entweder die extrem verdünnten Lösungen wegen irreversibler Adsorptionsvorgänge an den Behälterwandungen nicht stabil sind oder bei den weniger selektiven Elektroden zuvor ein anderes Ion potentialbestimmend wird.

Beim Arbeiten mit einer Konditionierungslösung können die Verunreinigungen in den zur Herstellung dieser Lösung verwendeten Chemikalien die Nachweisgrenze bestimmen.

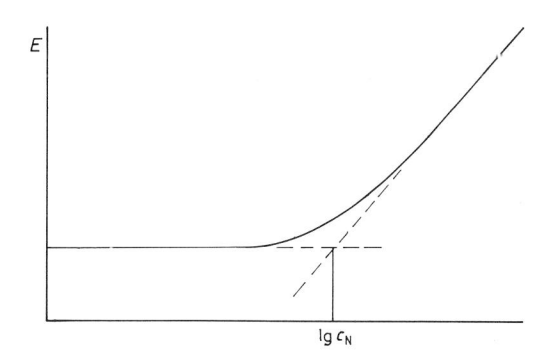

Abb. 77. Kalibrierkurve mit Schnittpunkt der beiden Schmiegungsgeraden zur Demonstration der Nachweisgrenze

Die für den ins Auge gefaßten Anwendungsfall gegebene Nachweisgrenze ist nun leicht zu ermitteln. Man geht von einer meßionenfreien Lösung aus, die hinsichtlich ihrer Matrix der späteren Probe entspricht und fügt sukzessive 10^{-7} bis 10^{-1} mol/L des Meßions hinzu, zeichnet beide Geraden und wertet wie in Abb. 77 gezeigt aus.

Zur praktischen Bestimmung sollten die Geraden aus Bereichen von möglichst zwei Zehnerpotenzen ermittelt sein. Wobei für jede Gerade mindestens fünf Meßpunkte bestimmt sein sollten. Jeder Punkt wird dreimal von „beiden Seiten" gemessen, wie im Abschn. 5.1.1 beschrieben. Falls eine Konditionierungslösung (zur Freisetzung gebundener Meßionen und Bindung von Silberionen) von vornherein notwendig erscheint, wird sie natürlich auch hierbei schon verwendet. Falls, wie zu erwarten ist, der angezeigte Spannungswert der meßionenfreien Lösung driften sollte, nimmt man den sich nach 3 min einstellenden Wert.

Bei dieser Bestimmung der aktuellen Nachweisgrenze wird sich zeigen, daß durch die Anwesenheit von Störionen die Nachweisgrenze verschlechtert wird.

5.9.2 Bestimmung des Selektivitätskoeffizienten

Wie bei den anderen Analysentechniken können auch beim Arbeiten mit ionenselektiven Elektroden Störungen auftreten. Man kann die Störungen generell aufteilen in Störungen durch direkte Mitanzeige anderer Ionen und Störungen durch chemische Beeinflussungen des Meßions, etwa Komplexierung, die nur die von den Elektroden angezeigte Aktivität des *freien* Meßions verändern. Da die zweite Störungsmöglichkeit nicht auf das Konto der Elektrode geht, sondern von der „Lösungs-Chemie" des betreffenden Meßions in der jeweiligen Matrix abhängt, soll hier nicht näher darauf eingegangen werden.

Die Mitanzeige von Störionen läßt sich mittels eines Selektivitätskoeffizienten quantifizieren. Dieser Koeffizient gibt an, mit welchem Faktor die Störionenaktivität zu multiplizieren ist, um an der Meßelektrode die gleiche Potentialdifferenz wie die Meßionen bei gleicher Aktivität hervorzurufen. Diese Mitanzeige läßt sich mathematisch durch die in Kapitel 1.5 beschriebene erweiterte Nernst-Gleichung (22) beschreiben (näherungsweise!). Zur experimentellen Bestimmung des Selektivitätskoeffizienten K_{M-S} gibt es nun mehrere Möglichkeiten.

Nimmt man für die jeweils interessierenden Störionen je eine Kalibrierkurve auf, so erhält man in der Regel qualitativ ein Bild wie es in Abb. 78 wiedergegeben ist. Danach kann man nun nach zwei Methoden den Selektivitätskoeffizienten bestimmen.

Einmal läßt sich K_{M-S} bei identischer Meß- und Störionenaktivität nach folgender Gleichung berechnen:

$$\lg K_{M-S} = \frac{E_2 - E_1}{S} \qquad (152)$$

mit: S Steilheit.

Hat das Störion eine andere Wertigkeit z_M als das Meßion, dann gilt analog:

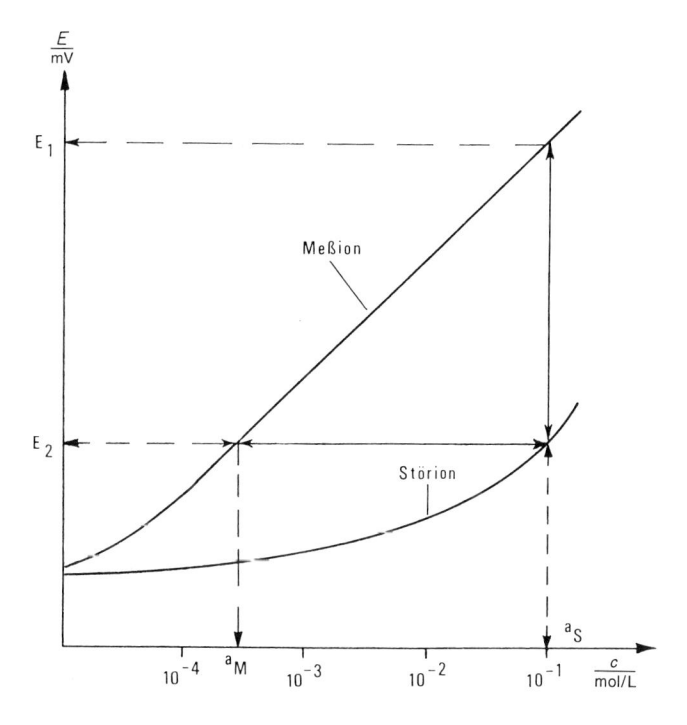

5.9 Bestimmung einiger charakteristischer Elektrodenparameter

Abb. 78. Bestimmung des Selektivitätskoeffizienten nach der Methode der getrennt gemessenen Lösungen

$$\lg K_{\text{M-S}} = z_S \frac{E_2 - E_1}{S} + \left(\frac{z_S}{z_M} - 1\right) \lg a. \tag{153}$$

Man kann aber auch aus den Aktivitäten von Meß- und Störion, die eine gleiche Meßketten-Spannung geben, $K_{\text{M-S}}$ nach folgender Gleichung berechnen:

$$\lg K_{\text{M-S}} = \frac{a_M}{a_S}. \tag{154}$$

Man erkennt aus Abb. 79 aber auch, daß der Selektivitätskoeffizient selbst wieder eine Funktion der absoluten Meß- und Störionenkonzentration ist. Das erste Verfahren ist für rasche Übersichtsmessungen geeignet, da man nur zwei Messungen und zwei Lösungen benötigt. Unrealistisch sind beide Verfahren, da man in der Meßpraxis stets eine Mischung von Meß- und Störionen vorliegen hat. Von einer IUPAC-Kommission wird eine Methode empfohlen, bei der eine konstante Störionenaktivität und eine variable Meßionenaktivität vorliegt. Die gemessenen Spannungswerte werden wie üblich in Form einer Kalibrierkurve aufgezeichnet (vgl. Abb. 79). Zur Auswertung bestimmt man den Schnittpunkt der beiden linearen Kurvenäste (d.i. der Punkt, wo die beiden Terme hinter dem Logarithmus in der erweiterten Nernst-Gleichung gleich sind). Mit der auf der Aktivitätsachse ablesbaren Meßionenkonzentration a_M und der konstanten Störionenaktivität a_S läßt sich der Selektivitätskoeffizient, wie in Gl. (154) gezeigt, berechnen. Auch hier ergeben sich konzentrationsabhängige Selektivitätskoeffizienten; man muß daher bei einer Angabe von $K_{\text{M-S}}$ die Aktivitäten von Meß- und Störion sowie das Verfahren angeben.

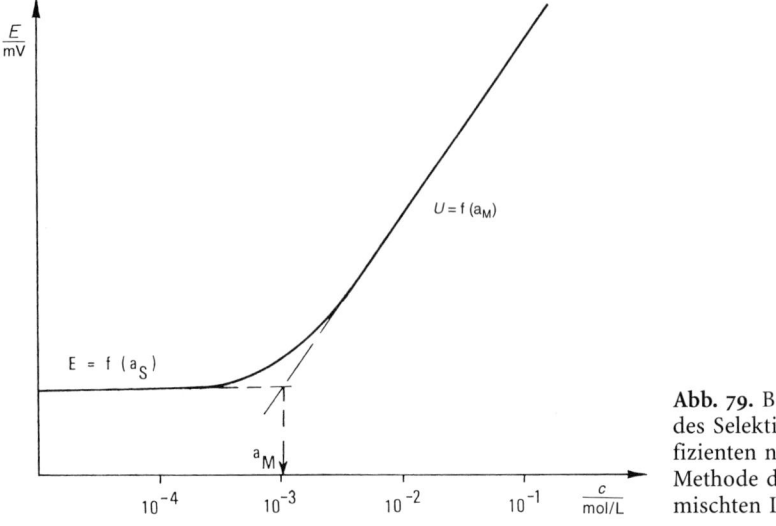

Abb. 79. Bestimmung des Selektivitätskoeffizienten nach der Methode der vermischten Lösungen

Ein Vergleich der Abb. 79 mit der Abb. 77 läßt erkennen, daß Nachweisgrenze und Selektivität verwandte Größen sind. Die Nachweisgrenze kann als ein Ausdruck für die fehlende Selektivität gegenüber den von der Elektrode selbst abgegebenen Ionen angesehen werden. Von der IUPAC wurde eine große Zahl von Selektivitätskoeffizienten mit Angaben ihrer Bestimmungsweise zusammengestellt [43].

5.9.3 Bestimmung der Einstelldauer

Im Abschn. 1 wurde der Zusammenhang zwischen Austauschstromdichte und Einstelldauer ausführlich dargestellt. Eine verlängerte Einstelldauer ist bei einer ionenselektiven Elektrode oft das erste Zeichen beginnender Erschöpfung. Sie kann zur Folge haben, daß sich die Gleichgewichtsspannung so langsam einstellt, daß ihr endgültiger Wert nicht mehr abgewartet und falsch abgelesen wird. Hat die Austauschstromdichte nachgelassen, so wird, wie im Abschn. 1 gesehen, auch die Selektivität schlechter. Es ist daher wichtig, bei älteren Elektroden die Einstelldauer gelegentlich zu überprüfen.

Man kann davon ausgehen, daß in einer Meßanordnung die Elektronik im Vergleich zu den Elektroden schnell reagiert, so daß die Einstelldauer praktisch nur durch die Meßkette verursacht wird. Gemessen wird die Änderung der Meßkettenspannung als sog. *Übergangsfunktion* nach einer sprunghaften Änderung der Konzentration, der sog. *Sprungfunktion* (s. Abb. 80). Von der IUPAC [321] werden zwei Wege zur Darstellung der Sprungfunktion vorgeschlagen:

1. *Eintauchmethode.* Die Meßkette wird aus der gerührten Lösung 1, nachdem sie mit ihr im Gleichgewicht war, herausgenommen, und nach dem Abspülen und Abschleudern in eine gerührte Lösung 2 gestellt. Die Öffnung des

5.9 Bestimmung einiger charakteristischer Elektrodenparameter

Meßkreises beim Herausnehmen der Meßkette führt allerdings bei vielen Meßgeräten zur statischen Aufladung der Elektroden durch den Rückstrom des Verstärkers und damit zu einer unrealistischen Verlängerung der Einstelldauer.

2. *Einspritzmethode.* Nach der Gleichgewichtseinstellung in einer geeigneten Lösung wird unter kräftigem Rühren eine Lösung mit weiteren Meßionen oder eines Meßionen verbrauchenden Reagenzes hinzugefügt, um die Ausgangslösung zu verändern. Weil die Elektroden dabei nicht herausgenommen werden, der Meßkreis also nicht unterbrochen wird, ist diese Methode zu bevorzugen.

Die zwei Lösungen sollen sich in den Konzentrationen der Meßionen um mindestens drei Zehnerpotenzen unterscheiden. Die Kettenspannung wird in beiden Fällen mit ihrem zeitlichen Verlauf durch einen Schnellschreiber oder -drucker aufgezeichnet.

Die Auswertung der erhaltenen Übergangsfunktion geschieht nach DIN IEC 746-1 [322], indem man die Zeit mißt, nach welcher der Meßwert 90% desjenigen Wertes erreicht hat, welcher sich als endgültig einstellt. Es wird zwischen Anstiegs- und Abfallzeit unterschieden (s. Abb. 80). Diese oft langwierige Methode wird für sehr langsame ionenselektive Elektroden nicht empfohlen, weil eine endgültige Einstellung manchmal nur schwer zu erkennen ist [323]. Nach Empfehlungen der IUPAC soll diejenige Zeit gemessen werden, bis zu welcher die Steigung der Übergangsfunktion einen bestimmten Wert erreicht hat. Als Grenzwert wird ein

$\Delta U / t \leq 0.6 \,\text{mV/min}$

vorgeschlagen [34]. Dieses Maß soll von der Größe des Konzentrationssprungs weitgehend unabhängig sein und erfordert nicht die Kenntnis der endgültigen Einstellung.

Als Faustregel kann man sich merken, daß die Einstelldauer beim Übergang von konzentrierten in verdünntere Lösungen fünfmal länger ist, als beim Übergang in umgekehrter Richtung. Das gilt auch für ionengepufferte Lösun-

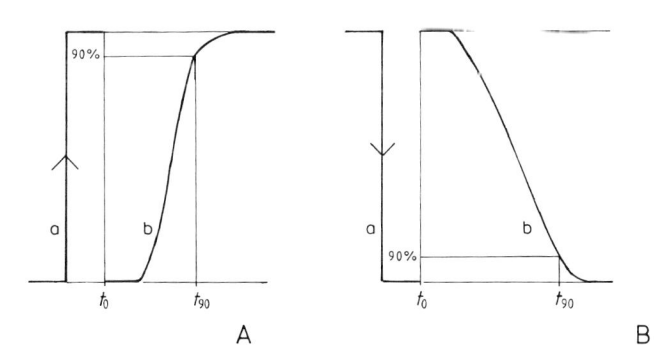

Abb. 80 A, B. Übergangsfunktion zur Demonstration der Einstelldauer nach DIN-IEC 746 [321]. A Anstiegsfunktion nach positiver, B Abstiegsfunktion nach negativer Sprungfunktion. *a* Springfunktion, *b* Übergangsfunktion

gen. Wie schon beim Beschreiben der Spannungsbildung im Abschn. 1 bemerkt, wird die Einstelldauer auch durch die Anwesenheit störender Ionen verlängert. Die Versuchsbedingungen sind daher immer anzugeben.

Es gibt viele Versuche zur mathematischen Darstellung der Übergangsfunktion. Sie erfassen die Wirklichkeit aber immer nur zum Teil, weil die Ursachen der Verzögerungen vielfältig sind. Neben der bereits im Abschn. 3.2.2.4 genannten hyperbolischen Formel ist die Anwendung der bekannten Exponentialfunktion am leichtesten verständlich:

$$E(t) = E_2 + (E_1 - E_2)e^{-\kappa t} \tag{155}$$

κ ist hier die Geschwindigkeitskonstante.

Siehe dazu aber auch Marcovic und Osburn [324]. Eine Zusammenstellung von kinetischen Modellen findet sich bei Love et al. [325]. Die Einstelldauer verringert sich schnell mit steigender Temperatur, sie ist daher immer mit anzugeben.

Für Routinemessungen mit ionenselektiven Elektroden lohnt es sich im Interesse einer zügigen Arbeit, Kalibrier- und Meßlösung ggf. auf eine Temperatur über 25 °C, z.B. 50 °C, zu thermostatisieren.

Anwendungsbeispiele ionenselektiver Elektroden   6

Die auf den folgenden Seiten (s. Tabelle 21) aufgeführten Beispiele erheben in keiner Weise den Anspruch auf Vollständigkeit. Daß hierbei auf biochemische Anwendungen etwas mehr Gewicht gelegt wurde, liegt daran, daß, aus der Sicht des Autors, auf diesem Gebiet die Vorteile der ionenselektiven Meßtechnik (direkte Aktivitätsbestimmung mit miniaturisierten Sensoren) am überzeugendsten zur Geltung kommen, sowie an der Kompliziertheit der Meßmedien. Für den analytisch ausgebildeten Laborchemiker dürften die bisher im Text erwähnten Möglichkeiten und Grenzen ausreichend sein, selbst neue Anwendungsfälle zu erschließen. Bezüglich der industriellen Anwendung sei bemerkt, daß der Einsatz ionenselektiver Elektroden einen bedeutenden Platz in der Analytik gefunden hat. Bei *richtigem* „know-how" sind die ionenselektiven Elektroden gar nicht so schlecht, wie einige anfängliche schlechte Erfahrungen erwarten ließen.

Schon im Vorwort wurde hervorgehoben, daß hier keine „Kochvorschriften" gegeben werden sollen, da sie bei der enormen Dynamik auf diesem Gebiet schon bei Erscheinen überholt sein könnten. Aber es soll an dieser Stelle nochmals darauf hingewiesen werden, daß die seriösen Hersteller die jeweils beste und aktuellste Arbeitsvorschrift „mitliefern".

6.1 Physiologie, Biologie, Medizin

Wie in der Einleitung betont, bieten sich gerade auf den oben genannten Gebieten viele Möglichkeiten. Sie sind bis heute noch nicht voll genutzt worden. Spätestens seit den klassischen Versuchen von McLean und Hastings in den Jahren 1934 bis 1935 [326, 327], die einen direkten Zusammenhang zwischen der Kontraktionsamplitude eines schlagenden, isolierten Froschherzens und der Ca^{2+}-Aktivität einer Lösung in ihm ergaben, weiß man, daß bei vielen physiologischen Vorgängen ebenfalls die Aktivität und nicht die Konzentration maßgeblich ist. Wenn man also nach den auslösenden Faktoren forschen will, so muß man die *Aktivität* der beteiligten Ionen kennen. Die meisten Analysenverfahren liefern aber als Ergebnis die Konzentration. Um zu der korrespondierenden Aktivität zu gelangen, benötigt man als Umrechnungsfaktor den individuellen Aktivitätskoeffizienten (s. Abschn. 1.8). Im Gegensatz zu verdünnten wäßrigen Elektrolytlösungen, bei denen man über die Debye-Hückel-Näherung zumindest den mittleren Aktivitätskoeffizienten abschätzen kann, besteht über den mittleren Aktivitätskoeffizienten von Ionen in biologischen

Tabelle 21. Anwendungsbeispiele ionenselektiver Elektroden

Spezies/Probenmatrix	Probenvorbereitung	Elektrode	Analysentechnik	Literatur
Aluminium allgemein	0,2 mol/L $NaNO_3$, NH_4NO_3 oder 0,01 mol/L $Mg(NO_3)_2$ +CuDCTE	Kupfer	R/DCTE	[328]
Geologie	Gibbsit, Hydroxid, Sulfat lösen	Fluorid	D	[329]
Metallurgie	Metall od. Legierung in HCl lösen, mit Acetat-Puffer auf pH 3,8 bis 4,6	Fluorid	T/NaF	[305, 330]
Papierherstellung	Puffern auf pH 4,6	Fluorid	T	[347]
Radiochemie	pH 3,8 mit Ethanol 1:20 verdünnen	Fluorid	T/NaF	[331]
Ammoniak				
Bier	1:4 verdünnen	NH_3	D	[346]
Abwasser	Probe filtrieren, mit 9 Teilen 0,1 mol/L NaOH verd.	NH_3	D	[332]
Böden	gemahlene, luft-trockene Böden in 2 mol/L KCl aufschlämmen, filtrieren, pH>12 mit NaOH	NH_3	D	[333]
Käse	Fällung der Kaseine mit Zinksulfat	NH_3	D	[344]
Kesselspeisewasser	automatisch	NH_3	D	[345]
Meerwasser	pH>11	NH_3	D	[334, 335]
Umgebungsluft	extrahieren	pH	D	[336]
Serum, Plasma	50 bis 150 µL Proben, mit NaOH pH>12	NH_3	D	[337, 338]
Azid		Chlorid	$T/AgNO_3$	[339]
Barium	direkt	Barium	D	[340]
Blei				
allgemein	pH 4 bis 7	Blei	D	[341]
	pH 4 bis 7	Kupfer	T	[342]
Biologie		Blei	D, T	[343]
Galvanik	auf $\approx 10^{-7}$ mol/L verdünnen	Blei	T/Na	[348]
organische Stoffe	Mikrobestimmung	Blei	T	[349]
Wasser		Blei	D	[154, 350]

6.1 Physiologie, Biologie, Medizin

Bor	Böden Pflanzen	extrahierte Bodenlösung durch Ionenaustauscher in der Fluoridform geben, um zu BF_4^- zu gelangen	BF_4^-	D	[154, 351]
Brom	organisch	Probe bei 1000 °C verbrennen und Gase in HNO_3-, Essigsäure, H_2O_2-Lösung absorbieren	Ag_2S	T/Hg^{2+}	[352]
Bromid	Atmos. Niederschl.	pH 2 bis 12	Bromid	D	[353]
	nichtw. Lösungen	Alkohol- und Eisessig	Bromid	D	[354]
	Pflanzenöle	in KOH aufschließen	Silber	D	[355]
Cadmium	allgemein	pH 3 bis 12, mit 1,10-Phenanthrolin titrieren	Kupfer/CdS-Einkristall	T	[342, 356]
	Galvanik	Cyanid. Bad mit Überschuß Hypochlorit versetzen, pH 10	Cadmium	S	[348, 357]
Calcium	Böden	bei pH 8,2 mit Natriumacetatlösung aus trockenem Boden extrahieren, zentrifugieren	Calcium	D	[358]
	Blut, Serum u. andere biolog. Flüssigkeiten	ionisches Calcium gesamtes Calcium	Calcium	D	[359, 360] [361, 362, 363]
	Gestein	HNO_3 lösen, bei Anwesenheit von MgCuEDTA zusetzen	Kupfer	IT/EDTA	[364]
	Mehl	bei 600 bis 700 °C veraschen, in HCl lösen, pH 10 einstellen, CuEDTA Indikator zusetzen	Kupfer	IT/EDTA	[342]
	Milch	periodische Reinigung der Elektroden mit Na-dodecylsulfat +EDTA Lösungen, sonst keine Vorber.	Calcium	D	[366, 367, 368]
	Seewasser	gesamtes Calcium	Calcium	D	[369, 370]
	Wasser	Calcium neben Magnesium	Calcium	D	[381]
	Wein		Calcium	T/EDTA	[382, 383, 384]
	Zuckerlösung	eindampfen, veraschen	Calcium	S	[371]
			Calcium	D/S	[372]

(Fortsetzung)

Tabelle 21. (Fortsetzung)

Spezies/Probenmatrix	Probenvorbereitung	Elektrode	Analysentechnik	Literatur
Carbonat	durch Ansäuern mit $HClO_4$ CO_2 freisetzen und messen	CO_2	D/S	[167, 212]
	pH 7,5 und direkt mit spezieller Flüssigmembran-Elektrode messen	CO_3^-	D	[373, 374]
Bakterienkulturen	in-situ	CO_2	D	[385]
Blut	direkt	CO_2	D	[386, 387]
TIC- und TOC-Werte	alkal. Oxidation mit $K_2S_2O_8$	CO_2	D	[388]
Chlor aktives	Überschuß an Iodidlösung zusetzen und Abnahme der Iodidkonzentration messen	Iodid	S	[365, 375]
organisches	Probe bei 1000°C verbrennen und Gase in HNO_3, Essigsäure, H_2O_2-Lösung absorbieren	Ag_2S	T/Hg^{2+}	[352]
Chlorid				
Dampferzeuger	5 mol/L HNO_3 hinzufügen	Chlorid	S	[376]
	in Eisessig mit $AgNO_3$ titrieren	Ag_2S	T/Ag^+	[348]
Galvanik		Chlorid	S, T/Ag^+	[377]
Geologie	Gesteine mit Na_2CO_3/ZnO aufschließen, mit HNO_3 ansäuern	Chlorid	D	[378, 379]
Böden	getrocknete Bodenprobe mit Wasser auslaugen, abfiltrieren	Chlorid	D, T/Ag^+	[380]
Käse	2 g in 50 mL Wasser vermischen	Chlorid	D	[353, 389]
Luft	Zersetzungsprodukte von PVC	Chlorid	DR	[390, 391]
Meerwasser	Kalibrierlösungen mit Meerwassermatrix ansetzen	Chlorid	D	[392]
Milch		Chlorid	D	[393]
Pflanzen	Probe in HNO_3 schütteln	Chlorid	T/Ag^+	[394, 395, 396]
Schweiß	direkte Messung auf der Hautoberfläche zur Diagnose von cystischer Fibrose	Chlorid	D	[397]
Serum, biol. Flüssigkeiten	Urin mit 3 Teilen Essigsäure verdünnen	Ag_2S	T/Ag^+	

6.1 Physiologie, Biologie, Medizin

Chrom					
Galvanik		Chromat-Lösung 1+99 mit 1 mol/L Essigsäure verdünnen	ClO_4^-	D	[348]
Cyanid					
Abwasser		direkte Registrierung	Ag_2S/CN^-	D	[398, 399, 400]
		kontinuierlich	Silber	D	[91, 411, 412]
		Spuren-Titration	Ag_2S	T	[122]
		starke Komplexbildner über Ionenaustauscher entfernen, mit 0,1 mol/L NaOH verdünnen	Cyanid	D	[348]
Galvanik		Probe mit Sörensen Phosphatpuffer mischen, β-Glucosidase zusetzen erwärmen, NaOH zusetzen	Cyanid	D	[401]
Pflanzen		Rauch ir. Ascarit-Filter adsorbieren, mit NaOH extrahieren, $Pb(NO_3)_2$ zusetzen	Cyanid	D	[402]
Zigarettenrauch					
Eisen		Fe^{2+} mit CN^- titrieren, Fe^{3+} mit F^- titrieren	CN^-/F^-	T/CN^-, F^-	[305, 398, 403]
Fluorid					
Abwasser		pH 5,5 Puffer, direkte Registrierung	Fluorid	D	[404, 413]
allgemein		IUPAC-Empfehlung	Fluorid	D	[137]
Böden		NaOH-Aufschluß	Fluorid	S	[414]
Galvanik		(Chromatbad) verdünnen mit Konditionierungslösung	Fluorid	D	[405, 406, 407]
Geologie		1 g Gestein, Mineral oder Boden mit 10 g $NaKCO_3$ aufschließen, mit HCl herauslösen, auf 250 mL auffüllen, mit 9 Teilen spezieller Konditionierungslösung (Citratpuffer pH 6 und erhöhte Titriplex IV-Konzentration) verdünnen und direkt mit einer Einstabelektrode messen	Fluorid	S	[408, 409, 410]
Knochen		Abtrennung als Trimethylfluorosilan	Fluorid	D	[444]
Regen		Direktpotentiometrie, Bereich >3·10^{-10}	Fluorid	D	[445]
Umwelt		Probenahmen	Fluorid	D	[418, 446]
Urin		pH 6,5–7,0	Fluorid	D	[417, 447]
Wasser		spez. TISAE	Fluorid	D	[410, 413, 448]
Zement		ZnO Na_2CO_3-Aufschl.	Fluorid	S	[449]
Luft		auf vorbereitete Filter sammeln, mit H_2O extrahieren + Konditionierungslösung	Fluorid	D	[415, 416]

(Fortsetzung)

Tabelle 21. (Fortsetzung)

Spezies/ Probenmatrix	Probenvorbereitung	Elektrode	Analysentechnik	Literatur
Meerwasser	mit Konditionierungslösung verdünnen	Fluorid	D, S	[419, 420]
Nahrungsmittel	veraschen, lösen und Konditionierungslösung zugeben	Fluorid	D, S	[421]
Pflanzen	aufschließen mit Na_2CO_3/ZnO, mit Wasser lösen, mit Konditionierungslösung verdünnen	Fluorid	D, S	[414]
Säurebeizen	mit Konditionierungslösung verdünnen, pH 5,5	Fluorid	D	[422, 423]
Serum, biol. Flüssigkeiten	anorg. Fluorid: nur mit Konditionierungslsg. verdünnen totales Fluorid: veraschen mit Na_2CO_3/$MgCl_2$, Fluorid durch Diffusion abtrennen	Fluorid	D	[417, 425, 426, 427, 428]
Zahnmedizin	Zahnprobe in $HClO_4$ lösen, Konditionierungslsg. zugeben	Fluorid	D, S	[429, 430, 431]
Gold	pH 1,2 bis 2,3 einstellen	Iodid	S	[432]
Galvanik	mit NaOH verdünnen und mit $AgNO_3$ titrieren, ergibt Endpunktsprünge für freies und gebundenes CN^-, gesamtes freies CN^- = Au	Ag_2S	T/Ag^+	[348]
Iodid				
allgemein	90 Vol.% Aceton	Natrium	T/Ag^+	[433]
feste Nahrungsmittel	Probe in heißem Wasser zerreiben, abkühlen, 10% Phosphatlösung als Ionenstärkeeinsteller	Iodid	D	[434]
Milch	Titration n. Gran	Iodid	S	[450]
Pharmazie	mit NaOH pH 9 bis 11 einstellen, Iodat mit Al zu Iodid reduzieren	Iodid	D	[435, 436]
Selen	mit NaOH aufschließen, mit H_2SO_4 neutralisieren, filtrieren	Iodid	S	[437]
Wasserstoffperoxid	keine Vorbereitung	Iodid	D	[438]
Kalium				
ATP-Lösungen		Kalium	D	[441, 442]
Boden	mit Natriumacetat-Lösung extrahieren	Kalium	D	[439]
Düngemittel		Kalium	S	[440]
Meerwasser	Titration n. Gran	Kalium	T	[424]
Silikatgestein	H_2SO_4/HF-Aufschluß	Kalium	D	[451]

6.1 Physiologie, Biologie, Medizin

Serum	keine besond. Vorbereitung	Kalium	D	[441, 442]
Urin	ohne bes. Vorber.	Kalium	D	[452]
Kohlenstoff	Total Kohlenstoff C in Wässern (TOC)	CO_2	S	[443]
Kupfer				
Galvanik	Fe^{3+} mit NaF maskieren	Kupfer	D	[348, 406]
Meerwasser	Cu-Metallpuffer	Kupfer	S	[453]
Lanthan	neutrale, ungepufferte Lösung, 60% Ethanol	Fluorid	T/NaF	[454]
Lithium	allgemein bei Bedarf mit NH_4OH neutralisieren, störende Ionen mit $(NH_4)_2S$ ausfällen, mit Alkohol verd.	Fluorid	T/NH_4F	[455]
Serum Magnesium	Zugabe von Tris	Lithium	D	[468]
Biochemie	an Nukleinsäuren gebunden: neutralisieren mit 5 mmol/L Natriumphosphat-Puffer	Calcium	D	[456]
Meerwasser	in synthetischem Meerwasser kalibrieren	Divalent	D, S	[457, 458]
Zuckerrübe	pH 11 einstellen, mit EDTA und Calcium-Elektrode bis Ca-Endpunkt, dann weiter mit der Divalent-Elektrode bis Ca+Mg-Endpunkt	Calcium/Divalent	T/EDTA	[391]
Mercaptane				
wasserlösl.	in Wasser oder verd. HNO_3 lösen	Ag_2S	T/Ag^+	[459]
wasserunlösl.	mit 2T Ethanol+1T Benzol verdünnen	Ag_2S	T/Ag^+ (Isopropanol)	[460]
Molybdän	nach Überführung in Molybdat und Verdünnen mit 1 Teil Methanol mit $Pb(ClO_4)_2$ titrieren	Blei	T/Pb^{2+}	[348]
Natrium				
Blut	direkte Messung	Natrium	D	[471]
Dampferzeuger	pH 10 bis 11 mit NH_3 Gas einstellen	Natrium	D	[384]
Differenzmessung	industr. Durchflußmessung mit Diisopropylamin	Natrium	D	[461]
Diätetische Lebensmittel	Puffer pH 10,2	Natrium	D	[469]
		Natrium	D	[472]
Fleischwaren	Puffer pH 9,1 bis 9,3	Natrium	D	[473]

(Fortsetzung)

Tabelle 21. (Fortsetzung)

Spezies/Probenmatrix	Probenvorbereitung	Elektrode	Analysentechnik	Literatur
Haut	Oberflächen-Meßkette	Natrium	D	[462, 463]
Meerwasser	kalibrieren in synthetischer Probe	Natrium	D, S	[79]
Papierindustrie	verdünnen, Aliquot mit $(NH_4)_2CO_3$	Natrium	D, S	[464]
Pharmazie	Natriumsalicylat-Tablette auflösen	Natrium	D, S	[465]
Serum	keine Probenvorbereitung	Natrium	D	[441]
Urin	1+19 mit Tris-Puffer (pH 8) verdünnen	Natrium	D, S	[452, 466]
Nickel	Ni^{2+}-Lösung mit NH_4OH auf pH 8,5 bis 10,5 einstellen, CuEDTA zusetzen	Kupfer	T/EDTA	[342]
Nitrat				
Abwasser	Probe mit Ag_2SO_4 zur Chloridausfällung versetzen od. zu NH_3 reduzieren	Nitrat NH_3	D, S D, S	[467]
Baby-Nahrung	Störionen austauschen	Nitrat	D	[495]
Boden	Probe in Wasser aufrühren, filtrieren durch Filter, das nicht mit Säure gewaschen wurde. Wenn nicht innerhalb einer Stunde gemessen wird, Phenylquecksilberacetat als Konservierungsmittel zufügen	Nitrat	D, S	[474, 475, 476, 477, 478]
Düngemittel	Extraktion mit $CuSO_4$	Nitrat	S	[493, 494]
Frischgemüse	Probe homogenisieren.	Nitrat	D	[496]
Luft	Aerosolauffänger mit 10^{-2} mol/L AgF spülen	Nitrat	D	[479]
Milch	Störion. austausch.	Nitrat	D	[495]
Nahrungsmittel	Kartoffeln mit Wasser mischen	Nitrat	D, S	[480]
Pflanzen	mit Ag_2SO_4-Lösung extrahieren, abfiltrieren	Nitrat	D, S	[477, 481, 482, 483]
Wasser	bei wenig Chlorid keine Vorbereitung	Nitrat		[484, 485, 486, 487]
Zuckerrüben	Trocknen, Mahlen, Sieben	Nitrat	D	[388]
Nitrit				
Bauschäden	entfernen v. CO_2 bei pH 4,0	NO_x	D	[497]
Gase	Oxidation zu N_2O_3	Nitrat	D	[498]
Nahrungsmittel	Addition n. Gran	NO_x	T/$NaNO_3$	[499]

6.1 Physiologie, Biologie, Medizin 215

Wasser	NO_x	Puffer pH 1,2	D	[500]
NTA	Kupfer	mit NH_3-NH_4OH-Puffer versetzen	$T/Cu(NO_3)_2$	[488]
Oxalat	Blei	pH 4,5 bis 9,5, mit 1,4-Dioxan verdünnen	$T/Pb(ClO_4)_2$	[489]
Phosphat allgemein	Pb	Fällen als $Pb_3(PO_4)_2$	D/T	[501, 502, 503]
Rubidium	Kationen	pH-Wert ca. 4 Einheiten über pRb-Wert	D	[490]
Schwefel org. Verbindungen	Blei	Probe in Sauerstoff verbrennen, Gase in $NaNO_3$-Lösung absorbieren, pH auf 4 bis 6,5 mit NaOH einstellen, 1,4-Dioxan zusetzen	T/Pb^{2+}	[491, 492]
Kohle	Pb	in Bombe verbrennen	T	[504]
Schwefeldioxid Luft	Pb	in Wasser absorbieren, oxidieren zu SO_4^{2-}	T	[513]
Wein	SO_2	siehe Abschn. 3.5.5	D	[219]
Schwefelwasserstoff Hydrologie	Glas/Ag_2S	in situ	D	[505]
Silber Spuren	Ag_2S	wasserfreies $MaNO_3$	D	[348, 506]
Galvanik	Ag_2S	1+99 verdünnen	S	[348]
Fixierbad	Ag_2S	verdünnen mit Thiosulfatlösung	S, D	
Sulfat Boden	Blei	mit 1 Teil Methanol verdünnen	T/Pb^{2+}	[507, 508]
Galvanik	Blei	Probe zu Lösung von Wasser+1,4-Dioxan+Pb^{2+} geben und Abnahme der Bleikonz. messen	S	[348]
Wasser	Blei	3 Teile Methanol zusetzen	$T/Pb(ClO_4)_2$	[123]
	Barium	40% Methanol	$T/BaCl_2$	[514]
	Barium	Differenzmessung	D	[125]
Sulfid Abwasser	Ag_2S	kontinuierlich	D	[515, 516]
	Glas/Ag_2S	kontinuierlich, in-situ	D	[517]
Papierindustrie	Ag_2S	direkte Titration	$T/AgNO_3$	[509]

(Fortsetzung)

Tabelle 21. (Fortsetzung)

Spezies/Probenmatrix	Probenvorbereitung	Elektrode	Analysentechnik	Literatur
Proteine	in Wasser oder verd. HNO_3 lösen, mit $NaBH_4$ zu Thiol reduzieren, EDTA zusetzen, erwärmen, auf pH 3 ansäuern	Ag_2S	$T/AgNO_3$	[510]
Salzsole	kontinuierlich, in-situ	Glas/Ag_2S	D	[520]
Wasser	anreichern als ZnS	Ag_2S	D	[518]
	kontinuierlich, in-situ	Glas/Ag_2S	D	[519]
Sulfit	ansäuern, pH<0,7, mit $HClO_4$	SO_2	D	[219]
Wein	freies u. Gesamt SO_2	SO_2	D	[521]
Tenside				
Abwasser	Titrieren mit einem Tensid mit entgegengesetzter el. Ladung	Tensid.	T	[522, 523, 525]
Thallium	Tl^+-Lösung, pH>7	Kationen	D	[490]
Thiocyanat		SCN^-/Cu	D, T/Cu^{2+}	[305]
Thioglycolsäure				
Haarkosmetik	Puffer pH 10	Ag_2S	$T/AgNO_3$	[524]
Thiole	Zelluloseaufschluß	Ag_2S	$R/AgNO_3$	[509]
Erdölproduktion	1:2 verdünnen mit Lösungsmittel	Ag_2S	T	[460]
Thiosulfat		Ag_2S	$T/AgNO_3$	[305]
Thorium	Th^{4+}-Lösung mit NaF titrieren	Fluorid	T/NaF	[305]
Uran	UO_2^{2+}-Lösung mit NaF titrieren	Fluorid	T/NaF	[305]
Wasserhärte	pH 8 einstellen	Divalent	D	[511, 512]
Wolfram	WO_4^{2-}-Lösung mit 1 Teil 1,4-Dioxan verdünnen	Blei	$T/Pb(ClO_4)_2$	[348]
Zink	mit NaOH pH 10 einstellen, CuTEPA hinzugeben	Kupfer	T/TEPA	[467]
Zirkon	mit NaF titrieren	Fluorid	T/NaF	[305]

Erläuterung: D = direktpotentiometrisch; S = Standardadditions- oder subtraktionstechnik; T = Titration, R = Rücktitration

6.1 Physiologie, Biologie, Medizin

Flüssigkeiten mit Eiweißmolekülen, Polyelektrolyten und kolloidalen Stoffen noch Unklarheit. Zur Klärung können nur Verfahren herangezogen werden, die über eine Wirkungs-Messung direkt die Ionenaktivität erfassen (osmotischer Druck, Potentiometrie).

An ionenselektiven Elektroden werden in den erwähnten Anwendungsbereichen hauptsächlich pH-, pNa-, pK-, pCa-, pCl- und pF-Elektroden eingesetzt. Je nachdem, ob man mit diesen Elektroden extra- oder intrazelluläre Ionenaktivitäten bestimmen möchte, verwendet man unterschiedliche Elektrodenbauformen. Messungen in extrazellulären Flüssigkeiten (Vollblut, Serum, usw.) werden meistens mit speziell konstruierten Meßzellen durchgeführt. In diesem Fall sind anaerobe Bedingungen leichter einzuhalten. *Man thermostatisiert zweckmäßigerweise den gesamten Meßplatz, also Probenbecher und Elektrodenpaar. Für genauere pH- und pCa-Bestimmungen muß auch die Luft über der Probe mit O_2-CO_2-Gemischen equilibriert werden*, um den gleichen CO_2-Partialdruck wie am Ort der Probennahme einzustellen. Diesen Aufwand kann man sich bei Mikroproben mit kleiner Oberfläche (geringere CO_2-Verluste) und unter anaeroben Bedingungen sparen. Dann verwendet man kommerziell erhältliche Mikro-Durchfluß- oder Kapillar-Anordnungen.

Zur Routine gehören heute Messungen mit sog. Blutgasanalysatoren, mit welchen pH, $P(CO_2)$ und $P(O_2)$ gleichzeitig bestimmt werden (Abb. 81). Aus den beiden ersten Werten kann der Gesamt-Carbonatgehalt berechnet werden. Zum gemeinsamen Kalibrieren der pH- und $P(CO_2)$-Meßketten wird die Standardlösung zuerst in der geschlossenen Meßzelle gemischt, um einen Verlust von CO_2 zu vermeiden. Die Mischung soll hinsichtlich Ionenstärke, pH und $P(CO_2)$ dem Blut bzw. Serum ähnlich sein. Die Tabelle 22 gibt ein System solcher Lösungen.

Für eine direkte Bestimmung von Gesamtcarbonat wird die Probe auf einen pH-Wert über 8 gebracht, um einen definierten Teil des Kohlenstoffdioxids in Carbonat zu überführen. Dann wird das CO_3^{2-}-Ion mit der Carbonat-ionenselektiven Elektrode bestimmt [527].

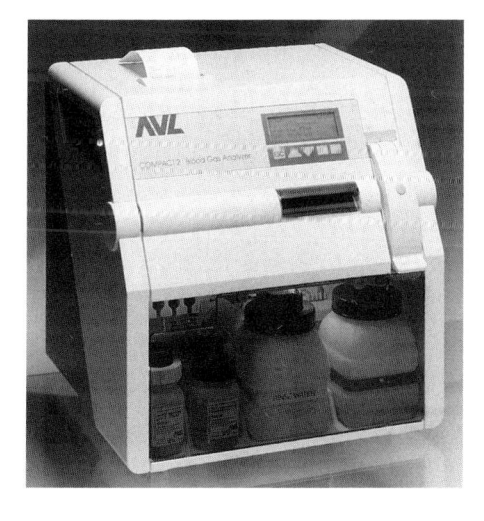

Abb. 81. Blutgasanalysator (AVL Compact 2)

Tabelle 22. Standardlösungen für pH- und $P(CO_2)$-Kalibrierung nach Kroneis [526] (in mmol/L)

Lösung A/Lösung B	pH	$P(CO_2)$
1 / 2	7,383	40,0
3 / 2	6,832	77,8
2 / 1	6,709	82,1

Lösung A: 51,5 KH_2PO_4+20,0 NaCl.
Lösung B: 50,05 Na_2HPO_4+27,65 $KHCO_3$+8,40 Na_2CO_3.

Bei Ionenaktivitäts-Messungen *im Zellinneren* müssen spezielle Mikro-Elektroden mit Spitzendurchmessern um 1 µm eingesetzt werden, damit die Zellmembran nicht zu stark geschädigt wird (s. Abschn. 6.1.2).

6.1.1 Messungen in extrazellulären Flüssigkeiten

Hierbei lassen sich wieder zwei Fälle unterscheiden. Bei *in vitro*-Messungen bestehen bezüglich der Meßpraxis gegenüber anderen Proben (vgl. Kap. 5) keine großen Unterschiede, wenn man die komplexere Matrix einmal außer acht läßt. Im Gegensatz zu vielen anderen Anwendungsgebieten besteht aber bei Probennahmen in biologischen Systemen leicht die Gefahr, daß dadurch das physiologische Gleichgewicht beeinflußt wird. Die Folge davon ist, daß trotz genauester Analysen nicht die eigentlich interessierende Variable gemessen wird. Dieses Problem ist bei *in situ*- oder *in vivo*-Messungen kleiner; hier treten aber Schwierigkeiten bei der Sterilisation und Kalibrierung der Elektroden auf.

6.1.1.1 *In vitro*-Messungen

Folgende Punkte sind zu beachten: In extrazellulären Flüssigkeiten liegen Natrium, Kalium und Chlorid überwiegend in freier, nicht komplexgebundener Ionenform vor. Die mit Hilfe ionenselektiver Elektroden gewonnenen Analysenwerte stimmen gut mit denen nach anderen Methoden (Flammenphotometrie, Maßanalyse, Kolorimetrie) erhaltenen überein. Das Calcium verhält sich aber in diesem Zusammenhang ganz anders. Bestimmt man z.B. den Gesamt-Calciumgehalt von menschlichem Serum mit Hilfe der Atomabsorption, so findet man Werte um 2,5 mmol/L Ca. Führt man hingegen eine potentiometrische Messung (Direktpotentiometrie) mittels einer calcium-selektiven Elektrode aus, so findet man nur einen Calcium-Wert von ca. 1,1 mmol/L Ca. Dieser Anteil von nur ca. 44% des Total-Calciums stellt den Teil des freien, in Ionenform vorliegenden Calciums dar und stimmt im Rahmen der Analysengenauigkeit mit den Ergebnissen der Calciumbestimmung im Froschherz [326, 327] überein. Der Anteil des gebundenen Calciums läßt sich nun aber noch weiter unterteilen. Bestimmt man mit Hilfe der Atomabsorption den Calciumgehalt einer dialysierten, proteinfreien Serumprobe, so findet man Totalcalcium-Werte von 1,50 mmol/L Ca, während der mit der Elektrode bestimmbare

6.1 Physiologie, Biologie, Medizin

Pegel des ionisierten Calciums unverändert bleibt. Dies bedeutet, daß ca. 1,0 mmol/L Ca fest an Proteine gebunden vorliegt (CaProt). Der dialysierbare, aber trotzdem gebundene Anteil des Calciums von ca. 0,4 mmol/L Ca muß also an Komplexbildner fixiert vorliegen (CaR). Dazu reichen die im Serum vorliegenden Mengen von Hydrogencarbonat, Sulfat, Citrat, Lactat und Phosphat völlig aus. Die klinische Praxis hat gezeigt, daß der Pegel des ionisiert vorliegenden Calciums bei gesunden Menschen beachtlich konstant bleibt. Moore fand nur bei bestimmten krebskranken Menschen höhere Calciumionenaktivitäten [63]. Er konnte ferner zeigen, daß bei gesunden Menschen ca. 81% des CaProt an Albumin gebunden vorliegt und nur ca. 19% an Globuline. *Wenn man also in vielen Kliniken mit Hilfe der Atomabsorption die Variationen im Totalcalcium-Gehalt bestimmt, so bestimmt man damit indirekt Variationen im Albuminpegel.* Bestimmt man nur den Totalcalcium-Gehalt ohne Rücksicht auf den Albumingehalt, so kann man bei der Diagnose leicht einen Fall von Hyperparathyreoidismus übersehen, da der Totalcalcium-Gehalt bei geringer Albuminkonzentration einen normalen Wert erreicht, während der Pegel des ionisierten Calciums immer noch signifikant höher liegt [63]. Moore fand ferner, daß das CaProt-Verhältnis bei Krebskranken mit 66,5% Ca-Albumin und 33,5% Ca-Globulin ebenfalls signifikant von den Normalwerten abweicht. Das Ca-Bindevermögen der Proteine nimmt mit sinkendem pH-Wert ab, da wahrscheinlich zunehmend mehr Wasserstoffionen um eine Proteinbindung mit den Ca-Ionen konkurrieren. Die Folge ist ein Ansteigen des Pegels von ionisiertem Calcium bei absinkendem pH-Wert. *Dies ist für die Meßpraxis wichtig, denn um vergleichbare Resultate zu erzielen, muß bei gleichem pH-Wert gearbeitet werden.*

In der automatischen Serum-Elektrolytanalyse werden die Parameter pH, pNa^+, pK^+, pLi^+, pCa^{2+}, pCl^-, $P(CO_2)$ und manchmal auch pMg^{2+} bestimmt. Hierfür liefert die Industrie hochentwickelte Geräte (s. Abb. 82). Zweckmäßig

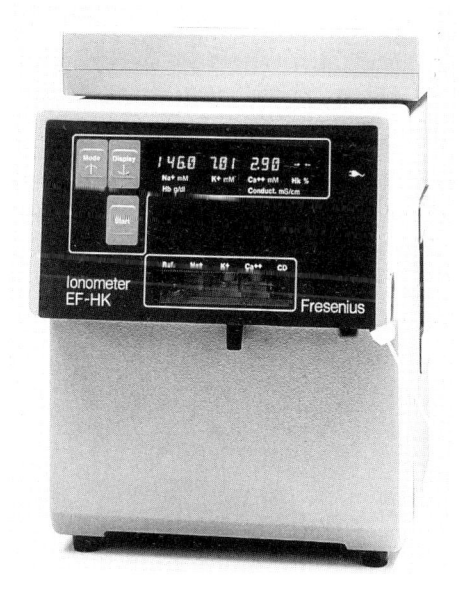

Abb. 82. Elektrolytanalysator (Fresenius Ionometer)

Tabelle 23. Zwei Standardlösungen für die gleichzeitige Kalibrierung von fünf ionenselektiven Elektroden nach Osswald und Wuehrmann [528]

(mmol/L)	Standard 1	Standard 2
NaCl	115,0	75,0
KCl	3,0	7,0
$CaCl_2$	0,8	1,5
NaTES	20,0	10,0
TES	14,16	24,89
$MgCl_2$	1,53	–
$MgSO_4$	–	12,125
NaN_3	15,0	15,0
pH (37 °C)	7,385	6,839
Na^+	50,0	100,0
K^+	3,0	7,0
Ca^{2+}	0,8	1,5
Cl^-	122,66	85,0
I	160,0	160,0

TES N-Tris(hydroxymethyl)methyl-2-aminoethan-sulfonsäure, I = Ionenstärke.

kalibriert man mit zwei Standardlösungen, welche die ungefähren Grenzwerte im menschlichen Serum repräsentieren (s. Tabelle 23). Sehr oft müssen auch Ionen bestimmt werden, die in normalen Seren nur in untergeordneten Konzentrationen vorkommen, im Einzelfall aber sehr wichtig sein können:

Lithium als Antidepressivum [529],
Magnesium für Infarktpatienten [530],
Ammonium in pathologischen Fällen [531],
Fluorid in der Toxikologie [532].

Auch bei der Bestimmung von Alkalimetallionen im Serum bzw. Vollblut tritt neben den Aktivitätskoeffizienten noch ein sog. *Proteinfehler* auf, der durch den hohen Anteil diverser Eiweißstoffe bedingt ist und auf komplexe Bindung der Kationen zurückgeführt wird [533]. Die Frage, ob von Alkaliionen die Aktivität oder die mit der Flammenemissionsspektroskopie erhaltene Konzentration angegeben werden soll, wurde noch vor zehn Jahren diskutiert [534]. Die Autoren erhielten eine Multiplikation der potentiometrisch erhaltenen Aktivität mit einem Faktor um 1,35.

6.1.1.1.1 Probenvorbereitung

Die meisten Fehler werden bei der Probennahme gemacht. So findet man bei Kalium-Analysen in Serumproben eine Abhängigkeit des Kaliumgehaltes von der Geschwindigkeit der Blutentnahme. Es liegt also nicht immer an der Sensorik, wenn Kontrollanalysen andere Ergebnisse liefern. Bei der Blutabnahme sollte eine turbulente Strömung sowie ein Unterdruck (zu starkes Saugen mit der Spritze) vermieden werden, denn dadurch verändert man die osmotischen

Verhältnisse und es kann leichter zu einer Hämolyse mit korrespondierendem Kaliumanstieg (der Kaliumpegel intrazellulärer Flüssigkeiten liegt ca. 30mal höher) kommen. Zur Punktion sollten oberflächlich liegende Venen ausgewählt werden und bei Stauung auf die sonst üblichen Pumpbewegungen mit der Hand verzichtet werden. Andernfalls stellt sich dadurch ein höherer Kaliumgehalt im Serum in der Nähe der Punktionsstelle ein, als es dem übrigen extrazellulären Raum entspricht [535]. Es ist wohl selbstverständlich, daß man die frisch entnommene Blutprobe sofort aufarbeitet (Trennung des Serums von den Erythrocyten) oder sofort eine Vollblutanalyse mit den ionenselektiven Elektroden durchführt. Es versteht sich ebenso von selbst, daß hämolytisches Serum nicht für die Messung der extrazellulären Ionenaktivitäten herangezogen werden kann. Auch bei reinen Serum-Analysen sind frische Proben zu verwenden. Bei unvermeidbaren Lagerfristen ist eine Kühlung dem Einfrieren vorzuziehen. *Bei Vollblut-Analysen sollte man prüfen, ob der übliche Heparinzusatz nicht das zu messende Ion teilweise komplexiert. Man findet schon bei der Zugabe von 50 Heparin-Einheiten zu einer 1 mL Probe eine ca. 5%ige Verminderung der freien Calciumionenaktivität. Dies ist zu berücksichtigen, wenn man Vollblut-Analysen mit Serum-Analysen vergleichen will, ebenso wie den pH-Wert der Probe bei der betreffenden Ionenaktivitätsmessung.* Da der pH-Wert temperaturabhängig ist, spielt auch die Meßtemperatur eine große Rolle, vor allem bei pCa^{2+}-Messungen. Die meisten Körperflüssigkeiten haben eine konstante Ionenstärke von etwa 160 mmol/L und den stets gleichen pH-Wert von etwa 7,4. Sie werden daher außer bei der Bestimmung von totalem Calcium unkonditioniert gemessen. Für die Urinanalyse auf Natrium und Kalium werden Kalibrierlösungen, die auf eine Ionenstärke von 250 mmol/L eingestellt sind, empfohlen (s. Tabelle 24).

Ein eindrucksvolles Beispiel der Automation in der klinischen Chemie unter Verwendung ionenselektiver Elektroden stellen die Entwicklungen einschlägiger Firmen dar. Das Ergebnis wird nach ca. 3 min direkt auf ca. 2% genau in mmol/L angezeigt. Die Automaten arbeiten bei optimaler Temperatur (37 °C für Ca^{2+}, Zimmertemperatur im anderen Fall) und standardisieren sich mit Hilfe einer internen Kalibrierlösung selbstständig. Bezüglich der Vergleichbarkeit dieser direktpotentiometrischen Methoden mit anderen Techniken (z.B. Flammenphotometrie im Falle der Kationen oder Coulometrie im Falle des Chlorids) sei bemerkt, daß die Korrelationskoeffizienten in allen Fällen über 0,98 liegen [537, 538]. Der Korrelationskoeffizient zwischen Vollblut und Serumproben lag im Falle des Na^+ bei 0,961, im Falle des K^+ bei 0,962, im Falle des Ca^{2+} bei 0,976 und im Falle des Cl^- bei 0,991 [441].

Tabelle 24. Isotonische Kalibrierlösungen für die Natrium- und Kalium-Bestimmung in Urin (aus [536])

Lösung	mmol/L NaCl	mmol/L KCl
1	125	125
2	166,66	83,33
3	204,55	45,45

Vom Calcium im Serum sind, wie bereits erwähnt, ca. 45% an Protein und 10% an sonstige Komplexe gebunden. Nur die restlichen 45% freier Calciumionen werden mit den Methoden nach Abschn. 5 erfaßt.

Um das gesamte Calcium zu bestimmen, wird ein Komplexbildner zugegeben, der stark genug ist, um das Calcium aus allen Bindungen der Matrix herauszuholen, aber noch so schwach, daß genug freie Ionen für die Bestimmung zur Verfügung stehen, wie schon im Abschn. 5.4.1 beschrieben wurde. Ein sog. *Constant Complexion Buffer* (CCB) für Serumanalysen, von dem das 20fache Volumen zum Serum gegeben wird, findet sich im Abschn. A 4.1 im Anhang. Das darin enthaltene Detergens soll für eine gleichmäßige Benetzung und die Vermeidung von Luftblasen sorgen. Phenoxyethanol dient zur Konservierung.

Lithiumionen werden nur bestimmt, wenn ihre Konzentration durch Gaben von Antidepressiva auf das ungefähr 200fache des Normalwertes angehoben worden ist. Der Natriumionenüberschuß beträgt dann immer noch das etwa 150fache. Da die Natriumionenkonzentration aber einigermaßen konstant bleibt, läßt sich die Elektrode mit dem nicht besonders guten Selektivitätskoeffizienten $K_{Li-Na} = 10^{-2,45}$ dennoch verwenden. Hierbei sollte allerdings ein Puffer-Ioneneinsteller zugegeben werden.

6.1.1.1.2 Zur Meßelektrode

Bei Messungen in biologischen Medien bildet sich auf der Meßelektrodenoberfläche leicht eine Proteinschicht, die das Potential beeinflussen kann (ca. 1 bis 4 mV). Am stärksten macht sich dieser Effekt bei der erstmaligen Messung von eiweißhaltigen Lösungen nach einer Kalibrierung in rein wäßrigen Elektrolytlösungen bemerkbar. Man sollte daher die Meßelektrode schon vor der üblichen Kalibrierkurvenerstellung einmal in Kontakt mit dem späteren Meßmedium bringen. Einige Benutzer schließen die Messung der Proteinlösung mit Messungen einer Standardlösung, die zusätzlich noch die Hauptmatrixionen der Probe (ca. 140 mmol/L NaCl, 5 mmol/L KCl und 1 mmol/L $MgCl_2$) enthält, ein und mitteln die Messungen in der Standardlösung. Andere setzen der wäßrigen Standardlösung Trypsin zu, damit sich die Proteinschicht während der Kalibrierungen automatisch auflöst. Man sollte aber auch in diesem Fall zuvor prüfen (vgl. Abschn. 5.7), ob nicht das jeweilige Meßion von dem Trypsin komplexiert wird und damit infolge Erniedrigung der Standardlösungsaktivität zu hohe Werte in den Proben gemessen werden. Gelegentlich wird auch ein bereits bestens analysiertes Serum als Referenz-Standard verwendet. In diesem Fall liegt ein gut gepuffertes Ionsystem vor, das bei sehr kleinen Meßionengehalten stets vorzuziehen ist. Außerdem kann man hier nur minimale Änderung erwarten. Um Diagnosen mit ionenselektiven Elektroden möglichst in jeder Arztpraxis ausführen zu können, wurden die im Abschn. 3.3 gezeigten Filmelektroden entwickelt. Sie sind relativ billig und für den einmaligen Gebrauch vorgesehen. Nach den Methoden der Filmtechnik lassen sich Mehrfachmeßketten für die gleichzeitige Messung der wichtigsten Parameter herstellen. Die Abb. 83 zeigt schematisch eine preiswerte Ausführung für klinische Untersuchungen (s. a. die Monographie „Trockenchemie" [540]).

6.1 Physiologie, Biologie, Medizin

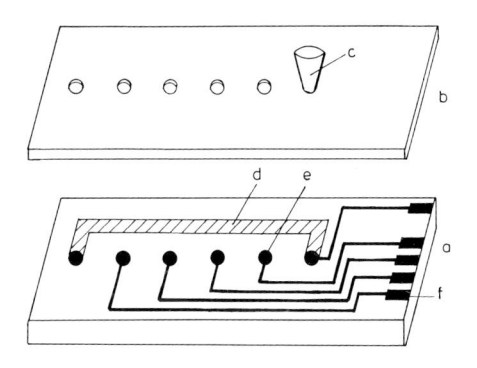

Abb. 83. Mehrfach Filmmeßkette nach Lemke et al. [539]. *a* Substratunterteil, *b* Abdeckplatte mit Löchern, *c* Elektrolytvorrat, *d* Elektrolytbrücke, *e* Meßelektroden, *f* elektrische Kontakte

6.1.1.1.3 Zur Bezugselektrode

Ein Problem bei Messungen in biologischen Medien ist die Konstanthaltung der Diffusionsspannung an der Berührungszone Bezugselektroden-Elektrolyt/Meßlösung. Die im Vergleich zum Blut hypertonischen Bezugselektrolyte führen zur Fällung von Proteinen innerhalb der Überführung. Nimmt man isotonische Elektrolyte, so treten beim Kalibrieren zu große Diffusionsspannungen auf. Der optimale Elektrolyt kann nur eine Kompromißlösung sein. Die meisten Unstimmigkeiten bei Blut-pH-Messungen dürften auf Schwankungen der Diffusionsspannung zurückzuführen sein. Um Diaphragmaverstopfungen beim Aufeinandertreffen der 3 mol/L KCl-Bezugselektroden-Elektrolytlösung auf die eiweißhaltige Probe durch Eiweißausfällungen zu vermeiden, verwendet man heute bei derartigen Medien überwiegend frei aneinandergrenzende Elektrolytverbindungen (vgl. Kap. 2.3.4). Bei vielen Kapillarmeßanordnungen taucht die Probe über einen dünnen ($d_i \approx 1$ mm) Kunststoffschlauch in eine 3 mol/L KCl-Lösung, in der sich auch die Bezugselektrode befindet.

In einem bekannten System zur Blutgasanalyse besitzt der Stromschlüssel eine offene Kapillare, durch welche nach jedem Meßzyklus ein kleines Volumen Kaliumchlorid-Lösung abfließt [541]. Khuri et al. [63] verwenden als Stromschlüssel-Elektrolyt eine Gleichgewichtsdiffusatlösung der Probenlösung. Zur Blut-pH-Messung wurde mit Erfolg eine natrium-selektive Elektrode als Bezugselektrode eingesetzt. Allerdings darf sich hierbei der Natriumgehalt in den Meßlösungen nicht verändern.

Der physiologische Konzentrationsbereich der Natriumionen liegt zwischen 135 und 150 mmol/L. Dies entspricht einer Unsicherheit von $\Delta pH = 0{,}046$. Bei der Lithiumbestimmung bringt die Anwendung der Differenzschaltung sogar einen ausgesprochenen Vorteil, denn das Li/Na-Verhältnis ist für den Patienten wichtiger als die absolute Li-Konzentration [542].

6.1.1.2 *In vivo*-Messungen

Bei solchen Messungen, die mit Hilfe der ionenselektiven Elektroden und entsprechender Kalibrierung direkt und kontinuierlich die betreffende Ionenaktivität am Ort der Meßelektrode ergeben, unterscheidet man nach Friedman [543], der als einer der ersten kontinuierliche Blut-pNa- und pK-Messungen durchführte, statische und dynamische Durchflußmessungen. Zu den statischen

Messungen zählen z. B. Ionenaktivitätsmessungen im Magen oder auf der Hautoberfläche. Zu den *in vivo*-Durchflußmessungen zählt hauptsächlich die Ionenaktivitäts-Messung in strömendem Blut, entweder im Kreislauf einer Herz-Lungen-Maschine oder auch postoperativ in Form eines Venenshunts. Polymermembranen lassen sich so weit miniaturisieren, daß man Elektroden mit 1,5 mm Durchmesser herstellen kann [544]. Diese können dann z. B. als Katheter für Messungen in der Arterie benutzt werden (bisher im Tierversuch).

Bis heute sind *in vivo*-Blutdurchflußmessungen der verschiedenen Ionen nur vereinzelt durchgeführt worden. Dies liegt an den Problemen, die diese Art der Messung in sich trägt. Da die ionenselektiven Elektroden in der Regel nur maximale Temperaturen von 50 °C oder knapp über 100 °C vertragen, ist die notwendige Sterilisation schon nicht ganz einfach. *Bei den neueren Flüssigaustauscher- und Solvens-Elektroden weiß man noch zu wenig über die toxischen Eigenschaften der jeweiligen aktiven Phasen.* Bei den blutverträglichen Glasmembran-Elektroden traten bei Durchflußmessungen Eiweißablagerungen auf den Elektrodenoberflächen auf, die mit fortschreitender Zeit zunahmen und eine Elektrodendrift bewirkten. *Auch bilden sich manchmal Blutpropfen, die für das Untersuchungsobjekt lebensgefährlich sind.*

Klinische Routine sind dagegen bereits einige Analysen direkt am Patienten, die *unblutig* auf der Haut vorgenommen werden. Man könnte diese Methoden „on vivo" nennen. Die natriumionenselektive Glaselektrode z. B. wird für die Früherkennung der *Mukoviszidose* durch Messung der Natriumionenaktivität im Schweiß der Hautoberfläche benutzt [463].

Die Abgabe von Kohlenstoffdioxid durch die menschliche Haut ist bei leichter Erwärmung groß genug, um den Gasraum einer aufgesetzten Kammer mit dem Partialdruck des Blutes innerhalb kurzer Zeit ins Gleichgewicht zu bringen. Daher ist eine *transkutane* Kohlenstoffdioxidbestimmung durch Aufsetzen der entsprechenden gasselektiven Meßkette möglich (s. Abb. 84). Sie wird in der Geburtshilfe angewandt (Huch et al. [545]). Um die Gleichgewichtseinstellung zu beschleunigen, wird der Sensor auf eine etwas erhöhte Temperatur thermostatisiert.

Trotzdem ist man an kontinuierlichen Blut-pH-, pNa-, pK- und pCa-Messungen sehr interessiert. So berichten Perkins et al. [546] über die Bedeutung

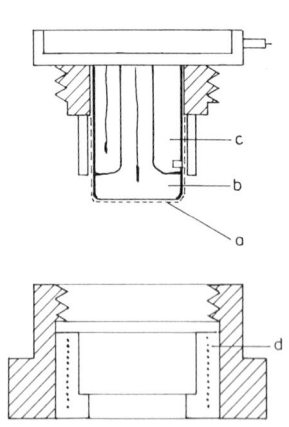

Abb. 84. Kohlenstoffdioxid-Gasmeßzelle zur transkutanen Messung nach Huch et al. [545]. *a* Membran, *b* Glaselektrode, *c* Bezugselektrode, *d* Heizkörper mit Widerstandsthermometer

der Aufrechterhaltung eines bestimmten Calciumionenpegels im Blutkreislauf einer Herz-Lungen-Maschine. Hier besteht die Gefahr, daß einerseits der Pegel des freien Calciums durch die übliche Citratzugabe zu sehr erniedrigt wird (Komplexbildung) und andererseits, wenn man dies durch Calciumzugabe ausgleichen will, evtl. ein zu hoher Calciumionenpegel eingestellt wird. Beides kann zum Herzstillstand führen.

6.1.2 Messung intrazellulärer Ionenaktivitäten

Zur Aufklärung der Mechanismen der mit der Nervenleitung (= Informationsübertragung) verbundenen schnellen Aktivitätsänderungen einiger Ionen im Zellinneren können die ionenselektiven Elektroden als spezifische Sensoren viel beitragen. Für die *in situ*-Messung der K^+-, Na^+-, Ca^{2+}-, Mg^{2+}-, PO_4^{3-}-Aktivität lassen sich geeignete Mikroelektroden herstellen. Erste Untersuchungen [547, 548] zeigen, daß der Kaliumpegel mit ca. 150 mmol/L im Zellinneren gegenüber dem extrazellulären Wert von nur ca. 5 mmol/L sehr hoch liegt und daß im Laufe der Zellaktivierung offensichtlich einige Ionen entgegen ihrem Aktivitätsgradienten wandern (Kalium-Natrium-Pumpe). Man kann vermuten, daß bei der Suche nach dem energieliefernden Kreisprozeß für diesen Vorgang die ionenselektiven Mikro-Elektroden eine bedeutende Rolle spielen.

Um eine Beeinflussung oder Zerstörung der zu untersuchenden Zelle zu verhindern, muß man *Einstich-Elektroden* mit Spitzendurchmessern von <1 µm verwenden. Dies entspricht dem Durchmesser der in der Physiologie üblicherweise eingesetzten Mikro-Kapillar-Pipetten, bei deren Einführung ins Zellinnere erfahrungsgemäß bei Zelldimensionen von ca. 10^{-5} bis $0{,}5 \cdot 10^{-6}$ L noch keine signifikanten Störungen der Zellfunktionen festzustellen sind. Darüber hinaus muß dafür gesorgt werden, daß der aktive Teil der ionenselektiven Elektrode nur mit der zu messenden Innenflüssigkeit in Berührung kommt. Andernfalls mißt man Mischpotentiale, die von der Aktivität der Ionen in der intra- wie extrazellulären Flüssigkeit abhängen. Wie man derartige Glasmembran-Elektroden mit aktiven Zonen von 5 bis 10 µm Durchmesser aus pH-natrium- und kalium-sensitiven Glassorten herstellt, ist schon ausführlich beschrieben worden [549]. Abbildung 85 zeigt einige Konstruktionsmöglichkeiten. Hinke [548], der sich schon früh ionenselektiver Mikro-Glasmembran-Elektroden zur intrazellulären Natrium- und Kaliumaktivitätsmessung bediente, fand, daß nahezu die gesamte intrazelluläre Kaliummenge frei vorliegt; im Gegensatz zum Natrium, das teilweise gebunden vorhanden ist. Zu beachten ist auch, daß sich in diesen Medien die Aktivitätskoeffizienten von Kalium und Natrium stärker als theoretisch erwartet unterscheiden. Kostynk et al. [549] fanden z. B. in Nervenzellen von Schnecken für Kalium einen mittleren Aktivitätskoeffizienten von 0,73 und für Natrium einen von 0,46. Dies steht im Einklang mit den Ergebnissen von Hinke [548] und Lev [550]. Die Gründe für eine so starke Differenzierung dieser beiden ähnlichen Ionen können vielfältig sein. So kann ein Teil des Natriums fest an Proteine gebunden sein, es kann natriumhaltiges Wasser gebunden werden, es kann sich aber auch bei Anwesenheit von Polyelektrolyten der individuelle Aktivitätskoeffizient stark vom mittleren unterscheiden, da die Hauptvoraussetzung der Debye-

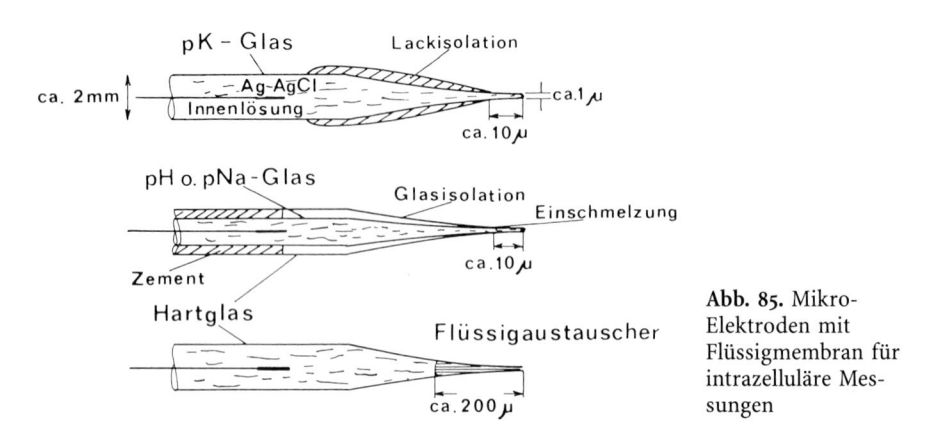

Abb. 85. Mikro-Elektroden mit Flüssigmembran für intrazelluläre Messungen

Hückel-Näherung (vgl. Anhang), die der punkt- oder radialsymmetrischen Ionenladungsverteilung, nicht mehr gegeben ist. So konnte man nachweisen, daß der mittlere Aktivitätskoeffizient von Natrium sich mit der geometrischen Form des Polyelektrolyten (Monomer → Polymer) stark verändert [549].

Seit der Einführung der ionenselektiven Flüssigaustauscherphasen ergeben sich weitere Mikro-Elektrodenkonstruktionen, denn man kann die flüssige aktive Phase gut in die Spitze einer der in der Zellforschung üblichen Kapillarpipetten-Elektroden geben, s. [555].

6.1.2.1 Herstellung von ionenselektiven Mikro-Elektroden

Man geht von kommerziell erhältlichen Hartglaskapillaren (Borosilicatglas, Duran®, Pyrex®) von ca. 1,0 bis 1,5 mm Außen- und ca. 0,4 bis 0,5 mm Innendurchmesser aus [551]. Nach gründlicher Reinigung (heiße Ethanoldämpfe bis zur völligen Staubfreiheit) zieht man sie mit den in der Physiologie üblichen Glas-Ziehmaschinen zu Mikro-Pipetten mit einem Spitzendurchmesser unter 1 µm aus. Sehr feine Glaskapillaren erhält man auch mit Hilfe einer Armbrust, indem ein Ende des Glasrohres fest eingespannt wird und das andere Ende „abgeschossen" wird, sobald das Glas dazwischen weich genug geworden ist. Die Spitzenzone, die später die ionenselektive Flüssigaustauscherphase aufnehmen soll, wird durch Eintauchen in eine 5%ige Lösung von Dichlordimethylsilan in Tetrachlorkohlenstoff auf einer Länge von 200 bis 300 µm silikonisiert. Das überflüssige Hydrophobierungsmittel wird durch Ausblasen mit staubfreier Luft entfernt und die Mikro-Pipette 24 h mit der Spitze nach oben an einem staubfreien Ort getrocknet. Zum blasenfreien Füllen mit der der jeweiligen Austauscherphase entsprechenden Innenlösung (vgl. Kap. 4.1) wird die Mikro-Pipette zunächst mit Methanol gefüllt, das dann vorsichtig von der breiten Seite her mit der speziellen Innenlösung verdrängt wird. Da als Ableitelektrode ein Ag/AgCl-Halbelement gewählt wird, verwendet man als Innenlösung zweckmäßig ein Chlorid des betreffenden Meßions. Wenn dies nicht möglich sein sollte, muß man eine bestimmte Menge KCl oder NaCl (entsprechend einer ca. 0,1 mol/L Lösung) zusätzlich hinzufügen, um ein definiertes Potential am Ableithalbelement einzustellen. Die Aktivität der Innenlösung an den Meß-

6.1 Physiologie, Biologie, Medizin

ionen sollte in etwa den Probenlösungen entsprechen, da zu große Aktivitätsunterschiede des Meßions zu beiden Seiten der ionenselektiven Austauscherphase zu Abweichungen vom Nernst-Verhalten führen [174]. In diese Innenlösung taucht als Ableithalbelement ein dünner, bis zur Flüssigkeitsoberfläche abgeschirmter, chloridisierter Silberdraht (Herstellung s. Kap. 2.4.1.1). Kurz vor der Messung wird die mit der richtigen Innenlösung gefüllte Mikro-Pipette mit der Spitze in die betreffende ionenselektive Austauscher-Lösung getaucht. Normalerweise nimmt die organische Austauscher-Lösung dabei die zuvor hydrophobierte Zone (ca. 0,2 mm) ein. Gegebenenfalls kann man auch durch Anlegen eines Unterdrucks am anderen Ende der Mikro-Pipette nachhelfen. Um ein Verdunsten der Innenlösung zu vermeiden, gibt man eine Schicht Öl auf die Oberfläche. Für die Herstellung dieser speziellen Mikro-Elektroden ist der Austauscher, der einen geringeren Elektrodenwiderstand ergibt, vorzuziehen. Die gebräuchlichen Ionophore (Selectophore) sind von der Fa. Fluka, CH-Buchs, zu beziehen [164]. In der Druckschrift finden sich auch weitere Hinweise für die Herstellung von Mikro-Elektroden. Es werden in der Literatur auch Vorschriften zur Herstellung von zwei- bzw. vierfachen Mikro-Elektroden gegeben. Bei der Herstellung geht man in diesem Fall von speziellen Glasröhrchen aus, die in zwei bzw. vier Kompartiments unterteilt sind. Bei richtigem Ausziehen bleibt diese Unterteilung bestehen und man kann bei einem Spitzendurchmesser um 1 µm im ersten Fall in der zweiten Kapillare die Bezugselektrode unterbringen und im zweiten Fall sogar drei ionenselektive Kapillarelektroden und eine Bezugselektrode. Die Füllung dieser sehr engen Kapillaren ist schwierig. Um zu erreichen, daß sich immer nur eine Kapillare mit der hydrophoben ionenselektiven Phase füllt, wird an einem Kompartiment Unterdruck, an die übrigen Überdruck gelegt [552]. Nach einer anderen Vorschrift gibt man die ionenselektive Phase vom Ende mit der größeren Öffnung mit einer Spritze hinein und zentrifugiert sie bis zur Spitze [553].

Auf der Basis von Ultramikro-Flüssigmembran-Elektroden lassen sich auch gasselektive Meßketten herstellen. Der Aufbau einer Luftspaltelektrode wird an einem Beispiel in der Abb. 86 erläutert. Die innere, pH-selektive Flüssigmembran-Elektrode mit einem Durchmesser von 0,5 bis 2,0 µm enthält z.B. N,N-Dimethyltrimethylsilylamin als Ionophor. Die untere Spitze des äußeren Rohres mit etwa 4 mm Durchmesser ist auf 2 bis 5 µm ausgezogen. Damit der Luftspalt in der Spitze erhalten bleibt, wird sie mit 4%iger Dimethyldichlorsilan-Lösung in Tetrachlorkohlenstoff hydrophobiert. Auch die Herstellung sog. Ultramikro-Glaselektroden ist ausführlich beschrieben [544, 549]. Seit Einführung der Flüssigmembran-Elektroden haben sie nicht mehr dieselbe Bedeutung wie früher, aber für intrazelluläre pH und pNa-Messungen sind sie immer noch wichtig. Ultramikro-Glaselektroden haben äußerst dünne Membranen, die sehr zerbrechlich sind. Daher hat sich die sog. *Thomaselektrode* mit doppelter Wandung und zurückgezogener Membran bewährt [556] (s.a. Abb. 87). Die eigentliche Meß- und die Schutzkapillaren sind miteinander elastisch verkittet.

Die Grenze der Miniaturisierung dürfte z.Z. bei einem Durchmesser von 0,05 µm liegen. Das Volumen, welches mit der Meßelektrode in Kontakt kommt, beträgt nicht mehr als etwa 10^{-12} L.

Bei diesen engen Querschnitten kann der Elektrodenwiderstand durchaus im $10^{12}\,\Omega$-Bereich liegen, so daß meßtechnische Probleme wieder in den Vor-

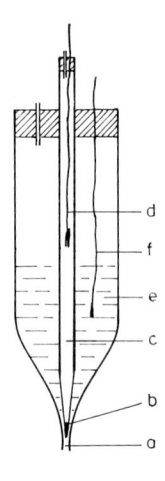

Abb. 86. Luftspalt-Mikromeßkette für $P(CO_2)$ nach Ma [554]. *a* Spitze mit Luftspalt ⌀ 2–5 µm, *b* pH-Flüssigmembran, *c* pH-Innenpuffer, *e* NaHCO$_3$-Elektrolyt, *f* Ag/AgCl-Bezugselektrode, *g* Ag/AgCl-Ableitelektrode

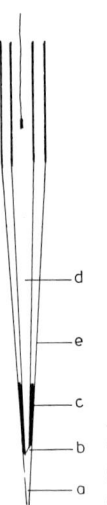

Abb. 87. Modifizierte Thomaselektrode mit zurückgesetzter Glasmembran und doppelter Wandung [556]. Spitzendurchmesser ca. 0,1 µm. *a* Meßkammer, *b* Rohr aus ionenselektivem Glas, *c* Isolierschicht, *d* Innenlösung, *e* äußeres Glasrohr

dergrund treten (Isolation, Zeitkonstante, elektrostatische Einstreuung etc.). Darauf wird im folgenden noch kurz eingegangen.

6.1.2.2 Abschirmleitung bei extrem hochohmigen Elektroden

Wird der elektrische Widerstand der ionenselektiven Meß-Elektrode so groß (auch bei dickwandigen Glasmembran-Elektroden im Falle niedriger Temperaturen), daß man in den Bereich des Isolationswiderstandes des Elektrodenkabelmaterials kommt, so hilft nur noch eine spezielle Abschirmleitung (engl. *guard*). In diesem Fall liegt die Abschirmung (vgl. Abb. 61) nicht wie üblich auf Erdpotential, sondern auf dem der signalweiterführenden Kabelseele. Dies läßt sich durch Anlegen einer entsprechenden Spannung zwischen Abschirmung und Meßleitung, wie Abb. 88 zeigt, leicht verwirklichen. Dadurch ver-

6.1 Physiologie, Biologie, Medizin

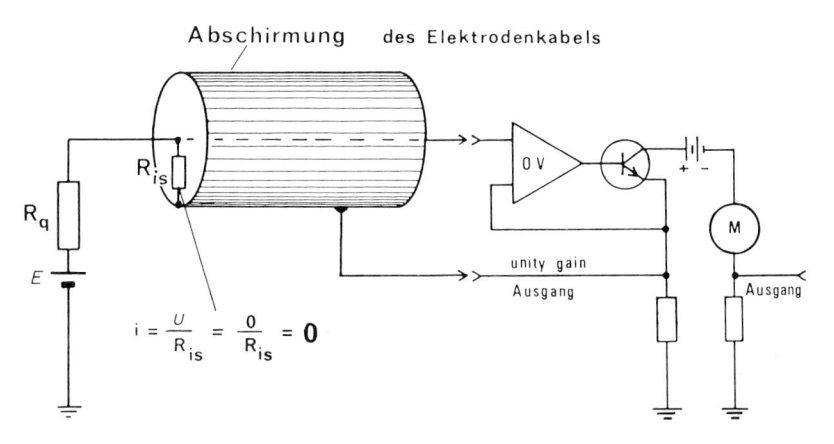

Abb. 88. Prinzip einer „guard"-Leitung bei Quellenwiderständen im Bereich des Isolationswiderstandes des Kabels

ringert sich der Spannungsabfall zwischen Kabelseele und Abschirmung und damit zwangsläufig auch der Leckstrom ($i = E/R$) zwischen beiden und man mißt fehlerfrei das Elektrodenpotential. Damit die Abschirmung ihre Wirkung voll erhalten kann (Abführen von Influenz- und Induktionserscheinungen zur Meßerde), muß zur Potentialangleichung der Abschirmung an die Meßleitung eine niederohmige Spannungsquelle ($<1\,\Omega$) verwendet werden. Manche Elektrometerverstärker weisen zu diesem Zweck auch einen speziellen Ausgang auf den sog. „unity gain"-Ausgang. An diesen Gerätebuchsen liegt eine der jeweiligen Meßspannung genau entsprechende Spannung sehr niederohmig an. Diese, auch *Schutzschirmtreiber* genannte Schaltung hat einen weiteren Vorteil: Der Widerstand von Mikro-Elektroden beträgt bis zu $10^{12}\,\Omega$. Zusammen mit der Kabelkapazität von etwa 100 pF/m bildet er ein RC-Glied von 100 s. Die Verzögerung kann aber durch Mitführen der Spannung am Schirm weitgehend eliminiert werden.

Da im übrigen Mikro-Elektroden selbst meist ungeschirmt sind, ist die Einwirkung äußerer elektrischer Felder möglichst fern zu halten und nötigenfalls durch einen Faradayschen Käfig zu verhindern. Der Eingangswiderstand des Verstärkers muß mindestens $10^{14}\,\Omega$ betragen.

6.1.2.3 Mikro-Bezugselektroden

Als Bezugselektrode für intrazelluläre Ionenaktivitätsmessungen kann die üblicherweise in der Physiologie zur Messung von Zellmembranpotentialen verwendete Ag/AgCl-Mikropipetten-Bezugselektrode benutzt werden. Bei der Wahl des Stromschlüssel-Elektrolyten sollte man darauf achten, daß er die intrazelluläre Meßionenkonzentration nicht beeinflußt.

Bezüglich der Positionierung der ebenfalls nur 1 µm im Durchmesser messenden Bezugselektrodenspitze im Zellverband ergeben sich zwei Möglichkeiten:

a) Man führt sie ins gleiche Zellinnere wie die Meßelektrode ein. Dazu fixiert man (wenn man keine Mehrfachkonstruktion vorliegen hat) unter einem Mikroskop die Bezugselektrodenspitze mit Hilfe von Plastilin, Siegellack oder dergleichen exakt neben der Meßelektrodenspitze, so daß der Abstand zwischen beiden nur ca. 1 µm beträgt. Sie werden mit Hilfe eines Mikromanipulators in die Zelle geschoben. In diesem Fall kann man nach vorheriger Kalibrierung, die auch zwischen den Messungen häufiger zu wiederholen ist, direkt aus der zwischen beiden herrschenden Spannung auf die betreffende Ionenaktivität schließen. Wenn man in einem solchen Fall noch eine weitere Mikro-Bezugselektrode in die Nähe der Zelle in den extrazellulären Raum bringt, kann man zwischen den beiden Bezugselektroden auch noch simultan das Membranpotential registrieren (s. Abb. 89). Dies ist von großem Vorteil, weil sich so leichter feststellen läßt, ob die erste Bezugselektrode tatsächlich im Zellinnern sitzt. Auch Störungen der Zellfunktionen sind sofort erkennbar. Sehr praktisch sind für diese Messungen Ultramikro-Einstabmeßketten. Die Abb. 90 zeigt eine solche, die durch Umwickeln der Bezugselektrode hergestellt wurde.

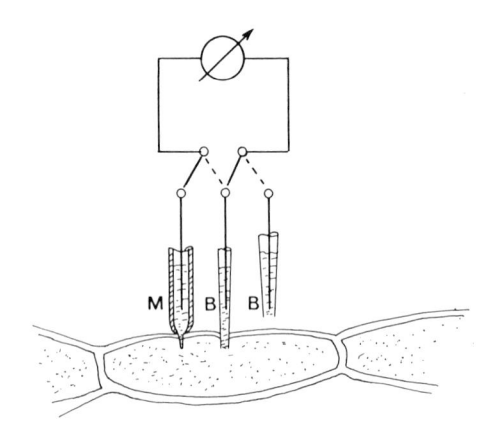

Abb. 89. Positionierung der Mikro-Elektroden im Zellverband

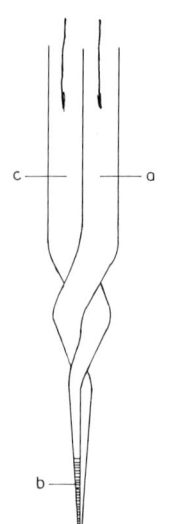

Abb. 90. Ultramikro-Einstabmeßkette nach Khuri et al. [557]. Spitzendurchmesser ca. 0,1 µm. *a* Bezugselektrode, *b* Meßelektrodenspitze mit Ionophorlösung, *c* Innenlösung

b) Wenn man wegen der Kleinheit der zu punktierenden Zelle keine zwei Mikro-Elektrodenspitzen in das gleiche Zellinnere plazieren kann, so läßt sich die intrazelluläre Ionenaktivitätsmessung auch mit einer extrazellulär positionierten Bezugselektrode durchführen. Sie kann eine konventionelle Makro-Bezugselektrode sein, die über eine Elektrolytbrücke mit dem untersuchten Gewebe in Verbindung steht. Bei Versuchen mit einer Ratte z. B. kann es genügen, wenn der Schwanz des Tieres in ein Elektrolytgefäß mit Bezugselektrode taucht. Man muß in diesem Fall nur vor der Auswertung das bei den betref-

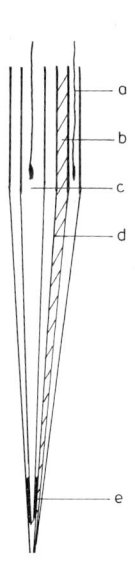

Abb. 91. Einstabmeßkette mit modifizierter Thomaselektrode [558]. *a* Bezugselektrode, *b* Glasverschmelzung, *c* Na-ionenselektive Glaselektrode, *d* Luftisolierschicht, *e* Epoxidisolation

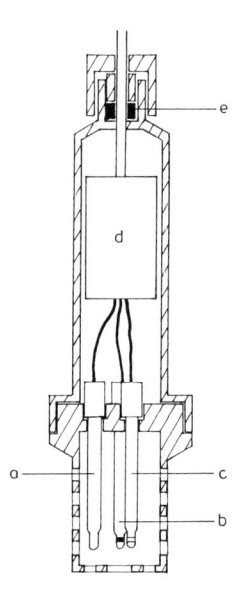

Abb. 92. Senkgeber für die Bestimmung von pH, pe und pH_2S in Seetiefen bis 200 m [519]. *a* pNa-Glaselektrode, *b* rH-Meßkette, *c* pH_2S-Meßkette, *d* Vorverstärker, *e* Stopfbuchse

fenden Zellen übliche Membranpotential (Mittelwert) von den Meßwerten abziehen. Selbstverständlich sind auch „Spitzenpotentiale" (engl. *tip potentials*) entsprechend zu berücksichtigen (Näheres s. [549]).

6.2 Kontinuierliche Messungen in der Industrie und Umweltforschung

Einer der großen Vorzüge dieser neuen elektrochemischen Sensoren ist die direkte und kontinuierliche Erzeugung eines dem Logarithmus der Meßionen-Aktivität oder -Konzentration *proportionalen elektrischen Signals* ohne komplizierte Signalumwandlungsverfahren (mechanisch-elektrische oder opto-elektrische Wandler). Der logarithmische Zusammenhang zwischen der Meßionen-Aktivität und der Spannung erlaubt ein Arbeiten über mehrere Konzentrationsdekaden hinweg mit gleichbleibender relativer Genauigkeit. Dieser dynamische Arbeitsbereich zusammen mit dem einfachen, robusten Aufbau und der Wartungsfreiheit prädestiniert die ionenselektiven Elektroden geradezu für kontinuierliche Messungen in der Prozeßkontrolle oder als Wächter im Umweltschutz. Einige Festkörpermembran-Elektroden haben so lange Standzeiten, daß sie ähnlich wie pH-Elektroden eingebaut werden können. Dies gilt unter günstigen Umständen für Elektroden mit Metall-, Glas-, Silbersulfid- oder -halogenid-Membranen. Eine der ersten kontinuierlich eingesetzten ionenselektiven Elektroden war die Silberelektrode für die Entgiftung cyanidischer Abwässer mit Chlor nach Asendorf [559].

Ein klassisches Beispiel für die kontinuierliche Direktpotentiometrie ist die Überwachung der Fällung von Silberbromid in der Fotoindustrie mit Hilfe einer bromid-ionenselektiven Meßkette [560].

Beim Dauereinsatz in Meßlösungen, die unter Druck stehen, bereitet die Bezugselektrode immer noch die meisten Probleme. Die Abb. 93 zeigt einen Tauchgeber für hydrologische Messungen von $P(H_2S)$, pH und pe (Redoxspannung) gleichzeitig. Er enthält neben der $P(H_2S)$-Meßkette eine Platin/Glas-Meßkette und eine natrium-ionenselektive Glaselektrode. Für die $P(H_2S)$-Messung wird keine Bezugselektrode benötigt (s. Tabelle 21). Glas- und Ag/Ag_2S-Elektrode werden als Einstabmeßkette hergestellt (Abb. 93).

Für die Messung von pH- und pe-Werten füllt die pNa-Glaselektrode diese Rolle aus, da die Natriumionen innerhalb eines natürlichen Gewässers gleichmäßig verteilt sind. Ohne Druckkompensation sind damit Messungen bis in 200 m Wassertiefe möglich (s. Eckert [519]).

Im Prinzip gelten für die Messungen in Durchflußanordnungen die gleichen Überlegungen bezüglich Aktivitäts- oder Konzentrations-Kalibrierung, direktem oder indirektem Verfahren, potentiometrischen oder titrimetrischen Verfahren wie bei den diskontinuierlichen Analysentechniken (vgl. Kap. 5). Bei den Auswertformeln ist lediglich anstelle des Volumens die entsprechende Durchflußgeschwindigkeit zu setzen.

Da auf dem Gebiet der Prozeß- und Abwasserüberwachung sowie beim Umweltschutz ausschließlich die Konzentration und nicht die eigentlich von den Elektroden angezeigte Aktivität gefragt ist, müssen die Probenströme ent-

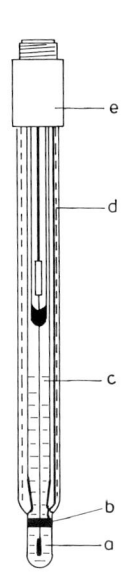

Abb. 93. P(H$_2$S)-Meßkette (Ingold) [505]. *a* Glaselektrode, *b* Ag/Ag$_2$S-Elektrode, *c* Innenpuffer, *d* Schirmung, *e* Elektrodenkopf

sprechend vorbereitet werden. Durch Mischung mit einer für den speziellen Anwendungsfall optimalen Konditionierungslösung in einem feststehenden Verhältnis kann man erreichen, daß die Konzentration angezeigt wird.

Leider gibt es keine allgemein gültigen Regeln für die industrielle Meßtechnik. Die kommerziell erhältlichen Meßgeräte sind aber in der Regel flexibel genug, das Fließschema dem speziellen Anwendungsfall anzupassen. Die führenden Firmen halten auch für viele in der Tabelle 20 aufgeführten Stoffe detaillierte und auf dem neuesten Stand gehaltene Analysenvorschriften bereit, so daß an dieser Stelle beispielhaft nur die Problematik der Automatisierung *einer* Bestimmung aufgezeigt werden soll. Zuvor aber sollen das Herzstück eines jeden Monitors, die Durchflußmeßzelle, sowie einige Meßfehler-verursachende Parameter kurz beschrieben werden. Bei kontinuierlichen Messungen werden die Elektroden ganz andersartigen Belastungen ausgesetzt als im Laboratorium. Die auf Dauer gesehen längere Einwirkung von Kalibrier- und Meßlösung führt bei Festkörpermembranen zu schnellerer Auflösung und bei Polymer-Elektroden zu einem beschleunigten Verlust von Weichmacher und Ionophor. Letzteres trifft besonders dann zu, wenn die Lösung sehr wenig Meßionen enthält. Wenn möglich, sollte man daher mit der im Abschn. 5.4.1 beschriebenen Additionsmethode arbeiten.

6.2.1 Durchflußmeßzellen

Man kann die von der industriellen pH-Messung her bekannten Durchflußkonstruktionen auch bei ionenselektiven Elektroden verwenden [561]. Dort wie hier wird die Bezugselektrode stets als letzter Bauteil in Strömungsrichtung eingebaut, um Störungen in der Anzeige der Meßelektroden durch den ausströmenden Bezugselektroden-Elektrolyten zu vermeiden. Sind mehrere io-

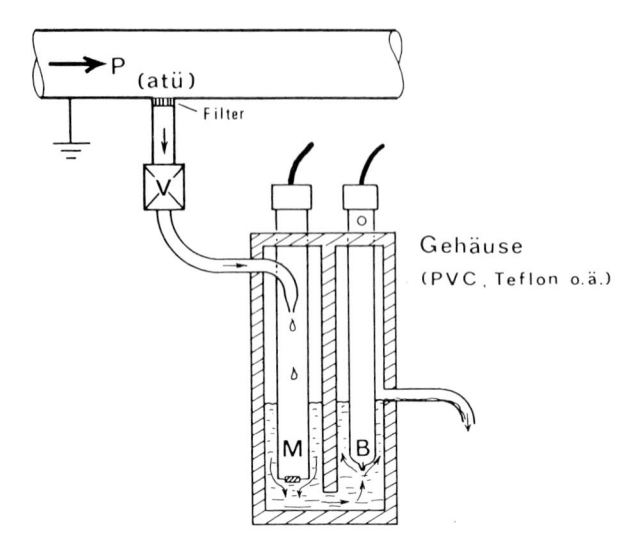

Abb. 94. Prinzip der *On-Line*-Messung

nenselektive Meßelektroden im Probenkanal einzusetzen, so kommt man dennoch mit einer Bezugselektrode aus. Plaziert man die einzelnen Elektroden in der Mitte der Probenlösungs-Strömung, so erzielt man zwar ein rasches Ansprechen auf Aktivitätsänderungen, muß aber u. U. Strömungsspannungen (vgl. Kap. 1.2), je nach der Leitfähigkeit, dem Durchmesser des Strömungskanals und der Strömungsgeschwindigkeit in Kauf nehmen. Wie schon in Kapitel 1.2 erwähnt, kann man die Strömungsspannung verkleinern, wenn man die Leitfähigkeit der Meßlösung erhöht. Auch lassen sich viele Störungen durch Erden des Meßgefäßes eliminieren [290, 562]. So kann man die Elektroden anströmen lassen, wie es Abb. 94 zeigt. Zumindest sollte man beim Auftreten von Strömungsspannungen auf eine konstante Strömungsgeschwindigkeit achten. Bei variablen Strömungsgeschwindigkeiten sowie Überdruck empfiehlt sich eine sog. *On-line*-Messung (gemäß Abb. 94) anzuwenden. Das ist kein verlorener Aufwand, denn bei einigen Zumischverfahren (vor allem, um bei teilweise komplexierten Meßionen die Totalkonzentration zu erhalten) muß sowieso für eine konstante, meßbare Probenströmungsgeschwindigkeit gesorgt werden [563]. Des weiteren zeigen im fließenden Medium Elektroden mit ringförmiger Membran kürzere Einstellzeiten, da sie strömungstechnisch günstiger sind als solche mit Flachmembran (Harzdorf [98]).

Bei mit Feststoffen verunreinigten Probeströmen kann ein Filter, wie in Abb. 94 gezeigt, dazwischengeschaltet werden. Wegen des Selbstreinigungseffektes bei waagrechtem Anströmen konnte so auch bei stark verschmutzten Proben über einen Monat ohne Filterwechsel gefahren werden. In konzentrierten Salzlösungen spielen Strömungsspannungen keine Rolle. Hier kann es günstig sein, mit hohen Strömungsgeschwindigkeiten und Turbulenzen in der Durchflußkammer zu arbeiten, da diese einen großen Reinigungseffekt haben [564].

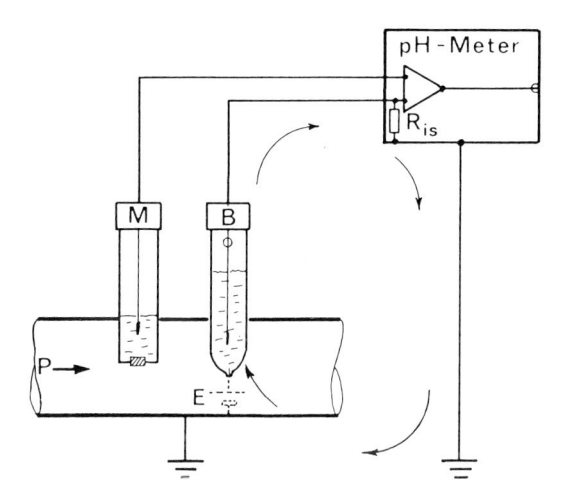

Abb. 95. Erdschleife bei geerdeten Meßlösungen

6.2.1.1 Erdungseinfluß

Da in der chemischen Technik die Rohrleitungen vielfach aus Stahl oder Gußeisen sind und häufig mit der Erde in Verbindung stehen, liegen bei der direkten Messung von Probeströmen in solchen Leitungen geerdete Lösungen vor. Man muß also bei der Auswahl eines geeigneten Meßverstärkers auf eine ausreichende Isolation der Schaltungserde von der Netzerde achten. Nach DIN 19265 [76] muß der Isolationswiderstand mindestens 10 MΩ betragen. Wie die schematische Zeichnung in der Abb. 95 zu verdeutlichen sucht, besteht bei ungenügender Isolation die Gefahr, daß aufgrund einer Spannung zwischen der Bezugselektrode und der als Metallelektrode wirkenden Rohrwand ein gewisser Stromfluß in diesem Kreis auftritt. Wenn dieser Stromfluß, der natürlich wegen der Größe der gebildeten Erdschleife (vgl. Kap. 4.4.4) auch noch anfällig gegenüber anderen vagabundierenden Strömen ist, zu groß wird (einige µA), dann kann keine konstante Bezugsspannung erhalten werden. Am Diaphragma tritt ein Spannungsabfall auf und die Bezugselektrode wird polarisiert, obwohl im Meßelektrodenkreis nahezu kein Strom fließt. Man verkleinert die Erdschleife und damit den Einfluß äußerer Magnetfelder, wenn man die Geräteerde zusammen mit der Meßlösung verlegt und mit der Meßstellenerde verbindet [290].

6.2.1.2 Temperatureinfluß

Bei allen *On-line*-Monitoren ergibt sich das Problem der Ausschaltung von störenden Temperatureinflüssen auf die Spannungsmessung. Da bezüglich dieser Problematik in der Literatur widersprüchliche Auffassungen vertreten werden und manche Hersteller vollkommen ungeeignete Temperaturkompensationen empfehlen, soll im folgenden etwas ausführlicher darauf eingegangen werden.

Will man den Einfluß der Temperatur auf die Spannungsmessung verstehen, so muß man sich wieder die Abb. 55 vor Augen führen. Bei einer Temperaturänderung verändern sich alle Einzelgalvanispannungen dieses Meßkreises. Einige dieser Galvanispannungen folgen Temperaturänderungen im Sinne der Nernst-Gleichung. Aber nur im Falle eines streng symmetrischen Aufbaus der Meßkette, d. h. wenn beide Ableitelektroden (die äußere wird meist als Bezugselektrode bezeichnet) von gleichem Typ sind, gilt $\Delta\phi_1 = \Delta\phi_6$ und $\Delta\phi_2 = \Delta\phi_5$ und, abgesehen von der Temperaturabhängigkeit der Diffusionsspannung, kompensieren sich die Temperatureffekte an $\Delta\phi_1$, $\Delta\phi_6$, $\Delta\phi_2$ und $\Delta\phi_5$, weil sie gegeneinander geschaltet sind. In diesem Fall sollte, wieder unter Vernachlässigung der Diffusionsspannung bei identischer Innen- und Außen (Meß-)-Lösung eine Spannung von null erwartet werden. In diesem speziellen Fall gilt bei allen Temperaturen: $\Delta\phi_3 = \Delta\phi_4$ und die Meßkettenspannung zeigt überhaupt keine Temperaturabhängigkeit. Erst wenn die Meßionenaktivität in der Außenlösung merklich von der der Innenlösung abweicht, wird eine Spannung meßbar, deren Temperaturabhängigkeit näherungsweise (nur ca. 90 bis 98% des theoretischen Wertes) durch den temperaturabhängigen Faktor der Nernst-Gleichung beschrieben werden kann.

Trägt man die in einem solchen Idealfall bei verschiedenen Temperaturen und Meßionenaktivitäten gemessenen Spannungswerte graphisch (Spannung gegen log a_M) auf, so erhält man Isothermen, die sich alle bei einer Spannung von Null schneiden, aber unterschiedliche Steilheiten aufweisen [565]. Für einen solchen Idealfall ist eine automatische Temperaturkompensation nicht schwierig [76]. Um temperaturunabhängige Aktivitätswerte zu erhalten, muß nur die Empfindlichkeit (mV/Aktivitätsdekade) des Meßgerätes automatisch der jeweiligen Meßtemperatur angepaßt werden. In der Regel dient ein temperaturabhängiger Widerstand (Pt 100 oder Pt 1000) als Temperaturmeßfühler, der dann automatisch die Verstärkung des pH-Meters entsprechend verändert.

In der Praxis sind aber selbst bei der pH-Messung einige der angenommenen Voraussetzungen nicht gegeben. So kennt man z. B. bei Glasmembran-Elektroden eine sog. Asymmetriespannung, d. i. die Spannung, die man trotz identischer Außen- und Innenelektrolyte und identischer Ableitelektroden dennoch mißt. Die Asymmetriespannung von Glasmembran-Elektroden hängt von den Herstellungsbedingungen, von der Vorbehandlung etc. ab und kann variieren, weshalb man die pH-Meter häufiger kalibrieren muß. Schon in diesem Fall stimmt der Schnittpunkt der Isothermen nicht mehr mit dem Ketten-Nullpunkt überein. Man kann dann nicht mehr die übliche automatische Temperaturkompensation durch Änderung der Verstärkung durchführen, da hierbei der Drehpunkt der Isothermen bei 0 mV liegen muß. Um eine „richtige" Temperaturkompensation durchzuführen, muß zuvor der Isothermenschnittpunkt meßtechnisch in den Drehpunkt unterschiedlicher Verstärkung verschoben gelegt werden. Die Abb. 96 skizziert die Verhältnisse, die der Praxis mehr entsprechen. In einem solchen Fall muß man zunächst mittels einer Hilfsspannungsquelle den Spannungsbetrag E_{is} des Isothermenschnittpunkts wegkompensieren, bevor das Meßsignal zu dem temperaturabhängigen Verstärker gelangt. Zur Kalibrierung der Skala muß man dann nach der temperaturkompensierten Verstärkung eine zweite Schiebespannungsquelle einsetzen. Meßgeräte, die eine „richtige" Temperaturkompensation über den Isothermenschnitt-

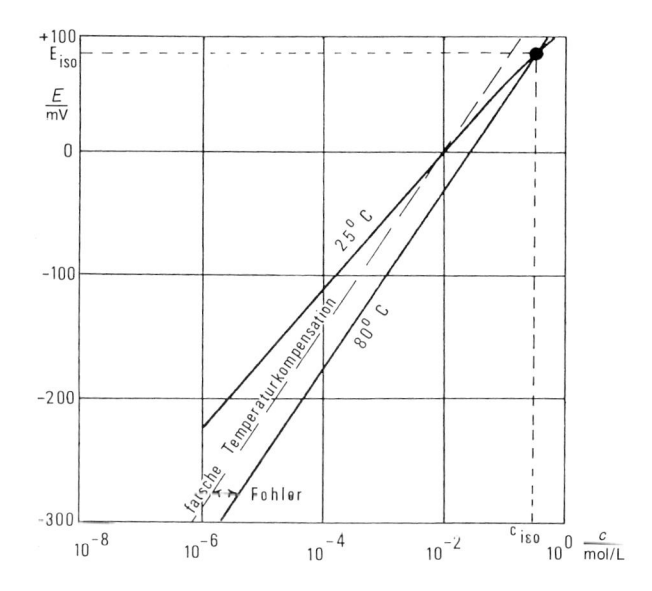

6.2 Kontinuierliche Messungen in der Industrie und Umweltforschung   237

Abb. 96. Meßfehler bei falscher Temperaturkompensation

punkt durchführen, sind in den DIN 19265 beschrieben [76]. Diese Verstärker sind so gebaut, daß die Koordinate des zuvor experimentell ermittelten Isothermenschnittpunkts eingestellt werden kann.

Die widersprüchlichen Aussagen über die „Richtigkeit" einer automatischen Temperaturkompensation über den Isothermenschnittpunkt in der Literatur basieren vor allem auf zwei Argumenten: Einmal kann es nämlich durchaus vorkommen, daß man bei mehr als zwei Isothermen gar keinen Schnittpunkt, sondern nur einen mehr oder weniger breiten Schnittbereich erhält, was natürlich die Genauigkeit der Temperaturkompensation beeinträchtigt. Zum anderen gibt es bei der pH-Messung zu jeder Temperatur eine eigene pH-Skala, weil das Ionenprodukt des Wassers selbst temperaturabhängig ist (so liegt der Neutralpunkt bei 100 °C z. B. bei ca. pH 6). In dem letzten Fall verhindert eine „richtige" Temperaturkompensation zwar den elektrochemischen Meßfehler, ändert aber nichts an der prinzipiellen Nicht-Vergleichbarkeit von pH-Werten, die bei unterschiedlichen Temperaturen gemessen wurden [4]. Im Gegensatz zur pH-Meßtechnik muß man beim Arbeiten mit ionenselektiven Elektroden damit rechnen, daß kein einheitlicher Schnittpunkt für mehr als zwei Isothermen erhalten wird, daß ein Schnittpunkt eine Koordinate von $E_{is} > 800$ mV hat und daß der Temperaturkoeffizient sehr stark vom theoretischen Wert abweicht. Bei allen Elektroden zweiter und höherer Art geht ja auch noch die Temperaturabhängigkeit von Gleichgewichtskoeffizienten mit ein. Auch die Aktivitätskoeffizienten der Ionen in der Meßlösung beeinflussen den Temperaturkoeffizienten.

Zu allem kommt auch noch die Temperaturabhängigkeit der Selektivitätskoeffizienten und der Nachweisgrenze. Alles kann dazu führen, daß Bestimmungen, die sich bei Raumtemperatur bewährt haben, bei etwas höherer Temperatur nicht mehr möglich sind.

Wenn man keine exakte Kalibrierung des Meßgerätes über den spezifischen Isothermenschnittpunkt jeder Meßanordnung durchgeführt hat, kann man dennoch u. U. Fehler durch unterschiedliche Meßtemperaturen klein halten, wenn man eine Meßelektrode mit nachfüllbarer Innenlösung und symmetrischer Ableitung verwendet. Dann muß man die Meßionenkonzentration in der Innenlösung so verändern, daß der Isothermenschnittpunkt in den mV-Bereich der Probenlösungen verschoben ist. Kalibriert man nun eine solche Meßkette mit einer Kalibrierlösung, die in der Mitte der zu erwartenden Probenkonzentrationen liegt, dann arbeitet man in unmittelbarer Nähe des Isothermenschnittpunkts und selbst Temperaturvariationen von 30 °C verursachen nur Meßfehler unter 2%.

Nur für ganz spezielle Messungen gibt es Meßgeräte und Elektroden, die so aufeinander abgestimmt sind, daß eine Temperaturkompensation möglich wird. Die Teile sind aber nicht mit den sonst handelsüblichen kompatibel.

Die halbautomatische Temperaturkompensation von Hand, wie sie an pH-Metern vorhanden ist, hat bei ionenselektiven Elektroden wenig Sinn.

Grundsätzlich muß geraten werden, ionenselektive Elektroden immer bei der gleichen Temperatur zu kalibrieren, bei welcher auch gemessen wird. Hierbei ist die Temperaturabhängigkeit vieler Kalibrierlösungen zu beachten!

Im Falle der Anwendung chemischer Hilfsreaktionen (Ein-Punkt-Titrationen, Standardaddition oder -subtraktion, indirekte Verfahren) bei Konzentrationsbestimmungen mit Hilfe ionenselektiver Elektroden ist bei variablen Probentemperaturen allerdings Vorsicht geboten, weil zu den elektrochemischen Effekten auch rein chemische (Temperaturabhängigkeit von Gleichgewichtskonstanten und damit von Löslichkeitsprodukten und Komplexbildungskonstanten, Temperaturabhängigkeit des Aktivitätskoeffizienten) treten.

Eine Thermostatisierung von Probe und Reagenzien kann von weiterem Vorteil sein, da die Anwendung einer erhöhten Reaktions- und Meßtemperatur, z. B. 35 oder 50 °C, möglich ist. Man erreicht damit eine beträchtliche Verkürzung der Einstelldauer und wendet die Temperaturanhebung daher in manchen Monitoren an. Natürlich müssen die Elektroden auf ihrer ganzen Länge die gleiche Temperatur haben.

6.2.1.3 Analysentechniken bei Durchflußmessungen

Da viele ionenselektive Elektroden aus Gründen der Mitanzeige wie auch der Meßionen-Chemie (H^+-Komplexe mit dem Meßion) eine bestimmte pH-Einstellung der Meßlösung verlangen und bei Konzentrationsbestimmungen auch eine Konditionierung der Meßlösung angebracht ist, sollte man nach Möglichkeit im Nebenschlußbetrieb mit bekannter und konstanter Durchflußrate arbeiten. Die zusätzliche Pumpe für die Zumischung einer geeigneten Konditionierungslösung kann mit der ersten, die für eine konstante Probendurchflußmenge zu sorgen hat, mechanisch gekoppelt werden (z. B. Schlauchpumpe), so daß man ein konstantes Förderverhältnis vorliegen hat. Falls nur eine grobe pH-Einstellung (sauer oder alkalisch) erforderlich ist (z. B. bei der natriumselektiven Glasmembran-Elektrode), kann man dies auch durch eine geeignete *Gaseinleitung* (HCl oder NH_3) erreichen. *Andererseits lassen sich aber auch*

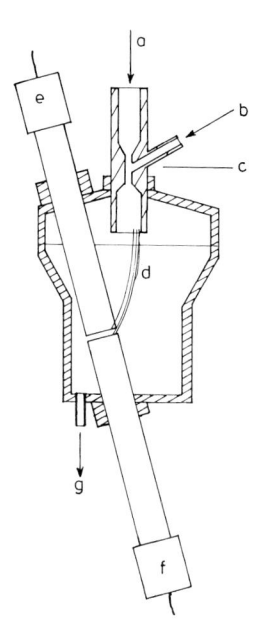

6.2 Kontinuierliche Messungen in der Industrie und Umweltforschung

Abb. 97. Gasspurenmonitor nach Fritze [566]. *a* Gaseintritt, *b* Reagenzeintritt, *c* Zerstäuber, *d* Glasfaserstrang, *e* Bezugselektrode, *f* Meßelektrode mit flacher Membran, *g* Ablauf

gerade so eine Reihe von Gasen, die bei der Kontrolle der Luftreinhaltung wichtig sind, wie HF, HCl, SO_2, NO usw. mit den ionenselektiven Elektroden spezifisch erfassen.

Man kann die direkt-potentiometrischen Verfahren auch zu indirekten Analysen (vgl. Kap. 5) heranziehen. In diesem Fall fügt man der Konditionierungslösung anstelle des Komplexbildners eine bestimmte Menge eines anzeigefähigen Ions hinzu, das mit der zu analysierenden Verbindung quantitativ reagiert. So kann man die Aluminiumkonzentration aus der Abnahme der Fluoridkonzentration ermitteln. Natürlich muß sichergestellt sein, daß das zu bestimmende Ion nie in einer äquivalent größeren Menge vorliegt als das angezeigte Ion.

Zur Überwachung von Luftverschmutzungen mit Hilfe von ionenselektiven Elektroden müssen die Verunreinigungen vorher aus der Luft extrahiert werden, um sie in die flüssige Phase zu überführen. Das Absorptionsmittel enthält dann bereits alle Stoffe, welche als Ionen-Einsteller und pH-Puffer notwendig sind. In dem Gasspurenmonitor (Abb. 97) werden über einen Injektor durch den Luftstrom von 400 L/h etwa 20 mL Lösung angesaugt, zerstäubt und auf einem Glasfaserstrang gesammelt. Im Interesse einer kurzen Ansprechzeit soll das Volumen der eigentlichen Meßlösung möglichst klein sein. Ionenselektive Elektrode und Bezugselektrode stehen sich deshalb fast senkrecht mit einem Abstand von etwa 1 mm gegenüber, so daß zwischen ihnen ein einzelner Lösungstropfen stehen bleibt. Die 90%-Zeit beträgt nur 30 sec (Fritze [566]).

6.2.1.4 Durchflußmessungen ohne Bezugselektroden

Bei einer Elektrodenanordnung, wie sie Abb. 98 zeigt, benötigt man keine Bezugselektroden, sondern nur zwei gleichartige Meßelektroden (gleiche Steilheit und gleiches Selektivitätsverhalten) an den angedeuteten Positionen in den Flüssigkeitsströmen. *Ein solcher Aufbau weist den Vorteil auf, daß das leicht zu Störungen Anlaß gebende Diaphragma des Bezugselektroden-Stromschlüssels hier entfällt.* Die Diffusionsspannung an der Berührungszone der beiden Elektrolytströme kann man infolge der raschen hydro-mechanischen Durchmischung vernachlässigen, denn Unterschiede in der Ionenbeweglichkeit können sich dabei nicht mehr so stark auswirken, wie bei statischen Kontaktzonen. Je nachdem auf welche Plätze im Flußschema man die beiden ionenselektiven Meßelektroden anbringt, ergeben sich die schon in Kap. 5 beschriebenen Verfahren der Direkt-Potentiometrie, der Standardaddition und -subtraktion.

Bei einem Ersatz der Bezugselektrode durch eine zweite ionenselektive Elektrode ist allerdings zu beachten, daß man bei einem zu hohen elektrischen Widerstand (>5 kΩ) einen Meßverstärker mit zwei hochohmigen Eingängen (Differenzverstärker) verwenden muß! Zur Messung ohne Bezugselektrode ein Beispiel aus der Lebensmittelindustrie: Bei der Herstellung von Fertig-, insbesondere von Diätgerichten ist der Kochsalzgehalt eine wichtige Größe, die genau eingehalten werden muß. Hier ergibt sich ein typischer Fall für die Anwendung einer Differenzmessung. Die Frage, ob man zur Kochsalzbestimmung die Aktivität von Natrium- oder Chloridionen messen soll, erledigt sich durch die Bestimmung des Produkts mit der Meßkette

Ag/AgCl | Na^+, Cl^- | pNa-Glaselektrode.

Nebenbei wird NaCl mit der doppelten Nernst-Steilheit, d.h. mit 118 mV/pNaCl angezeigt (s. dazu auch Abschn. 2.3.6).

6.2.1.4.1 Direkt-Potentiometrie (Position A–C)

Es handelt sich hierbei um das Prinzip der Konzentrationskette. Die Probe strömt an Position A vorbei. Um in diesem Fall die zweite Meßelektrode in der Position C als Bezugselektrode verwenden zu können, muß man dort für ein konstantes Einzelelektrodenpotential sorgen. Dies geschieht, indem man mit der Vergleichslösung eine konstante Meßionenaktivität zugibt. Es ist dafür zu sorgen, daß die Strömungsgeschwindigkeiten beider Lösungsströme so hoch sind, daß keine Rückdiffusion von Meßionen aus der konzentrierteren

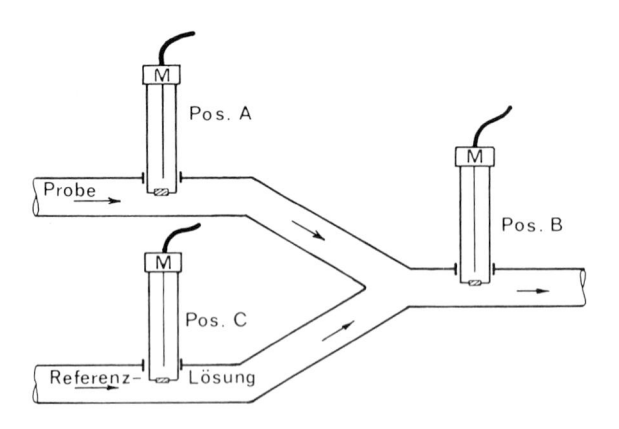

Abb. 98. Konzentrationsketten-Aufbau bei industriellen Durchflußmessungen

Lösung entgegen der Strömung in die verdünntere erfolgen kann. Als Vergleichslösung verwendet man in diesen Fällen, um Chemikalien zu sparen, gern verdünnte Lösungen des betreffenden Meßions. Um die bei stark verdünnten Lösungen auftretenden Konzentrations-Instabilitäten (irreversible Adsorptionsvorgänge) zu vermeiden, arbeitet man in diesem Fall vorteilhaft mit Ionenpuffern. Die Auswertung erfolgt, wie in Kap. 5.1 gezeigt, über eine Kalibrierkurve oder über eine gerätemäßige Anpassung an eine Kalibriergerade mit Direktanzeige.

6.2.1.4.2 Konzentrationsbestimmung durch Standardlösungs-Zugabe (Position A–B)

Das Elektrodenpotential an der Stelle A ist wiederum bestimmt durch die Meßionenaktivität im Probenstrom, das Elektrodenpotential an der Stelle B im Flußschema durch die Summe der Meßionenaktivitäten von Proben- und Vergleichslösungsstrom unter der Voraussetzung, daß man wieder im Vergleichsstrom eine konstante Meßionenaktivität einstellt und die Verdünnung durch die Vereinigung beider Ströme berücksichtigt. In diesem Fall kann man am Meßverstärker direkt die Spannungsdifferenz ΔE (vgl. Kap. 5.4) ablesen. Sie entspricht der Aktivitätsänderung der Probelösung und erlaubt bei bekannter Konzentration der Vergleichslösung einen Rückschluß auf *die totale Meßionenkonzentration*. Unter Berücksichtigung der Strömungsgeschwindigkeiten in beiden Flüssigkeitsströmen kann man auf Volumen pro min umrechnen und zur Auswertung die gleiche Formel (110) in Abschn. 5 wie beim diskontinuierlichen Verfahren anwenden. Zur direkten Registrierung der zu ΔE und Δc zugehörigen Ausgangskonzentration muß ein *on-line*-Betrieb mit einem Computer erfolgen (s. Abschn. 5.4.1). Bei einem kleinen Bereich reicht auch manchmal eine linearisierte Kalibrierkurve ΔE gegen c_0 aus. Bezüglich der Fehlermöglichkeiten gelten die gleichen Überlegungen wie in Kapitel 5.4.

Natürlich kann man auch anstelle einer Vergleichslösung mit einer konstanten Meßionenaktivität eine Reagenzlösung zumischen, die durch eine Ausfällung oder Komplexbildung mit dem Meßion dessen Aktivität um einen bestimmten Betrag erniedrigt (Subtraktionsmethode).

6.2.1.4.3 Indirekte Konzentrationsbestimmung (Position B–C)

Dieses Verfahren erlaubt die Bestimmung von Stoffen, die nicht direkt von einer Elektrode angezeigt werden, aber quantitativ mit einem angezeigten Ion reagieren.

Die Vergleichslösung enthält ein Ion, das von einer ionenselektiven Elektrode in der Position C angezeigt wird. Das zu messende Ion geht eine quantitative Verbindung (Niederschlag, Komplex) mit diesem Indikator-Ion ein. An der Stelle B herrscht infolgedessen eine geringere Aktivität an Indikator-Ionen. Beispiele sind die Bestimmung von Al^{3+}-Ionen, wie schon erwähnt, von Sulfat-Ionen mittels zweier bleiselektiver Elektroden und einer $Pb(ClO_4)_2$-Standardlösung oder Phosphat-Ionen mittels zweier fluoridselektiver Elektroden und einer $La(NO_3)_3$-Standardlösung. Die Auswertung entspricht der der Subtraktionsmethode.

Die Analysengenauigkeit all dieser mehr oder weniger direkt-potentiometrischen Verfahren kann je nach Störionenpegel zwischen ±2 bis 5% bei einwertigen Ionen und 4 bis 10% bei zweiwertigen betragen.

6.2.1.4.4 Industrielle *On-line*-Messung

Wegen der großen Giftigkeit des Cyanids ist eine strenge und „richtige" Überwachung von potentiellen Emittenten (Galvanik-, Eisen- und Stahlindustrie) von besonderer Relevanz im Umweltschutz. Die im Abschn. 3.2.1.1 erwähnten Metallelektroden lassen den Spannungssprung beim Verschwinden des Cyanids und dem Auftreten des Oxidationsmittels sicher erkennen, eignen sich aber nicht so gut zur quantitativen Bestimmung von kleinen Cyanidkonzentrationen. Wie schon Oehme [400] überzeugend dargelegt hat, weisen photometrische Verfahren sowie früher angewandte elektrochemische (einfache Messung des Redoxpotentials oder Messung mit amalgamierten, alterungsanfälligen Elektroden) eine Reihe vor allem für eine automatische Dauerregistrierung schwer lösbare Probleme auf, auf die hier nicht näher eingegangen werden kann. Verglichen mit der bisher üblichen chargenweisen Kontrolle, mit mehr oder weniger großen subjektiven Fehlern, konnte durch die Entwicklung geeigneter cyanidsensitiver Elektroden auch auf diesem speziellen Gebiet des Umweltschutzes bedeutende Erfolge erzielt werden. Inzwischen werden zuverlässige Cyanid-Monitore auf der Basis ionenselektiver Elektroden von mindestens zwei Firmen für den industriellen Routinebetrieb angeboten. Die Entwicklung dieser Monitore einschließlich der Beseitigung unerwünschter Störungen durch entsprechendes „know how" bei der Probenvorbereitung steht symptomatisch für alle weiteren Umsetzungen von „Labormethoden" in die industrielle Meßpraxis. Monitore sollen mit großem Wartungsabstand jahrelang störungsfrei arbeiten. Wegen der großen Zahl von Bauteilen ist eine besondere Zuverlässigkeit jedes einzelnen Teiles notwendig. Trotzdem bleibt der Bedienungsaufwand, schon wegen des Nachfüllens von Reagenslösungen, stets viel größer als für einfache Meßstellen.

Neuere Monitore sind nach dem Baukastenprinzip konstruiert und lassen sich auf verschiedene Analysen einrichten. Die meisten Geräte arbeiten nach dem Kalibrierkurvenverfahren, wobei in regelmäßigen Abständen Kalibrierlösungen eingegeben werden und das Gerät sich automatisch abgleicht. Das in Abb. 99 gezeigte Gerät wird für Bestimmungen von Na^+, Cl^-, NH_4^+, F^- und S^{2-} angeboten. Auch indirekte Bestimmungen, wie der DOC (*Dissolved Organic Carbon*) sind über eine CO_2-Messung mit automatisch arbeitenden Geräten möglich. Die Abb. 100 zeigt als Beispiel das Fließschema eines entsprechenden Monitors.

In hochentwickelten Monitoren werden auch Standardadditionen durchgeführt. Das abgebildete Gerät (Abb. 101) arbeitet mit einer sog. dynamischen Standardaddition, d.h. die optimale Größe der Addition wird anhand der vorangegangenen Analyse berechnet.

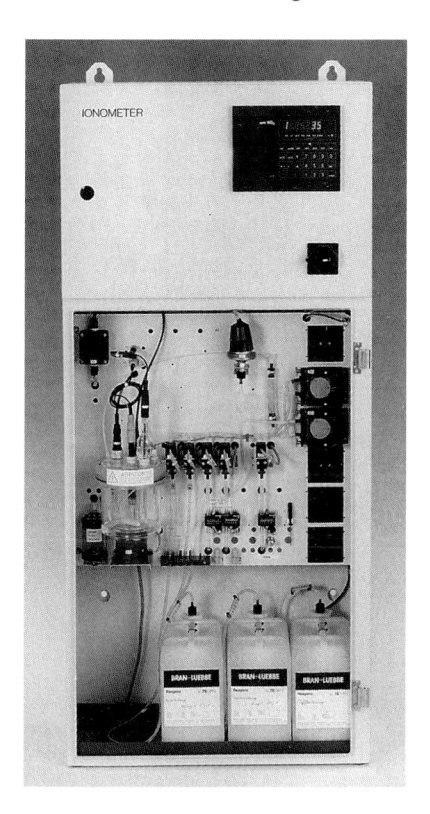

6.2 Kontinuierliche Messungen in der Industrie und Umweltforschung 243

Abb. 99. Betriebsmonitor (Ionometer AC 200, Bran & Lübbe)

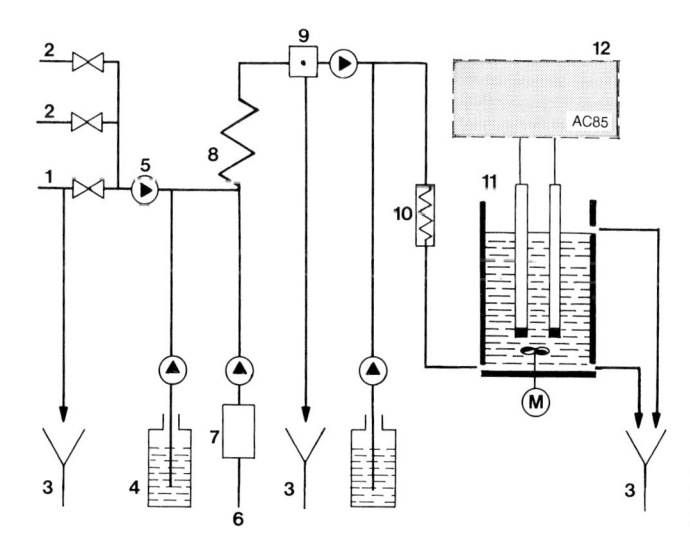

Abb. 100. Fließschema für die DOC-Bestimmung (Bran & Lübbe)

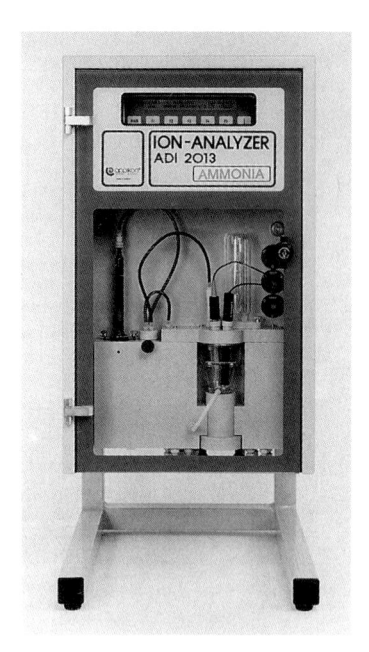

Abb. 101. Ion Analyzer (Metrohm ADI 2013)

6.2.2 Konzentrationsbestimmung über eine kontinuierliche Titration

Wenn bei den kontinuierlichen Messungen eine höhere Genauigkeit gewünscht wird, so muß man auch hier zu Titrationsverfahren greifen. Die Abb. 102 verdeutlicht das Prinzip. Eine Stellelektronik sorgt anhand der von der Meßkette kommenden Spannung für die Aufrechterhaltung einer vorgegebenen, dem Äquivalenzpunkt entsprechenden Spannung. Meist wird der Probenstrom konstant gehalten und die Zuflußrate des Titranden gemäß der Spannungsdifferenz variiert. In diesem Fall läßt sich die unbekannte Probenkonzentration

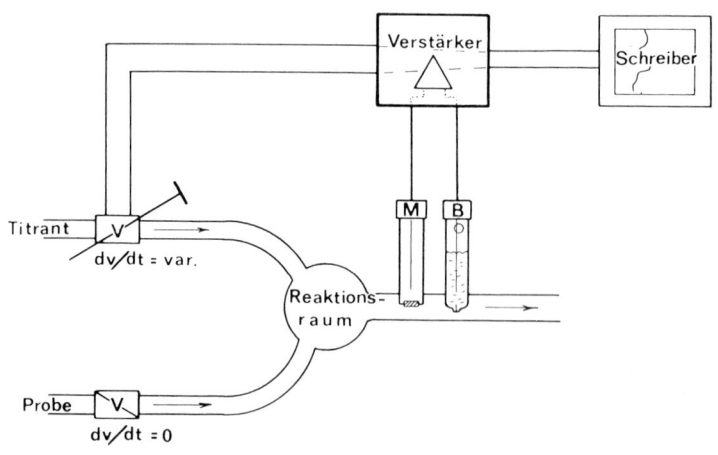

Abb. 102. Kontinuierliche Prozeßtitration

anhand des Verhältnisses der Probenzuflußrate zu der Maßlösungszuflußrate und unter Kenntnis des Titers berechnen. *Anders aber als bei der Messung eines Bürettenvolumens, das leicht auf 0,1% genau bestimmbar ist, hängt nun die Analysengenauigkeit von der Genauigkeit der Strömungsmessung ab.* Sehr kleine Durchflußgeschwindigkeiten lassen sich nur mit großem Aufwand genau steuern. Die für Analysengeräte meist benutzten Schlauchquetschpumpen haben den Nachteil einer Alterung der Schläuche. Membranpumpen arbeiten erst bei 25 bis 150 mL/h mit einer Unsicherheit von ±0,5%. Für Dosierungen der Standard-Zugaben mit Toleranzen von $\Delta V < 0{,}1\%$ benutzt man deshalb immer noch am liebsten diskontinuierlich arbeitende Kolbenbüretten.

Besonders elegant lassen sich kontinuierliche Titrationen über eine coulometrische Reagenzerzeugung automatisieren. Hier bedarf es zur Regelung der Titriermittelzuflußrate keiner anfälligen elektro- oder pneumatomechanischen Durchflußregler. Die über eine kompakte Elektronik (z. B. Operationsverstärker) leicht zu regelnde Generatorstromstärke ist direkt ein Maß für die Probenkonzentration. Es würde den Rahmen dieses Bandes sprengen, noch weiter in die Details der Prozeßtitratoren vorzudringen. Interessenten seien auf die vorhandene Spezialliteratur [319] verwiesen.

6.3 Bestimmung von Gleichgewichtskonstanten

Die Rolle, welche einfach zusammengesetzte Komplexe bei der Messung mit ionenselektiven Elektroden spielen, kam bereits mehrfach zur Sprache. Die Komplexverbindungen sind oft mehrstufig, bei Fluoridkomplexen z. B. muß die durchschnittliche Ligandenzahl eines Metalls mit der Formel

$$\bar{n} = \frac{C(\text{ges})_{F^-} - c_{F^-}}{C_{Me}} \tag{156}$$

angegeben werden. Darin ist $C(\text{ges})_{F^-}$ die Gesamtkonzentration der ungebundenen und gebundenen Fluoridionen. In sehr verdünnter Lösung, wenn der Unterschied zwischen Konzentration und Aktivität vernachlässigbar ist, ergibt sich für dieses Beispiel die Gleichgewichtskonstante jedes einzelnen Komplexes mit n Liganden:

$$K_n = \frac{c_{MeF}^{(x-n)}}{c_{Me^{x+}} \cdot c_{F^-}^n} \tag{157}$$

und

$$\bar{n} = \frac{K_1 c_{F^-} + 2 K_2 c_{F^-}^2 + 3 K_3 c_{F^-}^3 + \ldots}{1 + K_1 c_{F^-} + K_2 c_{F^-}^2 + K_3 c_{F^-}^3 + \ldots}. \tag{158}$$

Bei pH-Werten unter 5 muß man auch noch die Gleichgewichte mit Wasserstoffionen berücksichtigen. Aus einer genügend großen Zahl von Messungen, die man im Verlauf einer Titration gewinnt, erhält man so viele numerische Gleichungen, daß sich die Konstanten aller Komplexe ausrechnen lassen [567]. Wenn die Stärke der Komplexe so groß ist, daß die Konzentration der freien

Fluoridionen nicht mehr im linearen Bereich der Kennlinie liegt, muß man die Meßkette mit den im Anhang angegebenen Metallionenpuffern kalibrieren [568].

6.4 Messungen in nichtwäßrigen Lösungen

Manchmal sollen Ionen auch in nichtwäßrigen Lösungen bestimmt werden. Dies erscheint zunächst abwegig, weil die meisten Stoffe in nichtwäßrigen Lösungen nur schwach dissoziieren und die Ionenkonzentrationen entsprechend klein sind. Dieser Umstand wird aber häufig herbeigeführt, wie bereits an mehreren Stellen erwähnt wurde. Man gibt der wäßrigen Meßlösung organische Lösungsmittel zu, um die Löslichkeit anorganischer Salze herabzusetzen. Damit werden unerwünschte Beimengungen ausgeschlossen und die Nachweisgrenze herabgesetzt. Es liegen dann wäßrig-organische Lösungsmittel-Gemische vor. Die Frage ist dann nur, wie sich die Elektroden darin verhalten. Im übrigen sind Messungen in nicht- und teilwäßrigen Lösungen längst Routine und von der IUPAC nach dem Stand von 1983 zusammengestellt [569].

6.4.1 Meßelektrode

Messungen in nichtwäßrigen Lösungen setzen als erstes voraus, daß die betreffende ionenselektive Elektrode keine Fehler zeigt oder gar zerstört wird. Metall- und Glaselektroden sind ohne Einschränkung in jedem Lösungsmittel einzusetzen. Weiter sind die Membranen aus schwerlöslichen anorganischen Salzen, besonders deren Einkristalle, in organischen Lösungsmitteln meistens noch schwerer löslich als in Wasser und daher verwendbar. Organische Lösungsmittel können jedoch das Schaftmaterial aus Kunststoff und die Klebestellen angreifen. Speziell Epoxidharze werden u.a. von Nitrobenzol, Pyridin, Ethanol und Eisessig, N,N-Dimethylformamid, Trichlormethan u.ä. angelöst. Dagegen widerstehen sie einer kurzen Einwirkung der wichtigen Lösungsmittel Methanol und Dioxan, besonders ihren Mischungen mit Wasser (siehe dazu auch Koryta [570]).

Große Vorsicht ist dagegen bei Ionophorelektroden mit flüssiger oder mit Kunststoff-Membran geboten; so dringen z.B. niedere Alkohole schnell in die Membran ein [185], die Valinomycin-Elektrode mit PVC-Membran wird schon in leicht alkoholischen Getränken gestört. Der Weichmacher und der lipophile Ionophor gehen in die meisten organischen Lösungsmittel über. Man frage daher vor Beginn der Arbeit den Hersteller.

Soweit ihre Beständigkeit gegeben ist, folgen die Elektroden dem Nernstschen Gesetz, für die Ag_2S/PbS-Elektroden z.B. s. Chervina [571].

6.4 Messungen in nichtwäßrigen Lösungen

Tabelle 25. Einige bewährte Bezugselektroden und Brückenelektrolyte für pH-Messungen in nichtwäßrigen Lösungen

Bezugssystem	Bezugselektrolyt	Elektrolyt c (mol/L)	Lösungsmittel
Hg/Hg_2Cl_2	Tetrabutylammoniumchlorid	1	
Hg/Hg_2Cl_2	NaCl, $NaClO_4$	gesätt.	Eisessig
Ag/AgCl	LiCl	1	Eisessig
Ag/AgCl	LiCl	1	Methanol
Ag/AgCl	LiCl	1	Ethanol
Brücke	$LiClO_4$	0,1	Essigsäureanhydrid
Brücke	Triethylammoniumperchlorat	gesätt.	DMSO+Methanol (1:1)
Brücke	$LiClO_4$	0,1	Wasser-/Lösungsmittel-Gemisch

6.4.2 Bezugselektrode

Zwischen Bezugselektrolyt und Meßlösung darf sich keine Phasengrenze bilden, da sie eine unkontrollierbare Phasengrenzspannung zur Folge hätte. In der Regel wird eine konventionelle Bezugselektrode mit zusätzlicher Elektrolytbrücke verwendet. Der Zwischenelektrolyt ist dann so auszuwählen, daß er sich sowohl mit dem Bezugselektrolyten, meist eine wäßrige KCl-Lösung, als auch mit der Meßlösung mischt. Wie auch bei anderen Messungen, sollte der Brückenelektrolyt der Meßlösung möglichst ähnlich sein. Einige empfohlene Zwischenelektrolyte befinden sich in Tabelle 25. (Im übrigen s. auch Kakabadse [572].) Wenn Mischbarkeit besteht, bildet sich keine Diffusionsspannung, deren Größe über die zwischen wäßrigen Lösungen gewohnte hinausgeht.

In ionenarmen organischen Lösungen mit kleiner elektrischer Leitfähigkeit kann der Ausbreitungswiderstand an der Bezugselektrode Schwierigkeiten bereiten [287]. Ungeeignet sind kleine keramische Diaphragmen, besser ist ein Schliffdiaphragma (Abb. 16e). (Zu evtl. Erdungsproblemen s. Abschn. 4.4.4 und 6.2.1.1.)

6.4.3 Bestimmung von Ionenaktivitäten

Der Aktivitätskoeffizient einer Ionenart ist für eine wäßrige unendlich verdünnte Lösung mit 1 definiert. Um den Aktivitätskoeffizienten in einer nur endlich verdünnten nichtwäßrigen Lösung zu erhalten, muß man den *totalen Mediumeffekt* einführen. Er stellt das Produkt aus dem *primären* und einem *sekundären Mediumeffekt* dar:

$$\lg(^s_w\gamma_i) = \lg(^s_w\gamma_i^0) + \lg(^s_s\gamma_i) \tag{159}$$

Tabelle 26. Primärer Mediumeffekt lg $_w^s\gamma^0$ (25 °C) nach Schwabe und Queck [573]

Lösungsmittel	Rb$^+$	Ag$^+$	Cl$^-$
Methanol	14,0	10,3	7,6
Ethanol		10,0	10,7
n-Butanol			14,8
Methyl-ethylketon			21,3

(Indices: w für Wasser, s für Lösungsmittel). Der primäre Mediumeffekt hängt mit der Änderung der freien Energie beim Übergang vom Wasser in das nichtwäßrige Lösungsmittel bei unendlicher Verdünnung zusammen:

$$\Delta G = RT \ln(_w^s\gamma^0) \text{ oder } \Delta E = \frac{RT}{F}\ln(_w^s\gamma^0). \tag{160}$$

Der sekundäre Mediumeffekt entspricht dem konzentrationsabhängigen Aktivitätskoeffizienten, der für wäßrige Lösungen im Abschn. 1.8 beschrieben ist. Man kann auch die Debye-Hückelsche Gleichung darauf anwenden, wenn mit ε die rel. Dielektrizitätskonstante des betreffenden Lösungsmittels eingesetzt wird.

Die experimentelle Bestimmung der Mediumeffekte setzt absolute Spannungsmessungen in dem betreffenden Medium voraus, wofür z. Z. noch geeignete Bezugselektroden bzw. überführungslose Meßketten fehlen. Daher sind erst wenige primäre Mediumeffekte bekannt (s. Tabelle 26). Man gelangt aber erst dann zu Aktivitätsstandards, wenn primärer und sekundärer Mediumeffekt bekannt sind. Zur Herstellung von Ionenpuffern in den Abschn. A.4.1 und A.4.2 sind darüber hinaus die Kenntnisse der Komplexbildungskonstanten in dem betreffenden Lösungsmittel notwendig. Diese könnten nach der im Abschn. 6.3 gegebenen Anleitung auch in nichtwäßrigen Lösungen bestimmt werden. Zur Einstellung des pH-Wertes sind pH-Pufferlösungen mit dem betreffenden Lösungsmittel erforderlich. Für die gibt es bereits Herstellungsmethoden [5]. In jedem Fall bleibt die Aktivitätsbestimmung einer Ionenart in einer nichtwäßrigen Lösung ein aufwendiges Verfahren.

6.4.4 Bestimmung von Ionenkonzentrationen

Wie bereits gesagt, gilt die Nernst-Gleichung für alle Lösungsmittel, nur die Standardspannungen unterscheiden sich, daher ist E' jeweils anders einzusetzen, sie wird aber mit allen Kalibriermethoden eliminiert. Konzentrationsbestimmungen unterscheiden sich daher im Prinzip nicht von denen in wäßrigen Lösungen. Für die Direktpotentiometrie oder die Standardadditionen ist es nur notwendig, die Kalibrierlösungen mit dem gleichen Lösungsmittel oder Lösungsmittel-Gemisch anzusetzen, welches in der Meßlösung vorliegt. Durch keine der Zugaben, auch nicht beim Titrieren, darf sich die Zusammensetzung

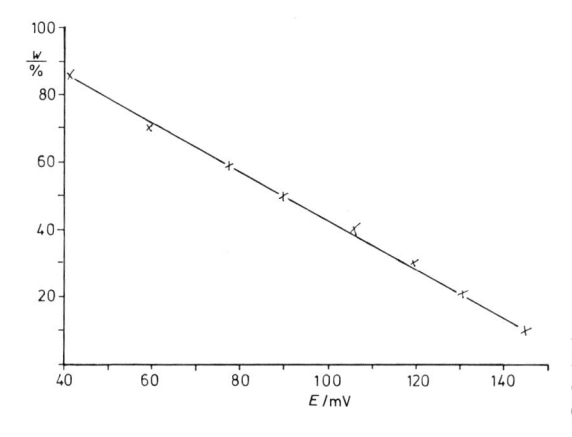

Abb. 103. Kalibrierkurve mit Methanol-Wasser-Mischungen, enthaltend 10^{-4} mol/L NaF und 0,1 mol/L KCl [574]

des Lösungsmittels ändern. Im übrigen gelten die gleichen Hinweise wie sie im Abschn. 5 gegeben sind. Eine große Zahl von Beispielen finden sich bei Kakabadse [572] und Pungor et al. [569].

6.4.5 Bestimmung von Lösungsmittelanteilen

Da die Normalspannung einer ionenselektiven Elektrode in einem nichtwäßrigen Medium von der in wäßriger Lösung erheblich abweicht, kann die Spannungsdifferenz zur Analyse von Lösungsmittel-/Wassergemischen dienen [574]. Der Ionenuntergrund muß aber bekannt sein. Dazu wird der Standard- und der Meßlösung, falls nicht zufällig vorhanden, ein geeignetes Leition zugegeben. Für Methanol-/Wassermischungen kommt z. B. Natriumfluorid in Frage. Die Kettenspannung wird in diesem Fall mit einer Lanthanfluorid-Elektrode gemessen und mit einer Kalibrierkurve (wie z. B. in Abb. 103) verglichen.

6.5 Fehler und Störungen beim Arbeiten mit ionenselektiven Elektroden

Obwohl die ionenselektive Potentiometrie nur eine minimale Instrumentierung erfordert, gibt es eine Reihe von Störmöglichkeiten, durch die eine Messung verfälscht oder unmöglich gemacht werden kann. Zu unterscheiden sind hier grundsätzlich chemische und apparative Störungen. Während sich letztere meist recht auffällig äußern und leichter zu beseitigen sind, lassen sich erstere schwerer erkennen und beheben.

Folgende apparative Fehler treten bei potentiometrischen Messungen häufig auf:
Meßgerät zeigt nichts an
– Ist die Verbindung zum Stromnetz in Ordnung? (Gerät anschließen bzw. einschalten)

- Sind die Elektroden richtig angeschlossen? Sind im Fall getrennter Elektroden die ISE als Meß-, die potentialkonstante Elektrode als Bezugselektrode geschaltet? (Elektroden entsprechend der Bedienungsanleitung des Gerätes korrekt anschließen)
- Ist die Bezugselektrode (ggf. auch die ISE selbst) genügend mit Innenlösung gefüllt? (Lösung nachfüllen)

Zellspannung ist instabil

Um zu unterscheiden, ob die Ursache von der ISE oder der Bezugselektrode herrührt, ersetzt man die ISE durch eine zweite Bezugselektrode:
Falls die Spannung weiterhin instabil ist:
- Ist die Nachfüllöffnung der Bezugselektrode geöffnet? (Öffnen)
- Ist das Diaphragma durch eine schwerlösliche Verbindung, z.B. AgCl, oder auskristallisierten Zwischenelektrolyten verstopft? (Niederschlag lösen: konz. NH_3 für AgCl, Eiweißstoffe in Pepsin+HCl. Auskristallisierten Zwischenelektrolyten durch vorsichtiges Erwärmen im Wasserbad wieder in Lösung bringen. In beiden Fällen Zwischenelektrolyten erneuern)
- Ist das Diaphragma mechanisch verstopft? (Reinigen)
- Ist die Zellenspannung abhängig von der Rührgeschwindigkeit? (Die Störung beruht auf Diffusionsspannungen und läßt sich meist durch die Einstellung einer höheren Ionenstärke mit Hilfe von Ionenpuffern beheben.)

Andernfalls:
- Sind die Elektrodenkabel elektrisch genügend abgeschirmt? (Geschirmte Elektrodenkabel verwenden, evtl. die ganze Apparatur in einen Faradayschen Käfig stellen)
- Ist die ISE genügend konditioniert? (Konditionieren nach Herstellerangaben)
- Ist die Elektrode „vergiftet"? (Festmembranelektroden können vorsichtig mit feinem Schleifmittel poliert werden, Glasmembranelektroden lassen sich durch kurzzeitiges Eintauchen in Salzsäure oder nötigenfalls in 5%ige Flußsäure und anschließendes gründliches Waschen reinigen. Polymermembranelektroden können nur durch vorsichtiges Abtupfen mit weichem Filtrierpapier gesäubert werden)
- Enthält der Zwischenelektrolyt der Bezugselektrode das zu bestimmende Ion, z.B. KCl oder KNO_3 bei der Bestimmung von K^+? (Geeignetes Salz für einen Zwischenelektrolyten wählen (s. Tabelle 4), beim Austauschen auch das Diaphragma reinigen)
- Bei Messungen mit Flüssig- oder Polymermembranelektroden: Enthält die Meßlösung organisches Lösungsmittel? (Rein wäßrige Lösungen benutzen).

Bei chemischen Störungen ist an folgende Möglichkeiten zu denken:

ISE hat eine ungenügende Steilheit
- Ist die Elektrode vergiftet? (Abhilfe s.o.)
- Enthalten die Lösungen zu viele Störionen? (Gehalt an Störionen abschätzen oder bestimmen, daraus mit Hilfe des Selektivitätskoeffizienten die Höhe der Störspannung berechnen. Evtl. Störionen komplexieren)
- Besitzen Kalibrier- und Meßlösungen unterschiedliche Ionenstärken? (TISAB-Lösung benutzen)

Bestimmung führt zu falschen Ergebnissen
- Besitzen die Standardlösungen den Soll-Gehalt? (Gehalt überprüfen)

6.5 Fehler und Störungen beim Arbeiten mit ionenselektiven Elektroden

- Besitzen Kalibrier- und Meßlösungen unterschiedliche Ionenstärken? (Abhilfe s. o.)
- Ergibt sich beim Standard-Zusatz eine gekrümmte Kalibrierfunktion? (Linearen Bereich aufsuchen oder über Kalibrierfunktion auswerten)
- Ungeeigneter Zwischenelektrolyt in der Bezugselektrode? (Abhilfe s. o.)
- Haben Kalibrier- und Probelösung die gleiche Temperatur? (Lösungen temperieren, evtl. Meßtemperatur an dem mV-Meter einstellen).

Die meist unvermeidlichen Meßabweichungen sind in Tabelle 27 (Kap. Ausblick) zusammengestellt.

Ausblick

Nach der Einführung in die Wirkungsweise ionenselektiver Elektroden, die

für den Selbstbau von kommerziell nicht erhältlichen Elektroden,
für die Erschließung neuer Anwendungsgebiete und
für ein erfolgreiches „know how" bei der Fehlersuche

unerläßlich ist, wurde gezeigt, wie man mit ihrer Hilfe Ionenaktivitäten und -konzentrationen messen kann. Durch die Wahl einer geeigneten Standardisierungstechnik lassen sich auch komplex gebundene Ionen erfassen, ja sogar das Verhältnis der freien Ionen zu den komplex gebundenen bestimmen.

Im Rahmen dieses Beitrages wurde aber auch immer wieder auf Fehlermöglichkeiten hingewiesen, denn gerade sie werden häufig zu wenig beachtet.

Abschließend seien noch einmal die wichtigsten Grundlagen für ein erfolgreiches Arbeiten mit ionenselektiven Elektroden aufgeführt.

Die ionenselektiven Elektroden zeigen die Aktivität des Meßions in der Lösung an. Sie verlangen (mit Ausnahme ihres Einsatzes als Endpunktsindikator bei Titrationen) eine Kalibrierung mit einer Standardlösung genau bekannter Aktivität. Bei einer Konzentrationsauswertung hängt der Meßfehler davon ab, inwieweit die angenommene Gleichheit und Konstanz des Aktivitätskoeffizienten in Kalibrier- und Probenlösung wirklich vorhanden ist. Wenn es gilt, zusätzliche Fehlermöglichkeiten klein zu halten, so sollten folgende Punkte beachtet werden:

1. Die Selektivität der Meßelektrode muß für die gewünschte Genauigkeit ausreichend sein.

2. Der Eingangswiderstand des verwendeten Meßverstärkers soll mindestens um den Faktor 1000 über dem Elektrodenwiderstand liegen.

3. Der Meßverstärker muß entsprechend linear arbeiten und die erforderliche Ablesegenauigkeit garantieren. Für genaueres Arbeiten wird am besten gleich ein Instrument mit Digitalanzeige verwendet.

4. Wenn man die Genauigkeit wie bei der pH-Messung auf ±0,001 pIon steigern möchte, so ist zu berücksichtigen, daß dann vorzugsweise isotherm gearbeitet wird oder, dort wo möglich, die Temperaturkompensation entsprechend genau und „richtig" über den Isothermenschnittpunkt durchgeführt wird, was oft übersehen wird. So erfordert z. B. eine ±0,001 pIon-Genauigkeit bei einer Kalibrierung innerhalb ±0,5 pIon der Meßionenaktivität eine Temperaturkontrolle der beiden Lösungen auf 0,6 °C und eine ebenso genaue Einstellbarkeit auf dem Temperaturpotentiometer. Diese enge Toleranz verkleinert sich bei einer Kalibrierung innerhalb von ±2 pIon noch auf ±0,15 °C! Der Temperaturkompensator ist aber oft nur auf ±1 °C genau kalibriert.

5. Die Kalibrierlösung sollte bezüglich ihrer Aktivität der Probenlösung entsprechen. Für Genauigkeiten unter 0,01 pIon empfiehlt sich ein Einschließen der Probenmessungen mit zwei Kalibrierlösungen, die die Spanne der unterschiedlichen Meßionenkonzentrationen umfassen.

6. Wie Punkt 4. zeigt, empfiehlt sich für Genauigkeiten unter 0,01 pIon auch eine exakte Thermostatisierung der Meßkette. Wegen der unvermeidbaren Unsicherheiten bei einer „Isothermenschnittpunkts-Kalibrierung" und weil die wenigsten Labormeßgeräte dazu ausgelegt sind, sollte man auf sie verzichten und Kalibrier- und Probenlösungen bei gleicher Temperatur messen.

7. *Meßketten ohne Überführung sind, wenn möglich, stets vorzuziehen.* Bei Messungen mit einem Stromschlüssel sollte man Schliffdiaphragmen (bei Doppelstromschlüssel-Bezugselektroden sollte der äußere Elektrolyt im pH-Wert den Proben angepaßt sein) wählen und Meß- und Probenlösung ionenstärkemäßig aneinander angleichen. Ketten mit Überführung erlauben in den seltensten Fällen kleinere Abweichungen als 0,01 pIon.

8. In sehr verdünnten Lösungen ist auf eine gleichmäßige Hydrodynamik (Rühren, Eintauchtiefe und -winkel der Elektrodenkette usw.) zu achten, um Strömungsspannungen einkalibrieren zu können.

Unter Berücksichtigung aller Maßnahmen sind mit den ionenselektiven Elektroden, je nach dem Störionenpegel, Analysengenauigkeiten nach Tabelle 27 möglich.

Die Autoren sind der Meinung, daß die Entwicklung der ionenselektiven Elektroden noch nicht abgeschlossen ist. Es ist schwer vorauszusehen, wohin die zukünftige Entwicklung dieser Sensoren läuft, ob eine verbesserte Selektivität durch Halbleitermaterialien mit definierten Störstellen [575] oder durch organische Makromoleküle mit analogen sterischen Raumbedingungen erreicht wird.

Die Erfolge mit Enzym-Elektroden lassen vermuten, daß ionenselektive Mikroelektroden als Basis äußerst spezifischer Bio-Sensoren (Bio-Probes, [576]) in Zukunft an Bedeutung gewinnen werden.

Tabelle 27. Unter Berücksichtigung dieser Maßnahmen sind mit den ionenselektiven Elektroden, je nach dem Störionenpegel, folgende minimale Abweichungen möglich:

	Einwertige Ionen	Zweiwertige Ionen
Konzentrationsbestimmungen mit einmaliger Standardzugabe (Additions- oder Subtraktionstechnik sowie indirekte Analyse)	1 bis 10%	4 bis 20%
Aktivitäts- und Konzentrationsbestimmungen nach der Technik der Direkt-Potentiometrie	1 bis 5%	2 bis 10%
Konzentrationsbestimmung nach der Gran-Methode	0,5 bis 3%	
Konzentrationsbestimmung über die Auswertung einer Titrationskurve	<0,5%	

Ausblick 255

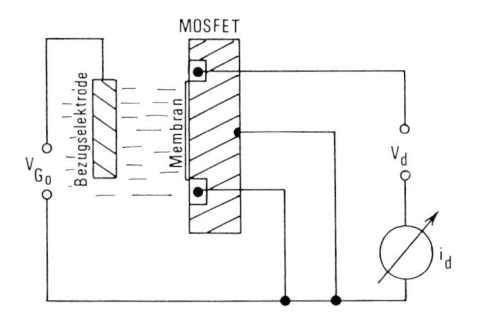

Abb. 104. Ionenselektiver Feldeffekttransistor (ISFET)

Die Halbleitertechnologie wird auch bei den ionenselektiven Elektroden nicht Halt machen, wie erste Versuche mit ionenselektiven Feldeffekttransistorelektroden [577, 578, 579] zeigen.

Obwohl in der Praxis noch einige Probleme zu lösen sind (z. B. Verhinderung der Herausdiffusion von Valinomycin und Weichmacher, Schaffung resistenterer aktiver Transistoroberflächen durch Si_3N_4 Beschichtung etc.), ergeben sich durch diese überraschenden Erfolge nicht nur Impulse in Richtung einer billigeren Technologie, sondern werden auch für die Theorie der ionenselektiven Elektroden, die noch lange nicht abgeschlossen ist, neue interessante Aspekte gesetzt, denn gemäß der Schaltung fließt über die innere Phasengrenze: ionenselektive Membran/Transistorgate theoretisch kein Strom!

Die Entwicklung von ionenselektiven Feldeffekttransistoren (ISFETs) hat trotz bemerkenswerter Erfolge bisher noch nicht zu routinemäßigen Anwendungen geführt. Ihre Kleinheit könnte sie für implantierbare Sensoren geeignet machen. Die mögliche Massenproduktion läßt sie für breite Anwendungen, z. B. in Waschmaschinen, interessant erscheinen. Beiden Zwecken stehen leider viel zu kurze Standzeiten entgegen. Da eine entsprechende Bezugselektrode (REFET) noch fehlt, ist außerdem die Anwendung von ISFETs auf Differenz-Meßketten beschränkt.

Die beschriebenen Einschränkungen stören wenig, wenn es in erster Linie auf die schnelle Reaktionsfähigkeit der ISFETs ankommt.

Von der Anwendungsseite dürfte der Einsatz dieser Elektroden als empfindliche Endpunkts-Indikatoren noch mehr in den Vordergrund rücken. Weiter ausgenutzt werden wird sicherlich die Möglichkeit der automatischen kontinuierlichen Registrierung einer bestimmten Ionenart, vor allem als Umweltüberwachungsdetektoren.

Letzten Endes hängen die weiteren Anwendungen dieser zur Renaissance führenden potentiometrischen Meßtechnik in entscheidendem Maße auch von der Geschicklichkeit und Experimentierfreudigkeit des Benutzers ab. Dazu ein wenig beigetragen zu haben, wünschen sich die Verfasser.

Siehe auch eine Zusammenfassung der Entwicklung von ISFETs in den letzten 20 Jahren bei Janata [607].

Anhang

A.1 Thermodynamische und Aktivitätstabellen

Tabelle A.1. Nernst-Spannungen, aus DIN 19261 [580] $k = RT \ln 10/F$

θ (°C)	k (mV)	θ (°C)	k (mV)	θ (°C)	k (mV)
0	54,20	35	61,14	70	68,08
5	55,19	40	62,13	75	69,08
10	56,18	45	63,12	80	70,07
15	57,17	50	64,12	85	71,08
20	58,16	55	65,11	90	72,05
25	59,16	60	66,10	95	73,04
30	60,15	65	67,09	100	74,04

Tabelle A.2. Werte der Debye-Hückel-Konstanten A und B, aus Robinson und Stokes [46]

θ (°C)	A	$B \times 10^{-8}$	θ (°C)	A	$B \times 10^{-8}$
0	0,4918	0,3248	50	0,5373	0,3346
5	0,4952	0,3256	55	0,5432	0,3358
10	0,4989	0,3264	60	0,5494	0,3371
15	0,5028	0,3273	65	0,5558	0,3384
18	0,5053	0,3278	70	0,5625	0,3397
20	0,5070	0,3282	75	0,5695	0,3411
25	0,5115	0,3291	80	0,5767	0,3426
30	0,5161	0,3301	85	0,5842	0,3440
35	0,5211	0,3312	90	0,5920	0,3456
38	0,5242	0,3318	95	0,6001	0,3471
40	0,5262	0,3323	100	0,6086	0,3488
45	0,5317	0,3334			

Tabelle A.3. Einige individuelle Ionenradien å, nach Kielland [47]

Ion	å×10^9 (m)	Ion	å×10^9 (m)
H^+	9	Mg^{2+}	8
Li^+, $C_6H_5COO^-$	6	Ca^{2+}, Phthalat^{2-}	5
Na^+; HCO_3^-, $H_2PO_4^-$, CH_3COO^-	4,5	Sr^{2+}, Ba^{2+}, Malonat^{2-}	5
OH^-, F^-, ClO_4^-, $HCOO^-$	3,5	CO_3^{2-}, Oxalat^{2-}	4,5
K^+, Cl^-, Br^-, I^-, NO_3^-	3	SO_4^{2-}, HPO_4^{2-}	4
Rb^+, Cs^+, NH_4^+	2,5	Citrat^{3-}	5
		PO_4^{3-}	4

Tabelle A.4. Negative Logarithmen von Einzelionen-Aktivitäten einiger Elektrolytlösungen bei 25 °C

b (mol/L)	NaCl [581]		KCl [582]		NH$_4$Cl [583]	
	pNa	pCl	pK	pCl	pNH$_4$	pCl
0,01	2,044	2,045	2,045	2,045		
0,1	1,106	1,112	1,112	1,115	1,112	1,12
0,2	0,853			0,840	0,840	
0,5	0,455	0,481	0,482	0,496	0,483	0,49
1,0	0,157	0,208	0,206	0,232	0,208	0,23
2,0	−0,180	−0,072	−0,086	−0,032	−0,080	−0,03
3,0	−0,416					
5,0	−0,804					
6,0	−0,981					

b (mol/L)	KF [584]		CaCl$_2$ [582]	
	pK	pNa	pCa	pCl
0,01	2,044	2,044	2,273	1,768
0,033			1,900	
0,05	1,387	1,387		
0,1	1,111	1,111	1,570	0,842
0,2	0,837	0,837	1,349	
0,5	0,475	0,475	0,991	0,177
1,0	0,190	0,190	0,580	−0,140
2,0	−0,119	−0,119	−0,198	
3,0	−0,325	−0,325		
4,0	−0,494	−0,494		

A.2 Tabellen zu Bezugselektroden

Tabelle A.5. Negative Logarithmen von Einzelionenaktivitäten nach Stokes und Robinson [585] und MacInnes [586]

mol/kg		Ionenstärke							
		0,01	0,0333	0,05	0,1	0,2	0,5	1,0	2,0
HCl	pH	2,034	1,363	1,561	1,09		0,39	0,03	−0,54
	pCl				1,11		0,45	0,16	−0,16
NaCl	pNa				1,11		0,46	0,16	−0,18
	pCl				1,11		0,48	0,21	−0,07
KCl	pK		1,561	1,402	1,11		0,48	0,21	−0,09
	pCl	2,044	1,561	1,402	1,11	0,840	0,486	0,216	−0,059
NH$_4$Cl	pNH$_4$				1,112	0,840	0,483	0,208	−0,080
	pCl				1,12		0,49	0,23	−0,03
KF	pK	2,044		1,387	1,111	0,837	0,475	0,190	−0,119
	pF	2,044		1,387	1,111	0,837	0,475	0,190	−0,119
CaCl$_2$	pCa	1,900		1,570	1,570	0,349	0,991	0,580	−0,198
	pCl				0,84			0,18	−0,14

A.2 Tabellen zu Bezugselektroden

Tabelle A.6. Wasserdampf-Partialdrücke (1 atm = 101 325 Pa) aus [591]

θ (°C)	P (atm)	θ (°C)	P (atm)	θ (°C)	P (atm)
10	0,0121	25	0,0313	40	0,0728
15	0,0168	30	0,0419	45	0,0946
20	0,0231	35	0,0555	50	0,1217

Tabelle A.7. Mittlere Aktivitätskoeffizienten $\gamma_\pm$ der Salzsäure im Gültigkeitsbereich des DEBYE-HÜCKELschen Grenzgesetzes bei 25 °C, aus Hills und Ives [587]

b (HCl) (mol/kg)	$\gamma_\pm$	paH	b (HCl) (mol/kg)	$\gamma_\pm$	paH
0,001	0,9650	3,0154	0,005	0,9280	2,7204
0,002	0,9519	2,7204	0,010	0,9040	2,0434

Tabelle A.8. Übersicht über den Temperaturgang der gängigsten Bezugselektroden in mV, KCl-Konzentrationen, in mol/L, aus [588, 589] und DIN 38404 [590]

θ (°C)	Ag/AgCl			Kalomel		Thalamid
	1,0	3,0	3,5	3,5	ges.	3,5 (mol/L)
0	249	224	222			
5	247	221	219			−560
10	244	217	215	256	254	−563
15	242	214	212	254	251	−565
20	239	211	208	252	248	−568
25	236	207	204	250	244	−570
30	233	203	200	248	241	−573
35	230	200	195	246	238	−576
40	227	196	191	244	234	−579
45	224	192	187		231	−582
50	221	189	182		227	−585

A.3 Ioneneinsteller

Wie im Abschn. 5 beschrieben, müssen die Proben vorbereitet werden, um folgendes zu erreichen:
a) gleiche Ionenstärke von Meß- und Kalibrierlösung,
b) optimalen pH-Wert,
c) komplex gebundene Meßionen freisetzen.

Für die Zusatzlösungen werden, z. T. eigenwillige, Abkürzungen gebraucht:

CAB Competing Antioxidant Buffer,
CCB Constant Complex Buffer,
IP   Ioneneinsteller Buffer,
ISA Ionic Strength Adjustant,
PV   Probenvorbereitung,
TISAB Total Ionic Strength Adjustment Buffer.

Bewährte Ioneneinsteller befinden sich in den Tabellen A.9 bis A.13.

Tabelle A.9. Empfohlene Ioneneinsteller für die Bestimmung von Alkali- und Erdalkaliionen nach Hulanicki und Trojanowicz [381]

Name	Bestandteile im Liter	Bestimm. Ion	Zugabeverhältnis $V_{Meßl.} + V_{Ioneinst.}$
IP	Diisopropylamin, 20, 24 g Salzsäure (D = 1,19), 9,85 mL	Natrium mit Glaselektrode	1+1
ISA	Al$_2$(SO$_4$)$_3$·18H$_2$O, 600 g	K und NH$_4$	100+2
CCB	KNO$_3$, 40,4 g; Na$_2$iminoacetat, 3,6 g; Acetylaceton (0,5 mol/L) 160 mL; Ammoniak (10 mol/L) 2 mL; NH$_4$Cl, 1,07 g	Ca	1+1

A.3 Ioneneinsteller

Tabelle A.10. Empfohlene Ioneneinsteller für die Bestimmung von Schwermetallen nach Smith und Manahan [136]

Name	Bestandteile im Liter	Bestimm. Ion	Zugabeverhältnis $V_{\text{Meßl.}} + V_{\text{Ioneinst.}}$
ISA	NaNO$_3$, 425 g	Ag	100+2
CAB	Na-acetat 0,05 mol; Eisessig 0,05 mol; Formaldehyd 0,002 mol	Cu(II)	1+1
ISA	NaClO$_4$, 612,3 g	Pb(II)	100+2

Tabelle A.11. Komplex-Puffer für die Gesamtcalcium-Bestimmung, nach Shu [592]

Substanz	Konzentration
Tris(Hydroxymethyl)-aminomethan	0,30 mol/L
Phosphorsäure	0,15 mol/L
Citronensäure	0,05 mol/L
2,4,7,9-Tetramethyl-5-decyn-4,7-diol	0,02 Gew.%
Phenoxyethanol	0,02 Gew.%

Tabelle A.12. Empfohlene Ioneneinsteller für Anionen

Name	Bestandteile im Liter	Bestimm. Ion	Zugabeverhältnis $V_{\text{Meßl.}} + V_{\text{Ioneinst.}}$	Lit.
TISAB I	Eisessig 57 mL; NaCl 58 g; Na$_3$-citrat-Dihydr. 0,3 g	F$^-$ neben Mg^{2+}, Ca^{2+}	1+1	[596]
TISAB II	NaNO$_3$ 170 g; Na-acetat-Trihydr. 68 g Na$_3$-citrat-Dihydr. 300 g; NaCl 60 g	F$^-$ neben Fe^{2+}, SiO$_2$	1+1	[597]
TISAB III	DCTA 17,65 g; NaOH (40%ig) bis DCTA gelöst; Na$_3$ citrat Dihydr. 300 g; NaCl 60 g	F$^-$ neben Al^{2+}	1+1	[597]
TISAB	Aluminon 10 g; Na$_3$-citrat 29,41 g; NaCl 58 g; Eisessig 57 mL; mit NaOH (6 mol/L) auf pH 5 einstellen	F$^-$ in Wässern	10+1	[410]
ISA	NaNO$_3$ 425 g	Cl$^-$, Br$^-$, I$^-$	100+2	
ISA	NaOH 200 g	CN$^-$	100+2	
ISA	Al$_2$(SO$_4$)$_3$·18 H$_2$O 600 g; AgNO$_3$ 0,01 mol	NO$_3^-$ neben Cl$^-$	100+2	
SAOP*	NaOH 5 mol/L; Ascorbinsäure 35 g	S^{2-}	100+2	[598]

DCTA: Diaminocyclohexan-tetraessigsäure, Aluminon: Triammoniumaurintricarboxylat
* Haltbarkeit ca. 24 h

Tabelle A.13. Probenvorbereitung für gasselektive Meßketten

Bestandteile im Liter	pH	Bestimm. Gas	Zugabeverhältnis $V_{\text{Meßl.}} + V_{\text{Ioneinst.}}$
Na$_3$-citrat 295 g; HCl (32%) 100 mL	4,8	CO_2	10+1
NaOH 10 mol	11,0	NH_3	10+1
Na$_2$SO$_4$ 190 g; H$_2$SO$_4$ (konz.) 53 mL	1,2	NO_x	10+1

A.4 Ionenpuffer

Lösungen mit weniger als 10^{-5} mol/L kann man durch Einwaage und Verdünnen wegen der beschriebenen Adsorptionseffekte nicht mehr herstellen. Da aber mit ionenselektiven Elektroden noch viel kleinere Aktivitäten gemessen werden, benutzt man zum Kalibrieren im unteren Meßbereich sog. Ionenpuffer.

In Analogie zu den bekannten pH-Pufferlösungen enthalten die sog. Metallionenpuffer ein System aus Metallionen und einem geeigneten Komplexbildner. Während die pH-Standardpuffer mit Hilfe der exakt messenden Wasserstoffelektrode ausgemessen werden können, stehen ionenselektive Elektroden mit dieser Eigenschaft nicht zur Verfügung. Man muß daher versuchen, die Aktivitätswerte der Ionenpuffer aus vorhandenen Daten zu berechnen.

A. 4.1 Kationenpuffer

Unter Beschränkung auf 1:1-Komplexe ist die Stabilitätskonstante für die Bindung zwischen dem Metall M und dem Liganden L:

$$K_L = \frac{a_{ML}}{a_L \cdot a_M}. \tag{161}$$

Berücksichtigt man noch Nebenreaktionen, wie die Assoziationen des Liganden mit Protonen und die Bildung von Metallhydroxo-Verbindungen, dann muß man mit der IUPAC nach Wänninen und Ingmann [593] noch weitere Feststellungen treffen:

$$C_{LM} = c_{LM} + c_{HLM} + c_{OHLM} + ..., \tag{R 36}$$

$$C_L = c_L + c_{HL} + ..., \tag{R 37}$$

$$C_M = c_M + c_{MOH} + ... \tag{R 38}$$

Mit C sind die Gesamtkonzentrationen, die sich aus den Einwaagen ergeben, gemeint. Dividiert durch die Summe der aktuellen Konzentrationen erhält man die *Nebenreaktionskoeffizienten*:

A.4 Ionenpuffer

$$\alpha_{LM} = \frac{C_{LM}}{c_{LM}}; \quad \alpha_L = \frac{C_L}{c_L}; \quad \alpha_M = \frac{C_M}{c_M}. \tag{162}$$

Durch Einsetzen ergibt sich die sog. *Bedingungskonstante*. Hier werden die Aktivitätskoeffizienten zunächst vernachlässigt.

$$K'_{ML} = \frac{C_{ML}}{C_L \cdot C_M} \text{ oder } K'_{ML} = \frac{K_{ML}}{\alpha_L \cdot \alpha_M}, \tag{163}$$

denn $\alpha_{LM} = 1$. Aus den beiden Gleichungen ergibt sich in logarithmischer Form:

$$pM = \lg K_{ML} + \lg \frac{\alpha_{KL}}{\alpha_L} + \lg \frac{C_L}{C_{ML}}. \tag{164}$$

Der gewünschte pH-Wert wird durch Zugeben konventioneller Pufferlösungen eingestellt. Als geeignet haben sich Maleat-, Acetat-, Borat- und Tris-Pufferlösungen erwiesen, weil sie mit den Metallionen nur wenig Komplexe bilden. Den genauen pH-Wert ermittelt man mit einer konventionellen Glaselektrodenmeßkette. Dies ist notwendig, weil der pH-Wert allein mit Hilfe eines Rezepts nur ungefähr erhalten werden kann.

Um den Unterschied von Aktivität und Konzentration vernachlässigen zu können, muß man durch Hinzufügen von Kaliumnitrat die gleiche Ionenstärke einstellen, die auch bei der Ermittlung der Gleichgewichtskonstanten geherrscht hatte, meist ist es $I = 0,1$ mol/L.

Eine gewisse Schwierigkeit bedeutet die Ermittlung der Nebenreaktionskoeffizienten α, weil dafür die Gleichgewichtskonstanten aller beteiligten Reaktionen gebraucht werden. Von der IUPAC [593] ist daher eine Tabelle mit fertig berechneten Bedingungskonstanten veröffentlicht worden. Ein Auszug befindet sich in der Tabelle A.14. Bei ihrem Gebrauch zur Berechnung von pM-Werten nach Gl. (164) ist nur noch zu beachten, daß bei größeren pH-Werten das Gleichgewicht (R 38) merklich nach rechts verschoben sein kann, so daß dann $pM = pM' + \lg \alpha_{MOH}$ zu rechnen ist. Einige α_{MOH}-Werte sind dafür in der Tabelle A.15 verzeichnet. Weitere Ionenpuffer für Cadmium befinden sich bei Yuchi [594] und für Kupfer bei Azab [595].

Eine Alternative zu diesen einfachen Metallionenpuffern besteht in der Zugabe eines Überschusses eines zweiten Kations, welches mit dem Liganden ebenfalls einen Komplex bildet. Letzterer muß aber viel schwächer sein, als der erste. Der Ligand liegt dann weder frei noch an Protonen gebunden vor, so daß diese Metallpuffer innerhalb eines größeren Bereichs pH-unabhängig sind. Die Tabelle A.16 enthält dazu einige Beispiele für Kupferionenpuffer.

Zwei wichtige Ionenpuffer für Calcium und Kupfer sind in den Sondertabellen A.17 und A.18 enthalten. Sog. zweiphasige Pufferlösungen sind die im Abschn. 3.2.2.4 erwähnten Kalibrierlösungen mit Bodenkörper. Die Aktivität des Meßions M ist darin mit der Konzentration des Gegenions X über das Löslichkeitsprodukt K_L verbunden:

$$pM = -\lg K_L - \lg a_x + \lg (c_x - c_M). \tag{165}$$

Tabelle A.14. Logarithmen von Bedingungskonstanten einiger zweiwertiger Metalle, (IUPAC) [593]. $I = 0{,}1$ mol/L, $\theta = 25\,°C$

pH-Wert:		4	5	6	7	8	9	10	11	12
Mg^{2+}	EDTA		2,22	4,02	5,38	6,44	7,43	8,27	8,56	8,08
	EGTA				1,51	2,87	4,36	5,06	5,05	4,51
	DCTA		3,00	4,83	6,18	7,23	8,24	9,22	10,03	9,38
Ca^{2+}	EDTA	2,06	4,01	5,83	7,20	8,26	9,23	10,11	10,52	10,52
	EGTA		2,52	4,50	6,50	2,45	10,10	10,83	10,95	10,89
	DCTA	3,07	5,18	7,01	8,36	9,41	10,42	11,41	12,34	12,92
Ba^{2+}	EDTA			3,10	4,45	5,51	6,50	7,36	7,77	7,83
	EGTA			2,38	3,95	5,89	7,54	8,27	8,39	8,39
	DCTA		2,38	3,28	4,02	4,92	5,91	6,90	7,84	8,56
Cd^{2+}	EDTA	7,89	9,86	11,68	13,05	14,10	15,02	15,41	11,90	8,38
	EDTA	6,33	8,24	10,23	12,22	14,17	15,75	16,02	14,72	12,15
	DCTA	9,84	11,91	13,74	15,09	16,13	17,07	17,60	17,12	15,18
Cu^{2+}	EDTA	10,23	12,20	14,02	15,35	16,15	16,40	16,31	15,83	15,41
	EGTA	7,76	9,33	11,25	13,19	14,89	15,80	15,57	14,69	13,71
	DCTA	11,92	13,98	15,80	17,11	17,91	18,18	18,21	18,15	17,81
Pb^{2+}	EDTA	9,46	11,44	13,26	14,57	15,27	15,40	14,96	13,34	10,69
	EGTA	5,54	6,71	8,31	10,18	11,78	12,56	11,99	10,08	7,37
	DCTA	10,28	12,36	14,18	15,47	16,18	16,32	16,03	14,92	12,83

EDTA Ethylendiamin-tetraessigsäure
EGTA Oxybis(ethylendiaminnitrilo)-tetraessigsäure
DCTA Diaminocyclohexan-tetraessigsäure

Tabelle A.15. Logarithmen einiger Nebenreaktionskoeffizienten $\alpha[M(OH)_2]$, (IUPAC) [593]. $I = 0{,}1$ mol/L, $\theta = 25\,°C$

pH-Wert:	7	8	9	10	11	12	13	14
Mg^{2+}	0,00	0,00	0,00	0,02	0,15	0,70	1,61	2,60
Ca^{2+}	0,00	0,00	0,00	0,00	0,01	0,08	0,48	1,32
Ba^{2+}	0,00	0,00	0,00	0,00	0,00	0,02	0,18	0,78
Cd^{2+}	0,00	0,01	0,08	0,55	1,96	4,55	8,08	12,01
Cu^{2+}	0,04	0,30	1,04	2,00	3,00	4,00	5,00	6,00
Pb^{2+}	0,06	0,42	1,28	2,58	4,62	7,34	10,30	13,30

A.4 Ionenpuffer

Tabelle A.16. Kupferionenpuffer nach Blum und Fog [599], pCu-Werte bei 25 °C, c in mmol/L

Puffer	A	B	C	D	E	F
$Cu(NO_3)_2$	7,69	7,69	10	7,69	10	
$CuSO_4$						10
$Zn(NO_3)_2$	15,38					
$Cd(NO_3)_2$		15,38				
$Ca(NO_3)_2$				15,38		
Na_2EDTA	15,38	15,38		15,38	20	20
NTA			20			
NaOH	30,76	30,76		30,76		
$NaOOCCH_3$			100		40	
Na_2HPO_4						40
I (mol/L)	0,10	0,10	0,11	0,10	0,10	0,17
pH	7,00	7,2	4,76	8,2	4,76	6,65
pCu	4,21	4,29	7,93	10,05	11,90	15,09

EDTA = Ethylendiamin-tetraessigsäure, NTA = Nitrilo-triessigsäure

Tabelle A.17. Calciumionenpuffer, nach Craggs et al. [600]. c in mmol/L

Puffer:	A	B
EDTA		0,005
NTA		0,005
$CaCl_2$	1,001	0,001
pH (mit NaOH bzw. HCl einstellen!)	5,65	8,04
I (mit NaCl einstellen!)	0,1	0,1
pCA	6,12	5,23

Tabelle A.18. Kupfer(II)ionenpuffer nach Hansen et al. [601]. c in mmol/L, $\theta = 20\,°C$, $I = 0{,}1$ mol/L mit KNO_3 eingestellt

Puffer:	A	B	C	D	E	F
NTA	11	2	1,1	11	2	1,1
$Cu(NO_3)_2$	10	1	0,1	10	1	0,1
pH, eingestellt						
mit Acetat	4,75	4,75	4,75			
mit Borat				8,55	9,02	8,82
pCu	6,91	7,91	8,91	10,20	12,07	13,05
	G	H	I	J	K	L
EDTA	11	2	1,1	11	2	1,1
$Cu(NO_3)_2$	10	1	0,1	10	1	0,1
pH, eingestellt						
mit Acetat	4,75	4,75	4,75			
mit Borat				8,72	8,85	8,90
pCu	10,72	11,72	12,72	16,15	17,26	18,31

A.4.2 Anionenpuffer

Für die Herstellung von Fluoridionenpuffer kann man die Komplexe mit Lanthan-, Aluminium-, Thorium- und Zirkoniumionen verwenden. Wenn die Komplexe des Typs MF und MF_2 berücksichtigt werden, gilt die Formel:

$$C_F = c_F + C_M \frac{K_1 c_F + 2K_2 c_F^2}{1 + K_1 c_F + K_2 c_F^2} + K_3 c_H c_F. \tag{166}$$

Aus ihr läßt sich bei gegebener Metallionen-Gesamtkonzentration C_M und der gewünschten Konzentration freier Fluoridionen c_F die zugegebene Gesamtkonzentration C_F. Die Stabilitätskonstanten sind:

$$K_1 = \frac{c_{MF}}{c_M \cdot c_F}; \quad K_2 = \frac{c_{MF_2}}{c_M \cdot c_F^2}; \quad K_3 = \frac{c_{HF}}{c_H \cdot c_F}. \tag{167}$$

Zahlenwerte für die Stabilitätskonstante K_1 einiger Fluoridkomplexe s. Tabelle A.19. pH-Werte über 4 kann man in Fluoridlösungen mit einer konventionellen Glaselektrodenmeßkette bestimmen, bei Säurewerten von pK > 4,75 darf man das dritte Glied in Gl. (166) vernachlässigen. Berechnete Fluoridionenpuffer befinden sich in der Tabelle A.20.

A.4 Ionenpuffer

Tabelle A.19. Komplex-Stabilitätskonstanten einiger Fluorokomplexe. c in mol/L, pH > 4,75, $\theta = 25\,°C$

M	Elektrolyt		lg K_1	lg K_2	lg K_3	Lit.
La	NaClO$_4$	(0,5)	2,68		2,9	[602]
Al (10^{-4})			4,98	9,51	pH 4,75	[603]
Al (10^{-3})			5,34	10,13	pH 4,75	
Al (10^{-2})			5,72	10,94	pH 4,75	
Th	NaClO$_4$	(0,5)	7,56	13,29	2,9	[602]
Zr	NClO$_4$	(2,0)	8,60	15,73	2,8	

Tabelle A.20. Fluoridionenpuffer nach Trojanowicz [604]. 0,5 mol/L NaClO$_4$ u. 0,001 mol/L Th(NO$_3$)$_4$, mit HCO$_4$ auf den pH-Wert 2,00 eingestellt

NaF (mol/L)	pF	NaF (mol/L)	pF
6,30×10^{-4}	7,5	4,0×10^{-5}	9,0
3,06×10^{-4}	8,0	1,3×10^{-5}	9,5
1,18×10^{-4}	8,5	4,0×10^{-6}	10

A.4.3 Gaspuffer

Unter Gaspuffern sind Lösungen zu verstehen, deren Puffersystem für einen bestimmten Partialdruck eines Gases sorgen. In Tabelle 22 im Abschn. 6.1 ist eine Kalibrierlösung für Blutgasanalysatoren mit dem pH-abhängigen System $CO_3^{2-}/HCO_3^-/CO_2$ beschrieben.

Zur Kalibrierung der Glas/Ag$_2$S-Meßkette empfiehlt sich ein indirekter Standardpuffer. Da Schwefelwasserstoff durch Luftsauerstoff schnell oxidiert wird, benutzt man an seiner Stelle die Silberionen, welche nach $K_L = a_{Ag^+} \times a_{S^{2-}}$ mit den Sulfidionen im Gleichgewicht stehen. Wie bereits im Abschn. 3.2 erwähnt, kann man kleine Silberionenkonzentrationen am besten mit einem Bodenkörper eines schwerlöslichen Salzes konstant halten, so daß Lösungen nach Tabelle 21 empfohlen werden können.

Tabelle A.21. Zweiphasige Schwefelwasserstoff-Puffer für die Ag_2S-Elektrode, alle Lösungen mit Silberiodid-Bodenkörper

Bestandteil		Konzentration		θ (°C)	pH	pH_2S	Lit.
A	$HClO_4$	0,01	mol/L	25	2	3,1	[605]
	KI	0,01	mol/L				
B	$HClO_4$	0,001	mol/L	25	3	5,1	
	KI	0,01	mol/L				
C	KH-Phthalat	10,21	g/L	10	3,89	6,55	[606]
	KI	0,1	mol/L	15	3,90	6,65	
				20	3,91	6,74	
				25	3,91	6,81	
				30	3,92	6,90	
				35	3,92	6,96	
				40	3,93	7,03	
				45	3,94	7,10	
				50	3,96	7,19	
D	KH_2PO_4	3,38	g/L	10	6,80	12,37	
	Na_2HPO_4	3,53	g/L	15	6,78	12,41	
	KI	0,1	mol/L	20	6,77	12,46	
				25	6,75	12,49	
				30	6,74	12,54	
				35	6,73	12,58	
				40	6,73	12,63	
				45	6,72	12,66	
				50	6,72	12,71	

A.5 Tabelle zum Auswerten der Analysentechnik 5.4.1

Messung der Spannungsänderung bei Zugabe einer Standardlösung zu der Probenlösung (nach Unterlagen der Fa. Orion).

Die Tabelle geht davon aus, daß bei 25 °C gearbeitet wird, daß man von 100 mL Probenlösung ausgeht und 10 mL einer etwa 10fach konzentrierteren Standardlösung hinzufügt. Es wird eine theoretische Elektrodensteilheit angenommen. Für Kationen gelten bei den E_2-E_1-Werten umgekehrte Vorzeichen und für zweiwertige Ionen sind die E_2-E_1-Werte zu verdoppeln. Man erhält die Konzentration des Meßions in der Probenlösung durch Multiplikation der betreffenden Standardlösungskonzentration mit dem zu E_2-E_1 gehörigen Faktor f.

A.5 Tabelle zum Auswerten der Analysentechnik 5.4.1

E_2-E_1 (mV)	f	E_2-E_1 (mV)	f	E_2-E_1 (mV)	f	E_2-E_1 (mV)	f
		−3,0	0,423	−8,5	0,188	−18,0	0,0822
+2,4	52,6	−3,1	0,415	−8,6	0,186	−18,2	0,0811
+2,3	17,2	−3,2	0,407	−8,7	0,184	−18,4	0,0799
+2,2	10,3	−3,3	0,399	−8,8	0,182	−18,6	0,0788
+2,1	7,32	−3,4	0,391	−8,9	0,180	−18,8	0,0777
+2,0	5,68	−3,5	0,384	−9,0	0,178	−19,0	0,0767
+1,9	4,63	−3,6	0,377	−9,1	0,176	−19,2	0,0756
+1,8	3,91	−3,7	0,370	−9,2	0,174	−19,4	0,0746
+1,7	3,38	−3,8	0,363	−9,3	0,173	−19,6	0,0736
+1,6	2,98	−3,9	0,357	−9,4	0,171	−19,8	0,0726
+1,5	2,66	−4,0	0,351	−9,5	0,169	−20,0	0,0716
+1,4	2,40	−4,1	0,345	−9,6	0,167	−20,2	0,0707
+1,3	2,19	−4,2	0,339	−9,7	0,165	−20,4	0,0698
+1,2	2,01	−4,3	0,333	−9,8	0,164	−20,6	0,0689
+1,1	1,86	−4,4	0,327	−9,9	0,162	−20,8	0,0680
+1,0	1,72	−4,5	0,322	−10,0	0,160	−21,0	0,0671
+0,9	1,61	−4,6	0,319	−10,2	0,157	−21,2	0,0662
+0,8	1,51	−4,7	0,312	−10,4	0,154	−21,4	0,0654
+0,7	1,42	−4,8	0,307	−10,6	0,151	−21,6	0,0645
+0,6	1,34	−4,9	0,302	−10,8	0,148	−21,8	0,0637
+0,5	1,27	−5,0	0,297	−11,0	0,145	−22,0	0,0629
+0,4	1,21	−5,1	0,293	−11,2	0,143	−22,2	0,0621
+0,3	1,15	−5,2	0,288	−11,4	0,140	−22,4	0,0613
+0,2	1,09	−5,3	0,284	−11,6	0,137	−22,6	0,0606
+0,1	1,05	−5,4	0,280	−11,8	0,135	−22,8	0,0598
0,0	1,00	−5,5	0,276	−12,0	0,133	−23,0	0,0591
−0,1	0,959	−5,6	0,272	−12,2	0,130	−23,2	0,0584
−0,2	0,921	−5,7	0,268	−12,4	0,128	−23,4	0,0576
−0,3	0,886	−5,8	0,294	−12,6	0,126	−23,6	0,0569
−0,4	0,853	−5,9	0,260	−12,8	0,123	−23,8	0,0563
−0,5	0,822	−6,0	0,257	−13,0	0,121	−24,0	0,0556
−0,6	0,794	−6,1	0,253	−13,2	0,119	−24,2	0,0549
−0,7	0,767	−6,2	0,250	−13,4	0,117	−24,4	0,0543
−0,8	0,742	−6,3	0,247	−13,6	0,115	−24,6	0,0536
−0,9	0,718	−6,4	0,243	−13,8	0,113	−24,8	0,0530
−1,0	0,696	−6,5	0,240	−14,0	0,112	−25,0	0,0523
−1,1	0,675	−6,6	0,237	−14,2	0,110	−25,2	0,0517
−1,2	0,655	−6,7	0,234	−14,4	0,108	−25,4	0,0511
−1,3	0,637	−6,8	0,231	−14,6	0,106	−25,6	0,0505
−1,4	0,619	−6,9	0,228	−14,8	0,105	25,8	0,0499
−1,5	0,602	−7,0	0,225	−15,0	0,103	−26,0	0,0494
−1,6	0,586	−7,1	0,222	−15,2	0,1013	−26,2	0,0488
−1,7	0,571	−7,2	0,219	−15,4	0,0997	−26,4	0,0482
−1,8	0,556	−7,3	0,217	−15,6	0,0982	−26,6	0,0477
−1,9	0,542	−7,4	0,214	−15,8	0,0967	−26,8	0,0471
−2,0	0,529	−7,5	0,212	−16,0	0,0952	−27,0	0,0466
−2,1	0,516	−7,6	0,209	−16,2	0,0938	−27,2	0,0461
−2,2	0,504	−7,7	0,207	−16,4	0,0924	−27,4	0,0456
−2,3	0,493	−7,8	0,204	−16,6	0,0910	−27,6	0,0450

E_2-E_1 (mV)	f	E_2-E_1 (mV)	f	E_2-E_1 (mV)	f	E_2-E_1 (mV)	f
−2,4	0,482	−7,9	0,202	−16,8	0,0897	−27,8	0,0445
−2,5	0,471	−8,0	0,199	−17,0	0,0884	−28,0	0,0440
−2,6	0,461	−8,1	0,197	−17,2	0,0871	−28,2	0,0435
−2,7	0,451	−8,2	0,195	−17,4	0,0858	−28,4	0,0431
−2,8	0,441	−8,3	0,193	−17,6	0,0846	−28,6	0,0426
−2,9	0,432	−8,4	0,190	−17,8	0,0834	−28,8	0,0421

A.6 Tabelle zum Auswerten der Analysentechnik 5.4.2

Messung der Spannungsänderung bei Zugabe der Probenlösung zu einer Standardlösung (nach Unterlagen der Fa. Orion).

Die Tabelle geht davon aus, daß bei 25 °C gearbeitet wird und daß die Meßelektrodenkette die theoretische Nernst-Steilheit aufweist. Man erhält die Konzentration des Meßions in der Probenlösung, indem man den zu E_2-E_1 gehörigen Faktor f mit dem Ausdruck $\left(\frac{V_s \cdot c_s}{V_p}\right)$ multipliziert.

Hierin bedeutet:

V_s = Ausgangsvolumen der Standardlösung,
c_s = Konzentration der Standardlösung,
V_p = Volumen der zugefügten Probenlösung.

E_2-E_1 (mV)		Additionstechnik f	Subtraktionstechnik f	E_2-E_1 (mV)		Additionstechnik f	Subtraktionstechnik f
einwertige Ionen	zweiwertige Ionen			einwertige Ionen	zweiwertige Ionen		
1,0	0,5	0,040	0,038	21,0	10,5	1,26	0,56
1,2	0,6	0,048	0,046	22,0	11,0	1,35	0,58
1,4	0,7	0,056	0,053	23,0	11,5	1,45	0,59
1,6	0,8	0,064	0,060	24,0	12,0	1,55	0,61
1,8	0,9	0,073	0,068	25,0	12,5	1,65	0,62
2,0	1,0	0,081	0,075	26,0	13,0	1,75	0,64
3,0	1,5	0,12	0,11	27,0	13,5	1,86	0,65
4,0	2,0	0,17	0,14	28,0	14,0	1,97	0,66
5,0	2,5	0,21	0,18	29,0	14,5	2,09	0,68
6,0	3,0	0,26	0,21	30,0	15,0	2,21	0,69
7,0	3,5	0,31	0,24	31,0	15,5	2,34	0,70
8,0	4,0	0,36	0,27	32,0	16,0	2,47	0,71
9,0	4,5	0,42	0,30	33,0	16,5	2,61	0,72
10,0	5,0	0,48	0,32	34,0	17,0	2,76	0,73
11,0	5,5	0,53	0,35	35,0	17,5	2,90	0,74
12,0	6,0	0,60	0,37	36,0	18,0	3,06	0,75
13,0	6,5	0,66	0,40	37,0	18,5	3,22	0,76
14,0	7,0	0,72	0,42	38,0	19,0	3,39	0,77
15,0	7,5	0,79	0,44	39,0	19,5	3,56	0,78
16,0	8,0	0,86	0,46	40,0	20,0	3,74	0,79
17,0	8,5	0,94	0,48				

E_2-E_1 (mV)		Additions-technik f	Subtraktions-technik f	E_2-E_1 (mV)		Additions-technik f	Subtraktions-technik f
ein-wertige Ionen	zwei-wertige Ionen			ein-wertige Ionen	zwei-wertige Ionen		
18,0	9,0	1,01	0,50				
19,0	9,5	1,09	0,52				
20,0	10,0	1,18	0,54				

A.7 Tabelle zum Auswerten der Analysentechnik 5.5.1

Methode der doppelten Standardzugabe (nach Unterlagen der Fa. Orion). Über die Bedeutung der Kürzel s. Abschn. 5.5.1

R	c_x/c_1	R	c_x/c_1	R	c_x/c_1	R	c_x/c_1
1,270	0,100	1,495	0,600	1,620	1,213	1,720	2,126
1,280	0,113	1,500	0,618	1,625	1,245	1,725	2,190
1,290	0,126	1,505	0,637	1,630	1,280	1,730	2,256
1,300	0,140	1,510	0,655	1,635	1,315	1,735	2,326
1,310	0,154	1,515	0,675	1,640	1,353	1,740	2,397
1,320	0,170	1,520	0,694	1,645	1,391	1,745	2,470
1,330	0,186	1,525	0,714	1,650	1,430	1,750	2,549
1,340	0,203	1,530	0,735	1,655	1,469	1,755	2,629
1,350	0,221	1,535	0,756	1,660	1,510	1,760	2,711
1,360	0,240	1,540	0,778	1,665	1,554	1,765	2,801
1,370	0,260	1,545	0,801	1,670	1,598	1,770	2,892
1,380	0,280	1,550	0,823	1,675	1,643	1,775	2,985
1,390	0,302	1,555	0,847	1,680	1,691	1,780	3,088
1,400	0,325	1,560	0,870	1,685	1,738	1,785	3,193
1,410	0,349	1,565	0,896	1,690	1,787	1,790	3,301
1,420	0,373	1,570	0,920	1,695	1,840	1,795	3,416
1,430	0,399	1,575	0,946	1,700	1,894	1,800	3,536
1,440	0,427	1,580	0,973	1,705	1,948	1,805	3,664
1,450	0,455	1,585	1,000	1,710	2,006	1,810	3,797
1,460	0,485	1,590	1,029	1,715	2,066	1,815	3,939
1,470	0,516	1,595	1,056				
1,475	0,532	1,600	1,086				
1,480	0,548	1,605	1,116				
1,485	0,565	1,610	1,147				
1,490	0,582	1,615	1,179				

A.8 Tabelle zum Auswerten der Analysentechnik 5.5.2

Methode der Standardzugabe mit anschließender Verdünnung (nach Unterlagen der Fa. Orion).

Der Tabelle wurde eine 1:1 Verdünnung zugrunde gelegt. Über die Bedeutung der Kürzel s. Abschn. 5.5.2

R	c_x/c_1	R	c_x/c_1	R	c_x/c_1	R	c_x/c_1
0,20	6,727	0,80	1,349	1,30	0,684	1,80	0,403
0,22	6,072	0,82	1,307	1,32	0,668	1,82	0,395
0,24	5,526	0,84	1,266	1,34	0,653	1,84	0,388
0,26	5,066	0,86	1,227	1,36	0,638	1,86	0,380
0,28	4,670	0,88	1,190	1,38	0,624	1,88	0,373
0,30	4,327	0,90	1,155	1,40	0,610	1,90	0,366
0,32	4,026	0,92	1,121	1,42	0,597	1,92	1,359
0,34	3,763	0,94	1,089	1,44	0,584	1,94	0,353
0,36	3,528	0,96	1,058	1,46	0,571	1,96	0,346
0,38	3,319	0,98	1,028	1,48	0,559	1,98	0,340
0,40	3,130	1,00	1,000	1,50	0,547	2,00	0,333
0,42	2,959	1,02	0,973	1,52	0,535	2,02	0,327
0,44	2,805	1,04	0,947	1,54	0,524	2,04	0,321
0,46	2,663	1,06	0,922	1,56	0,513	2,06	0,316
0,48	2,533	1,08	0,898	1,58	0,503	2,08	0,310
0,50	2,415	1,10	0,875	1,60	0,492	2,10	0,304
0,52	2,305	1,12	0,852	1,62	0,482	2,12	0,299
0,54	2,203	1,14	0,831	1,64	0,473	2,14	0,294
0,56	2,109	1,16	0,810	1,66	0,463	2,16	0,288
0,58	2,021	1,18	0,790	1,68	0,454	2,18	0,283
0,60	1,939	1,20	0,771	1,70	0,445	2,20	0,278
0,62	1,863	1,22	0,752	1,72	0,436	2,22	0,273
0,64	1,791	1,24	0,734	1,74	0,427	2,24	0,269
0,66	1,724	1,26	0,717	1,76	0,419	2,26	0,264
0,68	1,661	1,28	0,700	1,78	0,411	2,28	0,259
0,70	1,602						
0,72	1,545						
0,74	1,492						
0,76	1,442						
0,78	1,394						

A.9 Auswerttabelle für Standardzugabe+Verdünnung 1:1
(nach Unterlagen der Fa. Metrohm)

Inkrementfaktor in Abhängigkeit von der Steilheit bei 25 °C (einwertige Ionen).

E_2-E_1 [mV]	% der theoretischen Steilheit									
	100	99	98	97	96	95	94	93	92	91	90
	$E-E$ (mV)									
	17,8	17,6	17,5	17,3	17,1	16,9	16,7	16,6	16,4	16,2	16,0
10	2,10	2,08	2,05	2,03	2,00	1,97	1,95	1,92	1,90	1,87	1,85
11	1,87	1,85	1,83	1,80	1,78	1,70	1,73	1,71	1,69	1,66	1,64
12	1,68	1,66	1,64	1,62	1,60	1,57	1,55	1,53	1,51	1,49	1,47
13	1,52	1,50	1,48	1,46	1,44	1,42	1,40	1,38	1,36	1,34	1,33
14	1,38	1,36	1,34	1,33	1,31	1,29	1,27	1,26	1,24	1,22	1,20
15	1,26	1,24	1,23	1,21	1,19	1,18	1,16	1,14	1,13	1,11	1,10
16	1,16	1,14	1,13	1,11	1,10	1,08	1,06	1,05	1,03	1,02	1,00
17	1,07	1,05	1,04	1,02	1,01	0,99	0,98	0,96	0,95	0,94	0,92
18	0,99	0,97	0,96	0,94	0,93	0,92	0,90	0,89	0,88	0,86	0,85
19	0,91	0,90	0,89	0,87	0,86	0,85	0,84	0,82	0,81	0,80	0,78
20	0,85	0,84	0,82	0,81	0,80	0,79	0,78	0,76	0,75	0,74	0,73
21	0,79	0,78	0,77	0,76	0,74	0,73	0,72	0,71	0,70	0,69	0,68
22	0,74	0,73	0,72	0,71	0,69	0,68	0,67	0,66	0,65	0,64	0,63
23	0,69	0,68	0,67	0,66	0,65	0,64	0,63	0,62	0,61	0,60	0,59
24	0,65	0,64	0,63	0,62	0,61	0,60	0,59	0,58	0,57	0,56	0,55
25	0,61	0,60	0,59	0,58	0,57	0,56	0,55	0,54	0,53	0,52	0,51
26	0,57	0,56	0,55	0,54	0,53	0,53	0,52	0,51	0,50	0,49	0,48
27	0,54	0,53	0,52	0,51	0,50	0,49	0,49	0,48	0,47	0,46	0,45
28	0,51	0,50	0,49	0,48	0,47	0,47	0,46	0,45	0,44	0,43	0,42
29	0,48	0,47	0,46	0,45	0,45	0,44	0,43	0,42	0,41	0,41	0,40
30	0,45	0,44	0,44	0,43	0,42	0,41	0,41	0,40	0,39	0,38	0,38
31	0,43	0,42	0,41	0,40	0,40	0,39	0,38	0,38	0,37	0,36	0,35
32	0,40	0,40	0,39	0,38	0,38	0,37	0,36	0,36	0,35	0,34	0,33
33	0,38	0,38	0,37	0,36	0,36	0,35	0,34	0,34	0,33	0,32	0,32
34	0,36	0,36	0,35	0,34	0,34	0,33	0,32	0,32	0,31	0,30	0,30
35	0,34	0,34	0,33	0,33	0,32	0,31	0,31	0,30	0,29	0,29	0,28
36	0,33	0,32	0,31	0,31	0,30	0,30	0,29	0,28	0,28	0,27	0,27
37	0,31	0,30	0,30	0,29	0,29	0,28	0,28	0,27	0,26	0,26	0,25
38	0,30	0,29	0,28	0,28	0,27	0,27	0,26	0,26	0,25	0,25	0,24
39	0,28	0,28	0,27	0,26	0,26	0,25	0,25	0,24	0,24	0,23	0,23
40	0,27	0,26	0,26	0,25	0,25	0,24	0,24	0,23	0,23	0,22	0,22
41	0,25	0,25	0,24	0,24	0,23	0,23	0,22	0,22	0,21	0,21	0,20
42	0,24	0,24	0,23	0,23	0,22	0,22	0,21	0,21	0,20	0,20	0,19
43	0,23	0,23	0,22	0,22	0,21	0,21	0,20	0,20	0,19	0,19	0,18
44	0,22	0,22	0,21	0,21	0,20	0,20	0,19	0,19	0,18	0,18	0,18
45	0,21	0,21	0,20	0,20	0,19	0,19	0,18	0,18	0,18	0,17	0,17
46	0,20	0,20	0,19	0,19	0,18	0,18	0,17	0,17	0,17	0,16	0,16
47	0,19	0,19	0,18	0,18	0,17	0,17	0,17	0,16	0,16	0,15	0,15
48	0,18	0,18	0,17	0,17	0,17	0,16	0,16	0,15	0,15	0,15	0,14
49	0,17	0,17	0,17	0,16	0,16	0,16	0,15	0,15	0,14	0,14	0,14
50	0,17	0,16	0,16	0,16	0,15	0,15	0,14	0,14	0,14	0,13	0,13

Literatur

1. Schindler JG, Schindler MM (1983) Bioelektrochemische Membranelektroden. W. de Gruyter, Berlin
2. Honold F (1991) Ionenselektive Elektroden, Grundlagen und Anwendungen in Biologie und Medizin. Birkhäuser, Basel
3. Bates RG (1965) Determination of pH. J. Wiley, New York
4. Schwabe K (1976) pH-Meßtechnik, 4. Aufl. Th. Steinkopff, Dresden Leipzig
5. Galster H (1990) pH-Messung. VCH-Verlag, Weinheim
6. Nernst W (1889) Z phys Chem 4:129–181
7. Gerischer H, Cammann K (1972) Ber Bunsen Ges 76:385–388
8. Möhring K (1955) Z Elektrochem 59:102–114
9. Cammann K, Rechnitz GA (1976) Anal Chem 48:856–862
10. Kratz L (1950) Die Glaselektrode und ihre Anwendungen. D. Steinkopff, Frankfurt/Main
11. Eisenman G (1967) Glass electrodes for hydrogen and other cations, principles and practice. M. Dekker, New York
12. Cremer M (1906) Z Biol 46:562–608
13. Baucke FGK (1985) J Non-Cryst Solids 73:215–231
14. Wikby A (1974) Electrochim Acta 19:329–336
15. Baucke FGK (1991) J Non-Cryst Solids 129:233–239
16. Horovitz K (1923) Z Physik 15:369–398
17. Lengyel B, Blum E (1934) Trans Faraday Soc 30:461–471
18. Ssokolof SJ, Passynsky AH (1932) Z physik Chem A 160:366–377
19. Schwabe K, Suschke HD (1964) Angew Chem 76:39–49
20. Nikolski BP (1937) Z Physik Chem (russ) 10:495–503
21. Eisenman G (1969) In: Lavallée M, Schanne OF, Hébert OF (eds) The ion-exchange characteristics of the hydrated surface of Na^+ selective glass elektroden. J. Wiley, New York
22. Nikolski BP, Schulz MM, Peschechonowa NV (1958) Z Physik Chem (russ) 32:19–26
23. Baucke FGK (1974) J Non-Cryst Solids 14:13–31
24. Hubbard D, Black S, Holley S, Rynders GJ (1951) J Res nat Bur Stand 46:168–175
25. Wagner, C, Traud W (1938) Z Elektrochem 44:391–402
26. Wikby A (1972) J Electroanal Chem 38:429–440
27. Cammann K (1975) Dissertation, Universität München
28. Pungor E, Tóth K, Havas J (1966) Acta Chim Acad Sci hung 48:17–22
29. Buchanan EB, Seago JL (1968) Anal Chem 40:517–521
30. Stefanac Z, Simon W (1967) Mikrochem J 12:125–132
31. Pedersen CJ (1967) J Amer Chem Soc 89:7017–7036
32. Bush MA, Truter MR (1972) J Chem Soc Perkin II:345–350
33. IUPAC (1976) Pure Appl Chem 48:127–132
34. Buck RP (Sept. 1991) Privatmitt., Chapel Hill, North Carolina, USA

35. Nikolski BP, Schulz, Belijustininin (1967) In: Eisenman G (ed) Glass electrodes for hydrogen and other cations. M. Dekker, New York
36. Kimball GE, Glassner A (1940) J Chem Phys 8:815–820
37. Bockris J O'M (1954) Modern aspects of electrochemistry, vol 1. Bockris, Conway (eds). Butterworth, London
38. Gerischer H: Persönl. Mitteilung
39. Rechnitz GA (1969) Analytical studies. In: Durst RA (ed) Ion-selective electrodes. NBS, Spec Publ 314, Washington
40. Moore, EW (1968) Ann NY Acad Sci 148(1):93–109
41. Huston, R, Butler JN (1969) Anal Chem 41:200–202
42. Lewenstam A, Hulanicki A (1990) Ion Sel El Rev 12:161–201
43. Pungor E, Tóth K, Hrabeczy-Pall A (1979) Pure Appl Chem 51:1913–1980
44. Bockris JOM, Reddy AKN (1970) Modern Electrochemistry. Plenum Press, New York
45. Bates RG, Robinson RA (IUPAC) (1974) Pure Appl Chem 37:573–577
46. Robinson, RA, Stokes RH (1959) Elektrolyte Solutions. Butterworth, London
47. Kielland J (1937) J Am Chem Soc 59:1675–1678
48. Robinson RA, Bates RG (1973) Anal Chem 45:1666
49. K. Schwabe, Physikalische Chemie Bd. 2. Akademie-Verlag, Berlin 1944
50. deBethune AJ (1955) J Electrochem Soc 102:288c–292c
51. Galster H (1969) Fresenius Z Anal Chem 245:62–67
52. Latimer WM (1952) The Oxidation States of the Elements and their Potentials in Aqueous Solutions. Prentice-Hall, New York
53. Feltham AM, Spiro MJ (1972) Electroanal Chem 35:181–192
54. Popoff S, Kunz AH, Snow RD (1928) J Phys Chem 32:1056–1060
55. Hills GJ, Ives DJG (1951) J Chem Soc 305–310
56. Ives DJG, Janz GJ (1961) Reference electrodes. Academic Press, New York
57. Milazzo G, Sharma VK (1972) Z Phys Chem NF 79:41–60
58. Trasatti S (1992) NATO ASI Ser C. Academic Press, New York 229–243
59. DIN 19264 (1985) pH-Messung, Bezugselektroden. Beuth, Berlin
60. Henderson P (1908) Z physik Chem 63:325–345
61. Planck M (1890) Ann Phys Chem NF 40:561
62. MacInnes DA, Yeh YL (1921) J Am Chem Soc 43:2563–2573
63. Durst RA (ed) Ion-selective electrodes. NBS, Spec Publ 314, Washington
64. Baucke FGK (1971) J Electroanal Chem 33:135–144
65. Kopelove A, Franklin SF, McGaha Miller G (1989) Am Lab 21:40–47
66. DIN IEC 746 Teil 2 (1986) Angabe des Betriebsverhaltens von elektrochemischen Analysatoren, Messung des pH-Wertes. Beuth, Berlin
67. Baucke FGK, Naumann R, Alexander-Weber C (1993) Anal Chem 65:3244–3251
68. Brezinski DP (1983) Analyst 108:425–442
69. Ashby JH, Crook EM, Datta SP (1954) Biochem J 56:190–196
70. Petersen O (1968) Chem-Ing-Techn 40:76–79
71. Harned HS, Ehlers RW (1933) J Am Chem Soc 55:2179–2193
72. Bates RG, Bower VE (1954) J Res NBS 53:283–290
73. Dumschat C (1994) Privatmitt.
74. Manov GG, DeLollis NJ, Acree SF (1945) J Res NBS 34:115–127
75. Fricke HK (1960) In: Schott E (Hrsg) Beiträge zur angewandten Glasforschung. Wissenschaftl Verlags GmbH, Stuttgart
76. DIN 19 265 (1994) pH-Messung, pH-Meßumformer Anforderungen. Beuth, Berlin
77. Ostwald W (1893) Hand- und Hilfsbuch zur Ausführung Physikochemischer Messungen. Leipzig

78. Midgley D (1984) Analyst 109. Part I: 439–444, Part II: 445–452, Part III: 749–753
79. Whitfield M, Jagner D (1981) Marine electrochemistry, practical introduction. J. Wiley, Chichester
80. D'Ans J, Lax E (1974) Taschenbuch für Chemiker und Physiker. Springer, Berlin
81. Sekerka I, Lechner JF (1979) Anal Lett 12:1239–1248
82. Angeleri P (13.2.69) DE 1 498 882 GO1n
83. Mirkin VA, Fenin AV (1988) Zh Anal Khim 43:1195–1198
84. Hitchman ML, Nyasulu FWM (1986) J Chem Soc Faraday Trans I 82:1223–1236
85. Dobson JV, Cromer J (1987) J Electroanal Chem Interfacial Electrochem 220:225–234
86. Geyer R, Nebel K, Uhlmann G (1981) Z Chem 21:336–337
87. Papeschi G, Pinzauti S, Gratteri P, Larini M (1992) Sens Actuators B.7:544–548
88. Mirkin VA, Ilyushchenko MA, Bakamira VV (1977) Zh Anal Khim 32:2282–2284
89. Selig WS (1984) Z Anal Chem 317:865–868
90. Nair DS, Dhaneshwar R (1992) Analyst 117:1895–1897
91. Börner J, Martin G, Götz C (1990) Z gesamte Hyg 36:337–339
92. Midgley D (1986) Ion Sel Electrode Rev 8:3–54
93. Vermes I, Grabner EW (1990) J Electroanal Chem Interfacial Electrochem 284: 315–321
94. Harzdorf C (1982) Anal Chim Acta 136:61–67
95. Mirna A (1971) Z Anal Chem 254:114–116
96. Dobcnik D, Gomiscek S, Stergulec J (1990) Fresenius Z Anal Chem 337:369–371
97. Vucurovic BD, Rajkovic MB (1987) Analyst 112:539–542
98. Harzdorf C (1990) DECHEMA-Monogr. 124:175–193
99. Harzdorf C (1974) Z Anal Chem 270:23
100. DIN 53 125 (1985) Prüfung von Papier und Pappe. Bestimmung des Chloridgehaltes in wäßrigen Extrakten. Beuth, Berlin
101. Kolthoff JM, Sanders HL (1937) J Am Chem Soc 59:416–420
102. Beer G (1989) Nachr Chem Tech Lab 37:35
103. Adametzova H, Vadura R (1974) J Electroanal Chem Interfacial Electrochem 55:53–58
104. Gulens J, West SJ, Ross JW (1984) Anal Chem 56:2367–2368
105. Mansmann M (1966) Z Kristallgr 122:375–398
106. Frant MS, Ross JM (1966) Science 154:1553–1555
107. Heijne GJM, van der Linden WE (1977) Anal Chim Acta 93:99–110
108. Heijne GJM, van der Linden WE, den Boef G (1978) Anal Chim Acta 100:193–205
109. DeMarco R, Cattrall EV, Liesegang J, Nyberg GL, Hamilton IC (1990) Anal Chem 62:2339–2346
110. Gratzl M, Gryzelko L, Kömives J, Tóth K, Pungor E (1985) In: Pungor E (ed) 4th Symp on Ion-Selective Electrodes, Matrafüred 1984. Elsevier, Amsterdam
111. Neshkova M, Havas J (1983) Anal Lett 16:1567–1580
112. Gulens J, Ikeda B (1978) Anal Chem 50:782–787
113. Lechner JF, Sekerka I (1974) J Electroanal Chem and Interfacial Electrochem 57: 317–323
114. Koebel M (1974) Anal Chem 46:1559–1563
115. Jovanovic VM, Jovanovic MS (1990) Anal Chim Acta 233:329–333
116. Jovanovic VM, Sak-Bosnar M, Jovanovic MS (1987) Anal Chim Acta 196:221–227
117. Young VY (1990) Microchem J 42:25–36
118. Pungor E, Tóth K, Nagy G, Pólos L (1983) Anal Chim Acta 147:23–32
119. Clay ML, Young VY (1993) Anal Chem 65:1094–1099
120. Jaenicke W (1951) Z Elektrochem 55:648–562

121. Vesely J, Jensen OJ, Nicolaisen B (1972) Anal Chim Acta 62:1-13
122. Frant MS, Ross JW, Riseman JH (1972) Anal Chem 44:2227-2230
123. Hulanicki A, Lewandowski R, Lewenstam A (1976) Analyst 101:939-942
124. Läubli MW, Dinten O, Pretsch E, Simon W, Vögtle F, Bongardt F, Kleiner T (1985) Anal Chem 57:2756-2758
125. Kiselev GG (1990) Zh Anal Khim 45:99-103
126. Mohan MS, Rechnitz GA (1973) Anal Chem 45:1323-1326
127. Srinivasan K, Rechnitz GA (1968) Anal Chem 40:509-512
128. Buffle J, Parthasarathy N, Haerdi W (1974) Anal Chim Acta 68:253-266
129. Vesely J, Stulik K (1974) Anal Chim Acta 73:157-166
130. Mertens J, van den Winkel P, Massart DL (1976) Anal Chem 48:272-277
131. Durst RA, Taylor JK (1967) Anal Chem 39:1483-1485
132. Ferry D, Machtinger M, Bauer D (1984) Analysis 12:90-95
133. Oehme F (1975) Chem Tech 4:183-188
134. Berndt AF, Stearns RI (1975) Anal Chim Acta 74:446-448
135. Stahr HM, Ross PF, Hyde W (1980) Microchem J 25:232-234
136. Smith MJ, Manahan SE (1973) Anal Chem 45:836-839
137. Campbell AD (1987) Pure Appl Chem 59:695-702
138. Hara H, Wakizaka Y, Okazaki S (1985) Analyst 110:1087-1090
139. Pungor E, Tóth K, Havas J (1966) Mikrochim Acta 689-698
140. Pungor E (1967) Anal Chem 39:28A-45A (H 13)
141. Malissa H, Grasserbauer M, Pungor E, Tóth K, Pápay MK, Polos L (1975) Anal Chim Acta 80:223-231
142. Dole M (1941) The glass electrode, methods, applications and theory. J Wiley, New York
143. Eisenman G, Rudin DO, Casby JU (1957) Science 126:831-834
144. v Stackelberg WF (1970) Dissertation, München
145. Schwab A, Ehret R (16.11.72) DE 2133419 GO1N 27/36
146. Caneiro A, Fabry P, Khireddine H, Siebert E (1991) Anal Chem 63:2550-2557
147. Wangsa J, Arnold MA (1987) Anal Chem 59:1604-1608
148. Rechnitz GA, Zamochnick SB (1964) Talanta 11:979-983
149. Gomori G (1946) Proc Soc exp Biol Med (NY) 62:33-34
150. Hofmeister F (1888) Arch exp Patol Pharmakol 24:247-260
151. Ross JW (1967) Science 156:1378-1379
152. Moody GJ, Thomas JDR (1979) Ion-Sel Electr Rev 1:3-30
153. Nassory NS (1989) Talanta 36:672-674
154. Carlson RM, Paul JL (1968) Anal Chem 40:1292-1295
155. Geissler M, Kunze R (1986) Anal Chim Acta 189:245-252
156. Moore C, Pressman BC (1964) Biochem biophys Res Commun 15:562-567
157. Simon W, Wuhrmann HR, Vasak M, Pioda LAR, Dohner R, Stefanac Z (1970) Angew Chem 82:433-443
158. Petránek J, Ryba O (1974) Anal Chim Acta 72:375-380
159. Weber E, Vögtle F (1987) Nachr Chem Tech Lab 35:1149-1152
160. Kimura K, Oishi H, Miura T, Shono T (1987) Anal Chem 59:2331-2334
161. Kimura K, Tamura H, Shono T (1979) J Electroanal Chem Interfacial Electrochem 105:335-340
162. Takagi M, Nakano K, Nakashima N (1989) Pure Appl Chem 61:1605-1612
163. Kimura K, Miura T, Matsuo M, Shono T (1990) Anal Chem 62:1510-1513
164. Fluka Feinchemikalien (1991) Selectophore® Ionophores for Electrodes and Optodes. CH-Buchs

165. Kamata S, Murata H, Kubo Y, Bhale A (1989) Analyst 114:1029–1031
166. Kamata S, Onoyama K (1991) Anal Chem 63:1295–1298
167. Ammann D, Bissig R, Cimerman Z, Fiedler U, Güggi M, Morf WE, Oehme M, Osswald H, Pretsch E, Simon W (1976) Ion and enzyme electrodes in biology and medicine. Baltimore (USA). Kessler M, Clark LC, Lübbers DW. University Park Press
168. Moody GJ, Oke RB, Thomas JDR (1970) Analyst 95:910–918
169. Moody GJ, Thomas JDR (1971) Selective ion-sensitive electrodes. Merrow Publishing Co Ltd, Watford, England
170. Mascini M, Pallozzi F (1974) Anal Chim Acta 73:375–382
171. Morf WE, Lindner E, Simon W (1975) Anal Chem 47:1596–1601
172. Moody GJ, Saad BB, Thomas JDR (1988) Ion-Sel El Rev 10:71–106
173. Schindler JG, Schindler MM (1989) Z Anal Chem 335:553–556
174. Horvath V, Horvai G (1993) Anal Chim Acta 282:259–264
175. Cammann K (14.10.93) DE 4 226 630 A1 G01N 27/33
176. Llenado RA (1975) Anal Chem 47:2243–2249
177. Hammond SM, Lambert PA (1974) J Electroanalyt Chem Interfac Electrochem 53:155–158
178. Baczuk RJ, DuBois RJ (1968) Anal Chem 40:685–689
179. Hirsch RF, Portock JD (1969) Anal Lett 2:295–303
180. Schultz FA, Mathis DE (1974) Anal Chem 46:2253–2255
181. Hirsch RF, Olderman GM (1976) Anal Chem 48:771–776
182. Horvai G, Horvath V, Farkas A, Pungor E (1989) Talanta 36:403–405
183. Xie SL, Cammann K (1987) J Electroanal Chem Interfacial Electrochem 229:249–263
184. Harrison DJ, Li X, Petrovic S (1992) ACS Symp Ser 487:292–300
185. Anzai J, Liu CC (1991) Anal Chim Acta 248:323–327
186. Hulanicki A, Trojanowicz M, Pobozy E (1982) Analyst 107:1356–1362
187. Simon W, Duerselen L (22.03.89) EP 0 307 583 A2 G01N 27/30
188. Kanno K, Gatayama T, Koyama M (05.01.83) EP 0 068 505 A1 G01N 27/56
189. Herman HB, Rechnitz GA (1975) Anal Chim Acta 76:155–164
190. Szczepaniak W, Ren K (1976) Anal Chim Acta 82:37–44
191. Tanaka T, Hiiro K, Kawahara A (1974) Anal Lett 7:173–176
192. Gavach C, Bertrand C (1971) Anal Chim Acta 55:385–393
193. DIN 38 409 Teil 23 (1980) Deutsche Einheitsverfahren zur Wasser-, Abwasser- und Schlammuntersuchung. Bestimmung der methylenblauaktiven und der bismutaktiven Substanzen (H 23). Beuth, Berlin
194. Kobayashi T, Kataoka M, Kambara T (1980) Talanta 27:253–256
195. Simroh J (11.03.81) DD 147 004 G01N 27/30
196. Kurzendörfer CP, Schlag M (1986) DECHEMA Monogr 102:561–574
197. Starobinets GL, Laevskaya GA, Rakhmanko EM, Pirozhnikova AK (1980) Zh Anal Khim 35:154–158
198. Midgley D, Mulcahy DE (1983) Ion-Sel El Rev 5:165–242
199. Wenck H, Höner K (1989) Chem Uns Z 23:207–209
200. Lemke U, Cammann K (1989) Z Anal Chem 335:852–854
201. Ansaldi A, Epstein SI (1973) Anal Chem 45:595–596
202. Simon W, Morf WE (1974) Vortrag: International workshop on ion selective electrodes and on enzyme electrodes in biology and in medicine. Schloß Reisenberg, Germany
203. James H, Carmack G, Freiser H (1972) Anal Chem 44:856–857

204. Stefanova OK, Rozhdestvenskaya MV, Gorshova VF (1983) Elektrokhimiya 19:1225–1230
205. DeSantis G, Fabbrizzi L, Licchelli M, Monichino A, Pallavicini P (1992) J Chem Soc Dalton Trans 2219–2224
206. Wijesuriya D, Root DP (1990) Anal Chim Acta 236:445–448
207. Lima JLFC, Machado AASC (1986) Analyst 111:799–802
208. Cunningham L, Freiser H (1986) Anal Chim Acta 180:271–279
209. Severinghaus JW, Bradley AF (1958) J Appl Physiol 13:515–520
210. Stow RW, Baer RF, Randall BF (1957) Archs Phys Med Rehabil 38:646–650
211. Marsoner M (1972) ATM Febr:35–38
212. Ruzicka J, Hansen EH (1974) Anal Chim Acta 69:129–141
213. Arndt H, Brink H, Lübbers DW, Maas AHJ (1966) Pflügers Arch ges Physiol 288:282–296
214. Asano Y, Ito S (1990) Bunseki Kagaku 39:643–648
215. Sonntag O (1988) Trockenchemie. Thieme, Stuttgart
216. Yim HS, Cha GS, Meyerhoff ME (1990) Anal Chim Acta 237:115–125
217. Coetzee, JF, Gunaratna C (1986) Anal Chem 58:650–653
218. Botré F, Botré C, Greco A, Mazzei F (1991) in Carbonic Anhydrase Ed. Botré F, Gros G, Storey BT. VCH, Weinheim
219. Bailey PL, Riley M (1975) Analyst 100:145–156
220. Keeley DF, Walters FH (1983) Anal Lett 16:1581–1584
221. Synnott JC (1988) Proc Water Qual Tech Conf 1987:547–556
222. Kamphake LJ, Hannah SA, Cohen JM (1967) Water Res 1:205–216
223. Guilbault GG, Kauffmann JM, Patriarche GJ (1991) Bioprocess Technol 14:209–262
224. Kobos RK, Rice DJ, Flournoy DS (1979) Anal Chem 51:1122–1125
225. Katz SA, Rechnitz GA (1963) Z Anal Chem 196:248–251
226. Clark LC, Lyons C (1962) Ann New York Acad of Science 102:29–45
227. Hicks GP, Updike SJ (1966) Anal Chem 38:726–730
228. Guilbault GG, Montalvo JG (1969) J Amer Chem Soc 91:2164–2165
229. Guilbault GG, Montalvo JG (1970) J Amer Chem Soc 92:2533–2538
230. Guilbault GG, Hrabankova E (1970) Anal Chem 42:1779–1783
231. Guilbault GG, Hrabankova E (1971) Anal Chim Acta 56:285–290
232. Guilbault GG, Sadar MH (1979) Acc Chem Res 12:344–350
233. Rechnitz GA, Kobos RK, Riechel SJ, Gebauer CR (1977) Anal Chim Acta 94:357–365
234. Arnold MA, Rechnitz GA (1980) Anal Chem 52:1170–1174
235. Koncki R, Leszczynski P, Hulanicki A, Glab S (1992) Anal Chim Acta 257:67–72
236. Tran-Minh C, Broun G (1975) Anal Chem 47:1359–1364
237. Papastathopoulos DS, Rechnitz GA (1975) Anal Chim Acta 79:17–26
238. Guilbault GG, Stokbro W (1975) Anal Chim Acta 76:237–244
239. Merck E, Druckschrift W 22101 160 492
240. Miyabayashi A, Reslow M, Adlerkreutz P, Mattiasson B (1989) Anal Chim Acta 219:27–36
241. Gibson K, Guilbault GG (1975) Anal Chim Acta 76:245–251
242. Kumaran S, Meier H, Danna AM, Tran-Minh C (1991) Anal Chem 63:1914–1918
243. Papastathopoulos DS, Rechnitz GA (1976) Anal Chem 48:862–864
244. Deng J, Enke C (1980) Anal Chem 52:1937–1940
245. Alexander PW, Rechnitz GA (1974) Anal Chem 46:250–254, 860–864
246. Mascini M, Liberti A (1974) Anal Chim Acta 68:177–184
247. Ciucu A, Magearu V, Luca C (1989) Anal Lett 22:2673–2683

248. Larsen NR, Hansen EH, Guilbault GG (1975) Anal Chim Acta 79:9-15
249. Guilbault GG, Smith RK, Montalvo JG (1969) Anal Chem 41:600-605
250. Moody GJ, Thomas JDR (1975) Analyst 100:609-619
251. Papastathopoulos DS, Rechnitz GA (1975) Anal Chem 47:1792-1796
252. Llenado RA, Rechnitz GA (1972) Anal Chem 44:1366-1370
253. Guilbault GG, Gutknecht WF, Kuan SS, Cochran R (1972) Analyt Biochem 46:200-208
254. Erlanger BF, Sack RA (1970) Analyt Biochem 33:318-322
255. Llenado RA, Rechnitz GA (1973) Anal Chem 45:2165-2170
256. Hansen EH, Ruzicka J (1974) Anal Chim Acta 72:353-364
257. Guilbault GG, Tarp M (1974) Anal Chim Acta 73:355-365
258. Kobos RK, Rechnitz GA (1977) Anal Lett 10:751-758
259. Meyerhoff ME, Rechnitz GA (1976) Anal Chim Acta 85:277-285
260. Nikolelis DP, Papastathopoulos DS, Hadjioannou TP (1981) Anal Chim Acta 126:43-50
261. Przybyt M, Sugier H (1990) Anal Chim Acta 239:269-276
262. Janata J (1975) J Am Chem Soc 97:2914-2916
263. Thompson H, Rechnitz GA (1974) Anal Chem 46:246-249
264. Hussein WR, Guilbault GG (1974) Anal Chim Acta 72:381-390
265. Kiang CH, Kuan SS, Guilbault GG (1975) Anal Chim Acta 80:209-214
266. Cullen LF, Rusling JF, Schleifer A, Papariello GJ (1974) Anal Chem 46:1955-1961
267. Guilbault GG, Nagy G (1973) Anal Lett 6:301-312
268. Porter SR, Runnancles AP (1977) Anal Chim Acta 94:449
269. Guilbault GG, Shu FR (1972) Anal Chem 44:2161-2166
270. Walters RR, Johnson PA, Buck RP (1980) Anal Chem 52:1684-1690
271. Kovach PM, Meyerhoff ME (1982) Anal Chem 54:217-220
272. Walters RR, Moriarty BE, Buck RP (1980) Anal Chem 52:1680-1684
273. Shinbo T, Sugiura M, Kamo N (1979) Anal Chem 51:100-104
274. Kobos RK, Ramsey TA (1980) Anal Chim Acta 121:111-118
275. Katsu T, Kayamoto T (1992) Anal Chim Acta 265:1-4
276. Park JK, Ro HS, Kim HS (1991) Biotech Bioeng 38:217-223
277. Fonong T, Rechnitz GA (1984) Anal Chim Acta 158:357-362
278. Michaelis L, Menten ML (1913) Biochem Z 49:333-369
279. Blaedel WJ, Kissel TR (1975) Anal Chem 47:1602-1608
280. Hameka HF, Rechnitz GA (1983) J Phys Chem 87:1235-1241
281. Arnold MA, Rechnitz GA (1982) Anal Chem 54:2315-2317
282. Jerfy A, Roy AB (1972) Analyt Biochem 49:610-613
283. Papastathopoulos DS (1975) Persönl Mitteilung
284. Tran-Minh C, Pandey PC, Kumaran S (1990) Biosens Bioelectron 5:461-471
285. Richmond W (1973) Clin Chem 19:1350-1356
286. Morris DL, Campbell J, Hornby WE (1975) Biochem J 147:593-603
287. Galster H (1971) ATM 139-142
288. Cammann K (1975) Elektronik 24:79-83
289. Bitterlich W (1967) Einführung in die Elektronik. Springer, Berlin Heidelberg New York
290. Galster H (1982) Tech Mess 49:189-192
291. Grünke U, Hoffmann R, Lorenz U, Schlegel C, Weise M (12.11.92) DE 4114959 G01N 33/18
292. Buck RP (1991) Privatmitt.

293. DIN 38402, Teil 11 bis 22 (1985–1991) Deutsche Einheitsverfahren zur Wasser-, Abwasser- und Schlammuntersuchung. Allgemeine Angaben (Gruppe A). Beuth, Berlin
294. Smid JR, Kruger BJ (1986) Analyst 111:467–470
295. Arey, FK, Chamblee JW, Heckel E (1980) Intern J Environmental Anal Chem 7:285–293
296. Ross JW, Frant MS (1969) Anal Chem 41:1900–1902
297. Kraft G, Fischer J (1972) Indikation von Titrationen. W. de Gruyter, Berlin
298. Wolf S (1970) Z Anal Chem 250:13–17
299. Carr PW (1971) Anal Chem 43:425–430
300. Carr PW (1972) Anal Chem 44:452–456
301. Anfält T, Jagner D (1973) Anal Chem 45:2412–2414
302. Bound GP, Fleet B (1980) Talanta 27:257–261
303. Leithe W (1964) Chem-Ing-Techn 36:112–114
304. Oehme F, Dohzalova L (1973) Z Anal Chem 264:168–173
305. Oehme F, Dohzalova L (1970) Z Anal Chem 251:1–6
306. Horvai G, Tóth K, Pungor E (1979) Anal Chim Acta 107:101–104
307. Fleet B, Ho AYW (1974) Anal Chem 46:9–12
308. Xie S (1987) Analyst 112:543–544
309. Ilchewa L, Polianova M, Dalukov J, Chapman BR (1985) Analyst 110:359–363
310. Gran G (1952) Analyst 77(11):661–671
311. Schwarzenbach G, Flaschka H (1965) Die komplexometrische Titration. Stuttgart, Enke
312. Eriksson T (1972) Anal Chim Acta 58:437–444
313. Burden SL, Euler DE (1975) Anal Chem 47:793–797
314. Isbell Jr AF, Pecsok RL, Davies RH, Purnell JH (1973) Anal Chem 45:2363–2369
315. Li H (1991) Anal Lett 24:473–483
316. Anderson KP, Butler EA, Wolley EM (1971) J Phys Chem 75:93–97
317. Krijgsman W, Mansveld JF, Griepink B (1970) Z Anal Chem 249:368–370
318. American Standard Methods ASTM for the examination of water and wastewater, Part 407, Chloride (1980)
319. Abresch K, Claassen I (1961) Die coulometrische Analyse. Verlag Chemie, Weinheim
320. DIN 32645 (Dez. 1991) Nachweis-, Erfassungs- und Bestimmungsgrenze. Entwurf. Beuth, Berlin
321. Lindner E, Tóth K, Pungor E, Umezawa Y (1986) Pure Appl Chem 58:469–479
322. DIN IEC 746 Teil 1 (1986) Angabe des Betriebsverhaltens von elektrochemischen Analysatoren, Allgemeines. Beuth, Berlin
323. Lindner E, Tóth K, Pungor E (1984) Anal Chem 56:808–810
324. Markovic PL, Osburn JO (1973) AIChE J:504–510
325. Love MD, Pardue HL, Pagan G (1992) Anal Chem 65:1269–1276
326. McLean FC, Hastings AB (1934) J Biol Chem 107:337–350
327. McLean FC, Hastings AB (1935) Amer J Med Sci 189:601
328. Šůcha L, Suchánek M (1970) Anal Lett 3:613–621
329. US Geol Survey, Water Supply Paper 1827-C
330. Jaselskis B, Bandemer MK (1969) Anal Chem 41:855–857
331. Baumann EW (1970) Anal Chem 42:110–111
332. Thomas RF, Booth RL (1973) Environ Sci Tech 7:523–526
333. Banwart WL, Tabatabai MA, Bremner JM (1972) Comm Soil Sci Plant Anal 3:449–458

334. Gilbert TR, Clay AM (1973) Anal Chem 45:1757–1759
335. Merks AGA (1975) Netherland J Sea Res 9:371–375
336. Fritsche U, Gernert M (16.05.91) DE 3 937 635 C2 G01N 27/416
337. Attli AF, Autizi D, Capocaccia L, Costantini S, Ramosino F (1975) Biochem Med 14:109–116
338. Ruzicka J, Hansen EH (1974) Anal Chim Acta 69:129–141
339. Selig W (1971) Mikrochim Acta 1:46–53
340. Levins RJ (1971) Anal Chem 43:1045–1047
341. Mascini M, Liberti A (1972) Anal Chim Acta 60:405–412
342. Ross JW, Frant MS (1969) Anal Chem 41:1900–1902
343. Rechnitz GA, Kenny NC (1970) Anal Lett 3:259–271
344. Mrowetz G (1979) Milchwiss 34:143–145
345. Mertens J, van den Winkel P, Massart DL (1973) Anal Lett 6:81–88
346. Drawert F, Nitsche T (1976) Brauwiss 20:299–305
347. Homola A, James RO (1976) Anal Chem 48:776–778
348. Frant MS (1971) Plating 58:686–693
349. Campiglio A (1979) Mikrochim Acta 1:267
350. Wilson BL, Gaffare NG (1986) Microchem J 34:277 283
351. Carlson RM, Paul JL (1969) Soil Sci 108:266–272
352. Potman W, Dahmen EAMF (1972) Mikrochim Acta 1972:303–312
353. Harris RC, Williams HH (1969) J Appl Meteorol 8:299–301
354. Ficklin WH, Gotschall WC (1973) Anal Lett 6:217–224
355. Conacher ABS, McKenzle AD (1977) J AOAC 60:918–921
356. Cammann K (1970) Naturwissenschaften 57:298–304
357. Vickackaite V, Tautkus SA, Avdeeva EN, Kazlauskas R, Petrukhin OM (1985) Zh Anal Khim 42:856–860
358. Woolson EA, Axley JH, Kearney PC (1970) Soil Sci 109:279–281
359. Fuchs C, Paschen K, Spieckermann GP, v. Westberg C (1972) Klin Wochenschr 50:824–832
360. Magsen S, Olgaard K, Ladefogt J (1978) Ugeskr Laeg 140:774–777
361. Anker P, Wieland E, Ammann D, Dohner RE, Asper R, Simon W (1981) Anal Chem 53:1970–1974
362. Hulanicki A, Lewandowski R, Michalska A, Lewenstam A (1990) Anal Chim Acta 233:269–273
363. Shu FR (16.04.92) WO 92/06383 G01N 33/84
364. Shiurba RA, Jolly WL (1968) J Am Chem Soc 90:5289–5291
365. Jenkins RL, Baird RB (1979) Anal Lett 12:125–141
366. Muldoon PJ, Liska BJ (1969) J Dairy Sci 52:460–464
367. Krämer R, Lagoni H (1969) Naturwiss 56:36–37
368. Krämer R, Lagoni H (1969) Milchwiss 24:68 70
369. Thompson ME, Ross JW (1966) Science 154:1643–1644
370. Kester DR, Pytkowicz RM (1969) Limn & Oceanog 14:686–692
371. Casanova A (1974) Ann Technol Agric 23:403–410
372. Henscheid T, Schoenrock K, Berger P (1971) J ASSBT 16:482–495
373. Rechnitz GA, Nogle GJ, Bellinger MR, Lees H (1977) Clin Chim Acta 76:295–307
374. Herman HB, Rechnitz GA (1975) Anal Lett 8:147–159
375. Rigdon LP, Moody GJ, Frazer JW (1978) Anal Chem 50:465–469
376. Florence TM (1971) J Electroanal Chem Interfacial Electrochem 31:77–86
377. Haynes SJ, Clark AH (1972) Economic Geology 67:378–382
378. Hipp BW, Langdale GW (1971) Comm Soil Sci Plant Anal 2:237–240

379. Carlson RM, Keeny DR (1971) Instrumental Methods for Analysis of Soil and Plant Tissue 39-65
380. Randell AW, Linklater PM (1972) Austr J Dairy Tech 27:51-53
381. Hulanicki A, Trojanowicz M (1974) Anal Chim Acta 68:155-160
382. Hadjiioannou TP, Papastathopoulos DS (1970) Talanta 17:399-406
383. Christiansen TF, Busch JE, Krogh SC (1976) Anal Chem 48:1051-1056
384. Midgley D, Torrance K (1978) Potentiometric Water Analysis. J. Wiley, Chichester
385. Ladenson JH, Huebner M, Marr JJ (1975) Anal Biochem 63:56-67
386. Scott WJ (11.12.91) EP 460 519 A2 GO1N 33/84
387. Marsoner HJ (1986) Biomed Tech 30:302-306, und (1986) 31:5-11
388. McCaslin BD, Franklin WT, Dillon MA (1970) JASSBT 16:64-70
389. Lee TG (1969) Anal Chem 41:391-392
390. Warner TB (1970) Marine Technology Soc, 6th Annual Reprints 2:1495-1510
391. Jagner D, Arén KE (1970) Anal Chim Acta 52:491-502
392. Muldoon PJ, Liska BJ (1971) J Dairy Sci 54:117-119
393. LaCroix RL, Keeney DR, Walsh LM (1970) Comm Soil Sci Plant Anal 1:1-6
394. Kopito L, Shwachman H (1969) Pediatrics 43:794-798
395. Szabo L, Kenny MA, Lee W (1973) Clin Chem 19:727-730
396. Kjellman B, Tendström B (1976) Läkartidningen 73:852-854
397. Krijgsman W, Mansveld JF, Griepink B (1970) Clin Chim Acta 29:575
398. Volkov VL, Kruchinina MV (1993) Zh Anal Khim 48:1554-1558
399. Riseman JH (1972) Am Lab 4:63-67
400. Oehme F (1974) J Oberflächentechnik 6:5
401. Gillingham JT, Shirer MM, Page NR (1969) Agron J 61:717-718
402 Vickroy GG, Gaunt GL (1972) Tobacco 174:50-54
403. Sun B, Ye Y, Huang H, Bai Y (1993) Talanta 40:891-895
404. APHA-AWWA-WPCF, Standard Methods for the Examination of Water, Washington (1980) 413B
405. Frant MS (1967) Plating 54:702-704
406. Oehme F (1974) CZ-Chemie-Technik 3:27-34
407. Ulrich P (1989) LaborPraxis 13:857-858
408. Farzaneh A, Troll G, Cammann K (1977) Chem Geol 20:295-305
409. Rigin VI, Simkin NM, Tolkachnikow YB, Kolosova MM (1979) Zavodsk Lab 45:291-292
410. Tzimou-Tsitouridou R, Kabasakalis B, Alexiades CA (1986) Microchem J 32:373-382
411. Asendorf E (1956) Metallwaren-Ind Galvanotech 47:48-50
412. Galster H (1979) Gewässerschutz Wasser Abwasser GWA, Aachen 39:143-156
413. Weil D, Quentin (1978) Z Wasser Abwasser Forsch 11:133-140
414. McQuaker NR, Gurney M (1977) Anal Chem 49:53-56
415. VDI 2470, VDI-Kommission Reinhaltung der Luft (Okt. 1975)
416. Thompson RJ, McMullen TB, Morgan GB (1971) J Air Pollution Controll Ass 21:484-487
417. Tusl J (1970) Clin Chim Acta 27:216-218
418. McLeod KE, Crist HL (1973) Anal Chem 45:1272-1273
419. Warner TB (1971) Deep Sea Research 18:1255-1263
420. Windom HL (1971) Limn Oceanog 16:806-810
421. Read JI, Collins R (1982) J Ass Publ Anal 20:109-115
422. Croomes EF, McNutt RC (1968) Analyst 93:729-731
423. Eriksson T (1973) Anal Chim Acta 65:417-424

424. Vytras K (1979) Int Lab Apr:35–46
425. Neefus JD, Cholack J, Saltzmann BE (1970) Am Ind Hyg Assoc J 31:96–99
426. Taves DR (1968) Talanta 15:1015–1023
427. Venkateswarlu P (1974) Anal Chem 46:878–882
428. Fuchs C, Dorn D, Fuchs CA, Henning HV, McIntosh C, Scheler F, Stennert M (1975) Clin Chim Acta 60:157–167
429. Hallsworth A, Weatherell JA, Deutsch D (1976) Anal Chem 48:1660–1664
430. Brudevold F, McCann HG, Grøn P (1968) Arch Oral Biol 13:877–885
431. Singer L, Armstrong WD (1969) Arch Oral Biol 14:1343–1347
432. Weiss D (1972) Z Anal Chem 262:28–29
433. Hozumi K, Akimoto N (1970) Anal Chem 42:1312–1317
434. Hoover WL, Melton JR, Howard PA (1971) J Assoc Offic Agr Chemists 54:760–763
435. Paletta B, Panzenbeck K (1969) Clin Chim Acta 26:11–14
436. Paletta B (1969) Mikrochim Acta:1210–1214
437. Westerlund-Helmerson U (1971) Anal Chem 43:1120–1122
438. Woodson JH, Liebhafsky HA (1969) Nature 224:690
439. Farrell FE, Scott AD (1987) Soil Sci Soc Am J 51:594–598
440. Vytras K, Kalons J, Cerna L (1983) Agrochemia 23:176–178
441. Fuchs C, Dorn D, McIntosh C (1976) Z Anal Chem 279:150
442. Ladenson JH (1977) J Lab Clin Med 90:654–665
443. Fiedler U, Hansen EH, Ruzicka J (1975) Anal Chim Acta 74:423–435
444. Ikenishi R, Kanai M, Ishida M, Harihara A, Matsui S, Yahara I, Kitagawa T (1990) Anal Chem 62:2636–2639
445. Warner TB, Bressan DJ (1973) Anal Chim Acta 63:165–173
446. The Analytical Working Group of the Comité Technique Européen du Flour (1986) Anal Chim Acta 182:1–16
447. Tusl J (1972) Anal Chem 44:1693–1694
448. DIN 38 405 Teil 4 (1985) Deutsche Einheitsverfahren zur Wasser-, Abwasser- und Schlammuntersuchung. Anionen, Bestimmung von Fluorid (D4). Beuth, Berlin
449. Söhngen K (1987) Zement-Kalk-Gips 40:323–330
450. Sucman E, Sucmanova M, Synek O (1978) Z Lebensm Unters Forsch 167:5–6
451. Bebeshko GI (1990) Zh Anal Khim 45:1193–1196
452. Khalil SAH, Moody GJ, Thomas JDR (1986) Anal Lett 19:1809–1830
453. Belli SL, Zirino A (1993) Anal Chem 65:2583–2589
454. Lingane JJ (1968) Anal Chem 40:935–939
455. Baumann EW (1968) Anal Chem 40:1731–1732
456. Otto M, May PM, Murray K, Thomas JDR (1985) Anal Chem 57:1511–1517
457. Thompson ME (1966) Science 153:866–867
458. Kester DR, Pytkowicz RM (1968) Limn Oceanog 13:670–674
459. Gruen LC, Harrap BS (1971) Anal Biochem 42:377–381
460. Peter F, Rosset R (1973) Anal Chim Acta 64:397–408
461. Eckfeldt EL, Procter Jr WE (1975) Anal Chem 47:2307–2309
462. Green M, Behrendt H, Libien G (1972) Clin Chem 18:427–432
463. Bender SW, Conrad HC, Biener G (1971) Monatsschr Kinderheilk 119:632–637
464. Lenz BL, Mold JR (1971) Tappi, 54:2051–2055
465. Annino JS (1967) Clin Chem 13:227–233
466. Mason WD, Needham TE, Price JC (1971) J Pharm Sci 60:1756–1757
467. Langmuir D, Jacobson RL (1970) Envir Sci Tech 4:834–838
468. Shu FR, Chien CY, Kim JS (30.04.92) WO 92/07274 GO1N 33/84
469. Ammer H (1975) VGB-Kraftwerkstechnik 55:109–119

470. Beugnet M (22.11.79) DE 2 821 621 C2 G01N 27/28
471. Marsoner HJ, Harnoncourt K (1972) Ärztl Lab 18:397–402
472. McNerney FG (1976) J AOAC 59:1131–1134
473. Fulton BA, Meloan CE, Wichman MD, Fry RC (1984) Anal Chem 56:2919–2920
474. Bremner JM, Bundy LG, Agarwal AS (1968) Anal Lett 13:837–844
475. Mack AR, Sanderson RB (1971) Can J Soil Sci 51:95–104
476. Mazoyer R (1972) Ann Agron 23:673–684
477. Smith GR (1975) Anal Lett 8:503–508
478. Knittel H, Fischbeck G (1979) Z Pflanzenernähr Bodenk 142:669–678
479. Forney LJ, McCoy JF (1975) Analyst 100:157–162
480. Kelly JF, Bliss DW (1971) Hort Sci 6 Section 2:1–2
481. Barker AV, Peck NH, MacDonald GE (1971) Agron J 63:126–129
482. Paul JL, Carlson RM (1968) J Agr Food Chem 16:766–768
483. Baker AS, Smith R (1969) J Agr Food Chem 17:1284–1287
484. Shaw EC, Wiley P (1969) Calif Agr 23:11
485. Milham PJ, Awad AS, Paull RE, Bull JH (1970) Analyst 95:751–757
486. Nakashima S, Yagi M, Zenki M, Takahashi A, Toei K (1984) Z Anal Chem 319:506–509
487. Sommerfeld TG, Milne RA, Kozub GC (1971) Comm Soil Sci Plant Anal 2:415–420
488. Sekerka I, Lechner J, Afghan BK (1973) Anal Lett 6:977–983
489. Selig W (1970) Mikrochem J 15:452–458
490. Cammann K (1971) Meßtechnik 3/71:79–83
491. Selig W (1970) Mikrochim Acta 1970:168–175
492. Heistand RN, Blake CT (1972) Mikrochim Acta:212–216
493. Barbera A (1977) J AOAC 60:706–707
494. Kjuus BE (1986) Z Anal Chem 323:264–265
495. Liedtke MA, Meloan CE (1976) J Agric Food Chem 24:410–412
496. Künsch U, Schärer H, Temperli A (1981) Mitt Eidg Forsch Anst Obst, Wein, Gartenbau. Wädenswil, Flugschrift Nr. 106
497. Göktürk EH, Al-Badawi MB, Aygün S, Caner EN (1990) Environ Anal Chem 40:47–57
498. Martini RD (1970) Anal Chem 42:1102–1105
499. Sherken S (1976) J AOAC 59:971–974
500. Tabatabai MA (1974) Comm Soil Sci Plant Anal 5:569–578
501. Hara H, Kusu S (1992) Anal Chim Acta 261:411–417
502. Selig W (1970) Microchim Acta 564–571
503. Selig W (April 1984) Int Lab 50–59
504. Hicks JE, Fleenor JE, Smith HR (1974) Anal Chim Acta 68:480–483
505. Frevert T, Galster H (1978) Schweiz Z Hydrol 40:199–208
506. Müller DC, West PW, Müller RH (1969) Anal Chem 41:2038–2040
507. Ross JW, Frant MS (1969) Anal Chem 41:967–969
508. Goertzen JO, Oster JD (1972) Soil Sci Soc Am Proc 36:691–693
509. Brunow G, Ilus T, Miksche GE (1972) Acta Chemica Scand 26:1117–1122
510. Harrap BS, Gruen LC (1971) Anal Biochem 42:398–404
511. Martin C, Poudon AM (1971) Travaux de la Société de Pharmacie de Montpellier 31:371–379
512. Hulanicki A, Trojanowicz M (1973) Chem Anal 18:235–237
513. Young M, Driscoll JN, Mahoney K (1973) Anal Chem 45:2283–2284
514. Ouzounian G, Michard G (1978) Anal Chim Acta 96:405–409

515. van Staden JF (1988) Analyst 113:885-888
516. Shinskey FG (1973) pH and pIon control in process and waste streams. J. Wiley, New York
517. Peters K, Hüber G, Netsch S, Frevert T (1984) gwf-wasser/abwasser 125:386-390
518. Baumann EW (1974) Anal Chem 46:1345-1347
519. Eckert W, Frevert T, Trüper HG (1990) Wat Res 24:1341-1346
520. Frevert T (1980) Schweiz Z Hydrol 42:255-268
521. Binder A, Ebel S, Kaal M, Thron T (1975) Deutsch Lebensm Rundsch 71:246-249
522. Denter U, Buschmann HJ, Schollmeyer E (1991) Tenside, Surfactants, Detergents 28:333-336
523. Tehrani M, Thomae M (1991) Am Lab 23:8-10
524. Vandeputte M, Dryon L, Van den Winkel P, Mertens J, Massart DL (1975) Analysis 3:500-504
525. Chernova RK, Kulapina EG, Materova EA, Tret'yachenko EV, Novikov AP (1992) Zh Anal Khim 47:1464-1471
526. Kroneis H, Marsoner H, Normofidi T (26.04.89) EP 313 456 G01N 30/00
527. Scott WJ, Chapoteau E, Kumar A (1986) Clin Chem 32:137-141
528. Osswald HF, Wuhrmann HR (1981) Progress in enzymes and ion selective electrodes. Springer, Berlin Heidelberg New York
529. Metzger E, Ammann D, Asper R, Simon W (1986) Anal Chem 58:132-135
530. Müller M, Rouilly M, Rusterholz B, Maj-Zurawska M, Hu Z, Simon W (1988) Mikrochim Acta III:283-290
531. Meyerhoff ME, Robins RH (1980) Anal Chem 52:2383-2387
532. Ulrich P (1988) GIT-Fachz Lab 470-473
533. Payne RB, Suckley BM, Rawson KM (1991) Am Clin Biochem 28:68-72
534. Maas AHJ, Siggard-Andersen O, Weisberg HF, Zijlstra WG (1985) Clin Chem 31:482-485
535. Krück F (1966) Kalium u Elektrolythaushalt, Sonderdruck v Gebr Guilini GmbH, Ludwigshafen
536. Jenny HB, Ammann D, Dörig R, Magyar B, Asper R, Simon W (1980) Mikrochim Acta II:125-131
537. Lustgarten JA, Wenk RE, Byrd C, Hall B (1974) Clin Chem 20/9:1217-1221
538. Kruse-Jarres JD, Noeldge G (1975) Ärztl Lab 21:259-269
539. Lemke U, Cammann K, Kötter C, Sundermeier C, Knoll M (1992) Sens Actuators B.7:488-491
540. Sonntag O (1988) Trockenchemie. Thieme, Stuttgart
541. Harnoncourt K (13. Nov. 1969) (AVL, Graz) DE 1 919 655 G01n
542. Metzger E, Dohner R, Simon W, Vonderschmitt DJ, Gautschi K (1987) Anal Chem 59:1600-1603
543. Friedman SM (1966) In: Eisenman G, Bates R, Mattock G, Friedman SM (eds) The glass electrode. Interscience, New York
544. Thomas RC (1978) Ion-sensitive intracellular microelectrodes. Academic Press, London
545. Huch A, Huch R, Seiler D, Galster H, Meinzer K, Lübbers DW (1977) The Lancet 982-983
546. Perkins HA, Snyder M, Thacher C, Rolfs MR (1971) Transfusion 11:204-212
547. Caldwell PC (1958) J Physiol 142:22-26
548. Hinke JAM (1961) J Physiol 156:314-335
549. Lavallée M, Schanne OF, Hébert NC (eds) (1969) Glass microelectrodes. J Wiley, New York

550. Lev AA (1964) Nature 201:1132
551. Bührer T, Gehrig P, Simon W (1988) Anal Sci 4:547–557
552. Kessler M: Persönl Mitteilung
553. Silver IA (1974) Vortrag: International Workshop on Ion Selective Electrodes and on Enzyme Electrodes in Biology and Medicine, Schloß Reisenberg, Germany [551]
554. Ma Y (1990) Anal Biochem 186:74–77
555. Ammer D (1986) Ion-Selective Microelectrodes, Principles, Design and Applications. Springer, Berlin
556. Pucacco LR, Corona SK, Jacobson HR, Carter NW (1986) Anal Biochem 153:251–261
557. Khuri RN, Abdelnour SM, Nakhoul NL, Agulian SK (1985) In: Kessler et al (eds) Ion measurements in physiology and medicine. Springer, Berlin Heidelberg New York Tokyo, S 316–328
558. Pucacco LR, Corona SK, Carter NW (1986) Anal Biochem 159:43–49
559. Asendorf E (1963) Angew Mess+Regeltech 3:41–44
560. Chang YC (28.02.90) EP 356 342 A2 GO1N 27/416
561. Galster H (1970) m+p 6:396–398
562. Süss R (1959) Chem Ing Tech 31:735–738
563. Pungov E, Tóth K, Hrabéczy (1984) 3:28–30
564. Bond AM, Hudson HA, Van den Bosch PA, Walter FL (1982) Anal Chim Acta 136:51–59
565. Normenheft 22 (1974) Richtlinien für die pH-Messung in industriellen Anlagen. Beuth, Berlin
566. Fritze U (1978) ATM 365–368
567. Aziz A, Lyle S (1969) Anal Chim Acta 47:49–56
568. Nakagawa G, Wada H, Sako T (1980) Bull Chem Soc Jpn 53:1303–1307
569. Pungor E, Tóth K, Klatsmanyi PG, Izutsu K (1983) Pure Appl Chem 55:2029–2065
570. Koryta J (1990) Anal Chim Acta 233: 1–30
571. Chervina LV, Korableva SV, Davydoda SL (1991) Zh Anal Khim 46:795–800
572. Kakabadse GJ (1981) Ion Sel El Rev 3:127–187
573. Schwabe K, Queck C (1982) Electrochim Acta 27:805–810
574. Kakabadse GJ, Maleila HA, Khayat MN, Tassopoulos G, Vahdati A (1978) Analyst 103:1046–1052
575. Hirata H, Higashiyama K (1972) Talanta 19:391–398
576. Rechnitz GA (1975) CENEAR 54(4):29
577. Bergvelt P (1991) Sens Actuators B4:125–133
578. Matsuo T, Wise KD (1974) IEEE Trans, BME 21:485
579. Moss SD, Janata J, Johnson CC (1975) Anal Chem 47:2238–2243
580. DIN 19 261 (1971) pH-Messung. „Begriffe für Meßverfahren mit Verwendung galvanischer Zellen". Beuth, Berlin
581. Bates RG, Staples BR, Robinson RA (1970) Anal Chem 42:867–871
582. Buck RP, Cosofret VV (1993) Pure Appl Chem 65:1849–1858
583. Bates RG, Robinson RA (1978) Conf on Ion-selective Electrodes 5–9 Sept 1977. Pungor E, Buzas I (eds). Elsevier Sci
584. Robinson RA, Duer WC, Bates RG (1971) Anal Chem 43:1862–1865
585. Stokes RH, Robinson RA (1948) J Am Chem Soc 70:1870–1878
586. MacInnes DA (1919) J Am Chem Soc 41:1086–1092
587. Hills GJ, Ives DJG (1951) J Chem Soc 318–323
588. Baucke FGK (1974) Chem-Ing Tech 46:71
589. Baucke FGK (1975) Chem-Ing Tech 47:565–566

590. DIN 38 404 Teil 6 (1984) Deutsche Einheitsverfahren zur Wasser-, Abwasser- und Schlammuntersuchung (Gruppe C). „Bestimmung der Redoxspannung (C6)". Beuth, Berlin
591. Landolt-Börnstein (1960) Phys Chem Tab Teil 2a. S. 61, Springer, Berlin
592. Shu FR (16.04.92) WO 92/06383 GO1N 33/84
593. Wänninen EV, Ingman F (1987) (IUPAC), Pure Appl Chem 59:1681–1692
594. Yuchi A, Wada H, Nakagawa G (1983) Anal Chim Acta 149:209–216
595. Azab HA (1987) Bull Soc Chim Franc 265–269
596. Frant MS, Ross JW (1968) Anal Chem 40:1169–1171
597. Peters MA, Ladd DM (1971) Talanta 18:655–664
598. Glaister MG, Moody GJ, Nash T, Thomas JDR (1984) Anal Chim Acta 165:281–284
599. Blum R, Fog HM (1972) J Electroanal Chem Interfacial Electrochem 34:485–488
600. Craggs A, Moody GJ, Thomas JDR (1979) Analyst 104:412–418
601. Hansen EH, Lamm CC, Ruzicka J (1972) Anal Chim Acta 59:403–426
602. Baumann EW (1971) Anal Chim Acta 54:189–197
603. Moskvin LN, Zeimal AE (1988) Zh Anal Khim 43:1779–1781
604. Trojanowicz M (1979) Talanta 26:985–986
605. Ley R (1986) Dipl Arbeit „Indirekte Eichung einer ionenselektiven Meßkette für Schwefelwasserstoff". Wiesbaden, FHS Fresenius
606. Pfeiffer S, Peters K, Freveit T (1986) gwf-wasser/abwasser 127:31–32
607. Janata J (1994) Analyst 119:2275–2278

Sachverzeichnis

Ableit-Elektroden 39
Ableithalbelemente 227
Abschirmung 148, 229
Abschmirgeln 72
Abwasserüberwachung 232
Ag/AgCl-Bezugselektrode 54
AgCl, Löslichkeit 54
Aktivierungsenergie 21
Aktivität 31
Aktivitäts-Kalibrierkurve 155
Aktivitäts-Kalibrierlösungen 33
Aktivitätskoeffizienten 31, 155
–, mittlere 34, 259
Alkalimetalle 64
Antibiotica 97
Anzeigegeschwindigkeit 104
Äquivalenzkonzentration 167
Äquivalenzpunkt 163
Asymmetriespannung 236
Ausflußgeschwindigkeit 49
Austauschgleichgewicht 24
Austauschkonstanten 21, 30
–, scheinbare 104
Austauschstromdichte 16

Bedingungskonstante 263
Bezugselektroden 39, 260
Bezugselektrolyt 47, 48
Bezugsion 52
Bio-Sensoren 125, 133
Bleisulfid-Elektrode 76
Blindwert, Chloridbestimmung 199
Blindwertanhebung 158
Blutgasanalysatoren 217
Brückenelektrolyte 58, 247
Bunsenscher Absorptionskoeffizient 124

Cadmiumsulfid 71
Calcium, gebundenes 218
–, ionisiertes 219
–, Serum 222
Calciumgehalt 218

Calciumionenpuffer 265
Calixarene 98
Chalkogenide 64
Chlor, freies 120
Chloridbestimmung 198
Chloridblindwert 199
CO_2-Elektrode 118
Culberson-Zelle 49
Cyanid-Elektroden 77
Cyanid-Monitore 242

Debye-Hückel-Konstanten 257
Debye-Hückel-Näherung 34
–, Korrekturglied 37
Debye-Theorie 32
Detergentien 110
Detergentien-Ionen 109
Diaphragma 44
Diaphragmaverstopfung 47
Differenzmeßkette 113
Differenzschaltung 130
Differenzspannung 171
Differenzverstärker 240
Diffusionsspannung 45
–, restliche 46
Dipolschicht 10
Direkt-Anzeige 159
Direkt-Potentiometrie 14
Disproportionierung 57
Doppel-Stromschlüssel 50
Doppelschichtkapazität 6
Drahtüberzug-Elektroden 114, 116
Durchflußelektroden 103
Durchflußmessungen 132
–, *in vivo* 224
Durchflußmeßzelle 233

Eingangswiderstand 141
Einkristallelektrode 69
Einpunkttitration 172
Einspritzmethode 205
Einstelldauer, Bestimmung 204

Einstich-Elektroden 225
Eintauchmethode 204
Einzelionen-Aktivitäten 258
Eisenmanglas 88
Eiweißausfällung 223
Elektroden, Ag_2S 71
–, cyanidsensitive 242
–, Definition 39
– dritter Art 6
– erster Art 5
–, ionenselektive 6
–, –, Anwendungsbeispiele 208
–, Kupfer- 16
–, phosphat-ionenselektive 65
–, polarisierbare 9
–, Wasserstoff- 15
– zweiter Art 5, 65
Elektroden-Steilheit, unbekannte 195
Elektrodenkabel, rauscharmes 147
Elektrodenkabel-Kapazität 146
Elektrodenmaterialien, ionenselektive 23
Elektrodenphase, organische 94
Elektrodenreaktionsmodell 28
Elektrodenspannung, absolute 44
–, Antilogarithmus 188
Elektrolytbrücke 58
Elektrolyte 32
Elektrolytischer Kontakt 116
Email, natriumionenselektives 89
Endpunktserkennung 161
Endpunktsindikation 14
Energie, freie 11
Energietopf 19
Entlogarithmierung 160, 188
Enzym-Elektroden 126
–, Lebensdauer 131
Enzymaktivität 128
Enzyme, Immobilisation 127
Erdschleifen 148, 235
Ersatzschaltbild 137
Extrapolation 192
Extrapolationsmethode, Beispiel 197
Extrazelluläre Flüssigkeiten 217

Fällungstitration 162, 166
Faraday-Konstante 12
Faradayscher Käfig 229
Fehler, apparative 249
Fehlerfortpflanzung 179
Fehlerrechnung 158, 179
Feldeffekt-Transistorelektroden, ionenselektive 254
Festkörpermembran-Elektrode, homogene 67

Filmelektroden 113, 222
Fluorid-Elektrode 80
Fluoridgehalt, Gesamt- 86
Fluoridionen 78
Fluoridionenpuffer 266
Fluoridspuren 79
Flüssigaustauscher 226
Flüssigmembran-Elektroden 94, *105*, 111
Füllösung, innere 70

Galvanispannung 12, 39
Gas-Sensoren 117, 122
Gedächtniseffekt 51
Gegenladungsträger 96
Gesamtcarbonat 217
Gesamtfluoridgehalt 86
Gesamtionenstärke 35
Glas, natriumionenselektives 88
Glaselektroden, Selektivitätskoeffizienten 92
Glasmembranen 20
–, verschmutzte 93
Glasmembran-Elektroden 88
–, Mikro- 225
Gleichgewichts-Galvanispannung 138
Gleichgewichtskonstante 14, 245
–, Bestimmung 14
Gleichgewichtskriterium 13
Gleichgewichtspotential 26
Gleichgewichtswert 153
Gouy-Chapman-Schicht 7
Graphitelektroden 112

Halbzelle, elektrochemische 39
Halogenidelektrode 74
Harnstoffsensor 128
Helmholtzfläche, innere/äußere 7
Hendersonsche Gleichung 46
Hofmeistersche Reihe 95
Hückel-Theorie 32
Hydratationsenergie 18
Hydrathülle 19
in situ-Messungen 225

Indikator-Elektrode 123
Innenableitung, flüssige 82
Ionenaustauscher 30
–, flüssiger 96
Ionenbrücke 91, 117
Ionendurchmesser 35
Ioneneinsteller 260
–, Anionen 261
–, Schwermetalle 261
Ionenmeter 143

Sachverzeichnis

Ionenradien 258
Ionenselektive Elektrodenmaterialien 23
Ionensolvensverbindungen 24, 97
Ionenstärke, Gesamt- 35
Ionenstärke-Einsteller 86
Ionophore 24
ISFET 255
Isolationswiderstand 146, 228, 235
Isothermenschnittpunkt 236

Kalibriergerade 155
Kalibrierkurve 154, 157
Kalibrierlösungen 124, 157
Kaliumchlorid 47
Kalomel-Bezugselektrode 57
Ketten-Nullpunkt 169
Kohlendioxid-Elektrode 118
Kompensationsmethode 140
Komplex-Puffer, Gesamtcalcium-Bestimmung 261
Kondensatormodell 28
Konditionierung 93, 97
Konditionierungslösungen 31
Kontaktspannung 11, 137
Kontaktzone 48
Konzentrations-Kalibrierkurve 156
Konzentrationskette 168, 240
Kronenäther 24, 98
Kupfer/Kupfer(II)selenid-Elektrode 66
Kupferelektrode 16, 64
Kupferionenpuffer 265
Kupfer(II)ionenpuffer 266

Lichtempfindlichkeit 68
Linearisierung, chemische 171
Lithium 222
Lithiumkonzentrationsprofile 22
Löslichkeitsprodukt 67
Lösung, nichtwässrige 246
Lösungsmittel, wässrig-organische 246
Lösungsmittel-/Wassergemisch 249
Luftblasen 81
Luftreinhaltung 239
Luftspalt-Elektrode 119

Makrotetrolide 24, 98
Mediatoren 117
Mediumeffekt 247
-, primärer/sekundärer 248
Mehrfachmeßketten 222
Membran, gasdurchlässige 119
-, verfestigte 109
Membranelektroden, heterogene 88
Membranformen 63

Meßionen 31
Meßkette, bicarbonationenselektive 120
-, gasselektive 227
- ohne Überführung 51
-, P(H_2S) 233
-, symmetrische 61
Messungen, hydrologische 232
Metallelektroden 63
- zweiter Art 64
Metallionenpuffer 263
Methode nach Gran 187
Michaelis-Menten-Regel 129
Mikro-Bezugselektrode 230
Mikro-Glasmembran-Elektroden 225
Mikroliterprobe 169
Mischpotential 26
Monitore 242

Nachweisgrenze 67, 75, 154, 200
-, Bestimmung 200
Nebenreaktionskoeffizienten 262
Nebenschlußbetrieb 238
Nernst-Gleichung 14
Nernst-Spannungen 14, 257
Nichtelektrolyte 32
Nikolski-Gleichung 29
Nitrat-Elektrode 108
Normal-Wasserstoffelektrode 43
Normalelement 140
Nullpunkt-Technik 170

Palladiumelektrode 42
Partialdrücke 124
Periodensystem 2
pH 82
pH-Einstellung 94
ph-Messungen 88
pH-Meter 141
pH-Puffersystem 191
Phasengrenze 10
Phasengrenzfläche 17
Platin-Wasserstoffelektrode 41
pIon-Skala 159
Polymermembran-Elektroden 100
Polymermembranen 102
Potential, chemisches 12, 34
-, elektrochemisches 12
Pressen von Elektroden 71
Probenlösung/Standardlösung 177
Proteinfehler 220
Proteinschicht 222
Protonen 22
Protonenselektivität 21
PVC-Elektroden, Herstellung 102

PVC-Membran-Elektroden 101
PVC-Membranen 109

Quecksilberionen 78
Quellenwiderstand 141

Rauschgenerator 144
Redoxelektrode 5
Relativmessungen 4
Reproduzierbarkeit 45
Rühreffekt 9, 50

Schichtengitter 70
Schliffverbindung 50, 139
Schutzschirmtreiber 229
Schwefelwasserstoff-Puffer 268
Selbstreinigungseffekt 234
Selektivität 20
Selektivitätskoeffizient 29, 66
–, Bestimmung 202
Serum-Elektrolytanalyse 219
Serumproben 220
Severinghaus-Elektrode 118
Silanolgruppen 22
Silber-/Silberchlorid-Elektroden 65
Silberchloridschicht 54
Silberelektroden 63
Silberionenleitfähigkeit 68
Silberionenpuffer 73
Sinter-Diaphragma 48
„solid-state"-Elektroden 116
Solvathülle 18
Speciation Analyse 1
Sprungfunktion 204
Spurenuntersuchungen 87
Stabilitätskonstante 262, 267
Standard-Austauschstromdichte 17
Standard-Zugabe, anschließende Verdünnung 183
–, doppelte 180
–, mehrfache 182
Standardaddition 173
Standardbezugselektrode 40
Standardenthalpie 14
Standardlösung/Probenlösung 177
Standardlösungs-Zugabe 241
Standardpotentiale, chemische 13
Standardspannung 41
Standardwasserstoffelektrode 40
Stickstoff, organischer 124
Störionen 31
Störungen, chemische 250
Strom-Spannungs-Kurven 26
Stromschlüssel 45
Strömspannung 9

Strömungsgeschwindigkeiten 234
Substratlösung 126
Subtraktionsmethode 175, 241
Sulfidionen 73
Sulfidpuffer 75
Sulfidspuren 86

Temperaturhysterese 55
Temperaturkoeffizient 44
Temperaturkompensation 150, 235
Tensidelektrode 110
Thalamid 56
Thermospannung 39
Thermostatisierung 238
Thomaselektrode 227
Titrand, veränderlicher 173
Titration, Einpunkt- 172
–, kontinuierliche 244
Titrationsfehler 163
Titrationskurve 162, 187
Titrationsverfahren 161
Titrierzusatz 166
Trennverstärker 52

Überführung 49
Überführungszahl 46
Übergangsfunktion 204
Überzugselektroden 111
Ultramikro-Einstabmeßketten 230
Umweltschutz, Messungen 232
Unblutige Messungen 224
Urinanalyse 221

Valinomycin 23, 104
Verdrängungsreaktion 177
Verdünnungseffekt 174
Vollblut-Analyse 221
Voltaspannung 10, 11
Volumenkorrektur 174
Vorverstärker 52, 142

Wasserdampf-Partialdrücke 42, 259
Wasserstoff-Elektrode 15
Weichmacher 110
Wendepunkt 163
Widerstand, Eingangs-/Quellen- 141
–, Isolations- 146, 228, 235
Widerstandsrauschen 144

Zelle, elektrochemische 39
– ohne/mit Überführung 43
Zeta-Potential 7
Zumischmethode, aufgestockte 190
–, Beispiele 184

Verzeichnis der benutzten Symbole

A	Fläche	N_L	Loschmidsche Zahl
A	Arbeit, Ampere (Strom)	n	Molzahl
Å	Angström (10^{-8} cm)	p	Druck
a	Aktivität	q	elektrische Ladung
a_B	Aktivität der Komponente B	R	allg. Gaskonstante, Widerstand
b	Bandbreite eines Verstärkers in Hz	R	Ohmscher Widerstand
b	Massekonzentration	S	Elektrodensteilheit
C	Kapazität	s	Länge
c	Volumenkonzentration	s	Weg (Vektor)
c_B	Konzentration der Komponente B	T	absolute Temperatur
		t_i	Überführungszahl der Ionensorte i
D	Diffusionskoeffizient		
d	Abstand	V	Volt, Volumen
ΔG	freie Energie	V	Volumen
$\Delta G^{\neq}$	Aktivierungsenergie	x	Molenbruch
E	EMK, elektr. Feldstärke, elektr. Spannung (Vektor)	z	Ladungszahl eines Ions
		α	Durchtrittsfaktor
E_0	Standardspannung	ε	Dielektrizitätskonstante, Elektrodenpotential
E_d	Diffusionsspannung		
e	Elektron	ε	rel. Dielektrizitätskonstante
e_0	Elementarladung	ε_0	elektrische Feldkonstante
F	Faraday-Konstante	ζ	elektrokinetisches Potential
f	Frequenz, Aktivitätskoeffizient	$\varkappa$	Debye-Hückel Reziprokenlänge
G	freie Reaktionsenthalpie		
$G^{\neq}$	Aktivierungsenthalpie	μ	chemisches Potential
H_a	äußere Helmholtzfläche	$\bar{\mu}$	elektrochemisches Potential
H_i	innere Helmholtzfläche	ν	Stöchiometrie-Koeffizient
h	Plancksche Konstante	ϕ	inneres Potential
I	Ionenstärke	$\Delta\phi$	Galvanispannung
i	Stromdichte	ψ	elektrostatisches Potential
i_0	Austauschstromdichte	χ	Oberflächenpotential
i_m	Meßkreisstrom	χ	Oberflächenpotential ($\chi = \phi - \psi$)
K_L	Löslichkeitsprodukt		
K_{KB}	Komplexbildungskonstante	ψ	äußeres Potential
K_{M-S}	Selektivitätskoeffizient	ψ	Voltaspannung
k	Boltzmann-Konstante	$\Delta\psi$	Voltaspannung

⊖ Elektron im Leitungsband eines Halbleiters
⊕ Defektelektron im Valenzband eines Halbleiters

Indices:
c_{A^-} .. des Anions
c_{K^+} .. des Kations
c_L .. des Liganden
c_M .. des Meßions
c_{me} .. eines Metalls
c_s .. des Störions
c_x .. der gesuchten Substanz
c_{el} .. in der Elektrode
c_{ls} .. in der Lösung

Abkürzungen:
EDPA Ethan-1-hydroxy-1,1-diphosphonsäure
EDTA Ethylendiamintetraessigsäure
EGTA Ethylenglycol-bis(β-aminoethylether)-N,N,N′,N′-tetraessigsäure
NTA Nitrilotriessigsäure

R. Henrion, G. Henrion

Multivariate Datenanalyse

Methodik und Anwendung in der Chemie und verwandten Gebieten

1995. XI, 261 S. 60 Abb., 3 1/2" MS-DOS Diskette
Geb. **DM 128,-**; öS 998,40; sFr 123,- ISBN 3-540-58188-X

Die Anwendung multivariater statistischer Verfahren auf umfangreiche Datensätze vornehmlich aus der analytischen Chemie ist das zentrale Thema des Buches. Das Autorenteam – Chemiker und Mathematiker – stellt die klassischen und modernen Methoden und deren Kombination zur Lösung analytischer und physikalisch-chemischer Problemstellungen praxisnah dar. Das Buch ist für Anfänger und erfahrene Praktiker gleichermaßen geeignet, weil es die komplizierten Sachverhalte durchgehend deskriptiv und mathematisch-theoretisch darstellt. Zusätzlich bietet das Buch die Möglichkeit, viele der vorgestellten Verfahren anhand der auf Diskette im Sourcecode mitgelieferten Computerprogramme (Turbo-Pascal 5.0) und ebenfalls mitgelieferter bzw. eigener Datensätze zu erproben.

■■■■■■■■■■

Springer

Preisänderungen vorbehalten.

R. Kuhn, S. Hoffstetter-Kuhn

Capillary Electrophoresis: Principles and Practice

1993. X, 375 pp. 90 figs. (Springer Lab Manual) Hardcover **DM 98,-**; öS 764,40; sFr 94,50 ISBN 3-540-56434-9

Capillary electrophoresis (CE) is a brand-new analytical method with the capability of solving many analytical separation problems very fast and economically. This method gives new information about the investigated substances which cannot easily be obtained by other means. CE has become an established method only recently, but will be implemented in almost every analytical laboratory in industry, service units and academia in the near future. The most important fields of CE application are pharmaceutical and biochemical research and quality control. The authors have exhaustive practical experience in the application of CE methods in the pharmaceutical industry and provide the reader with a comprehensive treatment of this method. The main focus is on how to solve problems when applying CE in the laboratory. Physico-chemical theory is dealt with in depth where necessary to understand the underlying separation mechanisms or the influence of different instrumental parameters. An addendum includes tables on the preparation of buffers and recommended further reading.

■ ■ ■ ■ ■ ■ ■ ■ ■ ■

Springer

Springer-Verlag und Umwelt

Als internationaler wissenschaftlicher Verlag sind wir uns unserer besonderen Verpflichtung der Umwelt gegenüber bewußt und beziehen umweltorientierte Grundsätze in Unternehmensentscheidungen mit ein.

Von unseren Geschäftspartnern (Druckereien, Papierfabriken, Verpackungsherstellern usw.) verlangen wir, daß sie sowohl beim Herstellungsprozeß selbst als auch beim Einsatz der zur Verwendung kommenden Materialien ökologische Gesichtspunkte berücksichtigen.

Das für dieses Buch verwendete Papier ist aus chlorfrei bzw. chlorarm hergestelltem Zellstoff gefertigt und im pH-Wert neutral.

Printing: Saladruck, Berlin
Binding: Buchbinderei Lüderitz & Bauer, Berlin